中国石油大学（北京）学术专著系列

深海重力流与底流交互作用

龚承林　王英民　著

科学出版社

北　京

内 容 简 介

深海重力流与底流交互作用是当前深水沉积学理论研究的前缘热点与薄弱环节，揭示交互作用的过程响应与动力机制具有重要的科学意义和一定的应用价值。本书共包括7章，其中第1～3章探究了深水陆缘上重力流（浊流）、底流（等深流）及其交互作用过程响应，揭示了交互作用有利的形成发育场所与典型沉积响应类型（深水单向迁移水道）；第4章揭示了交互作用沉积响应（深水单向迁移水道）的形态特征、发育演化和沉积模式；第5章探讨了基于全球尺度的深水单向迁移水道形态变化、叠置样式及主控因素；第6章从数值计算和物理模拟的角度揭示了深水单向迁移水道内重力流与底流交互作用的沉积动力学机制；第7章论述了深水单向迁移水道及其底流改造砂相模式、相标志及古海洋学意义。

本书可作为沉积学、海洋地质学和资源勘查工程相关领域在校师生的参考书，也可供从事油气勘探与开发的专业技术人员参考。

审图号：GS京（2023）1027号

图书在版编目（CIP）数据

深海重力流与底流交互作用/龚承林，王英民著. —北京：科学出版社，2023.6

（中国石油大学（北京）学术专著系列）

ISBN 978-7-03-071951-5

Ⅰ.①深…　Ⅱ.①龚…　②王…　Ⅲ.①大陆边缘-海洋沉积学-研究　Ⅳ.①P736.21

中国版本图书馆CIP数据核字（2022）第054710号

责任编辑：刘翠娜　崔元春/责任校对：王萌萌

责任印制：师艳茹/封面设计：无极书装

科学出版社出版

北京东黄城根北街16号

邮政编码：100717

http://www.sciencep.com

北京汇瑞嘉合文化发展有限公司　印刷

科学出版社发行　各地新华书店经销

*

2023年6月第　一　版　开本：720×1000　1/16

2023年6月第一次印刷　印张：15 3/4

字数：316 000

定价：198.00元

（如有印装质量问题，我社负责调换）

丛 书 序

科技立则民族立，科技强则国家强。党的十九届五中全会提出了坚持创新在我国现代化建设全局中的核心地位，把科技自立自强作为国家发展的战略支撑。高校作为国家创新体系的重要组成部分，是基础研究的主力军和重大科技突破的生力军，肩负着科技报国、科技强国的历史使命。

中国石油大学（北京）作为高水平行业领军研究型大学，自成立起就坚持把科技创新作为学校发展的不竭动力，把服务国家战略需求作为最高追求。无论是建校之初为国找油、向科学进军的壮志豪情，还是师生在一次次石油会战中献智献力、艰辛探索的不懈奋斗；无论是跋涉大漠、戈壁、荒原，还是走向海外，挺进深海、深地，学校科技工作的每一个足印，都彰显着“国之所需，校之所重”的价值追求，一批能源领域国家重大工程和国之重器上都有我校的贡献。

当前，世界正经历百年未有之大变局，新一轮科技革命和产业变革蓬勃兴起，“双碳”目标下我国经济社会发展全面绿色转型，能源行业正朝着清洁化、低碳化、智能化、电气化等方向发展升级。面对新的战略机遇，作为深耕能源领域的行业特色型高校，中国石油大学（北京）必须牢记“国之大者”，精准对接国家战略目标和任务。一方面要“强优”，坚定不移地开展石油天然气关键核心技术攻坚，立足油气、做强油气；另一方面要“拓新”，在学科交叉、人才培养和科技创新等方面巩固提升、深化改革、战略突破，全力打造能源领域重要人才中心和创新高地。

为弘扬科学精神，积淀学术财富，学校专门建立学术专著出版基金，出版了一批学术价值高、富有创新性和先进性的学术著作，充分展现了学校科技工作者在相关领域前沿科学研究中的成就和水平，彰显了学校服务国家重大战略的实绩与贡献，在学术传承、学术交流和学术传播上发挥了重要作用。

科技成果需要传承，科技事业需要赓续。在奋进能源领域特色鲜明、世界一流研究型大学的新征程中，我们谋划出版新一批学术专著，期待我校广大专家学者继续坚持“四个面向”，坚决扛起保障国家能源资源安全、服务建设科技强国的时代使命，努力把科研成果写在祖国大地上，为国家实现高水平科技自立自强，端稳能源的“饭碗”做出更大贡献，奋力谱写科技报国新篇章！

中国石油大学（北京）校长

2021 年 11 月 1 日

序

1979 年 7 月 20 日，美国宇航员阿姆斯特朗首次成功登陆月球，实现了“上九天揽月”的梦想。直到 40 多年后的 2020 年 11 月 10 日，我国自主研制的奋斗者号载着 3 名潜航员在马里亚纳海沟成功下潜到 10909m，方才实现了“下五洋捉鳖”的夙愿。故而，英国《经济学人》有“深海是行星地球上最后的前沿之一（the deep ocean is the final frontier on planet earth）”之说。

在人类探索自然的历程中，深水沉积学扮演着举足轻重的角色。人类对油气等矿产资源的需求是深水沉积学发展的内在动因，而重大国际地学研究计划（如深海钻探计划和综合大洋钻探计划等）是深水沉积学发展的直接动力。面对学科发展新的挑战，国家自然科学基金委员会地球科学部明确提出了以深地、深海、深空和地球系统为对象的地球科学发展战略。其中，深海是“三深一系统”的“四梁”之一，其核心科学问题是海洋过程及其资源环境效应。

在深海大洋中，人类对重力流（浊流）和底流（等深流）的研究具有悠久的历史，研究成果被直接运用到全球深水油气勘探实践中。随着研究的深入，人们逐渐意识到垂直陆坡等深线流动的重力流和平行陆坡等深线流动的底流可能会同时出现在同一个“十字路口”上，从而形成一种新的深水沉积作用——重力流与底流交互作用。近年来，重力流与底流交互作用相关研究逐渐增多，是当前深水沉积学研究的前沿和热点之一，如综合大洋钻探计划 339 航次的核心科学问题之一便是重力流与底流交互作用。

中国石油大学（北京）龚承林和王英民两位老师围绕“深海重力流与底流交互作用”进行了长期探索，揭示了交互作用的机理与模式，创新了深水沉积学基础理论。相关成果先后发表在 *Geology*、*GSA Bulletin*、*Sedimentology* 和 *AAPG Bulletin* 等高水平学术刊物上，得到了国际同行的关注与认可。《深海重力流与底流交互作用》一书是作者在前期研究成果基础上的进一步凝练，系统介绍了深海重力流与底流交互作用的过程响应与动力机制。

《深海重力流与底流交互作用》一书内容丰富、资料详实、图文并茂，我相信它的出版将会对我国深水沉积学的发展起到重要的推动作用，也将使相关领域（沉积学和海洋地质学）的在校学生和科研人员受益！

中国科学院院士：[signature]

2023 年 6 月 3 日

前　言

20 世纪 50 年代，顺坡而下的沉积物重力流（浊流）理论的建立引起了沉积学界的一场革命，并被运用到全球深水油气勘探实践中来。60 年代，研究发现沿坡流动的底流（等深流）沉积作用具有与沉积物重力流相比毫不逊色的剥蚀-沉积响应，所形成的等深流沉积体系是与重力流沉积体系地位相当的一种沉积类型。随着研究的深入，越来越多的学者意识到：沉积物重力流和底流在时空上可能同时存在、频繁互动，形成深海大洋中第三种深水作用机制——“深海重力流与底流交互作用”。

作者一直致力于“深水沉积学”研究，以“深海重力流与底流交互作用”为主要方向之一，其在 *Geology*（2 篇）、*GSA Bulletin*、*Sedimentology* 和 *AAPG Bulletin* 等重要的 SCI 刊物上发表系列成果论文 15 篇。值得一提的是，英国伦敦大学皇家霍洛威学院 Francisco J. Hernández-Molina 教授课题组在 *Earth-Science Reviews* 上撰文甄选了重力流与底流交互作用过去五十年（1972～2022 年）的 87 篇代表性学术论文，其中 4 篇来自作者的研究。系列成果被 *Geology* 和 *Earth-Science Reviews* 等高水平 SCI 刊物有效他引 200 余次，主要的创新点概述如下。

首先，提出了“深水单向迁移水道”的概念，阐明了沉积模式（详见本书第 1～5 章）。现有深水沉积学理论认为受可容空间驱动，浊积水道在剖面上往往左右摆动、无序迁移。作者将持续稳定向一个方向迁移叠加的深水水道命名为“深水单向迁移水道”，其体现了侵蚀下切的重力流（浊流）和单向流动的底流（等深流）之间的综合效应，相应地在迁移水道内发育一个由底流改造砂、碎屑流沉积及披覆泥组成的向上变细的沉积序列。深水单向迁移水道的提出改变了早期人们对深水水道沉积模式的认识，为独立于前人提出的“无序迁移的浊积水道沉积模式”之外的第二种新的深水水道沉积模式。

其次，首次揭示了深水单向迁移水道内重力流与底流交互作用的动力学机制，发展了深水水道沉积动力学理论（详见本书第 6 章）。作者首次通过流体动力学计算，认为重力流与底流交互作用可在迁移水道内形成开尔文-亥姆霍兹（K-H）波，这些 K-H 波的头部发育在陡岸，以侵蚀作用为主，而其低速的尾部则出现在水道的缓岸，以沉积作用为主。从而形成“陡岸侵蚀-缓岸沉积”的差异剥蚀-沉积响应，并驱动单期水道向陡岸一侧持续稳定地迁移、叠加，形成深水单向迁移水道。相关研究成果揭示了除“重力流”和“底流”之外的第三大沉积作用过程（重力流与底流交互作用）的沉积动力学机制，丰富了深水水道沉积动力学基础理论。

最后，揭示了深水单向迁移水道内有利储层分布模式，开拓了深水油气勘探新领域（详见本书第 7 章）。现有深水沉积学理论认为浊积水道内有利储层往往左右叠置，无序展布。深水单向迁移水道内底流改造砂在剖面上总是向水道迁移方向不断迁移、叠加，在平面上靠近水道迁移一侧呈条带展布。这一有序叠置的底流改造砂分布模式突破了“传统沉积学理论”的束缚，将深水油气勘探从“单一浊积水道找油”拓展到“浊积+迁移水道找油”，开拓了深水油气勘探新领域。

遗憾的是上述研究成果多以英文形式发表，且并未形成系统的理论体系。因此，作者一直想撰写一本关于深海重力流与底流交互作用方面的专著，以期系统地介绍相关理论成果。本书由龚承林和王英民构思，由龚承林执笔撰写。参与本书研究工作的还有 Ronald J. Steel 教授、Michele Rebesco 博士、Francisco J. Hernández-Molina 教授、Jeff Peakall 教授和 Weiguo Li 博士等。在书稿的完成过程中，科学出版社刘翠娜编辑提供了细致、专业、高质量的编审工作。在此一并致以诚挚的谢意。

此外，中国科学院院士、著名沉积学家王成善教授在百忙之中为本书作序，令本书增色良多，在此深表谢忱！本书是国家自然科学基金项目 40972077、41372115（负责人王英民）以及 41972100 和 41802117（负责人龚承林）共同资助的研究成果，书籍的出版得到了中国石油大学（北京）学术专著出版基金的资助，在此一并感谢。

深海重力流与底流交互作用是一项多学科交叉的重大命题，本书以深水单向迁移水道为理论突破口，仅是作者对“深海重力流与底流交互作用”的研究积累和相关思考，以期抛砖引玉。虽尽心竭力，奈何诠才末学，多有不足之处，敬请广大读者批评指正。

龚承林 王英民

2022 年 6 月 1 日于北京昌平

目　录

第 1 章

绪　论

1.1 研究意义

1.1.1 重力流与底流交互作用研究是当前深水沉积学理论研究的前缘和热点

如图 1.1.1 所示，深水大洋中发育顺坡而下的重力流（浊流）沉积作用和沿坡流动的底流（等深流）沉积作用（Shanmugam，2003，2008a，2012；Mulder et al.，2008；Rebesco et al.，2014；Gong et al.，2018；Fonnesu et al.，2020）。顺坡而下的沉积物重力流（浊流）作用过程具有悠久的研究历史，研究得相对比较深入，涌现了诸多出色的研究成果，并直接被运用到全球深水油气勘探实践中（Shanmugam，2000，2002；Mutti et al.，2003，2009；彭大钧等，2005；庞雄等，2007；李祥辉等，2009；Talling et al.，2013）。沿坡流动的底流（等深流）沉积作用具有与沉积物重力流相比毫不逊色的侵蚀-沉积响应，所形成的等深流沉积体系（contourite depositional systems）是与重力流沉积体系地位相当的一种沉积类型（高振中等，1996；Rebesco and Stow，2001；Stow，2002；何幼斌等，2004；Rebesco et al.，2008，2014；Hernández-Molina et al.，2009；王玉柱等，2010；吴嘉鹏等，2012；徐尚等，2012；Gong et al.，2018；Chen et al.，2020；Fonnesu et al.，2020）。等深流沉积体系在南大西洋陆缘（Duarte and Viana，2007；Preu et al.，2012，2013；Hernández-Molina et al.，2016a）、伊比利亚外海的加的斯湾（Gulf of Cadiz）（Hernández-Molina et al.，2003；Roque et al.，2012；Brackenridge et al.，2013；Stow et al.，2013）、北大西洋陆缘（Akhmetzhanov et al.，2007）、中国南海（Zhu et al.，2010；Gong et al.，2012；Palamenghi et al.，2015）、南极地区（Rebesco et al.，1996，2002，2007；McGinnis et al.，1997；Uenzelmann-Neben，2006）以及东非陆缘的鲁伍马盆地（Chen et al.，2020；Fonnesu et al.，2020）等地区均有报道。在这些地区，底流能够形成大规模的沉积现象（如等深流漂积体，contourite drifts）、侵蚀现象（如等深流水道）和沉积-侵蚀复合现象（如等深流阶地，contourite terraces）。

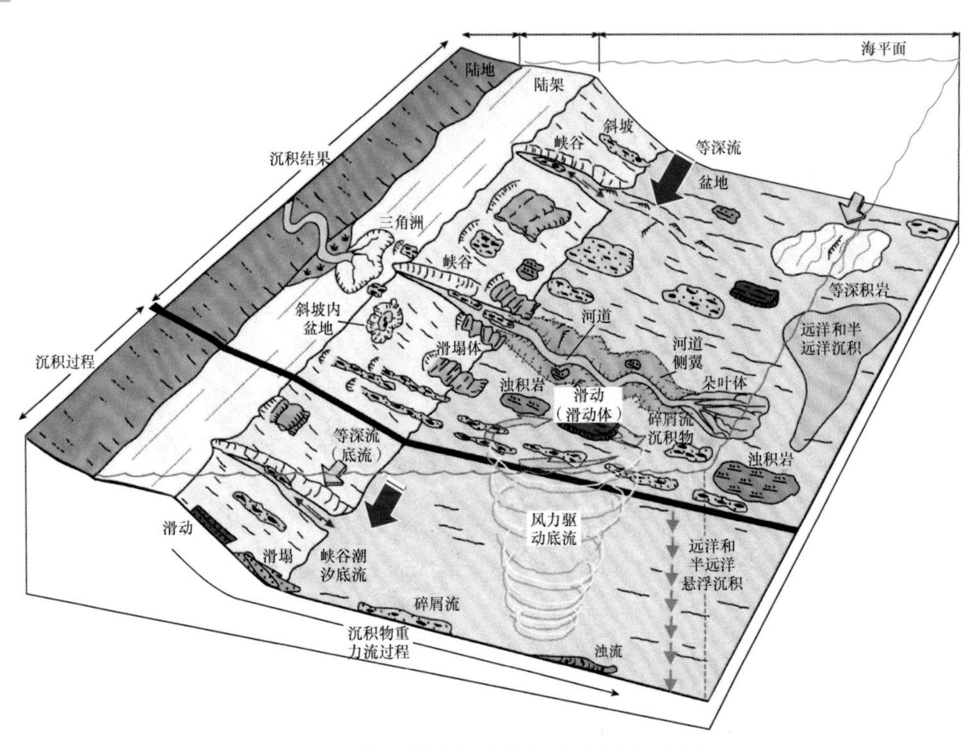

图 1.1.1　深海大洋主要沉积作用的过程响应卡通示意图（译自 Shanmugam，2003）

据统计：截至 2014 年，全球已发现报道的古代底流（等深流）研究实例有 23 处，而已发现报道的现代底流（等深流）研究实例达 116 处之多。经典的古代等深流沉积体系研究来自摩洛哥境内 Rifian Corridor 地区的晚中新世等深流水道沉积体系，相关成果发表在国际著名地学刊物 *Geology* 第 48 期，题为 *Late Miocene contourite channel system reveals intermittent overflow behavior*（de Weger et al.，2020）。源自地中海溢出流（Mediterranean outflow water）的底流（等深流）越过塔扎海坎（Taza sill）时在 Kirmta 和 Sidi Chahed 两个地区形成两套（northern channel 和 southern channel）等深流水道沉积体系（Capella et al.，2017；de Weger et al.，2020）。

随着研究的深入，越来越多的学者意识到：顺坡而下的沉积物重力流（浊流）在向深水陆坡搬运输送的过程中往往被底流［包括等深流、深水潮汐底流、内波（internal wave）、内潮（internal tide）等］分选、淘洗和改造，重力流与底流在时空上可能同时存在、频繁互动，进而在深海大洋中形成第三种深水沉积作用——重力流（浊流）与底流（等深流）交互作用，单独进行重力流或底流的研究已经无法满足深水沉积学发展的需要（Hernández-Molina et al.，2006，2009；Mulder et al.，2008；Rebesco et al.，2008；高振中等，2010；吴嘉鹏等，2012；Brackenridge et al.，2013；Stow et al.，2013；Rebesco et al.，2014；Gong et al.，2018；Fonnesu et al.，2020）。

自丹麦学者Erik Skovbjerg Rasmussen于1994年首次研究报道了重力流（浊流）与底流（等深流）交互作用以来，越来越多的学者认识到在深水陆缘重力流与底流同时存在、频繁互动、活跃地交互作用着（图1.1.2），这一沉积作用过程可以形成一系列特殊类型的沉积体系，如单向迁移的深水水道、交互作用成因的沉积物波、底流改造砂等（Rasmussen，1994；Faugères et al.，2002；Gonthier et al.，2002；Stow and Faugères，2008；Viana，2008；Rebesco et al.，2014；Gong et al.，2018；Fonnesu et al.，2020）。重力流（浊流）与底流（等深流）交互作用的现代案例如图1.1.3所示：在希腊的科林斯海湾，河流在洪水期所形成的河口羽状流（类似沉积物重力流）在入海口受到区域洋流（类似等深流）的影响而发生单向偏移，形成不对称的河口羽状流沉积。在河口羽状流（类似沉积物重力流）与区域洋流（类似等深流）相互作用下，科林斯海湾的河口羽状流沉积距离河口越远则沉积颗粒越细、沉积体面积越大，主要堆积在靠近区域洋流流向一侧，展现出明显的沉积不对称性（图1.1.3）。

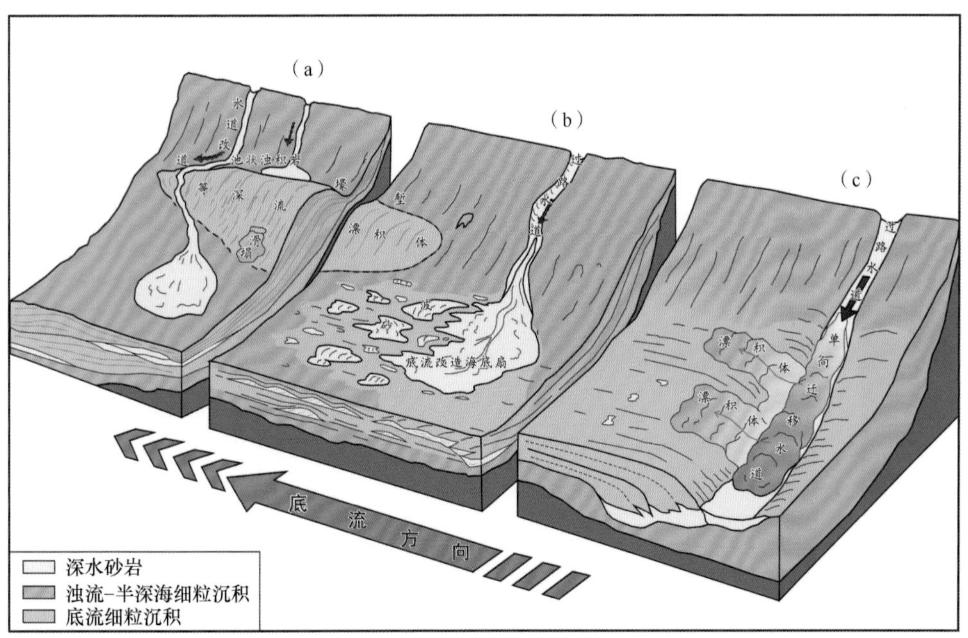

图1.1.2 重力流与底流交互作用沉积模式图（引自Fonnesu et al.，2020）

（a）重力流和底流单独作用、交替出现；（b）底流对重力流沉积的再改造、再搬运；（c）重力流和底流频繁互动、相互影响

研究认为重力流（浊流）与底流（等深流）存在如下三种“此消彼长”的相互/交互浊流（图1.1.2）（Fonnesu et al.，2020）：①重力流和底流单独作用、交替出现［图1.1.2（a）］（Viana et al.，1998；Michels et al.，2002；Brackenridge et al.，2013）；②底流对重力流沉积的再改造、再搬运［图1.1.2（b）］（Mutti，1992；Stow，2002；Mutti and Carminatti，2012；Gong et al.，2013）；③重力流和底流频繁互动、相互影响［图1.1.2（c）］（Palermo et al.，2014；Sansom，2018）。这三种交互作用

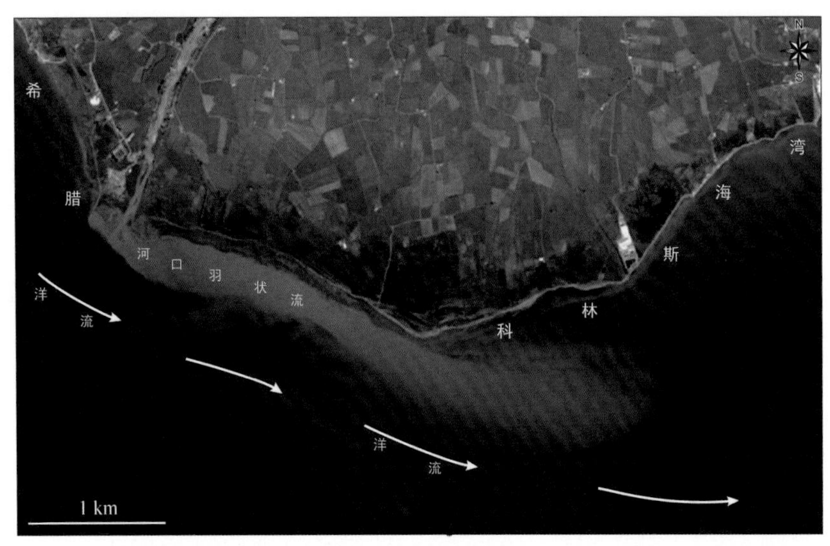

图 1.1.3 希腊科林斯海湾河口羽状流（类似重力流）与区域洋流（类似等深流）相互作用的过程响应

方式是浊流与底流交互作用的“三个端元”，它们之间也存在相互转换的过渡类型（Fonnesu et al.，2020）。例如，Shanmugam 等（1993a）基于岩心首次提出了底流与重力流同步相互作用的概念和沉积模式，后来被认为其是底流对先期重力流沉积物的分选、淘洗和改造作用的结果。

在第一种情况下［图 1.1.2（a）中的“重力流和底流单独作用、交替出现”模式］，等深流和浊流在不同的地质历史时期单独发育、交替出现，形成浊流沉积和等深流沉积交互出现的局面。这种交互作用模式主要表现在由等深流形成的等深流漂积体和等深流壕堑为重力流的形成发育提供了池状可容空间。这一类交互作用的研究实例主要出现在美国外海的大西洋边缘、巴西陆缘（Moraes et al.，2007）和坦桑尼亚南部的白垩系（Sansom，2018）等。

在第二种情况下［图 1.1.2（b）中的“底流对重力流沉积的再改造、再搬运”模式］，等深流对浊流带来的沉积进行再次淘洗、分选和改造，所形成的深水沉积体系（如水道-朵叶体系）往往在靠近等深流流向一侧侧向加长，且靠近底流流向一侧的沉积边界呈不规则的锯齿状。这种交互作用模式主要作用在前期的浊流沉积上，表现为等深流将浊流沉积物侧向搬运、加长，形成不对称的朵叶、水道等（如本章后续章节所讨论的单向迁移水道-侧向朵叶沉积体系等）。这一类交互作用的研究实例主要出现在巴西外海的桑托斯和坎波斯盆地以及东非陆缘鲁伍马盆地和坦桑尼亚外海等地区（Mutti and Carminatti，2011；Mutti et al.，2014；Fonnesu et al.，2020）。

在第三种情况下［图 1.1.2（c）］，重力流和底流同时、同地存在，两者频繁互动、相互影响（重力流沉积的同时也受到底流的影响），是最为典型的狭义重力流（浊流）与底流（等深流）交互作用。Sansom（2018）和 Fonnesu 等（2020）利用“浊流和底流频繁互动、相互影响”这种交互作用模式对莫桑比克北部和坦桑尼亚南部沿海地区发育的深水单向迁移水道（unidirectionally migrating deepwater channels）的沉积构成和成因机制进行了解释。

近十年来，关于重力流与底流交互作用方面的研究逐渐增多，其是当今深水沉积学研究的前沿和热点，主要体现在：①国际地质科学联合会（International Union of Geological Sciences，IUGS），联合国教育、科学及文化组织（The United Nations Educational，Scientific and Cultural Organization，UNESCO）和欧洲地学联盟（European Geosciences Union，EGU）等国际组织围绕这一主题开展了多学科、多领域的综合研究［如综合大洋钻探计划（IODP）339 航次的核心科学问题之一便是重力流与底流交互作用］；②多国科学家组织展开了多次专题会议和学术讨论（如每四年一届的等深流研究国际学术会议）；③出版了一系列“重力流与底流交互作用”方面的专著（如 *Contourites: Developments in Sedimentology* 等）（Stow，2002；Hernández-Molina et al.，2006，2009；Mulder et al.，2006，2008；Rebesco and Camerlenghi，2008；Salles et al.，2010；Rooij et al.，2010）。

1.1.2 重力流与底流交互作用研究是当前深水沉积学理论的薄弱环节

在国内，由于深水油气勘探的需求，与珠江和红河相伴生的珠江重力流和红河重力流沉积体系被广泛地研究，并涌现出一系列出色的研究成果［如中海石油（中国）有限公司湛江分公司在我国琼东南盆地中央峡谷内的重力流研究及其所伴随的重大油气勘探突破］（林畅松等，2001；彭大钧等，2005；庞雄等，2007；吴时国和秦蕴珊，2009；Zhu et al.，2010；Wang et al.，2011；Gong et al.，2011；解习农等，2012）。此外，源于北太平洋深层水（NPDW）的底流（等深流）在南海北部陆缘活跃地作用着，并形成一系列底流沉积体（如底流沉积物波、底流改造砂、等深流漂积体等）（Lüdmann et al.，2005；邵磊等，2007；王玉柱等，2010；Liu et al.，2008；Zhu et al.，2010；Gong et al.，2012，2013；李云等，2012；吴嘉鹏等，2012；徐尚等，2012；He et al.，2013）。但是，有关重力流与底流交互作用的研究却“凤毛麟角”（Gong et al.，2011，2013；李云等，2012；吴嘉鹏等，2012；徐尚等，2012）。

国际上，由于重力流与底流交互作用的复杂性和所形成沉积物沉积构成的“隐蔽性”，众多学者尝试利用多种尺度的研究方法来分析、甄别交互作用的沉积响应，以期能够系统地辨识底流在沉积纪录中留下的痕迹（Stow et al.，1998；Hüneke and Stow，2008）。前人对重力流与底流交互作用的研究多基于二维地震反射剖面（Wood and Davy，1994；Viana et al.，1998；Faugères et al.，1999；Akhurst et al.，2002；Michels et al.，2002；Rasmussen et al.，2003；Uenzelmann-Neben，

2006；Brackenridge et al.，2013；Thiéblemont et al.，2019）、少量的高频地球物理和海底地貌测深数据（Faugères et al.，1999；Amblas and Canals，2016；Thiéblemont et al.，2019）以及为数不多的岩心数据［如图 1.1.4 和图 1.1.5 所示 Mutti 和 Carminatti（2012）对巴西外海晚白垩世坎波斯盆地形成发育的底流砂体的相关研

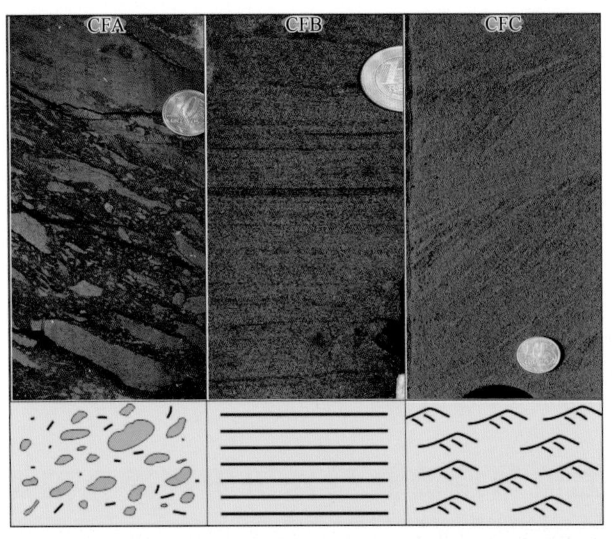

图 1.1.4　巴西外海晚白垩世坎波斯盆地形成发育的底流改造油气储集体的典型岩心照片及其岩相模式图一（Mutti and Carminatti，2012）

岩相 CFA-富泥粉砂、富含泥砾；岩相 CFB-厚层（米级）、结构和成分成熟度较高、发育水平纹层的粉砂和粉细砂；岩相 CFC-发育波纹层理的细砂及可见生物扰动和砂纹构造的粉细砂互层沉积

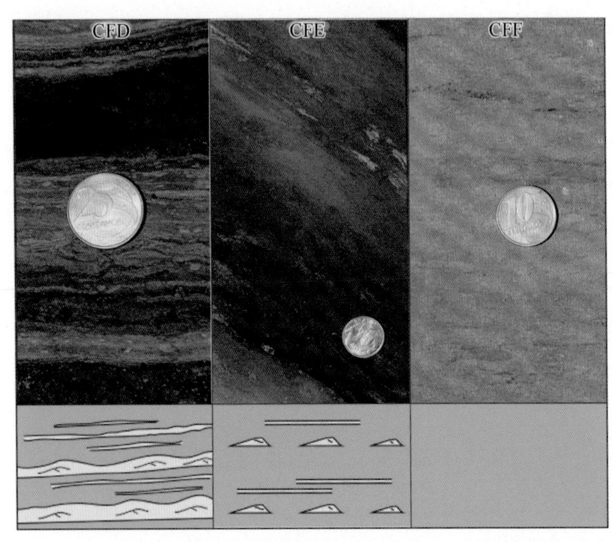

图 1.1.5　巴西外海晚白垩世坎波斯盆地形成发育的底流改造油气储集体的典型岩心照片及其岩相模式图二（Mutti and Carminatti，2012）

岩相 CFD-发育大型波纹层理的厚层（米级）、结构和成分成熟度较高的粉砂和粉细砂；岩相 CFE-可见透镜层理和砂纹层理、富含生物扰动构造的薄层（厘米级）细砂和泥岩互层沉积；岩相 CFF-生物扰动剧烈的泥岩

究]。但是前人有关重力流与底流交互作用的研究以海底-近海底、富泥的等深流漂积体为主（Hollister and Heezen，1972；Carter and McCave，1994；Stow，2002；Wynn and Masson，2008），而有关古代的重力流与底流交互作用的研究“凤毛麟角”，尚未揭示其沉积模式和沉积机理。

由此可见，重力流与底流交互作用研究不仅是当今国际深水沉积学研究的一个新方向和前缘，同时也是我国深水沉积学研究的一个薄弱环节。

1.1.3 重力流与底流交互作用研究具有重要的应用价值

自从 Faugères 等（1993）发现底流控制着砂体的发育展布以来，越来越多的学者意识到底流（等深流）对重力流（浊流）搬运来的碎屑物质具有淘洗、分选效应，可形成一类新的深水规模优质油气储层——底流改造砂（Shanmugam et al.，1993a；Viana，2008；Shanmugam，2008a，2012；Gong et al.，2012；Stow et al.，2011，2013）。近年来的研究结果表明底流改造砂是除了浊积砂和砂质碎屑流之外最重要的油气储层，目前已在巴西东部陆缘（Viana，2008；Mutti and Carminatti，2012）、挪威外陆架（Enjolras et al.，1986）、西班牙外海的加的斯湾（Stow et al.，2011，2013；Brackenridge et al.，2013）、墨西哥湾（Shanmugam，et al.，1993a；Shanmugam，2012）、北美陆缘（Paull and Matsumoto，2000）、南海北部陆缘（Gong et al.，2013）等世界诸多深水陆缘发现了底流改造砂形成的油气储集体。譬如，国际著名的浊流研究专家、意大利帕尔马大学的 Emiliano Mutti 在 90 岁高龄时对巴西外海晚白垩世坎波斯盆地砂体的成因机制和沉积模式开展了极富启发意义的研究，揭示了 6 种重力流（浊流）与底流（等深流）交互作用的岩性类型（图 1.1.4 中的岩相 CFA～CFC 和图 1.1.5 中的岩相 CFD～CFF），其中岩相 CFB 和 CFC 为优质的深水油气储集体类型（研究成果详见 Mutti1 and Carminatti，2012）。这些古代交互作用的沉积产物与如图 1.1.6 所示的现代底流改造砂可类比（将在本书 2.2 节详细讨论）。

尽管底流改造砂有重要的油气勘探价值，但正如 Shanmugam（2008a，2012）、Mutti 等（2009）和 Stow 等（2011，2013）指出的那样，目前人们对底流改造砂的研究和认知程度还比较低，尚未建立起广泛接受的识别相标志和分布模式，对底流改造砂的成因机理还存在诸多争论。由此可见，开展“深水陆缘重力流（浊流）与底流（等深流）交互作用的过程响应与动力机制研究”，分析重力流与底流交互作用形成的底流改造砂体的识别相标志和成因机理，揭示有利砂体的分布规律，对南海乃至全球深水油气勘探都具有重要的应用价值。

综上所述，开展“深水陆缘重力流（浊流）与底流（等深流）交互作用研究”，既具有重要的理论意义，也具有一定的应用前景。

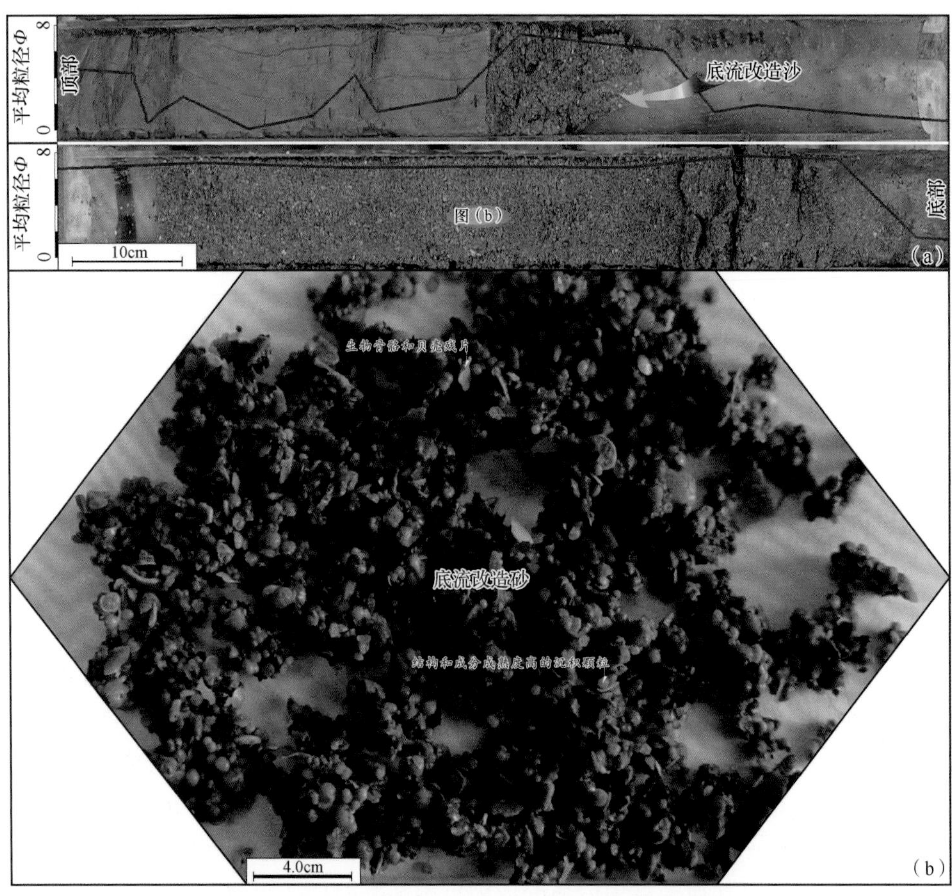

图 1.1.6　中国南海东北陆缘台湾峡谷下游大型柱状样揭示了底流改造砂的沉积特征
图 1.1.4 和图 1.1.5 所示的古代底流改造砂的现代“类比物”

1.1.4　深水水道是沉积学领域颇为关注的重要命题

自 20 世纪初海底峡谷或水道被发现并报道以来，深水峡谷或水道一直是深水沉积学领域颇为关注的重要命题（Daly，1936；Shepard，1981；Wynn et al.，2007；Peakall and Sumner，2015；Fildani，2017；Symons et al.，2017）。这主要是因为：深水峡谷或水道是深水沉积体系的重要组成单元（Weimer and Slatt，2007）；是深水陆缘的沉积建造者（Peakall and Sumner，2015）；是在现代海底横穿数百千米的惊人地貌（Peakall and Sumner，2015）；是将沉积颗粒、营养物、污染物（如塑料）或有机碳从浅海区搬运输送到深水区的主要通道（Galy et al.，2007；Talling et al.，2007；Mulder et al.，2012；Hubbard et al.，2014；de Leeuw et al.，2016；Fildani，2017；Kane and Clare，2019）；保留邻区关键的古气候和古海洋学信息（Hohbein and Cartwright，2006；Gong et al.，2013）；是全球深水陆缘最重要的油气储集体，孕育了大规模的石油和天然气资源（Mayall et al.，2006；Pyles et al.，2012；

Janocko et al.，2013a)；是全球变化的关键沉积档案（Peakall et al.，2012)；是全球碳循环和碳封存中的“传送带”（Galy et al.，2007)。

在过去的十多年间，随着地球物理技术和地震资料精度的不断提高，我们在深水水道（尤其是深水浊积水道）的地貌特征、内部沉积构成、形成演化和发育背景等方面都取得了丰硕的研究成果（Clark and Pickering，1996；Mayall et al.，2006，2010；Wynn et al.，2007；Weimer and Slatt，2007；Pyles et al.，2010；袁圣强等，2010；Gong et al.，2011；Peakall and Sumner，2015)。近年来，深水水道内部的沉积作用过程一直是水道研究这一学科热点和前缘的“重中之重”，人们主要通露头解剖（Pyles et al.，2012)、物理模拟（Kassem and Imran，2004；Peakall et al.，2007；Straub et al.，2008；Amos et al.，2010；Ezz et al.，2013)、数值模拟（Corney et al.，2006，2008；Imran et al.，2007；Abad et al.，2011；Darby and Peakall，2012；Dorrell et al.，2013；Janocko et al.，2013b）以及直接的水动力观测（Parsons et al.，2010；Wei et al.，2013；Sumner et al.，2014）开展深水水道内沉积作用过程研究。

通常情况下，单个深水水道由于可容空间的变化在水道沉积体系中无规律地迁移、摆动，其侧向迁移的方向是不可预知的（Beaubouef，2004；Labourdette，2007)。然而与典型的陆坡深水水道不同，在深水陆坡上还广泛发育一类持续向一个方向迁移的深水水道，作者将其命名为深水单向迁移水道，相关成果发表在 *AAPG Bulletin* 第 97 期，题为 *Upper Miocene to Quaternary unidirectionally migrating deep-water channels in the Pearl River Mouth Basin，northern South China Sea*，认为其是重力流（浊流）与底流（等深流）交互作用的典型沉积响应。由于意大利埃尼石油公司（ENI）等国际石油巨头在东非鲁伍马盆地深水单向迁移水道内发现了储量巨大的深水天然气藏，深水单向迁移水道已成为国际学术界和工业界颇为关注的研究领域之一（Fonnesu et al.，2020；Miramontes et al.，2020；Fuhrmann et al.，2020)。

1.1.5 本书所涉及的相关概念和术语体系

本书所使用的术语体系主要包括“底流、重力流及其交互作用”以及“深水水道”两个方面。

“底流、重力流及其交互作用”相关概念主要包括等深流沉积、等深流漂积体和浊流-等深流混合沉积等，相关概念主要参考 Gong 等（2013，2016，2018)、Rebesco 等（2014)、Creaser 等（2017)、Sansom（2017，2018）和 Fonnesu 等（2020）的相关研究。其中，重力流（浊流）与底流（等深流）交互作用所形成的沉积体系被英国伦敦大学皇家霍洛威学院 Francisco J. Hernández-Molina 教授定义为浊流-等深流混合沉积体系（mixed turbidite-contourite depositional systems)。等深流沉积是指由底流（等深流）作用搬运堆积或经由底流（等深流）充分改造的沉积物（Faugères et al.，1999；Faugères and Stow，2008；Rebesco et al.，2014）。等深流漂积体是指底流（等深流）所形成的、厚且大面积堆积而形成的沉积体，这一定义主要源自 Rebesco 等（2014）。

中生代浊流–等深流混合沉积体系主要来自乌拉圭、坦桑尼亚、爱尔兰和澳大利亚西北部的晚白垩世近海陆缘等地区（Creaser et al.，2017；Owens，2017；Sansom，2017，2018；Fonnesu et al.，2020）。新生代浊流–等深流混合沉积体系主要形成发育在中国南海的珠江口盆地（Gong et al.，2013，2016）、上新世记录的格陵兰岛东南部（Rasmussen et al.，2003）、中新世至第四纪沿南极半岛太平洋陆缘的沉积序列（Hernández-Molina et al.，2017）、坦桑尼亚和莫桑比克近海的古近纪记录（Sansom，2017，2018；Fonnesu et al.，2020）、乌拉圭和巴西陆缘始新世—渐新世的沉积体等（Mutti et al.，2014；Creaser et al.，2017）。

此外，工业界和学术界研究人员对全球数个深水盆地中的深水水道开展了大量研究，从而形成了诸多水道描述术语，如单次水道、水道带、水道复合体等术语（Mayall et al.，2006；Wynn et al.，2007；Weimer and Slatt，2007；Gong et al.，2013）。本书采用如图 1.1.7 所示的水道术语体系（单次水道→水道充填→复合水道→水道复合体→深水水道），详见 Sprague 等（2002）、Edwards 等（2017）所研究的深水水道不同级次的构型单元。

在这一水道术语体系中，“单次水道”是构型级次最小的沉积单元，是指受局部侵蚀冲刷作用所形成的水道单体；一次浊流衰减事件形成的多个水道体的复合称为“水道充填”（Edwards et al.，2017）；一个周期内单个水道充填及其相连的废弃沉积称为“复合水道”（Sprague et al.，2002）；两个或两个以上具有相似叠置样式的、成因相关的复合水道称为“水道复合体”［其在地震上是可分辨的最小级次的水道叠置样式单元，对应于 van Wagoner 等（1988）提出的层序地层中的沉积序列］。每个水道复合体记载单个水道形成、充填、决口和废弃的旋回，不同的水道复合体随着时间的推移不断侧向迁移、垂向叠置形成一个完整的深水水道（图 1.1.7）（Sprague et al.，2002）。

除了上述水道叠置样式描述术语外，本书中描述水道形态、轨迹和构型的参数主要还有：①水道宽度（W），指水道堤岸之间的最大水平距离；②水道深度（T），指从水道底部到水道堤岸的最大垂直高度；③宽深比（W/T），指水道宽度与深度之比；④生长轨迹角（T_{se}），由式（1.1.1）求取（图 1.1.7）；⑤水道迁移指数（M_s）。

$$T_{se} = \arctan\left(\mathrm{d}y/\mathrm{d}x\right) \tag{1.1.1}$$

式中，dx 为某一水道复合体在侧向上的迁移距离；dy 为某一水道复合体在垂向上的进积距离（图 1.1.7）。在水道运动轨迹研究中，我们规定当水道顺坡侧向迁移

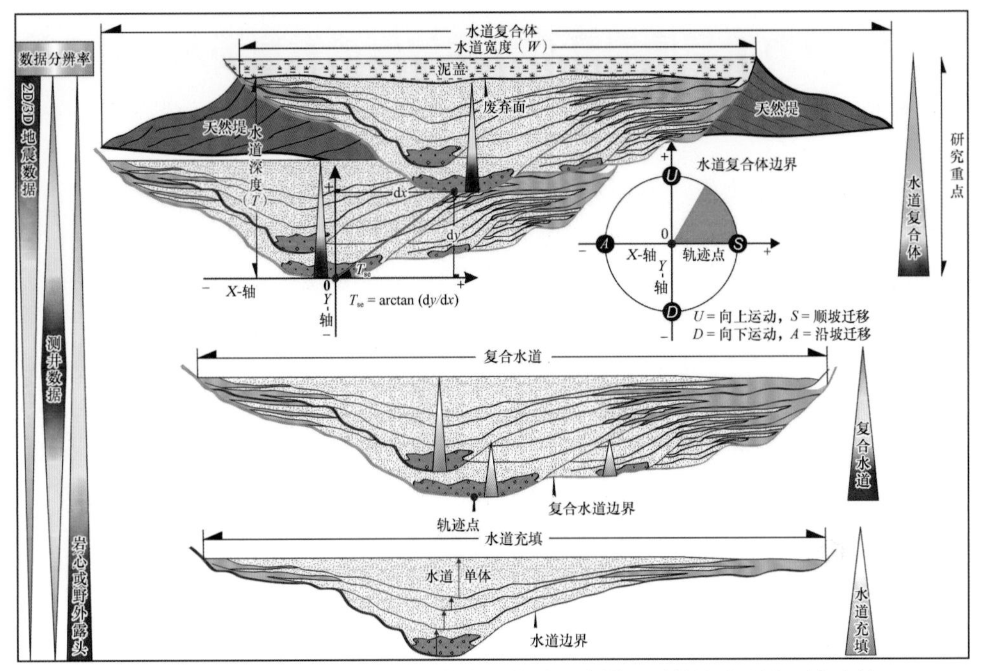

图 1.1.7 深水水道的构型级次及其术语体系、水道运动轨迹和形态研究方法

时，dx 为正值；而当水道沿坡向陆迁移时，dx 为负值（图 1.1.7）。此外，本章还对水道的剖面形态特征和叠置样式参数进行了统计学分析，相关参数主要包括水道宽度、水道深度、宽深比和水道迁移指数（图 1.1.7）。其中，水道迁移指数定义（Jerolmack and Mohrig，2007）如下：

$$M_s = \frac{|dx|}{dy}\frac{T}{W} \tag{1.1.2}$$

1.2 章节概述

本书共包括 7 章，其中第 2 章和第 3 章拟从现代和古代的角度出发搜索深水陆缘上重力流（浊流）与底流（等深流）交互作用的形成发育场所；第 4 章主要分析交互作用沉积响应（深水单向迁移水道）的形态特征、发育演化和沉积模式；第 5 章主要探讨基于全球尺度的深水单向迁移水道形态变化、叠置样式及主控因素；第 6 章拟从数值计算和物理模拟的角度解释深水单向迁移水道内重力流与底流交互作用的沉积动力学机制；第 7 章论述深水单向迁移水道及其底流改造砂相模式、相标志及古海洋学意义。

1.2.1 重力流与底流交互作用的形成发育场所（第2章和第3章）

一般来说，重力流（浊流）和底流（等深流）是深水陆缘上的两大主要沉积作用类型，但在过去的数十年里越来越多的研究表明在深水陆缘上发育存在第三种沉积作用类型——重力流（浊流）与底流（等深流）交互作用（Hernández-Molina et al.，2006；Mulder et al.，2006，2008；Rooij et al.，2010；吴嘉鹏等，2012；Rebesco et al.，2014；Gong et al.，2018；Fonnesu et al.，2020）。前人分别对重力流（浊流）和底流（等深流）的沉积作用过程展开研究，取得了一系列出色的成果（Shanmugam，2000，2002；彭大钧等，2005；庞雄等，2007；Mutti et al.，2003，2009；李祥辉等，2009；Talling et al.，2013），但只有当重力流和底流同时、在同一地点发生且具有大致相当的能量时，才有可能出现重力流与底流交互作用（Mulder et al.，2008）。

广为人知的沿陆坡走向流动的底流（等深流）和沿陆坡倾向流动的重力流（浊流），在触发机制、流动方向、能量强度、搬运能力、持续时间、搬运机制等方面存在诸多差异（Shanmugam，2008a；Mulder et al.，2008；Arzola et al.，2008；de Stigter et al.，2011；Mulder et al.，2012；Rebesco et al.，2014；Gong et al.，2018；Fonnesu et al.，2020），严格意义上的重力流与底流交互作用在自然界非常“罕见”。正因为如此，在过去的数十年间浊流和底流交互作用一直是一个“争论不休”的话题，产生这一争议的根源在于人们对交互作用的形成发育场所存在争议，尚未找到交互作用发育存在的“铁证”（Hernández-Molina et al.，2006，2009；Mulder et al.，2008；Rebesco et al.，2014；Gong et al.，2018；Fonnesu et al.，2020）。

本书第2章以现代的我国南海东北陆缘为例，第3章以南大西洋西侧晚白垩世阿根廷和乌拉圭陆缘为例；通过对陆缘上各种深水沉积单元的识别搜索、重构陆缘上复杂的沉积作用过程，最终揭示重力流（浊流）和底流（等深流）最有利的形成发育场所和最典型的沉积响应类型。研究表明持续向一个方向迁移的深水水道［作者将这一特殊类型的深水水道命名为“深水单向迁移水道”（Gong et al.，2013）］体现了顺坡而下的重力流（浊流）和沿坡流动的底流（等深流）的综合效应，是交互作用最典型的沉积响应类型。

1.2.2 重力流与底流交互作用典型沉积响应的沉积构成、沉积模式及其全球尺度的剖面形态和叠置样式的变化（第4章和第5章）

深水水道由于和深水油气储层息息相关而成为当前深水油气勘探和深水沉积

学研究的热点和前缘（Posamentier and Kolla，2003；Mayall et al.，2006；Weimer and Slatt，2007；Wynn et al.，2007；吴时国和秦蕴珊，2009；Kane et al.，2010；Pyles et al.，2010；Gong et al.，2011；解习农等，2012）。前人的研究多集中在剖面上无序迁移摆动的浊积水道（Clark and Pickering，1996；Mayall et al.，2006，2010；Weimer and Slatt，2007；Wynn et al.，2007；Pyles et al.，2010；袁圣强等，2010；Gong et al.，2011）。与浊积水道截然不同的是深水单向迁移水道，其持续稳定地向一个方向迁移叠加，其沉积构成和沉积模式与现有的深水水道沉积理论“相悖”。此外，这一特殊类型的水道究竟是“个例”还是在世界深水陆缘上普遍存在也亟待深入研究。

第4章通过对三个（南海北部陆缘晚中新世至今、东非鲁伍马盆地渐新世和坦桑尼亚陆缘晚白垩系）典型的深水单向迁移水道体系的解剖，以期揭示深水单向迁移水道的沉积构成和沉积模式。在此基础上，第5章拟通过作者建立的全球深水单向迁移水道数据库，揭示深水单向迁移水道剖面形态和叠置样式在全球尺度的异同和变化。

1.2.3 深水单向迁移水道内交互作用的沉积动力学机制（第6章）

深水单向迁移水道因其沉积特征的特殊性，如同数学界的哥德巴赫猜想一般一经提出便深深地吸引了众多沉积学家的研究，人们从重力流（浊流）与底流（等深流）交互作用的角度对其成因做出了一个精致的假说。众所周知的是顺坡而下的重力流（浊流）和沿坡流动的底流（等深流）在触发机制、流动方向、能量强度、搬运能力、持续时间、搬运机制等方面存在“冰与火”的差异（Shanmugam，2008a；Mulder et al.，2008；Rebesco et al.，2014；de Leeuw et al.，2016；Azpiroz-Zabala et al.，2017；Gong et al.，2018；Fonnesu et al.，2020）。由此可见，这两大沉积作用机制如同永不相交的两条平行线一般，它们能否发生交互作用一直颇具争议（Shanmugam，2008a；Mulder et al.，2008；Arzola et al.，2008；de Stigter et al.，2011；Mulder et al.，2012；Rebesco et al.，2014；Gong et al.，2018；Fonnesu et al.，2020）。解决这一争议的根本途径就是揭示顺坡而下的重力流（浊流）和沿坡流动的底流（等深流）交互作用的沉积动力学机制。

本书第6章以深水单向迁移水道为研究载体，从数值计算的角度解释顺向迁移水道内重力流与底流交互作用的动力学机制；基于他人的研究，从物理模拟的角度梳理反向迁移水道内重力流与底流交互作用的动力学机制。

1.2.4 重力流与底流交互作用研究的油气勘探和古海洋学意义（第 7 章）

前人研究表明底流改造砂是重力流与底流交互作用的产物，但是人们对这一类油气储层的发育演化和分布模式的研究及认知程度还比较低。自从 Faugère 和 Stow（2008）提出底流在很大程度上控制了沉积物在空间上的分布以来，人们逐步认识到重力流所携带的沉积物在向深水区搬运的过程中被改造、分选、淘洗，形成底流改造砂，从而形成优质的深水油气储层和有利的勘探目标（Faugère and Stow，2008；Shanmugam et al.，1993a，1993b）。譬如，图 1.1.4 中的岩相 CFB 和岩相 CFC 由结构和成分成熟度较高的细砂–细粉砂组成，累计厚度可达数米；可以形成规模优质深水油气储集体（Mutti and Carminatti，2012）。这一结论已被东非鲁伍马盆地渐新统和坦桑尼亚陆缘上白垩统的重大油气勘探发现所证实（Fonnesu et al.，2020；Fuhrmann et al.，2020）。

然而，深水单向迁移水道内交互作用成因的砂体兼具重力流（浊流）和底流（等深流）沉积的特征，其发育识别极具“隐蔽性”；亟待揭示它们的识别相标志和分布模式。此外，深水单向迁移水道所蕴含的古海洋学意义也有待进一步深入研究。

本书第 7 章从大（沉积体系尺度）、中（地震相尺度）、小（沉积相尺度）三个角度揭示深水单向迁移水道及底流改造砂的识别相标志，建立底流改造砂的时空分布模式，揭示两类深水单向迁移水道所蕴含的古海洋学意义。

第 2 章

南海东北陆缘近海底重力流、底流及其交互作用过程响应

2.1 概述与区域地质概况

2.1.1 概述

1. 现代陆缘上重力流与底流交互作用颇具争议

一般来说，重力流（浊流）与底流（等深流）常常被认为是现代深海大洋中最主要的两大沉积作用过程，但在过去数十年里越来越多的研究表明在深水陆缘上重力流和底流活跃地交互作用着（Hernández-Molina et al.，2006；Mulder et al.，2006，2008；Rooij et al.，2010；吴嘉鹏等，2012；Rebesco et al.，2014；Gong et al.，2018；Fonnesu et al.，2020）。只有当重力流和底流同时、在同一地点发生且具有大致相当的能量时，才有可能出现重力流与底流交互作用（Mulder et al.，2008）。然而重力流和底流在流动方向、能量强度与流体动力学特征等方面存在显著差异，严格意义上的重力流与底流交互作用形成发育条件极为苛刻，从而导致在过去的数十年间重力流与底流交互作用过程响应一直是一个“争论不休”的话题（Shanmugam，2008a；Mulder et al.，2008，2012；Arzola et al.，2008；de Stigter et al.，2011；Rebesco et al.，2014；Gong et al.，2018；Fonnesu et al.，2020）。

本章的研究区——南海东北陆缘台西南陆坡区被陆坡深水水道、侵蚀沟壑和深水峡谷剧烈侵蚀、切割，重力流十分活跃（图 2.1.1）。前人的研究成果表明源自北太平洋中层水（NPIW）和北太平洋深层水的底流（等深流）沉积在南海北部陆缘发育（Qu et al.，2006；Yang et al.，2010；Gong et al.，2012，2013；He et al.，2013）。可见，研究区可能发育活跃的重力流（浊流）与底流（等深流）交互作用，是揭示“近海底重力流、底流及其交互作用过程响应”的天然实验室。

2. 本章所采用的数据和方法

本章主要利用中国地质调查局广州海洋地质调查局（简称广州海洋地质调查局）获取并提供的区域海洋地质调查资料开展相关研究，这些区域海洋地质调查资料主要包括以下几部分。

1）多波束海底测深数据

由广州海洋地质调查局所提供的低精度的海底测深数据覆盖了整个台西南陆坡的大部分，而用 Simrad EM950 多波束回声测深系统获得的高精度多波束海底地形图覆盖了绝大部分研究区。这些高精度的海底地形地貌图用于刻画台西南陆坡区近海底各种不同沉积类型的空间展布。

2）2D 地震数据

本书所使用的地震数据主要为广州海洋地质调查局利用 Sparker and Arigun 系统所获取的长约 708.4km 的 2D 区域地震剖面。这些 2D 地震数据以零相位、国际勘探地球物理学家协会（SEG）负极性显示，在这些地震剖面上波阻抗的增加对应一个强振幅（波谷）反射。2D 地震数据在目的层的主频为 60～80Hz，垂向分辨率约为 15m。

利用这些区域 2D 多道地震剖面，识别了台西南陆坡区内近海底发育的不同的地震相类型及其特征。此外，以 1560m/s 作为海水的速度，利用这些区域 2D 地震测线计算了研究区不同部分的陆坡坡度。

3）大型重力活塞样

在台西南陆坡区内获取了四个大型重力活塞样，包括 TS1（937cm）、TS01（699cm）、TS02（682cm）和 TS03（658cm）。这四个大型重力活塞样以 7～20cm 为取样间隔，利用 63μm 筛子进行筛洗法粒度分析，将样品筛分成粗、细两部分。粗粒部分利用筛析法进行粒度封堵，而细粒级部分用 Malvern Mastersizer 激光衍射计进行测量，并且这两个粒度数据随后根据干重含量重新汇总、统计。

4）微体古生物资料

对研究区内获取的四个大型重力活塞样以约 17cm 的采样间隔进行取样，共采集了 157 个样本。对这 157 个样本按照如下处理方法识别、挑选底栖和浮游有孔虫：①在双氧水中清洗、分离样品；②用 0.0063mm 的网状筛轻轻冲洗样品；③烘干和分离大于 0.0063mm 的组分；④在双目显微镜（Leica MZ12.5）下进行挑选识别不同的古生物种属。

5）AMS ^{14}C 测年

从 TS01、TS02 和 TS03 大型重力活塞样中选取 5 个样品，在这些样品中挑选新鲜、干净的有孔虫 *Globigerinoides Sacculifer*，分两批次分别送至德国基尔大学和中国北京大学进行放射性碳测年。

2.1.2　区域地质概况与海洋学背景

1. 台西南陆坡区域地质概况

南海盆地是欧亚板块和菲律宾板块碰撞形成的一个残留洋盆（李思田等，1998；Yu et al.，2009），在南海北部陆缘发育一系列中生代裂陷盆地，从西到东依次为莺歌海盆地、琼东南盆地、珠江口盆地和台西南陆坡区（也称为“台西南盆地”），本章的研究区位于南海北部陆缘东北部的台西南陆坡区。

研究区的上陆坡被陆坡深水水道、台湾峡谷、澎湖峡谷和一系列小规模的侵蚀沟壑切割，顺坡而下的重力流（浊流）作用机制十分活跃（图 2.1.1），且与北太平洋进行着活跃的水体交换（图 2.1.2）（Chiu and Liu，2008；Yang et al.，2010）。其中，台湾峡谷深切割于南海北部陆缘的东段，向东南方向延伸了 110 余千米，而澎湖峡谷近于南北向展布，是台西南陆坡和高屏陆坡之间的分界线（Chiu and Liu，2008；Gong et al.，2013）。

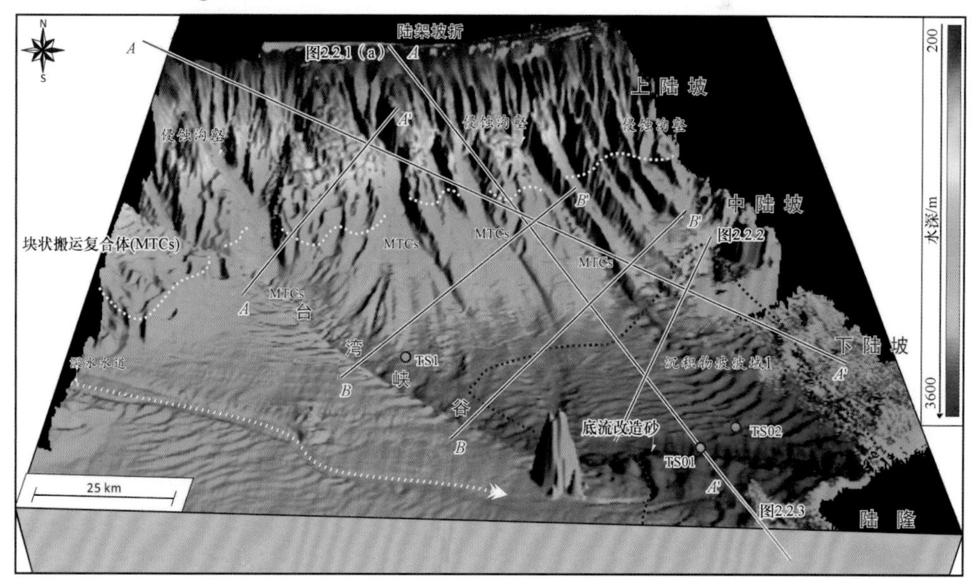

图 2.1.1　三维高精度多波束海底地形图描绘了台西南陆坡区内近海底各类沉积体的地貌特征、重力活塞样的平面位置以及地震剖面的平面位置

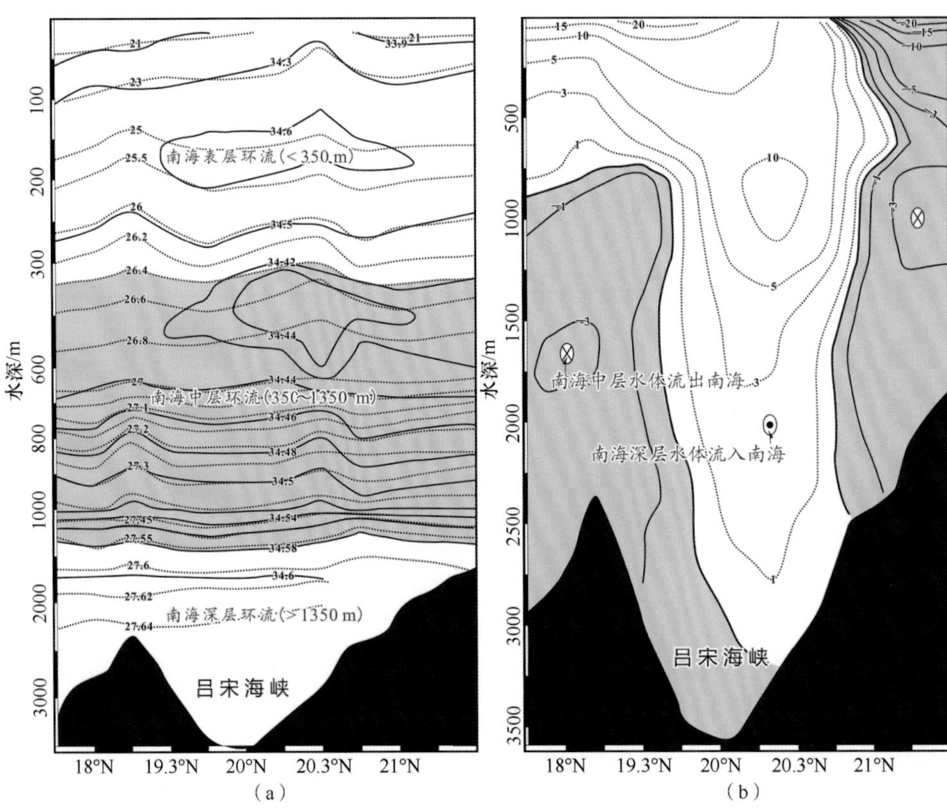

图 2.1.2　Yang 等（2010）航次所揭示的吕宋海峡水体密度［图（a）中的虚线，kg/cm^3］、盐度［图（a）中的实线，%］和流速［图（b），cm/s］剖面结构

利用研究区内区域测深数据和 Simrad EM950 多波束回声测深系统获取的高精度海底地形、地貌图，并结合 2D 地震剖面所揭示的研究区的地形、地貌特征，识别出以下四个地貌单元（图 2.1.1）。

1）陡而窄的上陆坡

研究区上陆坡的上界位于水深约 200m 的陆架坡折，下界位于深为 2200m 的水深线，平均宽约 50km，平均坡度为 5.6°。此外，上陆坡被侵蚀沟壑、浊积水道和深水峡谷切割，海床凹凸不平，呈现“峋嶙”状（图 2.1.1）。这些深水重力流输送通道常常发育“V”形的上游和“U”形的下游，并消亡在中陆坡或深水陆隆上。

2）平缓的中陆坡

研究区的中陆坡位于上陆坡的趾部（约 2200m 水深处）到水深 2800m 处（陆坡坡折带Ⅱ处），陆坡平均坡度为 2.3°（图 2.1.1）。与研究区的上陆坡相比较，中陆坡地形相对较为平缓，且很少被陆坡侵蚀沟壑侵蚀、切割（图 2.1.1）。

3）平缓波状的下陆坡和陆隆

下陆坡位于水深 2800～3600m，这一地貌单元的海床相对平缓，平均陆坡仅为 1.1°（图 2.1.1）。在研究区的下陆坡和陆隆上发育一大型的沉积物波波域 1；它们在剖面上这一区域呈明显的不对称波状，在平面上呈现“此起彼伏”的麦浪状。

4）平坦的深海平原

随着水深的继续增加，在水深 3600m 以外到马尼拉海沟（Manila trench）之间为南海东北陆缘的深海平原。这一区域地形变得更为平坦，平均坡度小于 0.3°，平均宽度为 150km。在平坦波状的陆隆上发育另一个大型的沉积物波波域 2。

2. 台西南陆坡区域海洋学背景

大洋环流是全球“海洋输送带”的一个重要组成部分（Hernández-Molina et al.，2011），大洋环流所产生的沿等深流流动的底流（等深流）作用机制可以形成与重力流相比毫不逊色的沉积体系类型（Hernández-Molina et al.，2011）。在区域海洋学背景下，研究区和南海的大洋环流呈“三明治”状，主要由有效深度小于 350m 的表层环流、源自 NPIW 的中层环流（有效深度为 350～1350m）和源自 NPDW 的深层环流（有效深度大于 1350m）组成（图 2.1.2）（Qu et al.，2006；Yang et al.，2010；田纪伟和曲堂栋，2012；Gong et al.，2013；He et al.，2013；王志勇等，2013）。

前人研究表明：南海的表层环流主要受季风驱动，在夏季沿顺时针方向流动，而冬季沿逆时针方向流动（Shaw and Chao，1994；Zhu et al.，2010）。南海 NPIW 沿着顺时针方向流动而 NPDW 沿着逆时针方向流动，它们所伴生的底流（等深流）NPIW 和 NPDW 在南海北部活跃发育，是南海北部陆缘最重要的深水沉积作用机制（图 2.1.2）（Qu et al.，2006；Yang et al.，2010；Gong et al.，2012，2013；He et al.，2013；Yin et al.，2021）。

中国海洋大学田纪伟课题组于 2007 年秋季在吕宋海峡进行了多达 51 个剖面的水体结构观测，结果表明：南海的水体呈“三明治”状，由水深小于 300m 的表层水体（密度为 21～26.4kg/cm^3；盐度为 33.9‰～34.4‰）、水深为 350～1350m 的中层水体（密度为 26.4～27.55kg/cm^3；盐度为 33.4‰～34.58‰）和水深大于 1350m 的深层水体（密度为 27.55～27.64kg/cm^3；盐度为 34.58‰～34.6‰）构成（图 2.1.2）（Yang et al.，2010；王志勇等，2013）。水体流速测定结果表明 NPIW 所伴生的中层水体的流速为 3～10cm/s，与 NPDW 相伴生的深层水体的流速为 3～5cm/s（图 2.1.2）（Yang et al.，2010；王志勇等，2013）。自然资源部第二海洋研究所殷绍如研究员研究认为：NPDW 在吕宋海槽（Luzon trough）水深 2000～3450m 深度处与南海进行着活跃的水体交互（Yin et al.，2021）。

由此可见，NPIW、NPDW 和南海经由吕宋海峡进行着活跃的水体交换，南海北部陆缘水深大于 200m 的深水陆坡上发育存在的深水沉积作用过程可能受到了源自 NPIW 和 NPDW 所伴生的底流（等深流）作用机制（NPIW-BCs 和 NPDW-BCs）的深刻影响。

2.1.3 NPIW 和 NPDW 存在发育的地质证据

上已述及，南海北部陆缘以及本章研究区（台西南陆缘）都在很大程度上受到 NPIW 和 NPDW 的影响。同济大学刘志飞教授团队和中国海洋大学田纪伟课题组对两大洋流进行了长期观察，并取得了一系列国际一流的研究成果，证实了南海北部发育这两大底流（等深流）的作用机制。本章仅从作者所掌握的实际素材出发，提供 NPIW 和 NPDW 在南海北部陆缘尤其是台西南陆缘存在发育的地质证据，以期为本书所关注的重力流与底流交互作用研究作铺垫。

一般而言，底栖有孔虫常常生活在特定的大洋水团中，故而在古海洋学研究中与某些特定水团所伴生的底栖有孔虫常常用来作为大洋水团及其相关底流（等深流）活动的“示踪剂”。古生物研究表明，“*Planulina Wuellerstorfi*、*Bulimina Aculeate* 和 *Eggerella Bradyi*”是 NPDW 所特有的底栖有孔虫种属（Gong et al., 2012）。

在台西南陆坡所采集的四个柱状样 TS1、TS01、TS02 和 TS03 中，除位于中陆坡的 TS1 柱状样外，在其他三个柱状样中都鉴别出了 NPDW 所特有的三种底栖有孔虫，其丰度如表 2.1.1 所示。这表明源自 NPDW 的等深流（NPDW-BCs）入侵了台西南陆坡及南海，这一结论也与前人的研究结果相吻合（Qu et al., 2006; Yang et al., 2010; 田纪伟和曲堂栋，2012; Gong et al., 2013; He et al., 2013; 王志勇等，2013）。对这些柱状样（TS1、TS01、TS02 和 TS03）的精细描述和沉积相解释详见 2.2 节。

2.2 南海东北陆缘近海底沉积响应及其空间展布

2.2.1 多道高分辨率地震剖面上所揭示的近海底过程响应

本节主要利用多道高分辨地震剖面对其所揭示的近海底的沉积响应类型进行识别，以期搜索交互作用存在发育的线索和证据。

1. 顺坡而下的重力流（浊流）过程响应

利用多道高分辨地震剖面在台西南陆缘上识别了块状搬运复合体、深海披覆

表 2.1.1 在台西南陆坡区内的下陆坡和陆隆上所获取的三个大型重力活塞样 **TS01**、**TS02** 和 **TS03** 中所识别的北太平深层水所特有的底栖有孔虫（***Planulina Wuellerstorfi*****、*****Bulimina Aculeate*** 和 ***Eggerella Bradyi***）丰度 （单位：个/10g）

深度（TS01）	种属			深度（TS02）	种属			深度（TS03）	种属	
	Planulina Wuellerstorfi	*Bulimina Aculeata*	*Eggerella Bradyi*		*Planulina Wuellerstorfi*	*Bulimina Aculeata*	*Eggerella Bradyi*		*Bulimina Aculeata*	*Eggerella Bradyi*
0～20cm	0	0	0	0～20cm	0	0	0	0～20cm	0	2
20～40cm	72	0	0	20～36cm	0	0	0	20～40cm	0	3
40～60cm	0	15	0	36～63cm	0	0	1	40～60cm	0	1
60～80cm	0	24	6	63～83cm	0	0	3	60～80cm	0	1
80～100cm	16	0	0	83～100cm	1	0	0	80～100cm	0	0
100～120cm	0	0	8	120～148cm	0	0	0	110～130cm	5	0
120～140cm	0	0	4	148～167cm	0	3	0	130～133cm	0	0
140～160cm	5	3	0	167～190cm	0	0	0	133～147cm	0	0
160～180cm	2	5	0	190～194cm	0	0	0	147～156cm	0	0
180～200cm	0	0	72	220～230cm	3	0	0	156～171cm	0	1
200～220cm	0	0	0	230～238cm	0	1	0	171～180cm	0	0
220～240cm	0	0	24	238～257cm	0	0	0	180～200cm	0	0
240～260cm	0	0	18	260～286cm	0	0	0	200～220cm	0	1
260～280cm	144	0	0	289～300cm	0	0	2	220～240cm	0	0
280～300cm	0	0	0	328～346cm	0	74	0	240～260cm	0	2
300～320cm	0	0	0	346～367cm	0	0	0	260～280cm	0	11
320～340cm	0	0	0	367～376cm	2	128	0	280～300cm	0	0
340～360cm	0	0	0	376～392cm	0	0	1	300～320cm	0	3

续表

深度（TS01）	种属			深度（TS02）	种属			深度（TS03）	种属	
	Planulina Wuellerstorfi	*Bulimina Aculeata*	*Eggerella Bradyi*		*Planulina Wuellerstorfi*	*Bulimina Aculeata*	*Eggerella Bradyi*		*Bulimina Aculeata*	*Eggerella Bradyi*
360～380cm	0	0	0	392～400cm	0	0	1	320～340cm	0	0
380～400cm	0	0	0	420～445cm	0	256	64	340～360cm	0	0
400～420cm	0	0	0	445～470cm	0	6144	0	360～380cm	0	1
420～440cm	0	0	4	470～500cm	0	64	0	380～400cm	0	0
440～460cm	0	0	5	520～538cm	0	0	64	400～420cm	0	0
460～480cm	0	0	10	538～560cm	0	2	0	420～440cm	0	16
480～500cm	0	12	12	560～580cm	1	1	0	440～460cm	1	0
500～520cm	0	0	24	580～600cm	0	0	0	460～480cm	0	5
520～540cm	15	0	10	620～640cm	0	4	0	480～500cm	0	0
540～560cm	0	0	4	640～660cm	0	0	0	500～520cm	0	1
560～580cm	0	0	12	660～670cm	0	0	1	520～540cm	0	3
580～600cm	0	0	0	670～690cm	0	0	0	540～560cm	0	0
600～620cm	0	0	3					560～580cm	1	3
620～640cm	0	0	0					580～600cm	0	16
640～660cm	0	0	6					600～617cm	0	0
660～680cm	0	0	3					617～638cm	0	0
680～699cm	0	0	0					638～658cm	0	11

泥和浊流沉积物波三种主要的地震相。其中，块状搬运复合体和浊流沉积物波是顺坡而下的重力流所形成的过程响应。

1）地震相 1（杂乱地震相）：块状搬运复合体

在剖面上，地震相 1 以“杂乱、透明反射”为主要特征，内部反射断续，且发育在一个平坦的滑动面之上或充填在重力流侵蚀沟壑及台湾峡谷内［图 2.2.1（b)］。在平面上，该地震相主要发育在台西南陆缘的中、上陆坡区，面积从几百平方米到几平方千米不等（图 2.1.1）。

在深水沉积环境中该地震相常常被认为是高速重力流事件沉积作用快速堆积而成的产物，为块状搬运复合体（Moscardelli and Wood，2008；Bull et al.，2009；Gong et al.，2011）。

2）地震相 2（透明地震相）：深海披覆泥

在剖面上，地震相 2 由区域稳定分布的平行、连续的地震反射构成，呈“席状”，且常常被侵蚀沟壑、浊积水道和深水峡谷切割。在平面上，该地震相在陆坡、陆隆和深海平原上均广泛发育。

在深水中区域稳定分布的连续弱振幅反射常常被解释为由深海远洋、半远洋作用形成的富泥沉积（Jobe et al.，2011；Gong et al.，2013）。

3）地震相 3（断续波状地震相）：浊流沉积物波

地震相 3（断续波状地震相）具有如下特征。

（1）发育位置：断续波状地震相 3 主要形成发育在南海东北陆缘沉积物波波域 1 内，该沉积物波波域主要发育在台西南陆坡区的中陆坡和深水陆隆上。在如图 2.1.1 所示的高精度地形地貌图上，沉积物波波域 1 位于一系列陆坡侵蚀沟壑的出口处，其东西两侧分别被澎湖峡谷以及台湾峡谷限定、夹持。

（2）内部地震反射构型特征：沉积物波波域 1 内沉积物波的波长为 0.5～4km（平均约为 2.6km）；波高 7～117m［图 2.2.1（c），图 2.2.2～图 2.2.4］。波域 1 内的沉积物波上坡一翼短而陡峻、下坡一翼长而平缓，呈明显的不对称状，上坡一翼为平行-亚平行反射而下坡一翼可见明显的内部不连续［图 2.2.1（c），图 2.2.2～图 2.2.4］。沉积优先发生在沉积物波的上坡一侧，而下坡一翼出现内部断续不连续反射，以侵蚀过路为主；上坡迁移的沉积特征明显［图 2.2.1（c），图 2.2.2～2.2.4］。

（3）平面波脊线特征：平面上，沉积物波波域 1 内的沉积物波发育在陆坡深水水道和侵蚀沟壑的末端，其波脊线近 SW-NE 展布，与沿 SE 流动的重力流方向及峡谷的轴向近乎垂直（图 2.2.5）。波脊线平面最大横向延伸可达 55km，且常常分叉（图 2.2.5）。

综上所述，波域 1 内的沉积物波发育在陆坡水道及侵蚀沟壑的出口处；波脊

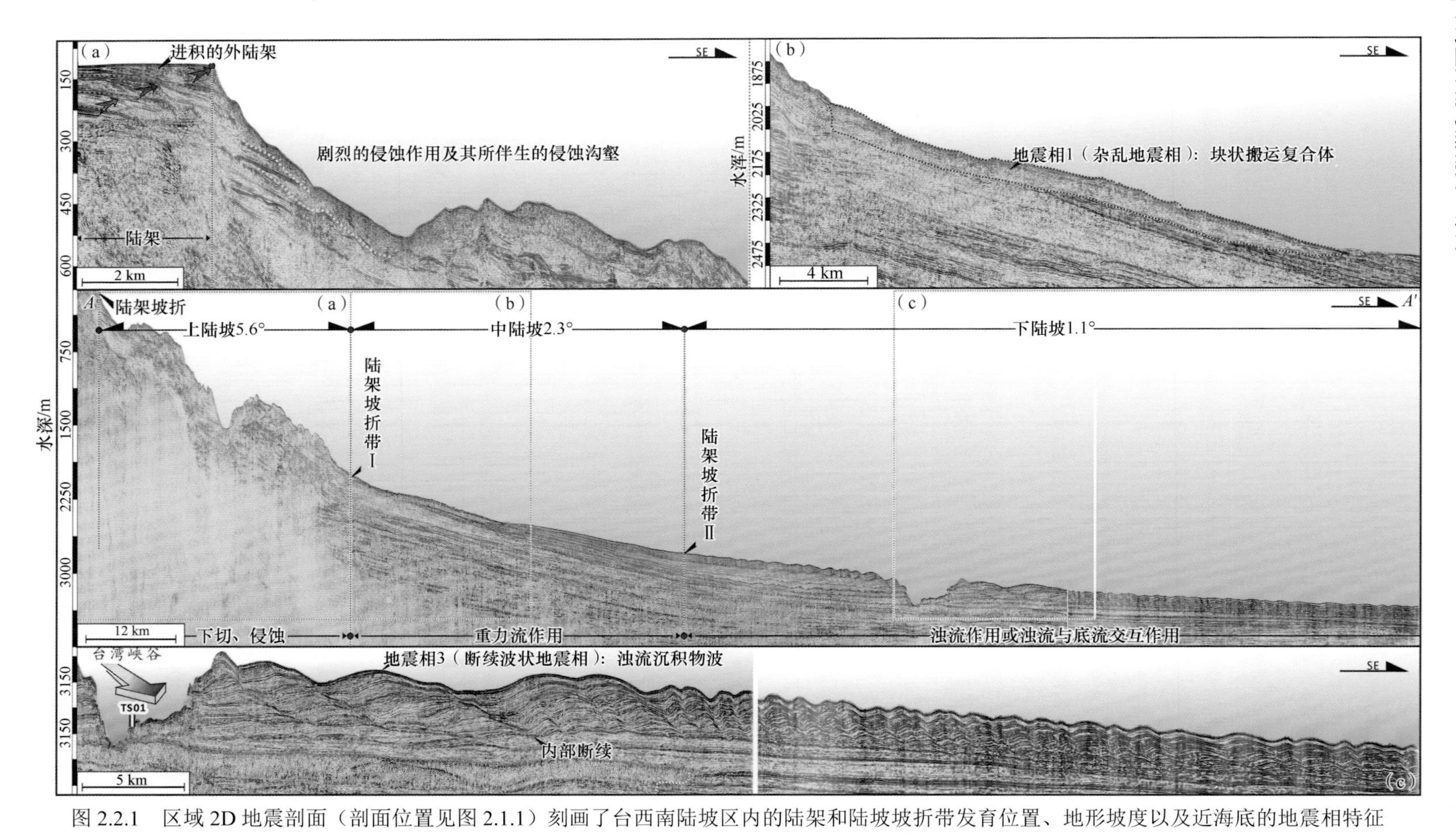

图 2.2.1 区域 2D 地震剖面（剖面位置见图 2.1.1）刻画了台西南陆坡区内的陆架和陆坡坡折带发育位置、地形坡度以及近海底的地震相特征

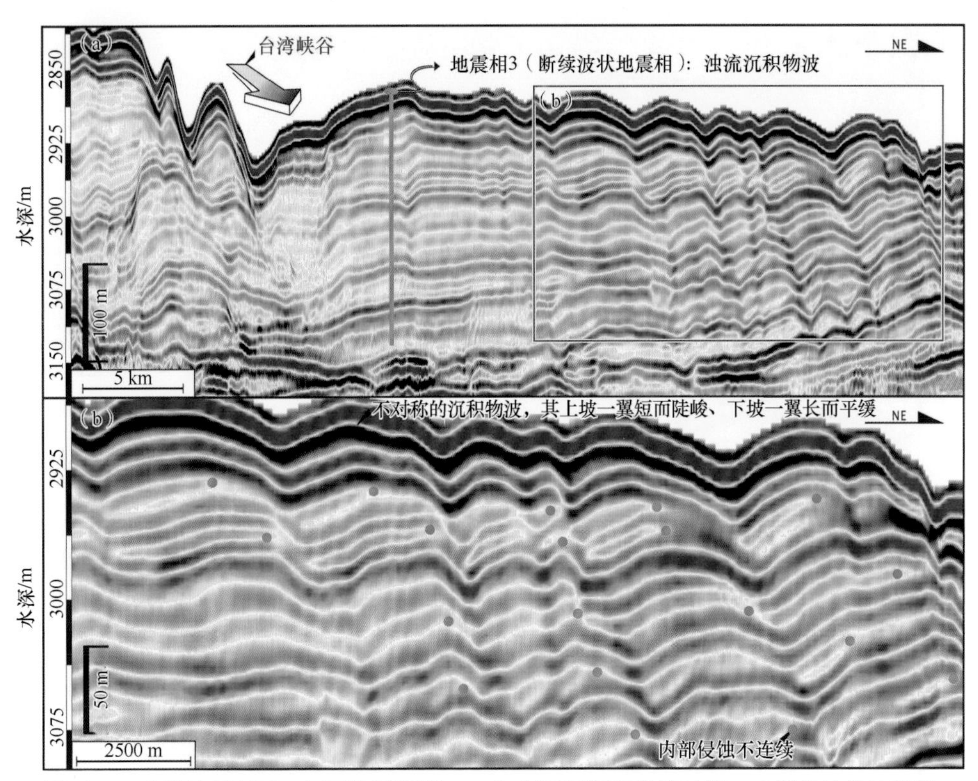

图 2.2.2　多道地震剖面（剖面位置见图 2.1.1）刻画了沉积物波波域 1 内断续波状地震相（地震相 3）的剖面地震反射特征

线常出现分叉，且与沿陆坡倾向的重力流方向近乎垂直；内部不连续，沉积物波波形不对称；上坡迁移特征明显（图 2.2.1～图 2.2.5）。这些特征与 Wynn 和 Stow（2002）所提出浊流沉积物波的识别标志吻合。故而，我们认为波域 1 内的沉积物波应为浊流沉积物波（图 2.2.1～图 2.2.5）。

2. 沿坡流动的底流（等深流）过程响应

我国南海东北陆缘还发育典型的沿坡流动的底流（等深流）所形成的沉积物波。

1）地震相 4（连续波状地震相）：底流沉积物波

地震相 4（连续波状地震相）具有如下特征。

（1）发育位置：连续波状地震相主要发育在沉积物波波域 2 内。沉积物波波域 2 最早是由美国学者 John E. Damuth 博士提出的（Damuth，1979），该沉积物波波域位于靠近马尼拉海沟一侧的陆隆和深海平原上。在研究区（南海东北陆缘）内，该沉积物波波域发育在水深大于 3600m 的深海平原上。

（2）内部地震反射构型特征：波域 2 内的沉积物波的波长为 1.5～5.4km（平

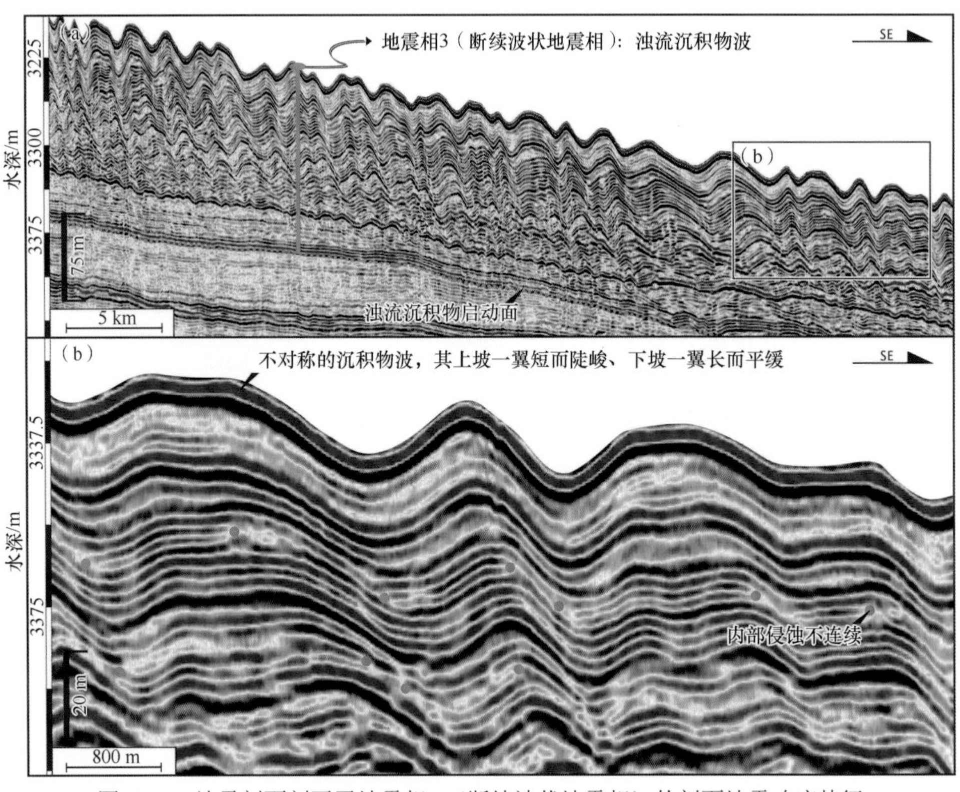

图 2.2.3　地震剖面刻画了地震相 3（断续波状地震相）的剖面地震响应特征

均波长约为 1.9km）；最大波高可达 110m，平均波高约 80m（图 2.2.6，图 2.2.7）。与波域 1 内的沉积物波不同，波域 2 内的沉积物波呈对称状，单个沉积物波的两翼均为平行–亚平行反射，反射同相轴可以从波形的上坡一翼追踪、对比到下坡一翼，具有明显的垂向进积的特征（图 2.2.6，图 2.2.7）。

（3）平面波脊线特征：平面上，该波域内的沉积物波相对较为平直，很少出现分叉，且与区域等深线大致平行。

与沉积物波波域 1 内的沉积物波相比较，沉积物波波域 2 内的沉积物波发育在远离重力流输入的深海平原上；波脊线与陆坡等深线大致平行；内部为连续、对称反射，垂向进积作用明显（图 2.2.6，图 2.2.7），这些特征与 Wynn 和 Stow（2002）所提出的底流沉积物波的识别标志一致。此外，波域 2 内的沉积物波同样也与前人所报道的世界其他陆缘上的底流沉积物波的特征相似（Lewis and Pantin，2002；Masson et al.，2002；Wynn and Stow，2002；Gong et al.，2012）。因此，我们将波域 2 内的沉积物波解释为底流沉积物波。

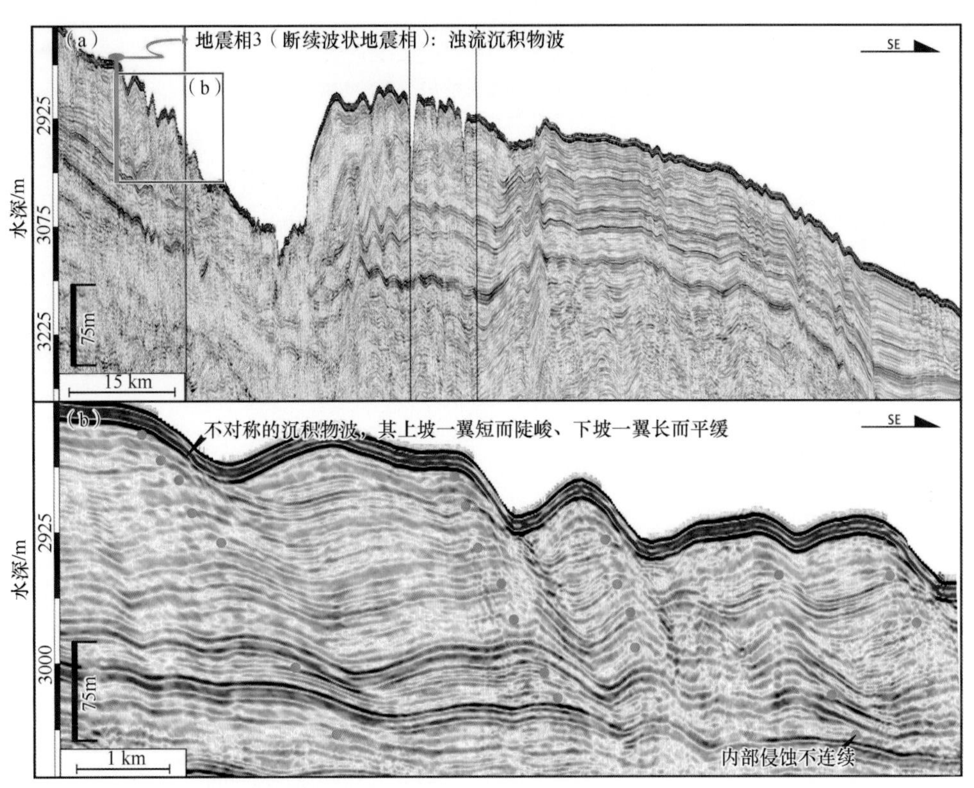

图 2.2.4　多道地震剖面刻画了断续波状地震相（地震相 3）的剖面地震相特征

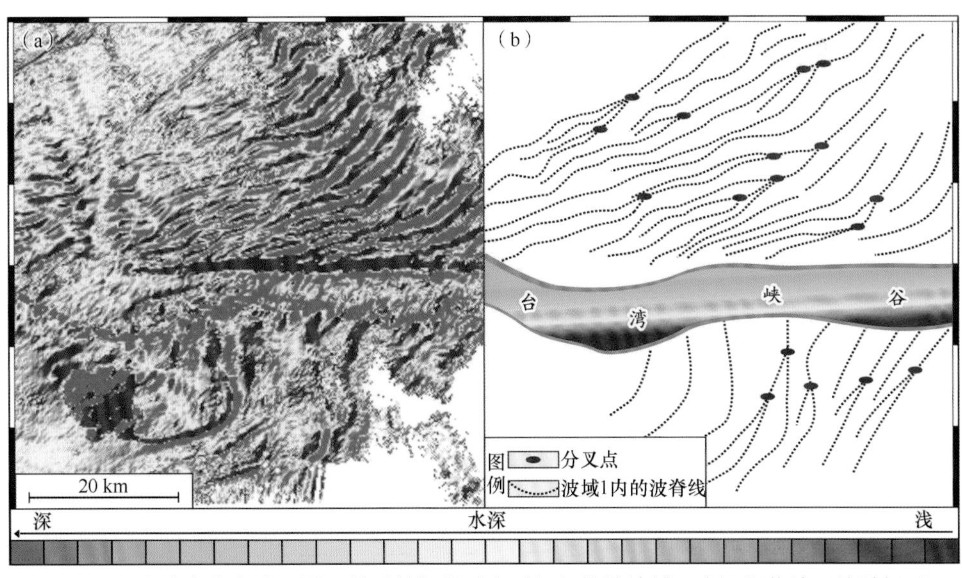

图 2.2.5　多波束海底地形图及其手绘解释示意了沉积物波波域 1 内沉积物波（地震相 3）的平面波脊线的平面形态特征

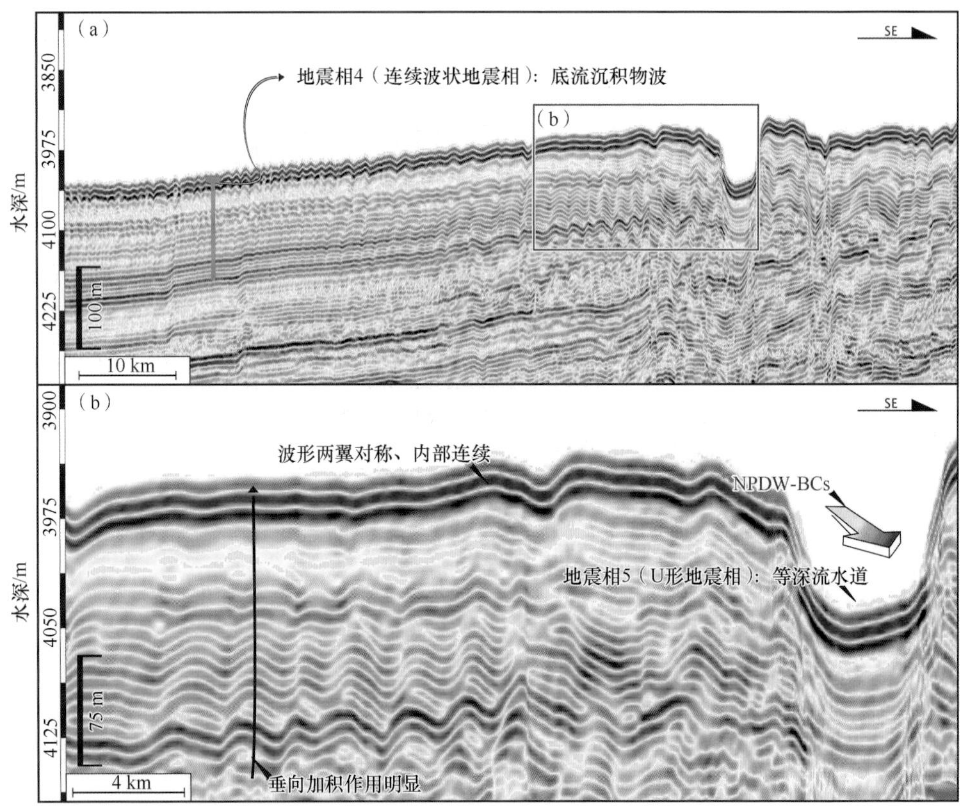

图 2.2.6　垂直于物源方向的多道地震剖面及其局部放大图雕刻的地震相 4（连续波状地震相）和地震相 5（U 形地震相）的剖面地震反射特征

2）地震相 5（U 形地震相）：等深流水道

地震相 5（U 形地震相）主要形成发育在南海东北陆缘的深海平原上，剖面上呈两翼较陡、底部平坦的 U 形（图 2.2.6）。这些两翼较陡、底部平坦的 U 形地震相平均宽约 4km，被连续-平行地震反射所充填。它们的轴部与区域等深线近乎平行，而与物源方向垂直或斜交。

在深水沉积中，U 形地震相往往被解释为深水水道；但与浊积水道不同的是，研究区所识别的 U 形地震相轴部与区域等深线（等深流流向）平行而与重力流方向垂直。这表明这些 U 形地震相可能是沿区域等深流流动的底流（等深流）作用的结果，是等深流水道（Hernández-Molina et al.，2006，2009；Brackenridge et al.，2013；Stow et al.，2013；Fonnesu et al.，2020）。

2.2.2　大型重力活塞样中所识别的近海底的沉积响应类型

本节主要利用大型重力活塞样（其平面位置见图 2.1.1）对其所揭示的近海底

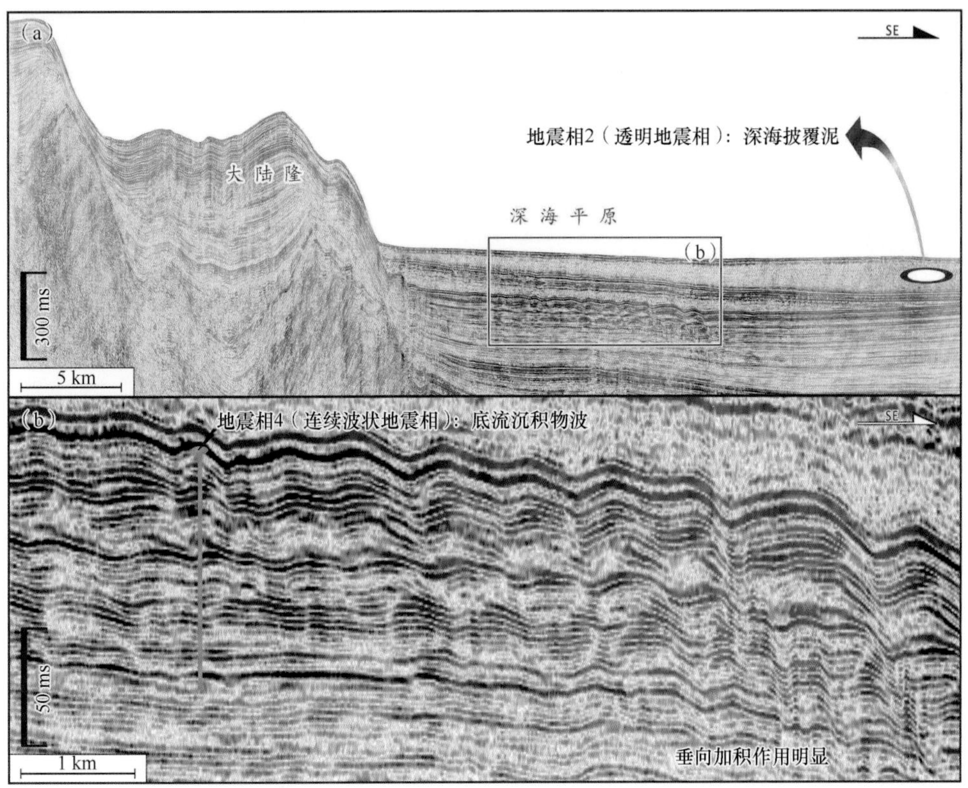

图 2.2.7　地震剖面及其局部放大图刻画的沉积物波波域 2 内的沉积物的剖面地震反射特征

的沉积响应类型进行识别，以期搜索交互作用存在发育的线索和证据。

1. 顺坡而下的重力流所形成的典型沉积响应

利用大型重力活塞样在台西南陆缘上识别了半深海–深海泥、块状搬运复合体和浊流沉积三种主要的岩心相。其中块状搬运复合体和浊流沉积是顺坡而下的重力流所形成的典型沉积响应类型。

1）岩心相 1（细粒均一岩心相）：半深海–深海泥

细粒均一岩心相在研究区内所获取的四个大型重力活塞样中广泛发育、分布，占沉积物总量的 50%～70%。其主要由细粒的（平均粒径为 6Φ～8Φ）暗色泥和灰色或灰绿色黏土组成，分选中等（分选系数为 1.5～2）。整体上，岩心相 1 中并无明显的沉积构造出现。

细粒均一岩心相整体上与 Stow 和 Faugéres（2008）、Huppertz 和 Piper（2010）所描述的半深海–深海泥的沉积特征类似（图 2.2.8，图 2.2.9）。

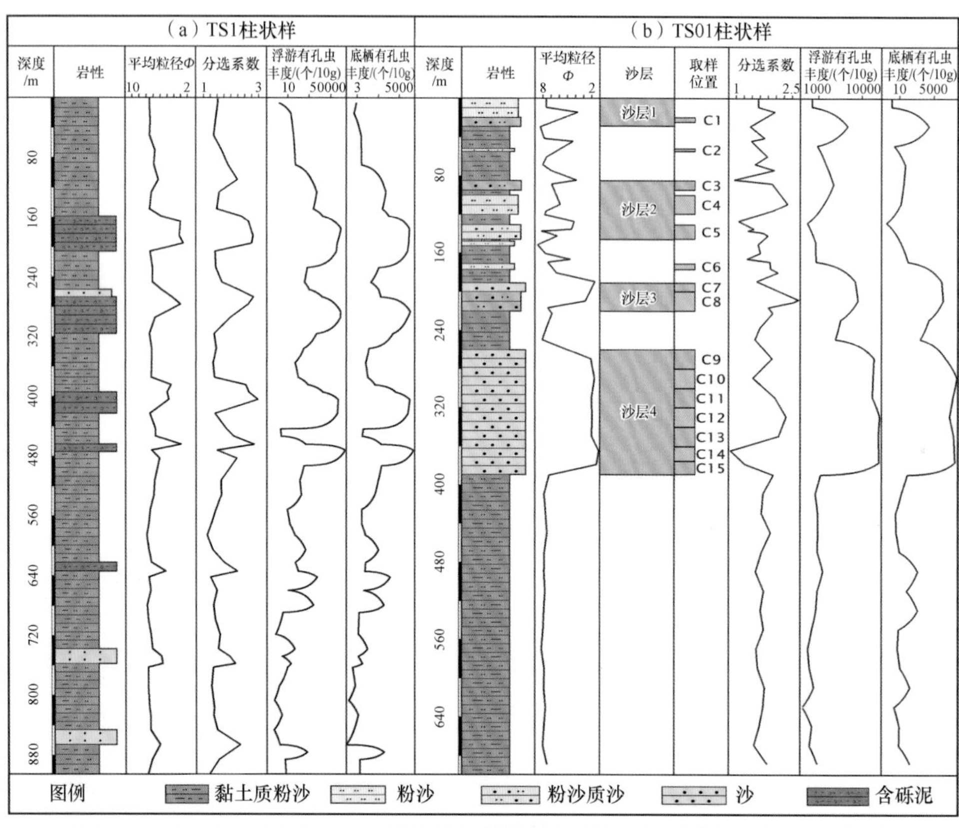

图 2.2.8 TS1 和 TS01 大型重力活塞样的单井相剖面图（取样位置如图 2.1.1 所示）

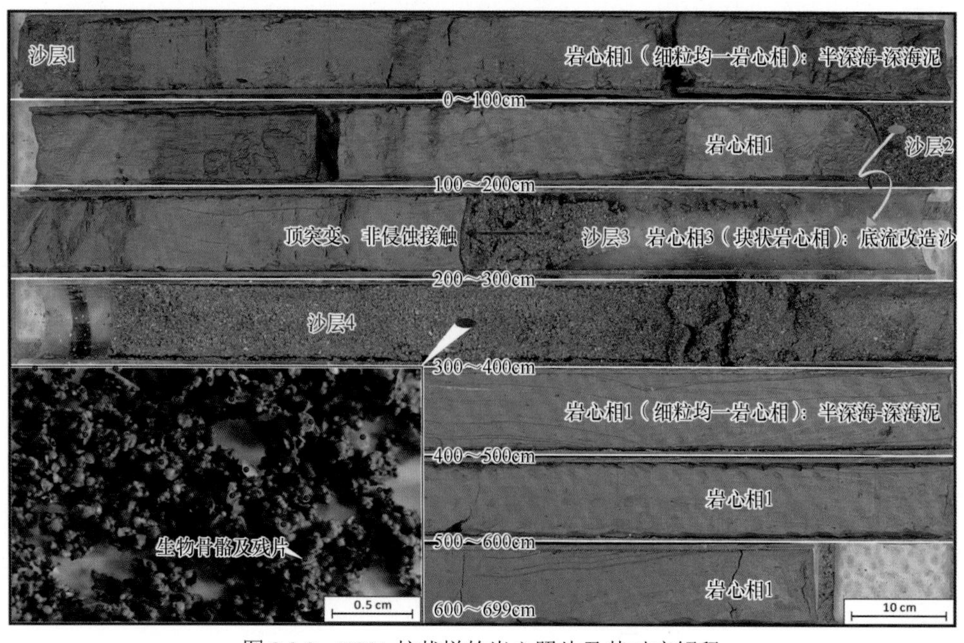

图 2.2.9 TS01 柱状样的岩心照片及其对应解释

2）岩心相 2（杂乱岩心相）：块状搬运复合体

岩心相 2（杂乱岩心相）具有如下特征。

（1）岩心相 2 主要形成发育在获取自研究区上陆坡区的 TS1 大型重力活塞样中，其主要由沙、含砾石泥质沉积和黏土质粉沙组成［图 2.1.1，图 2.2.8（a）］。

（2）岩心相 2 中的沙和含砾石泥质沉积的平均粒径为 2Φ～6Φ，为中到粗粒沉积，这些沙和含砾石泥质沉积的分选较差（分选系数为 2.5～3）。TS1 柱状样中的黏土质粉沙沉积物为细粒沉积物，这些沉积物的平均粒径为 6Φ～8Φ，分选、磨圆中等（分选系数为 1.5～2.5）［图 2.2.8（a）］。

（3）岩心相 2 中的沙和含砾石泥质沉积构造不发育，而 TS1 柱状样中的黏土质粉沙可见平行层理。

（4）杂乱岩心相中的沙和含砾石泥质沉积顶、底呈现突变侵蚀接触，而 TS1 柱状样中的黏土质粉沙常常发育突变的底界面和渐变的顶界面。

（5）微体古生物分析表明岩心相 2 中含有大量外部搬运而来的远源沉积组分和大量水深小于 500m 的浅水底栖有孔虫种属［图 2.2.8（a）］。

前已述及岩心相 2 中的沙和含砾石泥质沉积为中到粗粒沉积，沉积颗粒的分选、磨圆较差，顶部呈突变非侵蚀接触。这些特征与前人所描述的碎屑流沉积特征相一致（Masson et al.，1993）。而岩心相 2 中的黏土质粉沙沉积为细粒沉积物，沉积颗粒的分选中等，发育突变的底界面、平行层理和渐变的顶界面。这些沉积特征和重力流（浊流）快速堆积产物的沉积特征相吻合（Kähler and Stow，1998；Huppertz and Piper，2010）。综上所述，同时结合前已述及的地震相分析结果，岩心相 2 为块状搬运沉积复合体。

3）岩心相 3（粒序岩心相）：浊流沉积

岩心相 3（粒序岩心相）具有如下特征。

（1）岩心相 3（粒序岩心相）主要形成发育在获取自下陆坡的 TS02 柱状样中，该大型重力活塞样位于浊流沉积物波波域 1 内，水深 3378m，主要由黏土质粉沙以及粉沙组成［图 2.1.1 和图 2.2.10（a）］。

（2）岩心相 3 所含有的沙质沉积中具有相对比较高的底栖和浮游有孔虫丰度，从上至下均出现较多的再沉积壳、磨损壳及破碎壳，壳体磨损程度高［图 2.2.10（a）］。

（3）微体古生物分析表明岩心相 3 形成的沉积环境复杂，有孔虫特征变化较多，原地壳、再沉积壳（包括部分近岸浅水类型种）混淆在一起［图 2.2.10（a）］。

（4）粒序岩心相 3 中所形成发育的黏土质粉沙的平均粒径范围为从 6Φ 到 8Φ，粉沙的平均粒径范围从 3.8Φ 到 6Φ 不等，均为细粒或极细粒沉积，均未见砾石、泥质碎屑等粗粒沉积［图 2.2.10（a）］。

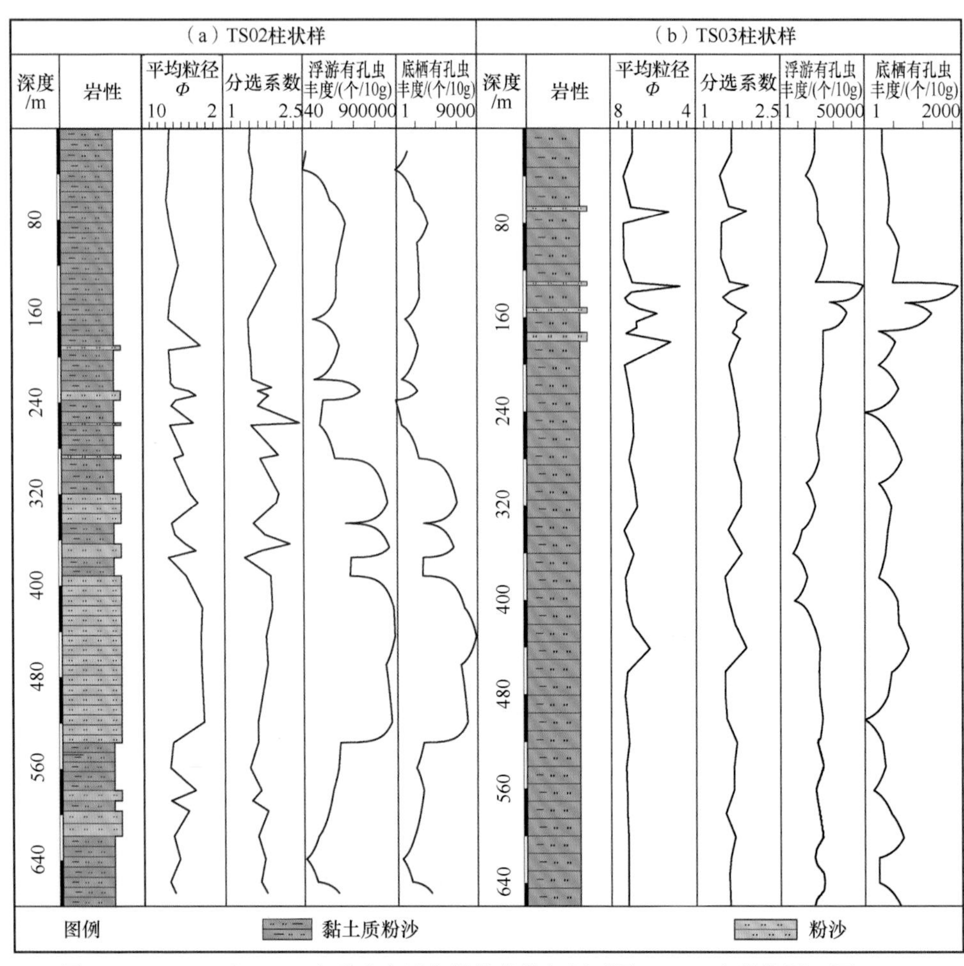

图 2.2.10 TS02 和 TS03 大型重力活塞样的单井相剖面图（TS02 取样位置见图 2.1.1）

（5）粒序岩心相中的沙质沉积的分选系数为 1.2 左右，分选极好，具有很高的结构和成分成熟度［图 2.2.10（a）］。

（6）AMS ^{14}C 测试结果表明，在 TS02 重力活塞柱状样的 328～450cm 深度段出现时间倒序现象（表 2.2.1）。

表 2.2.1 TS01、TS02 和 TS03 柱状样的取样深度及 AMS ^{14}C 测年结果

大型重力活塞样	取样深度/cm	AMS ^{14}C 测年结果/a B.P.
TS01	260～280	16380±80
	360～387	19020±100
TS02	140～150	13915±40
	328～346	15190±70
	367～376	12160±60
	420～450	14250±70

续表

大型重力活塞样	取样深度/cm	AMS ^{14}C 测年结果/a B.P.
TS02	560～570	12800±50
TS03	140～150	4265±40

（7）微体古生物分析表明，岩心相 3 的沉积物中可见大量破碎的浅水底栖有孔虫种属（水深小于 500m）且受非正常沉积作用影响显著，含有大量外来搬运的沉积组分。

综上所述，一些近岸浅水种属和外来搬运的沉积组分在水深大于 3000m 的深水环境中频繁出现，AMS ^{14}C 测年表明在 TS02 柱状样的 328～450cm 出现了时间倒序（表 2.2.1），说明该区经历了沉积—搬运—再沉积的沉积过程。此外 TS02 柱状样位于前已述及的浊流沉积物波内，说明 TS02 柱状样发育在浊流活跃作用的区域。虽然前面的研究认为与北太平洋深层水有关的底流可能参与了 TS02 柱状样的沉积建造过程，但这些底流作用机制可能被浊流压制，导致 TS02 柱状样表现为明显的浊流沉积作用特征。

2. 沿坡流动的底流（等深流）所形成的典型沉积响应

利用大型重力活塞样在台西南陆缘上识别了底流改造沙和底流沉积两种典型的沿坡流动的底流（等深流）过程响应。

1）岩心相 4（块状岩心相）：底流改造沙

岩心相 4（块状岩心相）具有如下特征。

（1）岩心相 4（块状岩心相）主要形成分布在取自台湾峡谷内的 TS01 大型重力活塞样中，其主要由四个沙层组成［图 2.2.8（b）中的四个浅黄色深度段］。

（2）研究表明这个四个沙层［图 2.2.8（b）中的沙层 1～沙层 4］具有相对比较高的底栖和浮游有孔虫丰度，这些有孔虫常呈破碎状，而底栖有孔虫主要为水深小于 500m 的浅水种属。

（3）岩心相 4 由沙质和粉沙质沉积组成，沙、粉沙的粒径为 2Φ～7Φ，为中、细粒沉积［图 2.2.8（b），图 2.2.9］。

（4）岩心相 4 绝大多数沉积的分选系数小于 2.5，部分沉积的分选系数接近 1.2，表明 TS01 柱状样在沉积过程中遭受了非常强的分选、淘洗和改造作用［图 2.2.8（b）］。

（5）与典型的浊积沉积相比，AMS ^{14}C 测年表明 260～387cm 深度段的厚沙层其底部距今 19020 年±100 年，顶部距今 16380 年±80 年，时间跨度为 2640 年，无时间倒置现象出现（表 2.2.1）。

（6）岩心相 4 在 TS01 柱状样的 192～200cm（沙层 2）和 260～389cm（沙

层 3）深度段表现为纯净的沙质沉积，与顶部的粉沙呈突变非侵蚀接触（图 2.2.8，图 2.2.9）。

（7）微体古生物分析表明块状岩心相中含有大量的放射虫和贝壳碎片及生物骨骼（图 2.2.9）。

（8）在累积概率曲线上，岩心相 4 表现为明显的牵引流特征，跳跃总体的含量为 90% 以上，具有 2～3 个沉积总体，C1～C6 沙层的曲线由陡逐渐变缓，截点对应的粒径约为 4Φ；C7～C15 沙层的曲线具有明显的截点，其中 C7、C9、C10、C11、C13、C14 为两段式，而 C8、C12、C15 为三段式［图 2.2.11（a）］。

（9）岩心相 4 在频率分布曲线上表现为明显的单峰［图 2.2.11（b）］。

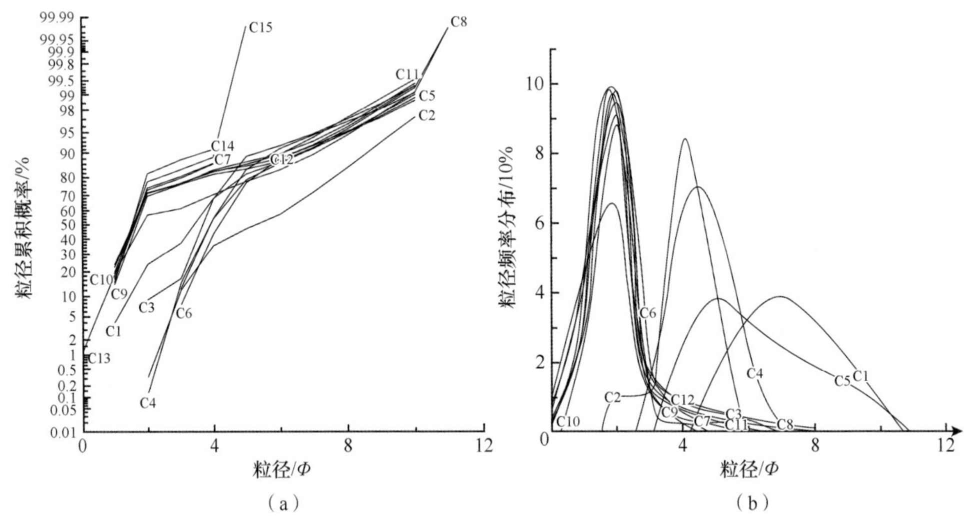

图 2.2.11　TS01 柱状样中沙质和粉沙质沉积的累积概率曲线（a）和频率分布曲线（b）

岩心相 4 中发现的破碎的浅水有孔虫种属表明岩心相 4 为来自陆架或上陆坡的沉积物经由沉积物重力流搬运至台湾峡谷内形成的产物。此外，前已述及北太平洋深层水经由巴士海峡入侵台西南陆坡及南海。因而，这些浊流沉积在沉积过程中也可能受到了源自北太平洋深层水的底流持续地淘洗、分选、改造作用。沙层顶部突变接触、未发生年龄倒置说明岩心相 4 在沉积过程中同样受到了牵引流的影响，因为一般浊积岩呈粒序层理、渐变接触，沉积产物的年龄常发生倒置（Shanmugam，2000，2008a；Mulder et al.，2012；Gong et al.，2012）。

AMS ^{14}C 测年表明形成纯净的沙层 4（TS01 在 260～389cm 处所识别的块状岩心相）的时间跨度达 2640 年且无年龄倒序出现；是顺序沉积的牵引流作用而非倒序的重力流作用的典型沉积响应（Shanmugam，2000；Khripounoff et al.，2003；Mulder et al.，2012）。此外，岩心相 4 中富含放射虫、生物骨骼，累积概率曲线上沙、粉沙的粒度分布特征和浊流与底流交互作用的产物特征吻合（Stow and Faugères，2008；Gong et al.，2012）。

综上所述，岩心相 4 兼具重力流和牵引流的沉积特征，体现了重力流（浊流）

和底流（等深流）的综合效应；是重力流（浊流）与底流（等深流）交互作用的典型过程响应（图 2.2.11）（Gong et al.，2012）。

2）岩心相 5（生物扰动岩心相）：底流沉积

岩心相 5（生物扰动岩心相）具有如下特征。

（1）岩心相 5（生物扰动岩心相）主要发育在 TS03 大型重力活塞样中，该重力活塞样位于马尼拉海沟靠近南海深海平原一侧的沉积物波波域 2 内。

（2）岩心相 5 由极细粒的黏土质粉沙组成（平均粒径为 6Φ～7Φ），含有少量的粉沙沉积［图 2.2.10（b）］。

（3）生物扰动岩心相中沉积物的分选系数为 1.3～1.9，表明形成 TS03 柱状样的沉积颗粒具有较高的结构和成分成熟度［图 2.2.10（b）］。

（4）岩心相 5 中的粗粒沉积物和顶部的黏土质粉沙局部呈突变侵蚀接触（如图 2.2.12 中的红色和白色箭头所示）。

（5）岩心相 5 中的粉沙沉积中含有少量的不明显的平行层理（如图 2.2.12 中的白色虚线框所示）。

（6）在岩心相 5 中识别出了 *Zoophycos*、生物潜穴和不规则状或透镜状的粗粒充填（图 2.2.12）。

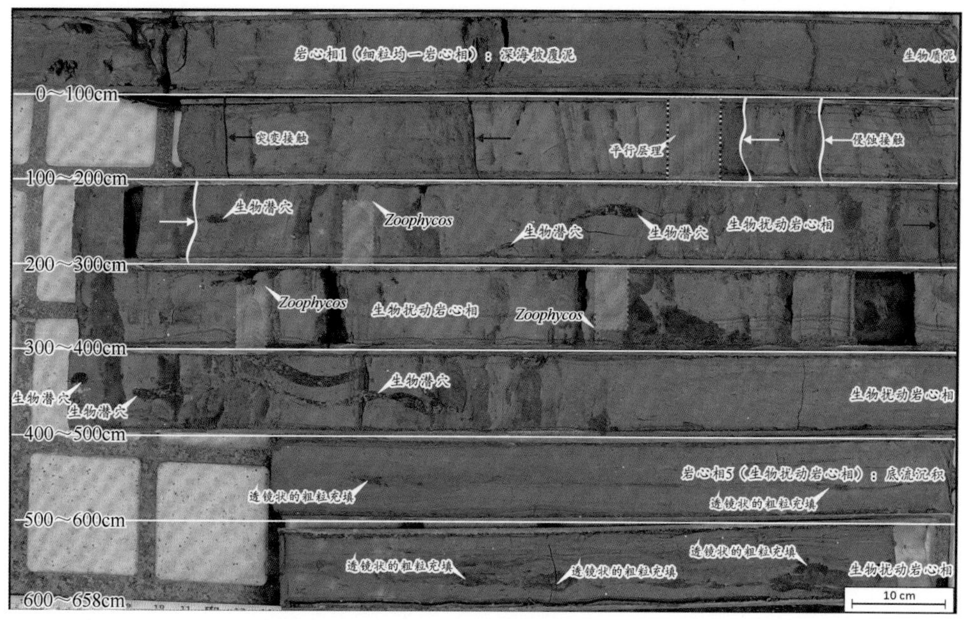

图 2.2.12　TS03 大型重力活塞样的岩心照片及其解释（柱状样剖面位置见图 2.1.1）

（7）岩心相 5 的沉积物样品中富含底栖和浮游有孔虫［图 2.2.10（b）］。

（8）微体古生物分析表明岩心相 5 的沉积样品中未识别出浅水底栖有孔虫种属和外来搬运的沉积组分。

（9）生物扰动岩心相形成发育的沉积速率较低，仅约 0.034cm/a。

岩心相 5 中没有识别出浅水的底栖有孔虫种属，表明重力流或浊流对岩心相 5 的沉积影响很小，甚至微不足道；但是岩心相 5 的沉积样品中也出现了北太平洋深层水所特有的底栖有孔虫种属（其丰度见表 2.1.1），表明与北太平洋深层水相关的底流机制（NPDW-BCs）参与了岩心相 5 的沉积建造过程。

此外，岩心相 5 主要由分选很好、结构和成分成熟度极高的细粒黏土质粉沙组成。在岩心相 5 中可见断续的、不明显的平行层序（discontinuous and indistinct parallel lamination）、顶部突变侵蚀接触（sharp and erosional contacts），*Zoophycos* 组合，沙粒充填的洞穴以及不规则或透镜状的粗颗粒沉积。这些特征都与前人所描述的等深流沉积的识别相标志相吻合（Stow and Faugères，2008；Masson et al.，2010）。

综上所述，岩心相 5 为沿陆坡走向流动的底流（等深流）所形成的底流沉积。

2.3 南海东北陆缘近海底沉积过程及其空间展布

2.3.1 南海东北陆缘近海底沉积过程及其空间演化

本节拟利用 2.2 节的研究成果，重构南海东北陆缘近海底的沉积作用类型及其空间演化，以期揭示重力流与底流交互作用的形成发育场所。

如图 2.1.1 和图 2.3.1 所示，研究区主要发育“陡峻的上陆坡、平缓的中陆坡、平坦波状的下陆坡–深水陆隆和平整的深海平原”四种地貌单元，每一种地貌单元具有迥异的沉积作用类型。

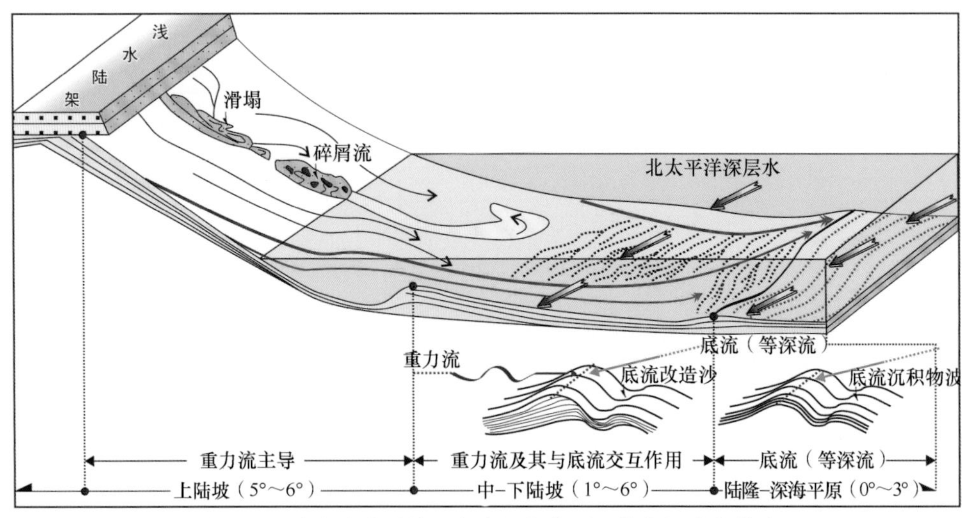

图 2.3.1　南海东北陆缘近海底沉积作用及其空间演化模式

1）陡峻的上陆坡：强烈的侵蚀及沉积过路

研究区的上陆坡具有陡而窄的地形地貌特征，发育大规模的陆坡深水峡谷（台湾峡谷和澎湖峡谷）和一系列的陆坡侵蚀沟壑［图 2.1.1，图 2.2.1（a）］。表明在这一区域以剧烈的重力流侵蚀下切为主，并伴随着明显的沉积过路现象，被重力流（浊流）沉积过程主导（图 2.3.1）。

2）平缓的中陆坡：高能重力流沉积作用过程

地震相和岩心相研究表明，在研究区的中陆坡广泛发育大规模的块状搬运复合体（地震相 1 和岩心相 2）［图 2.1.1，图 2.2.1（a）］，表明高能的重力流沉积作用是较为平缓的中陆坡上最主要的沉积作用类型（图 2.3.1）。

3）平坦波状的下陆坡–深水陆隆：重力流及其与底流（等深流）交互作用

在研究区的下陆坡广泛发育分布着浊流沉积物波（地震相 3）和浊流沉积（岩心相 3），重力流（浊流）沉积作用活跃［图 2.1.1，图 2.2.1（a）］。在下陆坡的台湾峡谷内的 TS01 柱状样中识别出了底流改造沙（岩心相 4）［图 2.2.8（b），图 2.2.9］，表明在台湾峡谷的下游发育着活跃的重力流（浊流）和底流（等深流）交互作用（图 2.3.1）。

4）平整的深海平原：底流（等深流）沉积作用

在研究区的深海平原上发育了大规模的等深流沉积体系，主要包括底流沉积物波（地震相 4）、等深流水道（地震相 5）（图 2.2.6 和图 2.2.7）和底流沉积（岩心相 5）（图 2.2.10，图 2.2.12），这表明沿陆坡走向流动的底流（等深流）在南海东北陆缘的深海平原上占主导作用（图 2.3.1）。

总的来说，在空间上剧烈流动的重力流及其所相伴生的侵蚀、下切的沟壑是陡而窄的上陆坡最主要的沉积作用类型；随着水深的进一步增加，中陆坡逐渐被高能的重力流（浊流）主导；在平缓的下陆坡上，重力流（浊流）及其与底流交互作用活跃，所形成的浊流沉积以及交互作用沉积（台湾峡谷内的底流改造沙）是最主要的沉积响应类型；而在平坦的陆隆上发育着活跃的底流作用及其所伴生的底流沉积体（图 2.3.1）。

2.3.2　南海东北陆缘近海底重力流、底流及其交互作用过程响应

1. 研究区内近海底沉积作用的演化模式

在陡而窄的上陆坡，重力流由于地形坡度较陡而具有较高的流速和能量，这

些高能的重力流很容易在上陆坡发生快速侵蚀过路，形成一系列深水峡谷（台湾峡谷和澎湖峡谷）和陆坡侵蚀沟壑，并向深水中搬运大量的沉积物（图 2.3.1）。

研究区的中陆坡坡度变小、地形进一步变缓，同时流体的渗入导致上陆坡演化而来的高能重力流失去部分能量（但仍然压制了相对低能的底流沉积作用），并在中陆坡部分堆积，形成一系列的重力流沉积（图 2.3.1）。

在下陆坡和深水陆隆上，陆坡坡度进一步变小，地形进一步变缓；同时由于流体的渗入，先期的重力流被进一步稀释，重力流的能量进一步衰减，重力流有可能演化为能量较弱的低密度浊流，同时在下陆坡等深流（NPDW-BCs）作用机制活跃。在下陆坡的台湾峡谷内，浊流和等深流同时同地存在，能量相当，活跃地交互作用着。从而这一区域形成以重力流（浊流）及其与底流交互作用为特色的沉积响应类型（图 2.3.1）。

在深海平原上，由于远离陆架，浊流的能量已经非常微弱；等深流（NPDW-BCs）虽然流速较小，但却有可能压制能量非常微弱的浊流，从而导致在研究区的深水平原上形成以等深流沉积为特色的沉积响应类型。

2. 重力流与底流交互作用的形成发育场所

本章利用 2D 地震资料和大型重力活塞样在南海深海平原中识别出了一大型源自北太平洋深层水的底流所沉积建造的底流沉积物波（地震相 4）（图 2.2.6，图 2.2.7）和底流沉积（岩心相 5）（图 2.2.10）以及北太平洋深层水所特有的有孔虫种属（表 2.2.1）。获取自沉积物波波域 2 内的大型重力活塞样 TS03 主要由细粒的黏土和粉沙组成，因而可以将沉积物波波域 2 内的沉积物波（地震相 4）进一步解释为细粒的底流沉积物波。在此基础上，Stow 等（2009）所建立的“底形–流速矩阵”（bedform-velocity matrix）分析表明，形成发育细粒底流沉积物波的北太平洋深层水所伴随的底流的最大流速为 3～7cm/s。

当流速为 3～7cm/s 的源自北太平洋深层水底流（等深流）流经研究区时，中上陆坡可能被能量强劲的重力流压制（图 2.3.1）。但当强劲的重力流在中下陆坡衰减为能量较弱的浊流（低密度浊流）时，在某些特殊的地质条件下（如台湾峡谷内），浊流（低密度浊流）可能和底流（等深流）同时同地存在且能量相当，发育活跃的重力流（浊流）与底流（等深流）交互作用。

2.4 小 结

本章以我国南海东北陆缘的台西南陆坡为例，利用地质与地球物理资料研究了近海底的沉积响应及其所对应的沉积作用的时空演化，得到以下结论。

（1）研究区的上陆坡以侵蚀和沉积过路为主；在中陆坡上重力流压制底流，

形成了块状搬运沉积；在研究区的下陆坡和深水陆隆上重力流演化为能量微弱的浊流（低密度浊流）。从而在下陆坡的台湾峡谷内浊流的能量达到与底流相当的量级，浊流与底流共同存在、活跃地交互作用；在研究区的深海平原上，浊流的能量基本消失，反而被等深流（NPDW-BCs）压制，等深流沉积占主导。

（2）本章研究认为北太平洋深层水入侵了南海，其最大流速为 3～7cm/s。在南海东北陆缘的中下陆坡和深海平原上发育细粒的等深流沉积物波和等深流沉积。在某些特定的地质条件下（如台湾峡谷下游），重力流（浊流）和底流（等深流）两者能量相当、时空上同时同地存在，频繁互动，活跃地交互作用着，是重力流（浊流）和底流（等深流）交互作用最有利的形成发育场所。

（3）获取自台湾峡谷内的 TS01 大型重力活塞样中的四个沙层具有如下特征：相对比较高的底栖和浮游有孔虫丰度，较高的结构和成分成熟度，无年龄倒置现象出现，与顶部的粉沙呈突变非侵蚀接触，含有大量的放射虫和大量的贝壳碎片及生物骨骼，二到三段式累积概率特征和单峰频率分布特征。这些沉积现象无法用重力流（浊流）或底流（等深流）理论进行解释，是重力流与底流交互作用的典型沉积响应。

第 3 章

南大西洋西侧晚白垩世重力流、底流及其交互作用过程响应

3.1　概述与区域地质概况

本书第 2 章研究认为在某些特定的地质条件下（如中下陆坡的台湾峡谷），重力流（浊流）和底流（等深流）两者能量相当、时空上同时同地存在，发育活跃的重力流与底流交互作用。台湾峡谷内 TS01 大型重力活塞样中的四个沙层（底流改造沙）兼具重力流和牵引流的沉积特征，是现代交互作用的典型沉积响应。本章在此基础上，以晚白垩世阿根廷-乌拉圭陆缘为例，解释古代陆缘上重力流、底流及其交互作用的过程响应。

3.1.1　概述

1. 古代陆缘上重力流与底流交互作用是当前沉积学界颇为关注的领域

本书第 2 章也已提及深水大洋中还发育第三种沉积作用机制——重力流（浊流）与底流（等深流）交互/相互作用；所形成的沉积体系被英国伦敦大学皇家霍洛威学院 Francisco J. Hernández-Molina 教授定义为“重力流-底流混积沉积体系”（mixed turbidite-contourite depositional systems）。与重力流（浊流）沉积体系或者底流（等深流）沉积体系相比，重力流-底流混积沉积体系沉积特征更加复杂、时空更加多变。伴随着综合大洋钻探计划等国际重大海洋研究计划的实施，底流（等深流）沉积体系也越来越多地被研究报道，相应的研究成果也越来越多，如底流（等深流）沉积体系的地震相特征（Faugères et al.，1999；Marchès et al.，2007；Nielsen et al.，2008；Rebesco et al.，2014）、岩相（Hüneke and Stow，2008；Stow and Faugères，2008）和遗迹化石相（Wetzel et al.，2008）等。

在全球尺度上，已发现报道的底流（等深流）沉积体系以近海底为主，而中生代等古老地层中的等深流沉积体系的相关研究相对较少（Poulsen et al.，2001；Murphy and Thomas，2013；Rebesco et al.，2014）。随着研究的深入，白垩纪等深

流沉积体系在一系列的深水陆缘上被发现并报道，如东丹麦陆缘（Esmerode et al.，2007；Surlyk and Lykke-Andersen，2007；Rasmussen and Surlyk，2012）、北大西洋深水盆地（Soares et al.，2014；Campbell and Mosher，2016）。然而，与“火热”且研究相对成熟的重力流（浊流）或底流（等深流）过程响应研究相比，古代深水陆缘上的重力流（浊流）与底流（等深流）交互作用过程响应的相关研究相对“凤毛麟角”（Marchès et al.，2007，2010；Esmerode et al.，2008；Mulder et al.，2008；Rebesco et al.，2014；Soares et al.，2014；Creaser et al.，2017；Sansom，2017，2018；Fonnesu et al.，2020）。

本章以晚白垩世阿根廷和乌拉圭陆缘为例，讨论古代陆缘上重力流（浊流）、底流（等深流）及其交互作用的过程响应。3.2 节主要基于英国伦敦大学皇家霍洛威学院 Francisco J. Hernández-Molina 教授课题组发表在 *Marine and Petroleum Geology* 第 123 期题为 *A Late Cretaceous mixed（turbidite-contourite）system along the Argentine Margin: Paleoceanographic and conceptual implications* 的研究论文（图 3.1.1）

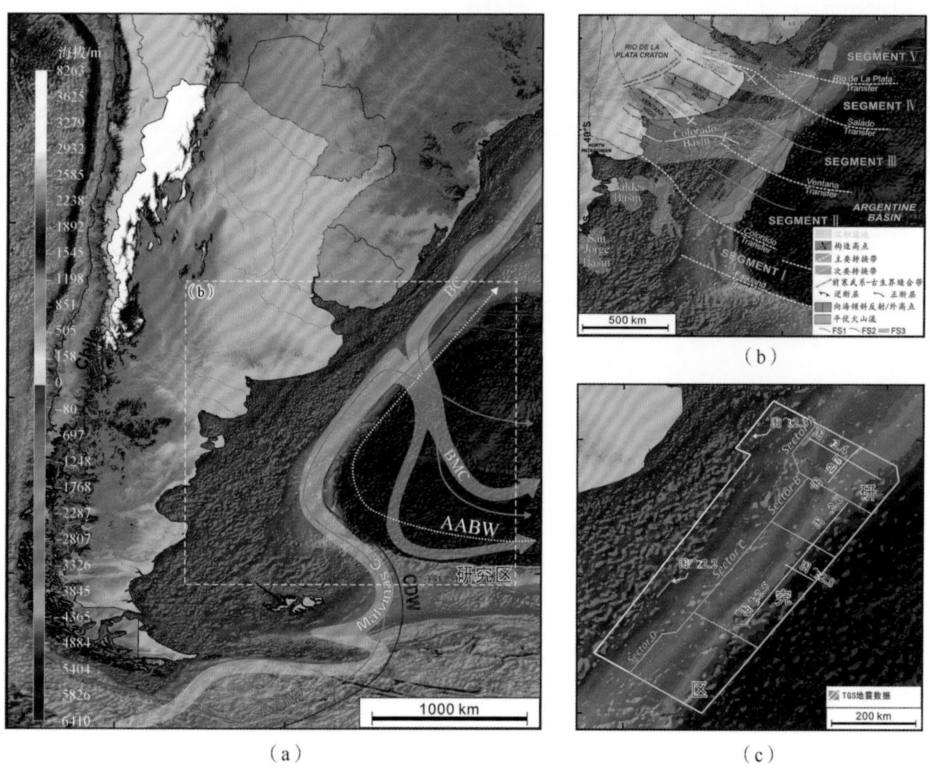

图 3.1.1　本节研究区的域海洋学特征（a）、构造背景（b）以及所使用的钻井和地震剖面的平面位置（c）（Piola and Matano，2001；Arhan et al.，2002a；Carter et al.，2009；Hernández-Molina et al.，2010；Rodrigues et al.，2021）

BC-巴西沿岸流；AABW-南极底层水；BMC-巴西-马尔维纳斯汇流；AAIW-南极中层水；CDW-绕极深层水；NADW-北大西洋深层水

（Rodrigues et al.，2021），本节相关内容是在这一论文的基础上的翻译和进一步梳理。3.3 节基于英国 BP 石油公司 Gianluca Badalini 博士在 2016 年美国石油地质协会年会发表的题为 *Giant cretaceous mixed contouritic-turbiditic systems, offshore uruguay: The interaction between rift-related basin morphology, contour currents and downslope sedimentation* 的口头报告，相关内容是在这些公开发表的文献所使用的相关数据的基础上的进一步梳理和凝练（图 3.1.2）。

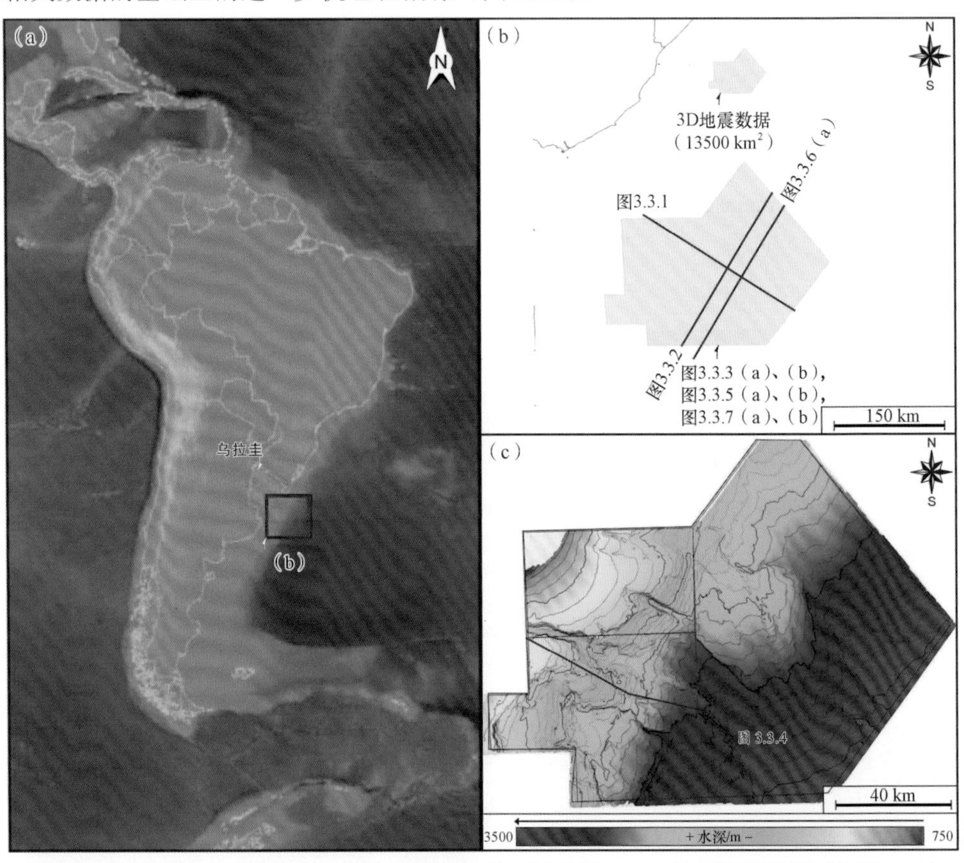

图 3.1.2　本章第三节研究区（乌拉圭陆缘）的区域位置（a）、地震资料的平面位置（b）以及研究区海底地形图（c）（Badalini et al.，2016）

本章的研究区来自南大西洋西侧的阿根廷陆缘（图 3.1.1）和乌拉圭陆缘（图 3.1.2），前人在这一区域取得了一系列出色的与底流相关的研究成果（Viana et al.，1998，2002，2007；Duarte and Viana，2007；Moraes et al.，2007；Hernández-Molina et al.，2009，2016a；Preu et al.，2012）。研究揭示这一区域发育活跃的重力流（浊流）、底流（等深流）及它们之间的交互作用，是研究重力流与底流交互作用过程响应的天然实验室（Preu et al.，2012，2013；Hernández-Molina et al.，2016a）。其中，阿根廷陆缘白垩纪形成发育了一套大型重力流-底流混积沉积体系（面积达 280000km^2），其是顺坡向下流动的重力流（浊流）与沿坡流动的底流（等深流）交互作用的经典案例。而在如图 3.1.3 所示的现今乌拉圭陆缘海底地层倾角方位角属性图上可见多条深水蛇曲水道、重力流作用活跃。现代洋流观测表明研究区（乌拉圭陆缘）从浅水外陆架（图 3.1.3 中洋流观测点 *A*）到深水陆坡（图 3.1.3 中洋流观测点 *B* 和 *C*）均发育活跃的底流（等深流）作用，这些底流水团被针对海水所采集的 90° 相移地震剖面所记载。由此可见，本章研究区（阿根廷陆缘和乌拉圭陆缘）发育活跃的重力流、底流及其交互作用，是开展“古代深水陆缘上重力流、底流及其交互作用过程响应”研究的天然实验室（图 3.1.2，图 3.1.3）。

2. 本章所采用的数据和方法

本章以晚白垩世阿根廷陆缘和晚白垩世乌拉圭陆缘为例，所基于的数据主要包括以下部分。

1）本章 3.2 节所使用的数据和方法

本章 3.2 节研究（Rodrigues et al.，2021）所使用的 2D 地震数据由 TGS 公司于 2017～2018 年获取，主要包括 34 条联络测线和 15 条主测线（线与线之间相距 10km）。该 2D 地震测网覆盖了阿根廷陆缘从 100m 的浅水陆架区到 6000m 的深水陆隆。此外，所使用的资料还包括 4 口钻测井资料［图 3.1.1（c）中的 Dorado、Pejerrey、Corona Austral 和 Cruz del Sur 钻井］，这些钻井资料由巴西石油阿根廷分公司（Petrobras Argentina）提供。在井–震结合的基础上，基于这 4 口井的年代地层格架开展井–震结合的层序地层学划分对比，厘定地震资料上所识别的不整合面的年代及其地质意义。

本章 3.2 节主要基于传统的层序地层学和沉积学的研究方法（Jr Mitchum et al.，1977；Catuneanu et al.，2009）。具体来说，利用地震资料和钻井资料，基于层序地层学的基本方法原理识别了阿根廷陆缘白垩系的不整合面，建立区域可对比的层序地层学格架，进而在等时的层序地层格架内开展地震相分析，厘定晚白垩世阿根廷陆缘上重力流（浊流）、底流（等深流）及其交互作用的过程响应。

2）本章 3.3 节所使用的数据和方法

本章基于 Badalini 等（2016）的数据体（主要包括近 13500km^2 的 3D 地震资料和区域洋流观测资料）进行研究。这些 3D 地震资料和区域洋流观测资料由英国 BG 石油公司在乌拉圭陆缘获取并提供。3D 地震数据经过零相位处理，采样率为 4ms，间距为 25m×12.5m（图 3.1.2）。

此外，在乌拉圭陆缘的陆架区（洋流观测点 *A*）、中陆坡区（洋流观测点 *B*）和下陆坡区（洋流观测点 *C*）各有一个深海洋流观测点（图 3.1.3）。英国 BG 石油公司在这三个观测点上自 2014 年 1 月 11 日至 2014 年 1 月 31 日进行了为期 21 天

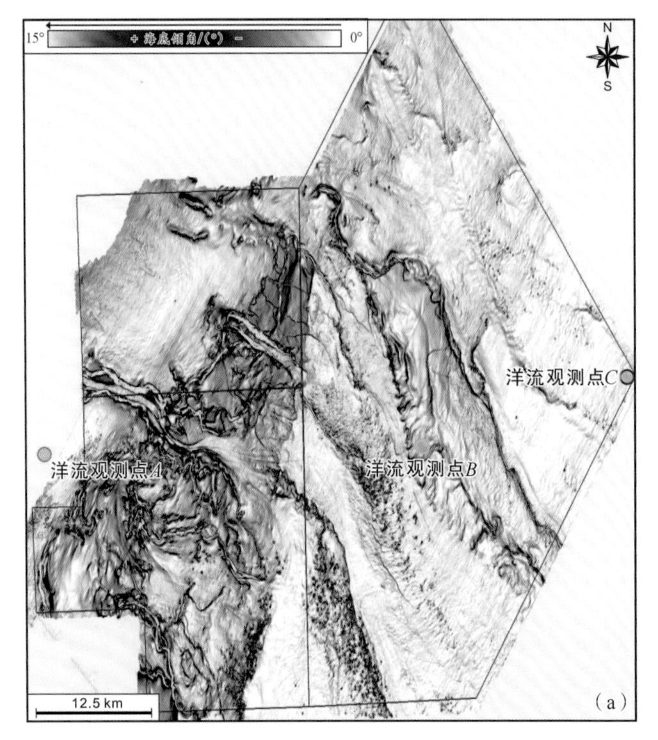

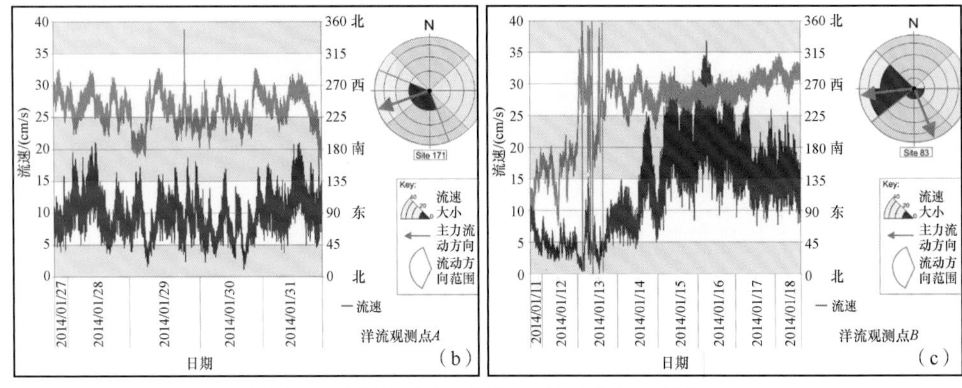

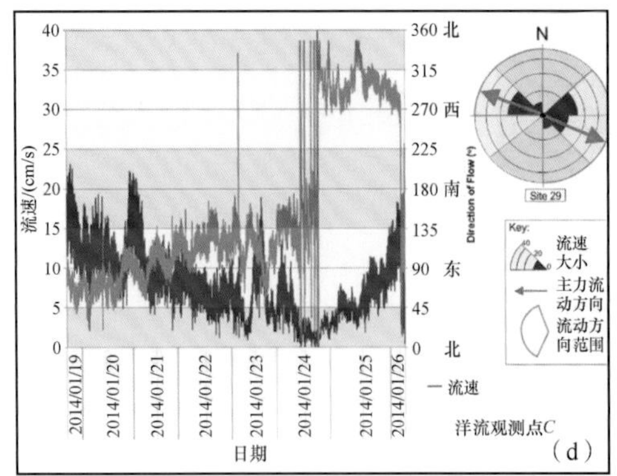

图 3.1.3　现今海底地层倾角方位角属性图（a）以及洋流观测 A、B 和 C 所记录的底流（等深流）流速和方向［(b)～(d)］（Badalini et al.，2016）

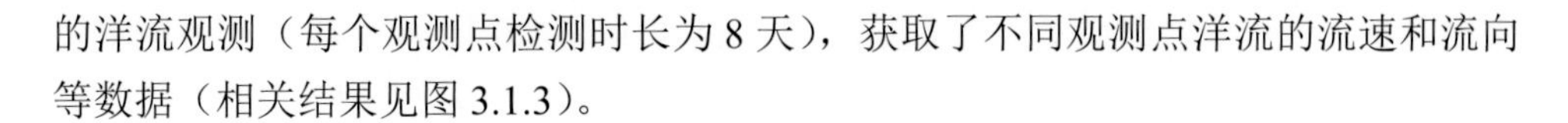

的洋流观测（每个观测点检测时长为 8 天），获取了不同观测点洋流的流速和流向等数据（相关结果见图 3.1.3）。

3.1.2　区域地质概况与海洋学背景

1. 阿根廷陆缘区域地质概况与海洋学背景

本章 3.2 节研究区来自阿根廷陆缘，其区域地质概况和海洋学背景概述如下。

1）阿根廷陆缘区域地质概况

阿根廷陆缘自东北向西南方向延伸，延伸长达 1500km，宽 50～300km；平均地形坡度为 2°，总面积达 700000km^2（图 3.1.1）（Hernández-Molina et al.，2010）。Franke 等（2007）从北至南依次将阿根廷陆缘划分为五个构造带［图 3.1.1（b）中的 SEGMENT Ⅰ～SEGMENT Ⅴ）。这五个构造带分别被拉普拉塔（Rio de la Plata）、萨拉多（Salado）、Ventana、科罗拉多（Colorado）和 Falkland 五个断裂转换带所分割，这些断裂转换带同时也是构造高点和沉积中心的分割界限［图 3.1.1（b）］（Franke et al.，2006，2007）。阿根廷陆缘是冈瓦纳超大陆破裂一个的产物，为一典型的被动火山型大陆边缘（Franke et al.，2007；Koopmann et al.，2013）。阿根廷陆缘与南非/纳米比亚之间的最后一次开裂发生在早白垩世，推测年龄为 135.5～127.7Ma（Jokat et al.，2003；Franke et al.，2006）。阿根廷陆缘主要沉积充填了早白垩世至今的沉积物，累计厚度达 8km（Hernández-Molina et al.，2009，2010），3.2 节的研究目的层主要为晚白垩世的深水沉积体系。

阿根廷陆缘由北至南分布着 6 个沉积盆地，依次为：萨拉多盆地、科罗拉多盆地、瓦尔德斯（Valdés）盆地、罗森（Rawson）盆地、圣豪尔赫（San Jorge）盆地和阿根廷（Argentina）盆地。3.2 节研究区主要聚集在科罗拉多盆地和萨拉多盆地。其中，萨拉多盆地位于南纬 35°～37°，发育在科罗拉多盆地的北部；沉积中心呈 NW-SE 向，其中中生代到新生代沉积物的累计厚度超过 8km［图 3.1.1（b）］（Autin et al.，2013）。研究区科罗拉多盆地位于南纬 40° 左右、发育一系列呈 NWW-SEE 展布的沉积中心［图 3.1.1（b）］。科罗拉多盆地后裂谷期层系（中生代至今）累计沉积厚度可达 6.5km（Bushnell et al.，2000；Franke et al.，2006；Autin et al.，2013；Hernández-Molina et al.，2009，2010）。

本章 3.2 节的研究目的层主要为上白垩统的科罗拉多组，其顶底为区域不整合面 H2 和 H5。

2）阿根廷陆缘区域海洋学背景

阿根廷陆缘现今区域海洋学背景主要被几大水团主导［图 3.1.1（a）］，这些水团包括巴西-马尔维纳斯汇流［图 3.1.1（a）中的 BMC］、向北流动的南极水团［图 3.1.1（a）中的 AAIW］和北大西洋深层水［图 3.1.1（a）中的 NADW］（Piola and Matano，2001；Arhan et al.，2002a；Carter et al.，2009；Hernández-Molina et al.，2009，2010；Combes and Matano，2014；Valla et al.，2018）。向北流动的南极水团主要包括南极中层水［图 3.1.1（a）中的 AAIW］、绕极深层水［图 3.1.1（a）中的 CDW］和南极底层水［图 3.1.1（a）中的 AABW］（Carter et al.，2009；Hernández-Molina et al.，2009，2010；Valla et al.，2018）。

在表层（水深 0～1km），表层环流以季节变化的巴西-马尔维纳斯汇流为主，其是由向南流动的巴西沿岸流与向北流动的马尔维纳斯洋流在南纬约 38° 汇合而形成［图 3.1.1（a）］。在中层（水深 1～3.5km），中层环流主要由向北流动的南极中层水和绕极深层水的两个主要的水团（Arhan et al.，2002a，2002b）。在深层（水深＞3.5km），主要的洋流类型为向南流动的北大西洋深层水。北大西洋深层水通过马尔维纳斯/福克兰海沟（Malvinas/Falkland gaps）进入阿根廷深水陆缘，然后向南流动（Hernández-Molina et al.，2010）；它们可能参与本章 3.2 节所论述的深水单向迁移水道的沉积建造过程。

2. 乌拉圭陆缘区域地质概况与海洋学背景

本章 3.2 节研究区所在的乌拉圭陆缘位于南纬 33°～44°，其区域地质概况和海洋学背景概述如下。

1）乌拉圭陆缘区域地质概况

乌拉圭陆缘是在早白垩世南大西洋开裂和南美板块裂陷共同作用下形成的（图 3.1.2）（Hinz et al.，1999；Franke et al.，2007；Soto et al.，2011）。在晚侏罗世期间，在一系列的陆内裂谷中发生了陆壳破裂和洋壳扩展（Pérez-Díaz and Eagles，2014）。而后（约 138Ma），大西洋中部裂谷带发生了断裂作用。这一作用过程被一系列宽 60～120km 的向海倾斜的火山反射楔形体所记载（Soto et al.，2011；Pérez-Díaz and Eagles，2014）。

乌拉圭陆缘上主要形成发育了佩洛塔斯（Pelotas）和乌拉埃斯特角城（Punta del Este）两个沉积盆地（Soto et al.，2011；Morales et al.，2016；Conti et al.，2017）。其中，Punta del Este 盆地向南以马丁·加西亚岛/拉普拉塔（Martín García/Plata）高地为边界，向北以 Rio de la Plata 构造转换带为边界（Soto et al.，2011；Morales et al.，2016；Conti et al.，2017）。Polonio 高地和 Plata 高地主要由源自乌拉圭底端的前寒武纪结晶岩系组成；而 Pelotas 盆地位于 Polonio 高地和弗洛里亚诺波利斯（Florianó Polis）断裂带之间。Pelotas 和 Punta del Este 两个沉积盆地位于 Soto 等（2011）所提出的构造分区的Ⅳ和Ⅴ区。Punta del Este 盆地是一个近乎 NW-SE 展布的漏斗形的拗拉谷，是南大西洋在晚白垩世板块运动的产物（Franke et al.，

2007；Soto et al.，2011；Morales et al.，2016；Conti et al.，2017）。当 Punta del Este 盆地的裂陷中心在 138Ma 左右迁移到大西洋中部时，盆地的局部裂谷作用停止（Soto et al.，2011；Pérez-Díaz and Eagles，2014）。Punta del Este 盆地内发育一系列近 NW-SE 展布的裂谷（Franke et al.，2007；Soto et al.，2011），这些裂谷内沉积充填了厚达 6km 的上侏罗统—下白垩统。

本章 3.3 节的研究目的层主要为上白垩统，包括三套地层：塞诺曼期—土伦期、康尼亚克期—圣通期以及坎潘期—马斯特里赫特期。

2）乌拉圭陆缘区域海洋学背景

乌拉圭陆缘是多个水体的交汇地，发育活跃的洋流作用（图 3.1.3，图 3.1.4）（Preu et al.，2012，2013）。表层洋流循环主要由向南流动的巴西沿岸流和向北流动的马尔维纳斯洋流共同构成；它们在南纬 38° 附近相遇，形成巴西-马尔维纳斯汇流（图 3.1.3，图 3.1.4）（Stramma and England，1999；Piola and Matano，2001；Hernández-Molina et al.，2016a）。巴西-马尔维纳斯汇流以“温度和盐度递变”为特征，相应形成振幅较大的涡流。

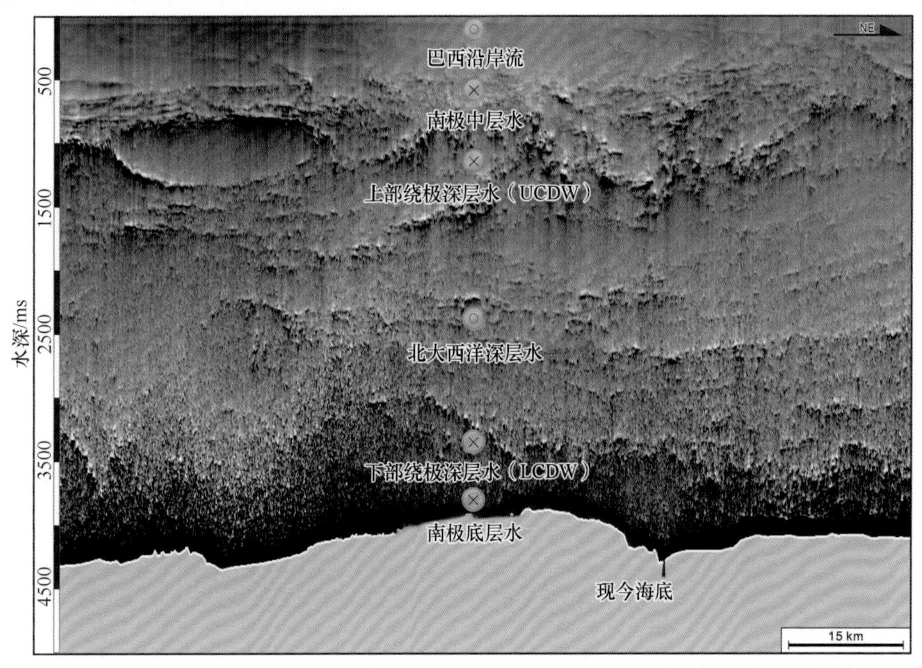

图 3.1.4　基于海水所采集的 90° 相移剖面记录了研究区内水团的剖面地震反射特征（Badalini et al.，2016）

中层环流主要由向南流动的南极中层水、上部绕极深层水和下部绕极深层水共同组成（图 3.1.4）（Badalini et al.，2016；Creaser et al.，2017）。向南流动的北大西洋深层水有效深度为 2000～3000m，其介于上部绕极深层水与下部绕极深层水之间（图 3.1.4）（Piola and Matano，2001；Preu et al.，2012，2013）。在水深超过 3500m 的乌拉圭陆缘深水陆隆区，南极底层水是最重要的水团类型（图 3.1.4）（Stramma and England，1999；Piola and Matano，2001；Arhan et al.，2002a，2002b）。向南流动的北大西洋深层水可能参与了本章 3.3 节所研究讨论的深水单向迁移水道的沉积建造过程。

3.2 晚白垩世阿根廷陆缘重力流与底流交互作用的形成发育场所和典型沉积响应

3.2.1 晚白垩世以来阿根廷陆缘井–震结合的层序划分对比

Rodrigues 等（2021）在阿根廷陆缘白垩系共识别了五个区域不整合面（图 3.2.1～图 3.2.5 中的 H1～H5），据此将白垩系划分为五个地震层序单元（图 3.2.1～图 3.2.5

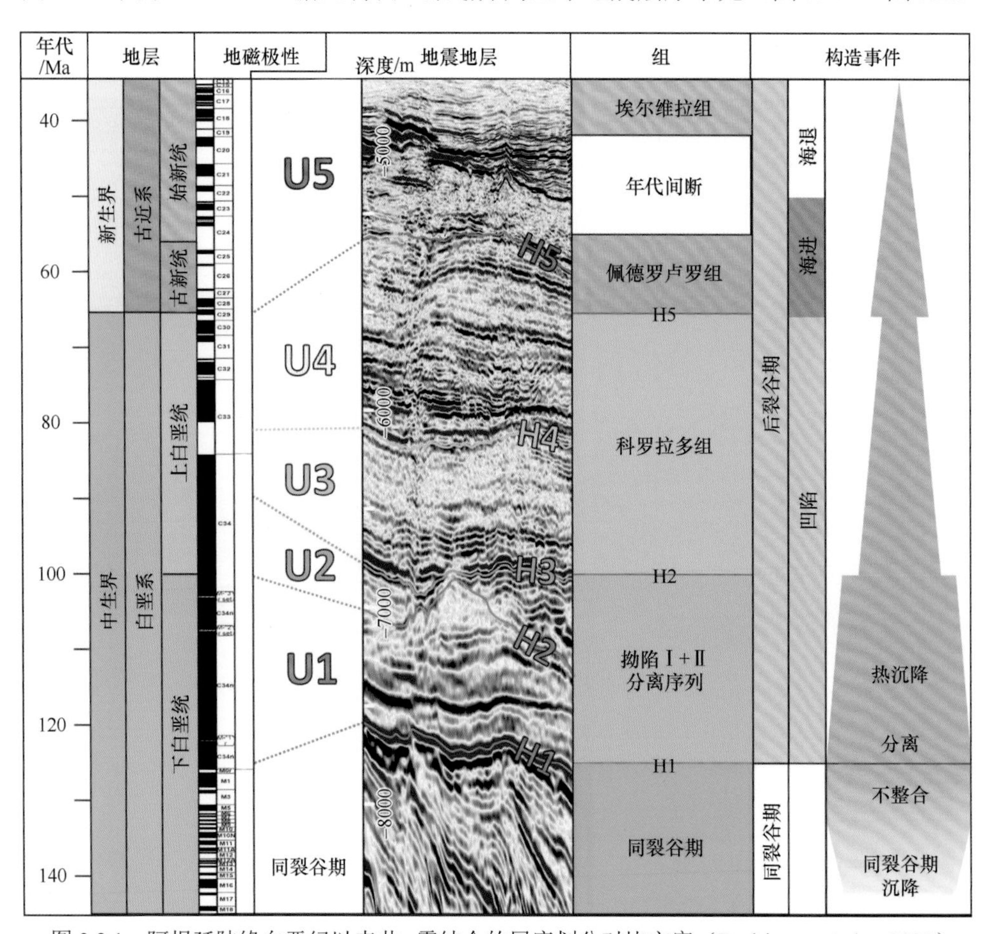

图 3.2.1　阿根廷陆缘白垩纪以来井–震结合的层序划分对比方案（Rodrigues et al.，2021）

中的 U1～U5）。这五个地震层序单元（U1～U5）及其对应的不整合面（H1～H5）所对应的地质年代如图 3.2.1 所示。

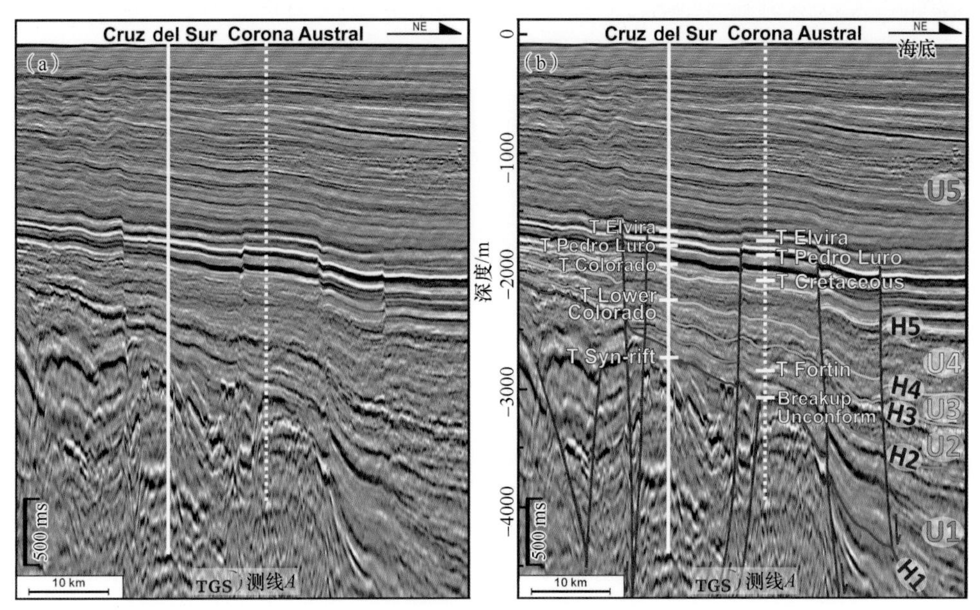

图 3.2.2　过 Cruz del Sur 和 Corona Austral 井的井-震结合层序划分对比剖面（Rodrigues et al.，2021）

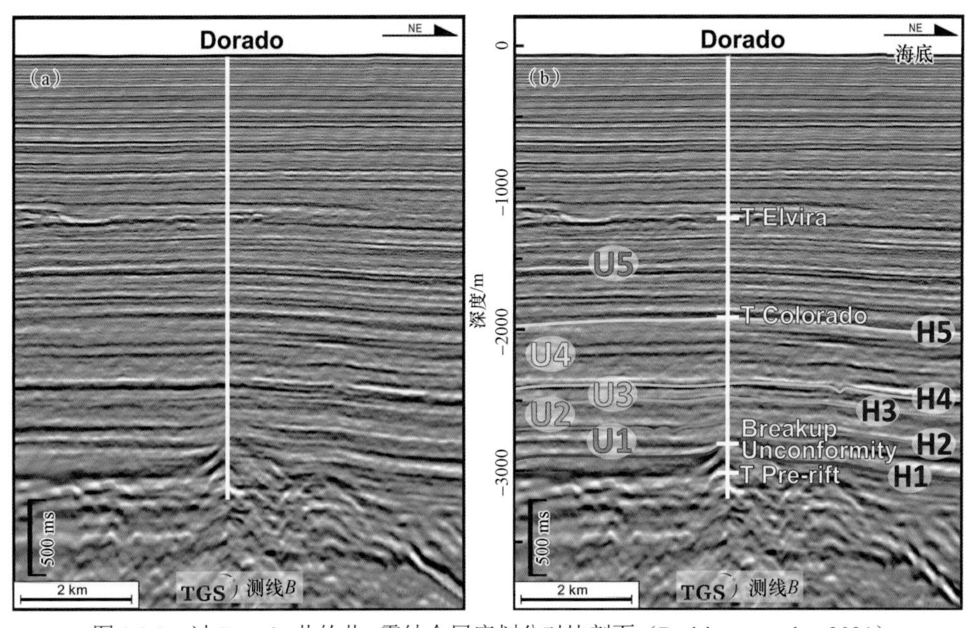

图 3.2.3　过 Dorado 井的井-震结合层序划分对比剖面（Rodrigues et al.，2021）

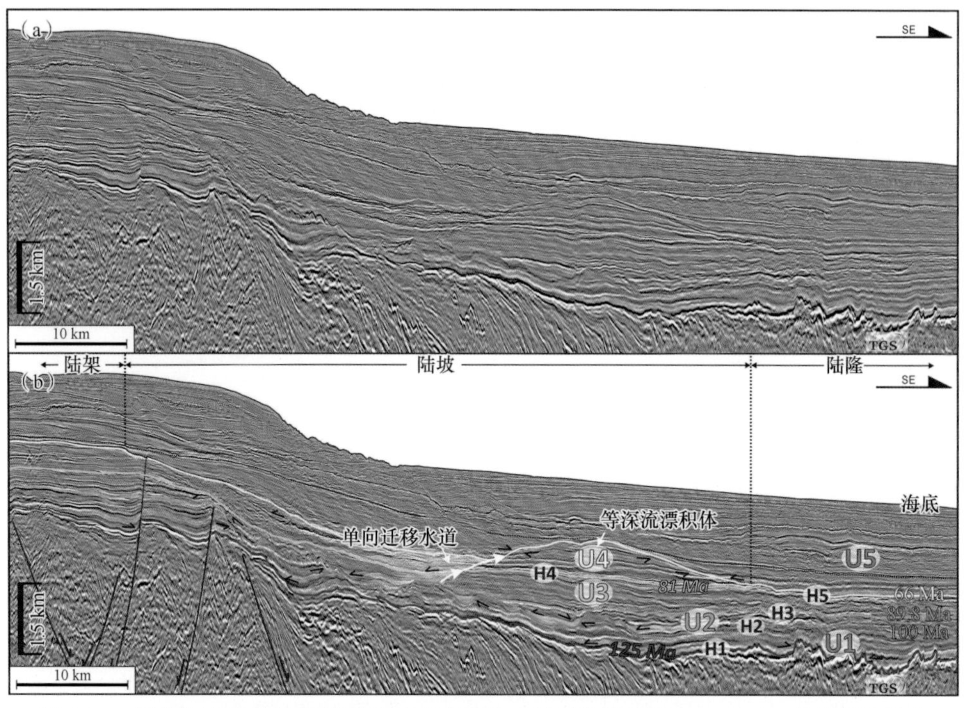

图 3.2.4　顺物源方向的地震剖面及其对应解释［剖面位置见图 3.1.1（c），地震剖面引自 Rodrigues 等（2021）］刻画了晚白垩世阿根廷陆缘层序划分方案

1. 早白垩世地震层序单元 U1（阿普特阶—阿尔布阶）

地震地层单元 U1 是阿根廷陆缘演化早期（125～100.5Ma 裂谷期）的产物，由阿普特阶—阿尔布阶沉积组成。其底界面为破裂不整合面（breakup unconformity，图 3.2.1～图 3.2.4 中的 H1），其形成于巴雷姆期（Barremian Age）（地质时间约为 125Ma），为古生界和白垩系的分界面。区域地质反射上，破裂不整合面 H1 为明显的强振幅连续反射。破裂不整合面 H1 界面之下的地层向不整合面 H1 高角度终止，可见区域大规模削截地震反射终止关系；界面之上的地层不断向其超覆，可见上超地震反射终止关系。破裂不整合面 H1 之下的古生代地层在地震反射上表现为明显的强振幅、杂乱、向海一侧倾斜地震反射，具有明显的断陷充填特征（图 3.2.1～图 3.2.4）。

在地震反射特征上，地震地层单元 U1 以“中强振幅、亚平行、连续地震反射”为主。在陆架区，地震地层单元 U1 位于 4000～3500m 深度段，表现为平行-亚平行、厚层、席状沉积单元，与构造高点和其他基底呈现不规则叠加。地震地层单元 U1 的沉积中心位于科罗拉多盆地和萨拉多盆地内，最大沉积厚度可达 2100m（图 3.2.1～图 3.2.4）（Rodrigues et al.，2021）。

在沉积特征上，地震地层单元 U1 在陆架坡折处发育大规模的剥蚀，陆架

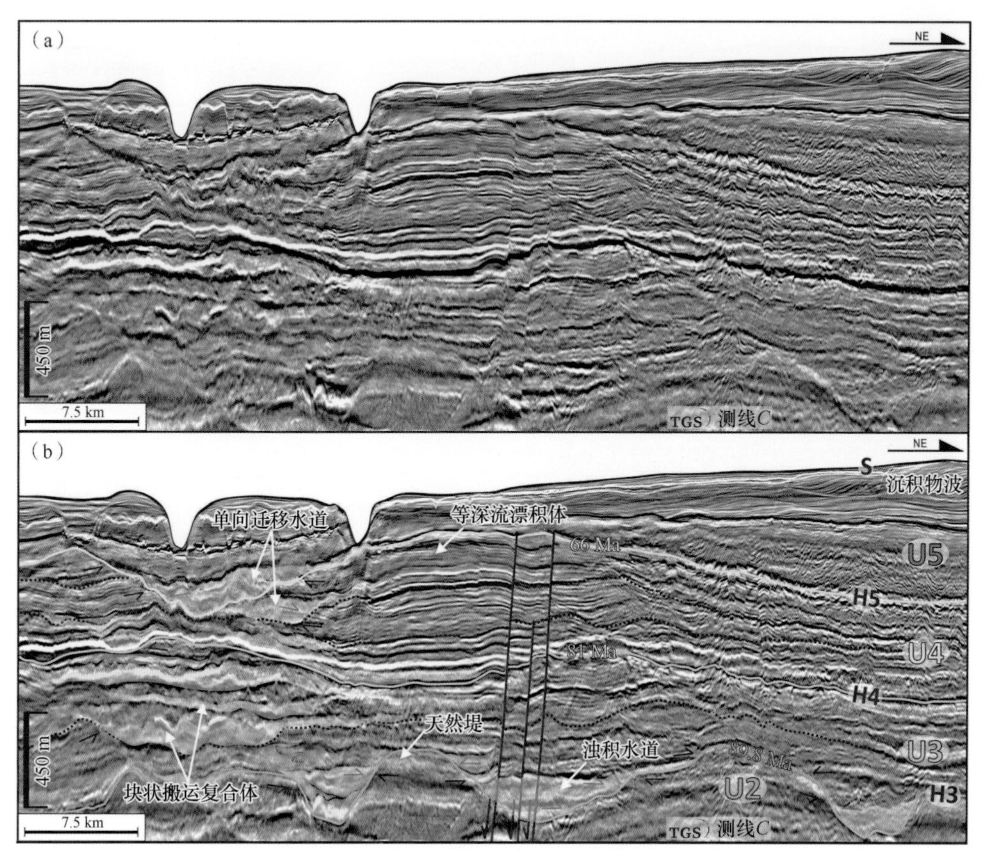

图 3.2.5　垂直物源方向的地震剖面及其对应解释［剖面位置见图 3.1.1（c），剖面据 Rodrigues 等（2021）］刻画了浊积水道、单向迁移水道、等深流漂积体天然堤和块状搬运复合体的剖面地震反射特征

坡折以深的盆地方向不发育深水水道或等深流漂积体等深水沉积单元（图 3.2.4）（Rodrigues et al.，2021）。

2. 晚白垩世地震地层单元 U2（塞诺曼期—土伦期）

地震地层单元 U2 对应塞诺曼期—土伦期，形成于 100.5～89.8Ma。其底界面为区域不整合面 H2；在地震反射上，该不整合面以“强振幅、连续地震反射”为主要特征（图 3.2.1～图 3.2.4）。区域不整合面 H2 之上出现宽缓的双向上超、强振幅充填相（图 3.2.4），该地震相是深水水道的典型剖面地震反射特征。

在地震反射特征上，地震地层单元 U2 以“中强振幅、亚平行和横向连续地震反射”为主。在陆架区，地震地层单元 U2 呈薄层、席状弱振幅反射（图 3.2.4～图 3.2.8）。地震地层单元 U2 在陆架区的最大沉积厚度达 250m，而在陆坡区的最大厚度为 380m；其向深海平原上不断呈楔状减薄（Rodrigues et al.，2021）。

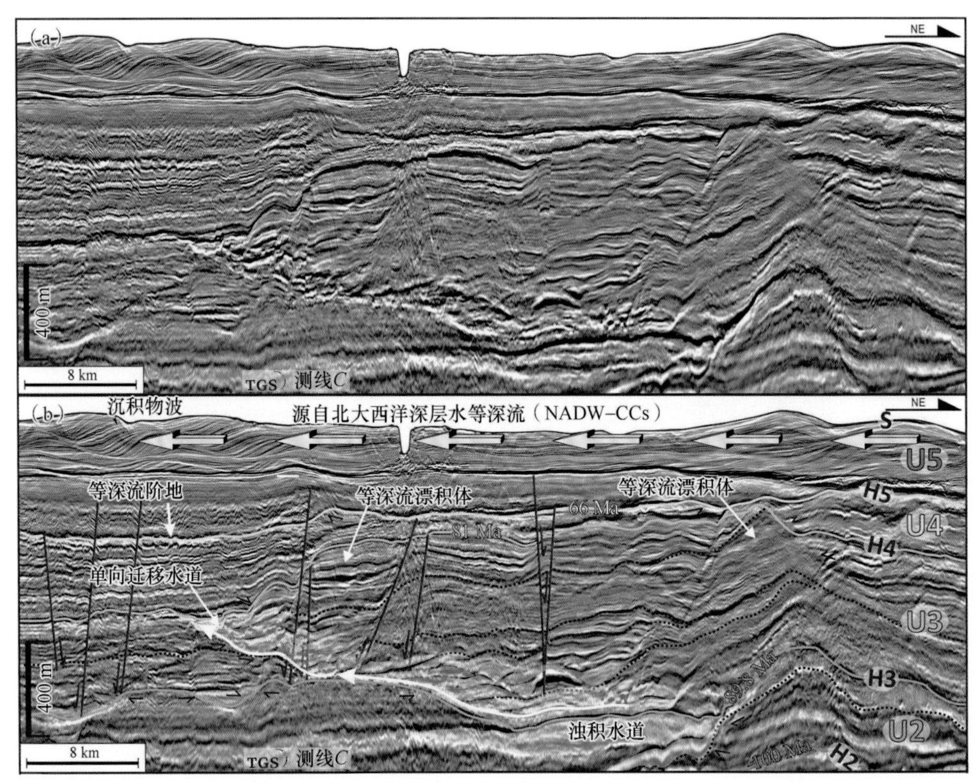

图 3.2.6　切物源地震剖面及其对应解释［剖面位置见图 3.1.1（c），剖面据 Rodrigues 等（2021）］刻画了浊积水道、单向迁移水道、等深流漂积体和等深流阶地的剖面地震反射特征

在沉积特征上，地震地层单元 U2 在陆架坡折处发育大规模的剥蚀，陆架坡折以深的深水盆地中地震地层单元 U2 内出现深水水道（以双向上超、强振幅充填地震相为主）（图 3.2.4～图 3.2.8）（Rodrigues et al.，2021）。

3. 晚白垩世地震地层单元 U3（康尼亚克期—坎潘期）

地震地层单元 U3 对应康尼亚克期—坎潘期，形成于 89.8～81Ma；其底界面为局部不整合面 H3。在地震反射上，局部不整合面 H3 以“强振幅连续反射”为主要特征（图 3.2.4～图 3.2.8）。其分布范围相对局限，仅在陆坡和深水陆隆上发育分布（图 3.2.4）（Rodrigues et al.，2021）。

在地震反射特征上，地震地层单元 U3 以“中-强振幅、亚平行、连续地震反射”为主（图 3.2.4～图 3.2.8）。在陆架区，地震地层单元 U3 以“强振幅杂乱或不规则反射特征”为主（图 3.2.4～图 3.2.8）；在下陆坡区—深海陆隆区地震地层单元 U3 内发育垂向进积和上坡迁移兼而有之的沉积物波，这些沉积物波出现在等深流漂积体向海一侧的深水区（图 3.2.8）（Rodrigues et al.，2021）。

在沉积特征上，地震地层单元 U3 内发育一种特殊类型的深水水道（图 3.2.4～图 3.2.8 中的黄色区域），其表现为“双向上超、透镜状、强振幅充填地震相”。与

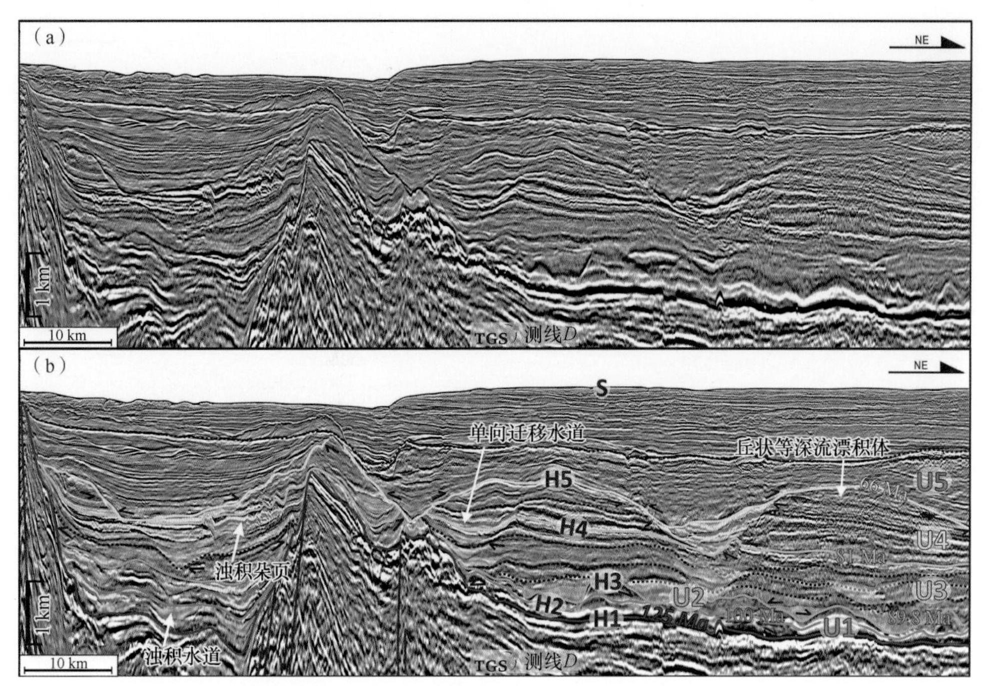

图 3.2.7　垂直物源方向的地震剖面及其对应解释［剖面位置见图 3.1.1（c），剖面据 Rodrigues 等（2021）］刻画了浊积水道、浊积朵叶、单向迁移水道和丘状等深流漂积体的剖面地震反射特征

浊积水道截然不同的是，它们靠近迁移一侧的水道侧壁更加陡峻且持续向一个方向单向迁移（图 3.2.4～图 3.2.8）。作者将这种特征类型的深水水道首次命名为深水单向迁移水道，相关成果详见作者发表在 *AAPG Bulletien* 第 97 卷的 *Upper Miocene to Quaternary unidirectionally migrating deep-water channels in the Pearl River Mouth Basin, northern South China Sea*。

然而，与南海的深水单向迁移水道相比，本章研究区的这些迁移水道的堤岸上发育等深流漂积体（图 3.2.4～图 3.2.8）。这些深水迁移水道厚 100～200m，而进积特征明显的等深流漂积体平均厚约 600m，最大厚度可达 800m（图 3.2.4～图 3.2.8）（Rodrigues et al.，2021）。

4. 晚白垩世地震地层单元 U4（坎潘期—马斯特里赫特期）

地震地层单元 U4 对应坎潘期—马斯特里赫特期，形成于 81～66Ma；其底界面为局部不整合面 H4（图 3.2.4～图 3.2.8）。区域上，局部不整合面 H4 以“强振幅、亚平行、连续-断续”为主要地震反射特征（图 3.2.4～图 3.2.8）。其分布范围相对局限，仅在浅水陆架和深水陆坡上发育，而在深水陆隆上缺失（图 3.2.4～图 3.2.8）（Rodrigues et al.，2021）。

在地震反射上，地震地层单元 U4 在陆架坡折处发育 S 形前积反射结构（陆

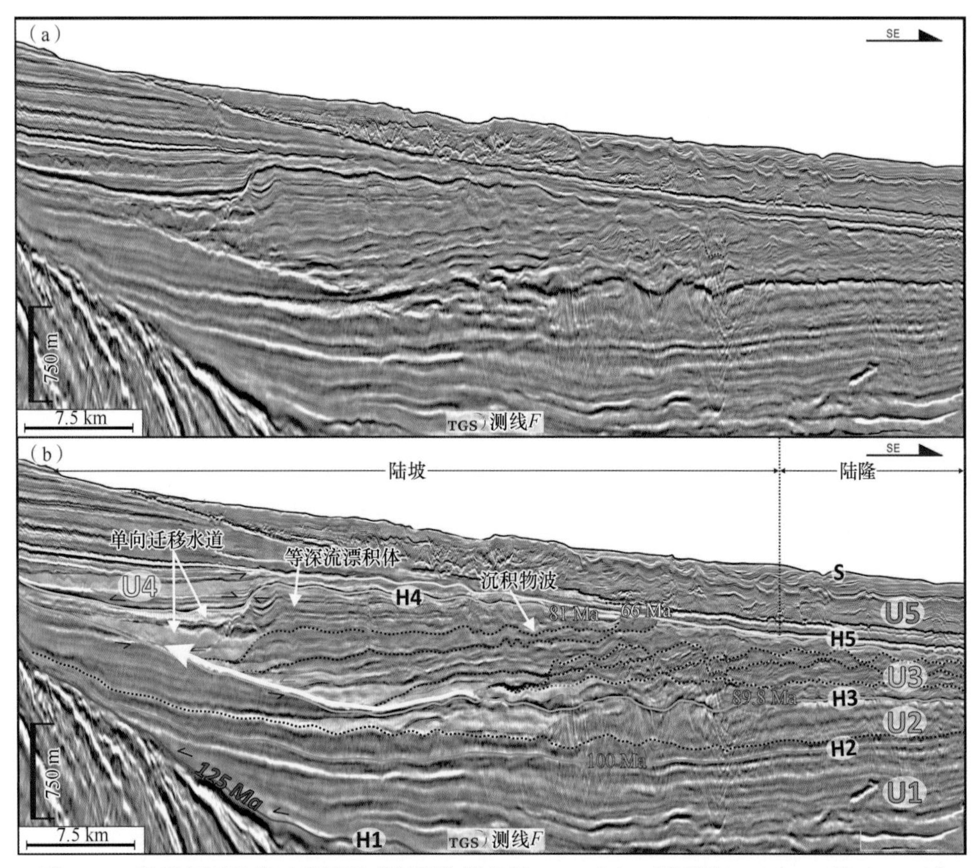

图 3.2.8 地震剖面及其对应解释［剖面位置见图 3.1.1（c），剖面据 Rodrigues 等（2021）］
刻画了单向迁移水道、等深流漂积体和沉积物波的剖面地震反射特征

架边缘三角洲），在上陆坡区出现杂乱或透明-半透明反射（块状搬运沉积），在中下陆坡出现丘状等深流漂积体（图 3.2.4～图 3.2.8）（Rodrigues et al.，2021）。这些等深流漂积体以“中-强振幅、亚平行、连续、丘状地震反射”为主，进积特征明显，且常常与单向迁移水道相伴生（图 3.2.4）（Rodrigues et al.，2021）。在深水陆隆上，出现沉积物波，这些沉积物波以强振幅、波状反射特征为主（图 3.2.4～图 3.2.8）（Rodrigues et al.，2021）。

在沉积特征上，地震地层单元 U4 发育迁移特征明显的深水单向迁移水道（图 3.2.5 和图 3.2.6 中的黄色强振幅区域）以及大型、丘状等深流漂积体（图 3.2.4～图 3.2.8）（Rodrigues et al.，2021）。

5. 晚白垩世地震地层单元 U5（古近系至今）

地震地层单元 U5 对应古近系至今的地层，形成于 66～0Ma；其底界面为区域不整合面 H5（图 3.2.4～图 3.2.8）。区域上，区域不整合面 H5 为强振幅连续反射，分布范围广泛。H5 界面之下有明显的削截地震反射终止关系（尤以外陆架区最为明显），界面之上发育小规模的侵蚀充填反射（深水水道地震相）（图 3.2.4～图 3.2.8）（Rodrigues et al.，2021）。

在地震反射上，地震地层单元 U5 一般为“中-高振幅、亚平行、连续反射”（图 3.2.4）。在外陆架区，地震地层单元 U5 内可见典型的 S 形前积反射构型（陆架边缘三角洲）；在深水陆坡区，地震地层单元 U5 内可见强振幅、杂乱或波状、不规则或断续的反射（是深海峡谷水道侵蚀下切的产物）（图 3.2.4～图 3.2.8）（Rodrigues et al.，2021）。

在沉积特征上，地震地层单元 U5 内无先期的迁移水道或等深流漂积体出现，整体上以深海-半深湖沉积为主（图 3.2.4～图 3.2.8）（Rodrigues et al.，2021）。

3.2.2　晚白垩世阿根廷陆缘重力流、底流及其交互作用的沉积响应

阿根廷陆缘晚白垩世至今发育四个地震地层单元 U1～U4，其中本节研究目的层（地震地层单元 U2～U4 对应上白垩统科罗拉多组）发育三大类沉积特征，包括沉积现象、侵蚀现象和混积现象（图 3.2.5～图 3.2.8）（Rodrigues et al.，2021）。

1. 晚白垩世阿根廷陆缘科罗拉多组沉积体系

阿根廷陆缘侏罗系科罗拉多组主要的沉积现象类型有：丘状漂积体（mounded drifts）、附着型漂积体、天然堤、浊积朵叶、沉积物波和块状搬运复合体（图 3.2.5～图 3.2.8）（Rodrigues et al.，2021）。这六类沉积现象的地震相-沉积相解释详见表 3.2.1。

表 3.2.1　阿根廷陆缘典型沉积现象的地震相特征（Rodrigues et al.，2021）

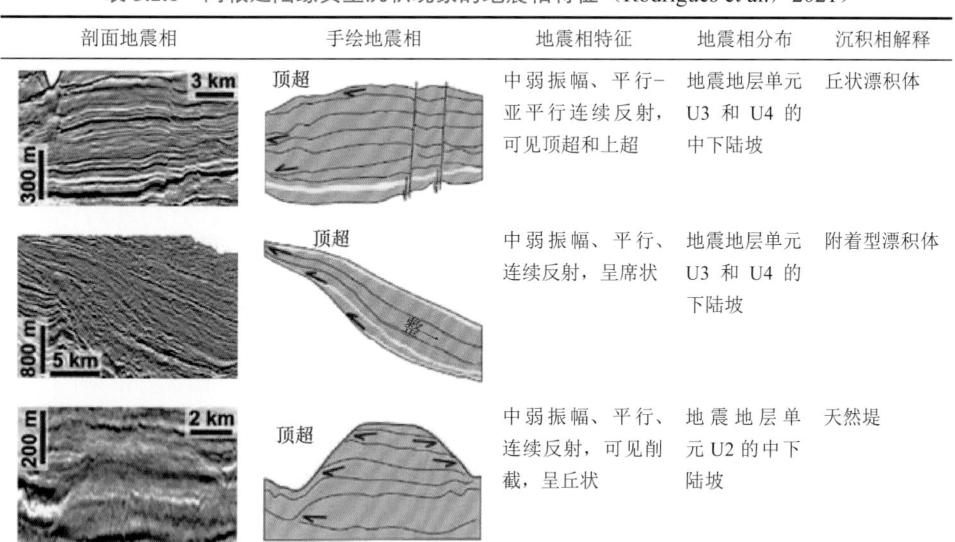

剖面地震相	手绘地震相	地震相特征	地震相分布	沉积相解释
		中弱振幅、平行-亚平行连续反射，可见顶超和上超	地震地层单元 U3 和 U4 的中下陆坡	丘状漂积体
		中弱振幅、平行、连续反射，呈席状	地震地层单元 U3 和 U4 的下陆坡	附着型漂积体
		中弱振幅、平行、连续反射，可见削截，呈丘状	地震地层单元 U2 的中下陆坡	天然堤

续表

剖面地震相	手绘地震相	地震相特征	地震相分布	沉积相解释
200m 1 km	上超	弱振幅、平行-波状反射、连续性中等-差，可见上超，呈席状	地震地层单元U2的下陆坡处	浊积朵叶
2 km 200 m	上超 整一	中强振幅、波状反射，呈席状	地震地层单元U3和U4的下陆坡和深水陆隆	沉积物波
2 km 400 m	杂乱	杂乱、弱振幅、透明-半透明反射，呈不规则状	地震地层单元U2和U4的中下陆坡	块状搬运复合体

1）沉积现象1：丘状漂积体

阿根廷陆缘侏罗系科罗拉多组共计形成发育15个丘状漂积体，是研究区观察到的主要沉积现象之一（图3.2.5～图3.2.8，表3.2.1）（Rodrigues et al.，2021）。丘状漂积体以“中弱振幅、连续、平行-亚平行反射”地震反射特征为主（可见顶超和上超地震反射终止关系），进积特征明显（在漂积体的中心部位向上加厚凸起）。丘状漂积体主要形成发育在地震地层单元U3-U4沉积期，它们厚度为300～500m，平均宽度为10～30km。区域上，这些漂积体主要发育分布在阿根廷陆缘的中下陆坡处，且在4250～4750m水深的坡脚处最为发育（沉积厚度最大），向深海平原一侧逐渐呈楔状变薄。它们顺坡呈现近SE向延伸，呈不对称状。这些丘状漂积体常常被认为是等深流作用的产物（Faugères et al.，1999；Faugères and Stow，2008；Rebesco et al.，2014）。

2）沉积现象2：附着型漂积体

附着型漂积体形成于5500～6200m深度的地震地层单元U3和U4的下陆坡（图3.2.4～图3.2.6，图3.2.8；表2.2.1）（Rodrigues et al.，2021）。这些附着型漂积体以“弱-强振幅、平行、连续反射，呈席状”地震反射特征为主，平均厚度约300m，长度为30～60km，宽度为20～30km。这些附着型漂积体常常被认为是等深流作用的产物，故而又被解释为等深流漂积体（图3.2.4～图3.2.6，图3.2.8）（Rebesco et al.，1998，2014；Faugères et al.，1999；Faugères and Stow，2008）。

3）沉积现象 3：天然堤

天然堤主要形成发育在地震地层单元 U2 的中下陆坡区（图 3.2.5，表 3.2.1）（Rodrigues et al.，2021）；以“弱-强振幅、平行、连续反射特征”为主，呈丘状，可见削截。它们往往与 U 形或 U 形双向上超充填地震相伴生，是深水水道内沟道化浊流溢岸的产物，常常被解释为天然堤（图 3.2.5，表 3.2.1）（Rodrigues et al.，2021）。

4）沉积现象 4：浊积朵叶

浊积朵叶主要发育分布在地震地层单元 U2 的下陆坡处，以“弱振幅、平行-波状反射、连续性中等-差”地震反射特征为主（图 3.2.7，表 3.2.1）（Rodrigues et al.，2021）。整体上，浊积朵叶呈席状，局部可见上超地震反射接触关系，是浊流在非限定性条件下的产物（Posamentier and Kolla，2003；Rodrigues et al.，2021）。

5）沉积现象 5：沉积物波

沉积物波是地震地层单元 U4 和 U3 中最常见的沉积类型，主要出现在下陆坡和深水陆隆上（图 3.2.8，表 3.2.1）（Rodrigues et al.，2021）。这些沉积物波以“弱-强振幅、波状反射，呈席状”地震反射特征为主，单个波长可达 3km，累计厚度可达 25～50m，延伸长度可达 70～130km，宽度可达 60～65km（图 3.2.8，表 3.2.1）。剖面上，这些沉积物上坡一翼出现断续、侵蚀现象，上坡迁移特征明显；具有明显的不对称的剖面形态（图 3.2.6，图 3.2.8，表 3.2.1）。

6）沉积现象 6：块状搬运复合体

块体搬运复合体主要形成分布在地震地层单元 U2 和 U4 的中下陆坡区，以“杂乱、弱振幅、透明-半透明反射，不规则状”地震反射特征为主（图 3.2.5，表 3.2.1）（Rodrigues et al.，2021）。这些块状搬运复合体的长度为 60～140km，宽度为 25～30km，平均厚度为 500m（图 3.2.5，表 3.2.1）。

2. 阿根廷陆缘科罗拉多组侵蚀体系

阿根廷陆缘侏罗系科罗拉多组主要的侵蚀现象类型有：深水单向迁移水道和侵蚀面（图 3.2.4～图 3.2.8，表 3.2.2）（Rodrigues et al.，2021）。这两类典型的侵蚀现象的地震相-沉积相解释详见表 3.2.2。

表 3.2.2 典型地震剖面及其手绘解释示例了研究区主要的侵蚀现象（Rodrigues et al.，2021）

剖面地震相	手绘地震相	地震相特征	地震相分布	沉积相解释
200 m 2 km	双向上超	强振幅、断续，呈 V 形或 U 形，可见双向上超	地震地层单元 U2 到 U4 的深水陆坡	深水单向迁移水道
200 m 1 km	削截	强振幅、不规则、连续反射，可见削截	地震地层单元 U2 到 U4 的外陆架和上陆坡	侵蚀面

1）侵蚀现象 1：深水单向迁移水道

深水单向迁移水道是阿根廷陆缘侏罗系科罗拉多组最重要的侵蚀现象，地震地层单元 U2 到 U4（上白垩统科罗拉多组）的深水陆坡区均有发育（图 3.2.4～图 3.2.8，表 3.2.2）（Rodrigues et al.，2021）。它们以“强振幅、断续、双向上超充填”地震反射特征为主，整体上呈现 V 形或 U 形，是重力流（浊流）侵蚀下伏地层的响应。这些深水水道剖面特征长度为 60～90km，宽度为 2～5km，深度一般小于 500m（图 3.2.4～图 3.2.8，表 3.2.2）。它们在陆架区呈 V 形，侵蚀下切特别明显；在陆坡上呈 U 形，侵蚀下切能力减弱（Posamentier and Kolla，2003）。

前已述及，与浊积水道截然不同的是，这些水道持续稳定地向一个方向不断地侧向迁移，是典型的深水单向迁移水道（图 3.2.4～图 3.2.8，表 3.2.2）。

2）侵蚀现象 2：侵蚀面

侵蚀面主要发育分布在阿根廷陆缘地震地层单元 U2 到 U4 的外陆架和上陆坡区，以“强振幅、不规则、连续”地震反射特征为主（表 3.2.2）（Rodrigues et al.，2021）。这一沉积现象常常与削截地震反射特征伴生，侵蚀特征明显，被解释为侵蚀面（表 3.2.2）（Rodrigues et al.，2021）。

3. 阿根廷陆缘科罗拉多组沉积-侵蚀体系

阿根廷陆缘侏罗系科罗拉多组主要的沉积-侵蚀现象以“等深流阶地”最为典型，其体现了侵蚀和堆积的综合效应，是一类沉积-侵蚀现象（图 3.2.6，表 3.2.3）（Rodrigues et al.，2021）。

等深流阶地主要发育分布在科罗拉多盆地地震地层单元 U3 和 U4 的中陆坡区，一般出现在 4600～5200m 深度段。它们以“强振幅、断续”地震反射特征为主

（图 3.2.6，表 3.2.3）（Rodrigues et al.，2021）。这些等深流侵蚀面之上可见特征明显的多边形断层（图 3.2.6，表 3.2.3）。区域上，这些等深流阶地呈近 NE-SW 向展布，与区域陆坡走向（等深线）近乎平行。它们平均长度约 80km，宽度约 25km，面积约为 750km^2。

表 3.2.3　阿根廷陆缘典型沉积-侵蚀现象的地震相特征（Rodrigues et al.，2021）

剖面地震相	手绘地震相	地震相特征	地震相分布	沉积相解释
200 m 1 km	顶超 阶地	强振幅、断续反射，与多边形断层伴生	地震地层单元 U3 和 U4 中陆坡	等深流阶地

3.2.3　晚白垩世阿根廷陆缘重力流、底流及其交互作用的过程响应

基于科罗拉多组的沉积响应（图 3.2.5～图 3.2.8），重构了晚白垩世阿根廷陆缘的沉积过程，建立了各沉积作用的空间演化模式（图 3.2.9）。

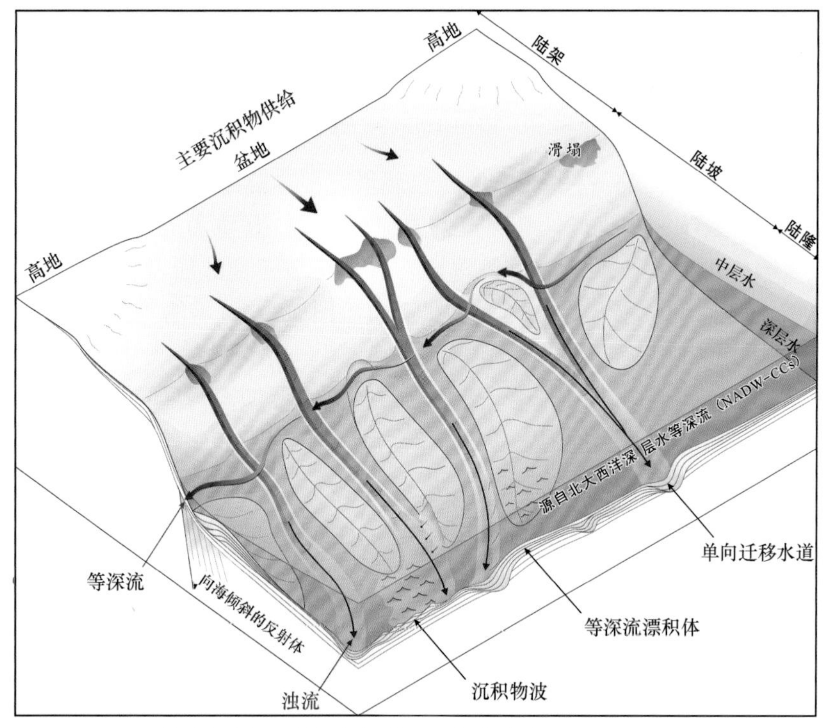

图 3.2.9　阿根廷陆缘科罗拉多组沉积模式图（Rodrigues et al.，2021）

1. 晚白垩世阿根廷陆缘重力流、底流及其交互作用过程响应

前已述及的阿根廷陆缘科罗拉多组沉积特征中，尤以如图 3.2.6 所示的多期不断向西南一侧迁移叠加的单向迁移水道最为壮观；而在背离迁移水道一侧（南东）发育大规模的丘状漂积体，形成单向迁移水道-等深流漂积体沉积体系（图 3.2.5～图 3.2.8）。这些单向迁移水道-等深流漂积体沉积体系与其他深水陆缘上的沉积特征类似：深水水道体现了重力流侵蚀效应，而水道的单向迁移和等深流漂积体体现了等深流的过程响应，是重力流与底流交互作用的经典实例（Escutia et al.，2000；Rebesco et al.，2002，2014；Creaser et al.，2017；Sansom，2017，2018；Fonnesu et al.，2020；Hernández-Molina et al.，2017）。上述单向迁移水道-等深流漂积体主要出现在地震地层单元 U3 和 U4 中，而地震地层单元 U2 以深水水道、堤岸和沉积朵叶等典型重力流沉积体系为主（图 3.2.5～图 3.2.8）。地震地层单元 U5 以等深流作用形成的阶地和沉积物波为主，是一个等深流沉积占主导的沉积层系（图 3.2.6）。

由此可见，地震地层单元 U2 沉积期（塞诺曼期—土伦期）重力流（浊流）沉积作用沉积占主导；地震地层单元 U3-U4 沉积期（康尼亚克期—土伦期、马斯特里赫特期）重力流及其与底流交互作用活跃发育；而地震地层单元 U5（古近纪至今）底流沉积作用占主导。阿根廷陆缘晚白垩世经历了“重力主导→重力流及其与底流交互作用主导→底流（等深流）主导的沉积作用演化过程。

2. 晚白垩世阿根廷陆缘重力流与底流交互作用空间演化模式

在时空上，图 3.2.5～图 3.2.8 的晚白垩世阿根廷陆缘的深水单向迁移水道体现了重力流（浊流）和底流（等深流）的综合效应，是重力流与底流交互作用的典型沉积响应类型。一般而言，等深流一般从缓坡（迎流面，图 3.2.6 所示的等深流漂积体的北东一侧）流向陡坡（背流面，图 3.2.6 所示的等深流漂积体的南西一侧）。因此，晚白垩世古洋流阿根廷陆缘的区域洋流方向为：“北东→南西”；它们的流向与单向迁移水道的迁移方向一致。结合区域海洋学背景，推测认为形成晚白垩世阿根廷陆缘的底流（等深流）为源自北太平洋深层水所伴生的等深流（图 3.2.9）。这一推论与邻近的乌拉圭边界 Creaser 等（2017）所研究报道的深水水道的迁移方向和现代等深流实测方向一致（图 3.2.9）。

3.3　晚白垩世乌拉圭陆缘重力流与底流交互作用的形成发育场所和典型沉积响应

本节基于 Badalini 等（2016）在 2016 年美国石油地质协会年会发表的题

为 *Giant Cretaceous Mixed Contouritic-Turbiditic Systems, Offshore Uruguay: The Interaction between Rift-Related Basin Morphology, Contour Currents and Downslope Sedimentation* 的口头报告，并对这一口头报告所公开的数据进行了进一步梳理和凝练。

3.3.1 晚白垩世以来乌拉圭陆缘地层发育情况

乌拉圭陆缘主要由四套沉积层序组成（Soto et al.，2011；Morales et al.，2016），即前裂谷期层序（古生代陆相碎屑岩沉积）、同裂谷期层序（晚侏罗世—早白垩世火山岩和陆相沉积）、过渡期层序（巴雷姆—阿普特期陆相沉积）以及被动陆缘期层序（晚白垩世—新生代海相沉积）（Badalini et al.，2016；Creaser et al.，2017）。

本节的研究目的层（上白垩统）主要发育三个地震地层单元，即如图 3.3.1 所示的地震地层单元 SU_1、SU_2 和 SU_3。地震地层单元 SU_1、SU_2 和 SU_3 分别与塞诺曼期—土伦期（100.5～89.8Ma）、康尼亚克期—圣通期（89.8～83.6Ma）以及坎潘期—马斯特里赫特期（83.6～66.0Ma）相对应（图 3.3.1，图 3.3.2）。地震地层

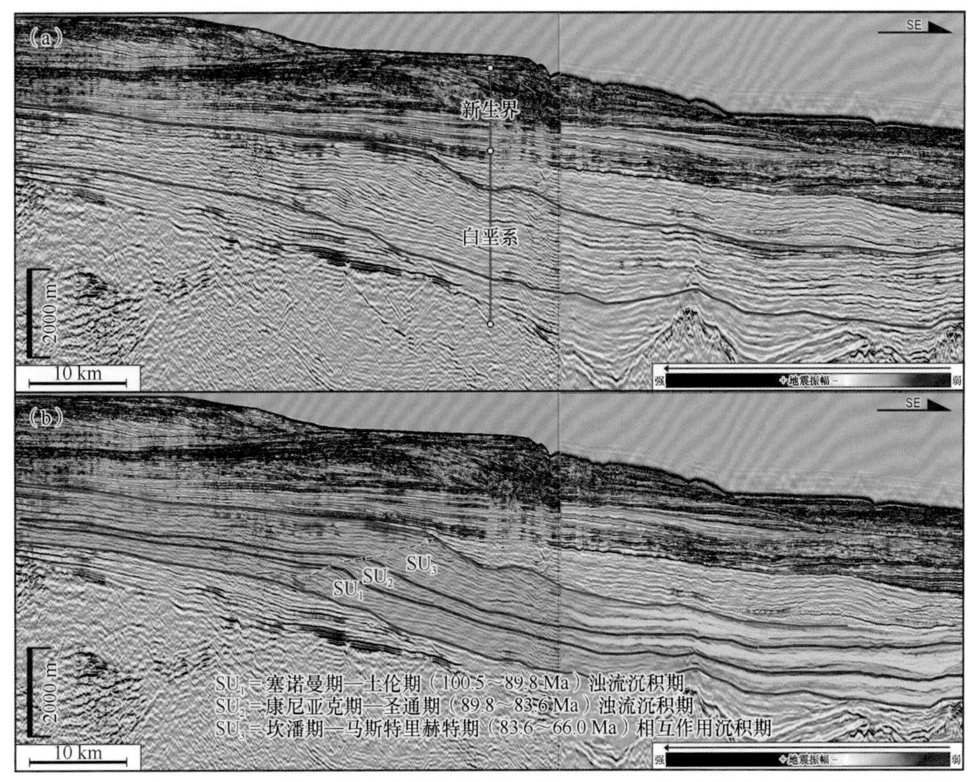

图 3.3.1　顺物源方向的区域地震剖面［剖面位置见图 3.1.2（b）］示意了晚白垩世乌拉圭陆缘陆架-陆坡进积建造过程（Badalini et al.，2016）

单元 SU_1、SU_2 和 SU_3 具有不同的陆架坡折迁移轨迹类型，其中塞诺曼期—土伦期（100.5～89.8Ma）陆架坡折以低角度进积运动特征为主（图 3.3.1 中的 SU_1）；康尼亚克期—圣通期（89.8～83.6Ma）陆架坡折以高角度进积运动特征为主（图 3.3.1 中的 SU_2）；而坎潘期—马斯特里赫特期（83.6～66.0Ma）陆架坡折以低角度进积运动特征为主（图 3.3.1 中的 SU_3）。

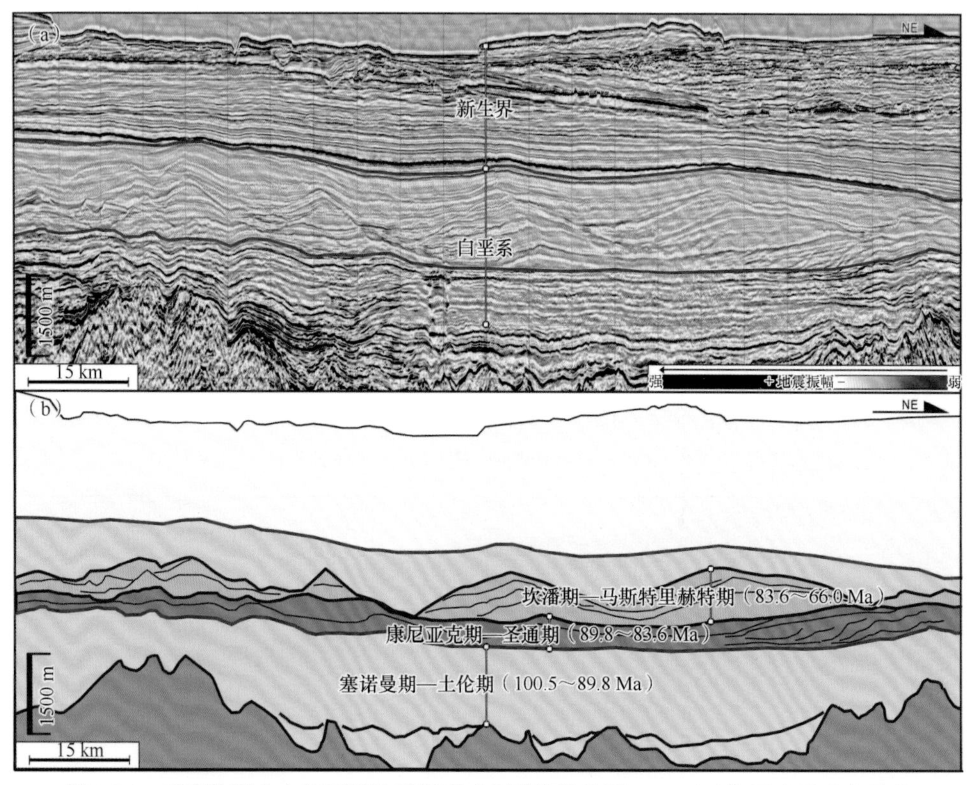

图 3.3.2 垂直物源方向的区域地震剖面［剖面位置见图 3.1.2（b）］示意了晚白垩世乌拉圭陆缘地层发育情况（Badalini et al.，2016）

3.3.2 晚白垩世乌拉圭陆缘的沉积体系及其演化

塞诺曼期—土伦期（100.5～89.8Ma）、康尼亚克期—圣通期（89.8～83.6Ma）和坎潘期—马斯特里赫特期（83.6～66.0Ma）这三个沉积期具有迥异的深水过程响应特征，其中塞诺曼期—土伦期和康尼亚克期—圣通期两个沉积期重力流占主导；而坎潘期—马斯特里赫特期沉积期以重力流及其与底流交互作用为特色（图 3.3.3）（Badalini et al.，2016；Creaser et al.，2017）。

1. 塞诺曼期—土伦期（100.5～89.8Ma）重力流沉积主导期

在塞诺曼期—土伦期（100.5～89.8Ma）沉积期，乌拉圭陆缘主要发育浊积扇

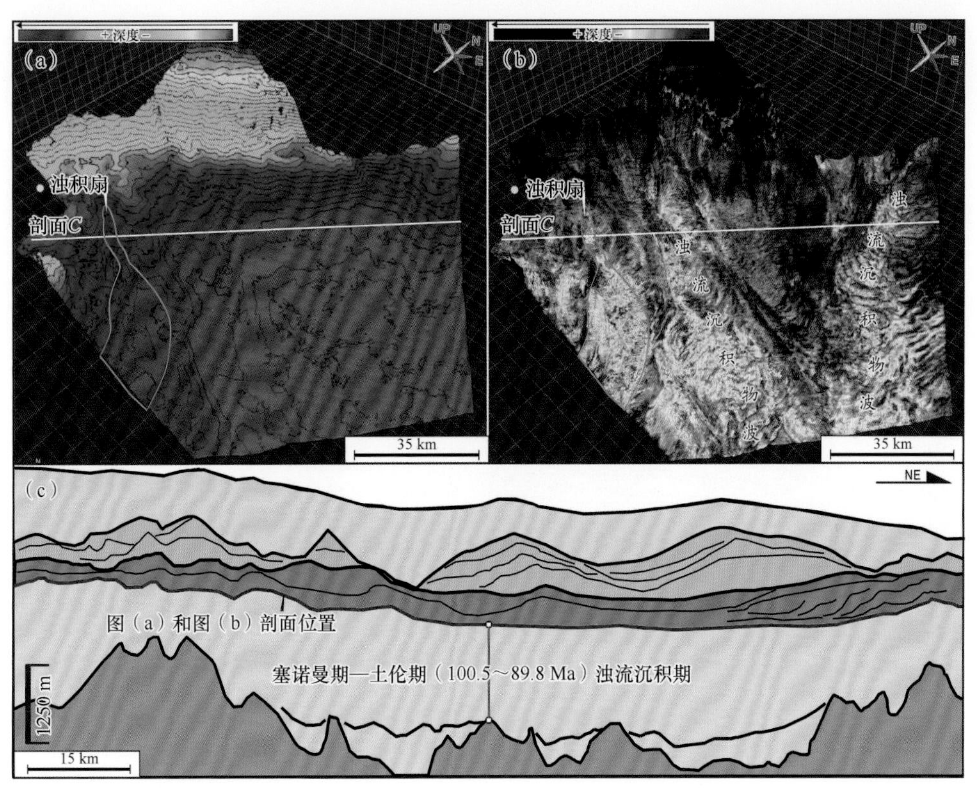

图 3.3.3　3D 构造图（a）、3D 振幅属性图（b）及其典型地质剖面（c）刻画了乌拉圭陆缘塞诺曼期—土伦期主要沉积单元的沉积特征（Badalini et al.，2016）

和浊流沉积物波两大沉积类型（图 3.3.3，图 3.3.4）。

浊积扇发育在研究区中下陆坡区靠近西南一侧的局限负地形内［图 3.3.3（a)］，平面上这些浊积扇呈“上坡一翼呈窄而长的强振幅条带，下坡一翼呈叶状强振幅朵叶”［图 3.3.3（b)］。依据其发育位置和平面地震地貌特征，我们将“上坡一翼呈窄而长的强振幅条带”解释为“补给水道”，而将“下坡一翼呈叶状强振幅朵叶”厘定为“浊积朵叶”，两者一起组合为水道-朵叶复合体（海底扇，SF）（Wood，2000；Posamentier and Kolla，2003；Posamentier and Walker，2006）。

如图 3.3.3 所示的沉积物波主要形成发育在乌拉圭陆缘的下陆坡区，平面上它们的波脊线呈近 NE-SW 展布的强振幅条带。在平面上，这些波脊线与重力流供给方向近乎垂直，且常常伴随着分叉现象的出现［图 3.3.3（b)］。在剖面上，乌拉圭陆缘下陆坡塞诺曼期—土伦期发育存在的沉积物波上坡一翼相对更加陡峭，出现内部沉积间断（削截地震反射终止关系）；下坡一翼更加平缓且连续。整体上，乌拉圭陆缘下坡区形成发育的沉积物波剖面不对称，上坡迁移特征明显（图 3.3.4）。

综上所述，乌拉圭陆缘下陆坡区塞诺曼期—土伦期沉积物波的上述平面和剖面特征（平面上，波脊线与重力流流向垂直且分叉；剖面上，剖面形态不对称、内部断续，且上坡迁移）与重力流沉积物波识别标志吻合（图 3.3.3，图 3.3.4）（Wynn

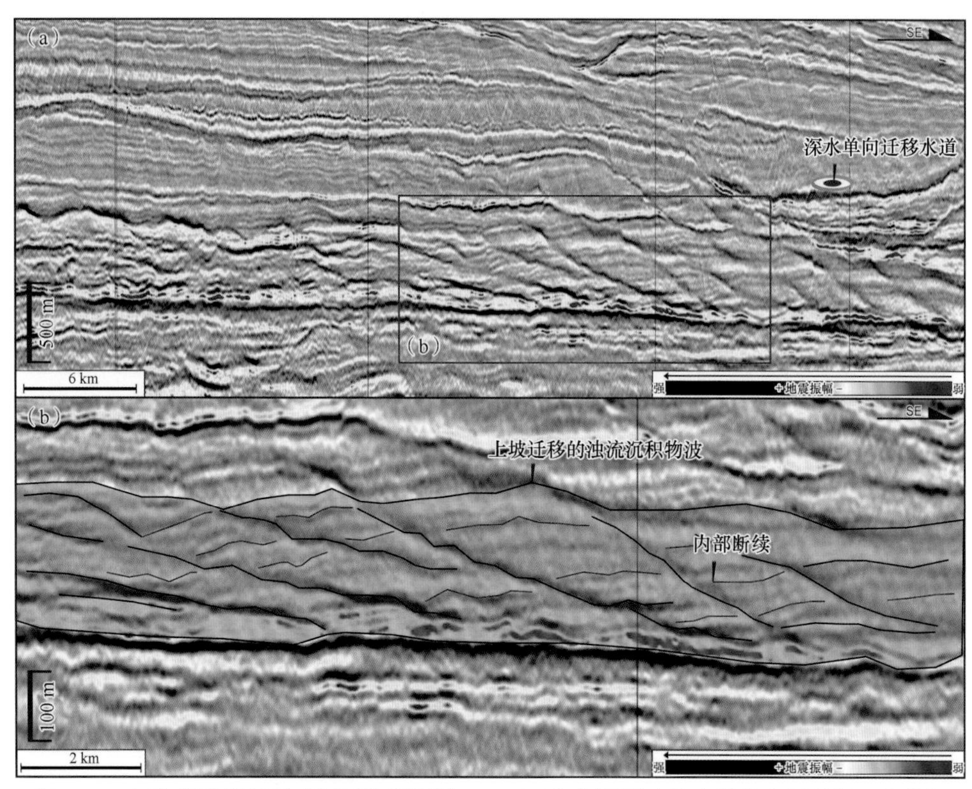

图 3.3.4　切物源地震剖面［剖面位置见图 3.1.2（c）］刻画了乌拉圭陆缘塞诺曼期—土伦期和康尼亚克期—圣通期浊流沉积物波的地震相特征（Badalini et al.，2016）

and Stow 2002；Lonergan et al.，2013；Kuang et al.，2014）。因此，乌拉圭陆缘塞诺曼期—土伦期（100.5～89.8Ma）沉积期主要发育浊积扇和浊流沉积物波两大主要的重力流沉积类型（图 3.3.3，图 3.3.4）（Badalini et al.，2016；Creaser et al.，2017）。

2. 康尼亚克期—圣通期（89.8～83.6Ma）重力流及其与底流交互作用主导期

在康尼亚克期—圣通期（89.8～83.6Ma）沉积期，乌拉圭陆缘主要发育存在浊流沉积物波和深水单向迁移水道两大沉积类型（图 3.3.5，图 3.3.6）。其中，浊流沉积物波是顺坡而下的重力流（浊流）作用的沉积响应，而深水单向迁移水道是重力流与底流交互作用的产物。

先期（塞诺曼期—土伦期）形成发育的浊流沉积物波在这一时期继续发育存在（图 3.3.5）。平面上，这些浊流沉积物波的波脊线与区域沉积物供给方向近乎垂直、平均延伸距离达 30km（图 3.3.5）。剖面上，这些浊流沉积物波内部断续、剖面不对称，且持续稳定地向上坡迁移叠加，累计厚度约 500m（图 3.3.5）。

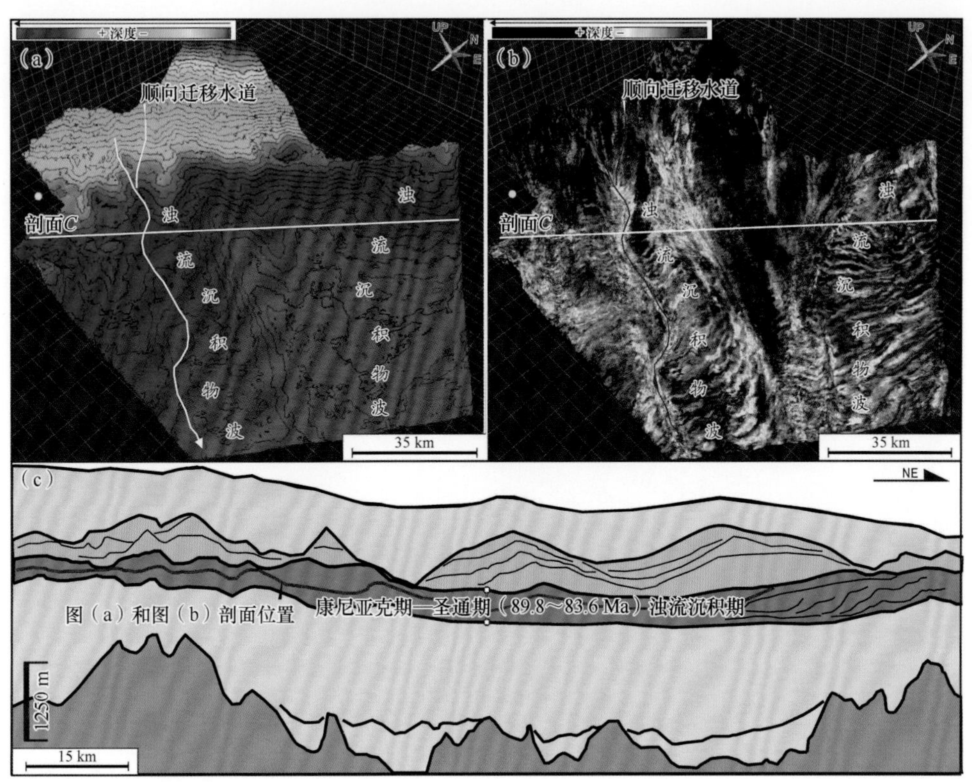

图 3.3.5　3D 构造图（a）、3D 振幅属性图（b）及其典型地质剖面（c）示例了乌拉圭陆缘康尼亚克期—圣通期主要沉积单元的沉积特征（图件据 Badalini et al.，2016）

与塞诺曼期—土伦期沉积期不同的是，这一时期在研究区出现深水水道（图 3.3.5，图 3.3.6）。平面上，这些深水水道发育在乌拉圭陆缘局限的限定环境中，延伸距离为几十千米至上百千米［图 3.3.5（a）］，呈低弯度、强振幅属性条带［图 3.3.5（b）］。剖面上，这些深水水道表现为“V 形，双向上超强振幅充填特征”（图 3.3.2，图 3.3.5，图 3.3.6）。这些深水水道的平面和剖面特征与前人研究报道的浊积水道特征一致（Posamentier and Kolla，2003；Posamentier and Walker，2006；Janocko et al.，2013a），是顺坡而下的重力流（浊流）作用的结果。这些浊积水道是坎潘期—马斯特里赫特期沉积期单向迁移水道的“雏形”，水道的单向迁移特征并不明显（图 3.3.5，图 3.3.6）。

综上所述，乌拉圭陆缘康尼亚克期—圣通期沉积期（89.8～83.6Ma）主要发育分布深水水道和浊流沉积物波两大重力流沉积类型（图 3.3.5，图 3.3.6），重力流（浊流）作用过程占主导；出现重力流（浊流）与底流（等深流）交互作用的萌芽。这一时期形成发育的深水水道是坎潘期—马斯特里赫特期沉积期单向迁移水道的“雏形”，在重力流发育的早期，重力流的能量比较强，侵蚀下切特征明显（Badalini et al.，2016；Creaser et al.，2017）。

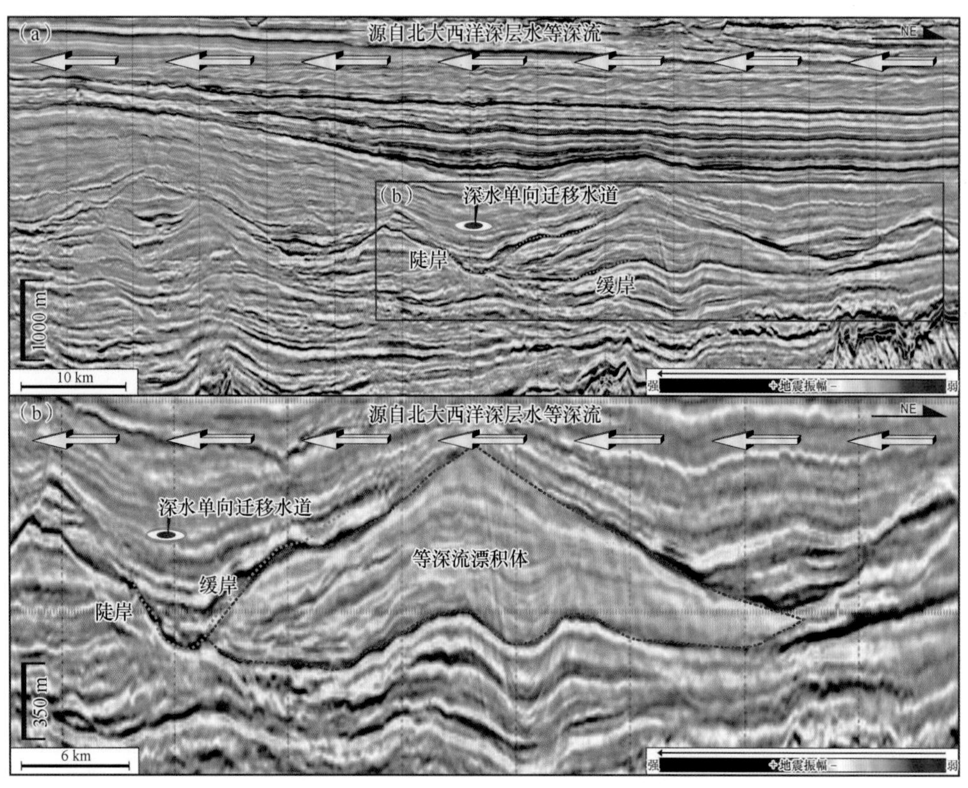

图 3.3.6　切物源地震剖面［剖面位置见图 3.2.3（b）］及其局部放大图示例了深水单向迁移水道和等深流漂积体的剖面地震反射特征（Badalini et al.，2016）

3. 坎潘期—马斯特里赫特期（83.6～66.0Ma）等深流及其与重力流交互作用主导期

在坎潘期—马斯特里赫特期（83.6～66.0Ma）沉积期，乌拉圭陆缘主要发育深水单向迁移水道和不对称的等深流漂积体两大沉积类型（图 3.3.6，图 3.3.7）。其中，深水单向迁移水道体现了重力流（浊流）和底流（等深流）的综合效应，而等深流漂积体是沿坡流动的等深流作用的结果。

坎潘期—马斯特里赫特期沉积期的深水水道发育分布在乌拉圭陆缘的四个限定-半限定局限“负地形”中［图 3.3.7（a）］。平面上，这些深水水道呈“宽且相对顺直的强振幅条带”；最大宽度达 5km，长度为几十千米到上百千米［图 3.3.7（b）］。剖面上，这些深水水道以“双向上超、强振幅充填地震反射特征”为主；最大厚度可达 1km（图 3.3.6）。与前人研究报道的典型浊积水道（Posamentier and Kolla，2003；Posamentier and Walker，2006；Janocko et al.，2013a）截然不同的是：这些深水水道西南一翼相对较陡、北东一翼相对较缓，具有不对称的剖面形态；持续稳定地向西南一翼不断迁移叠加（图 3.3.6）。这些特征与本书所关注的深水单向迁移水道的特征吻合，为一经典的“深水单向迁移水道”，且这些水道的迁移方

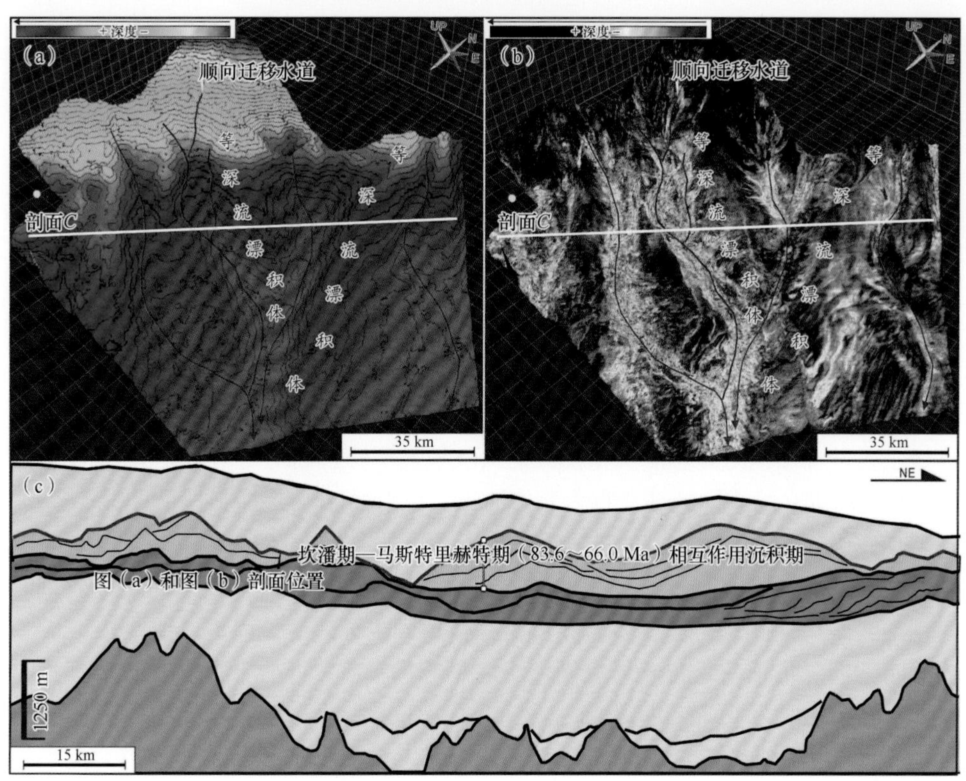

图 3.3.7　3D 构造图（a）、3D 振幅属性图（b）及其典型地质剖面（c）描绘了乌拉圭陆缘坎潘期—马斯特里赫特期主要沉积单元的沉积特征（Badalini et al.，2016）

向与参与其沉积建造的等深流（源自北大西洋深层水）流向一致，为深水单向（顺向）迁移水道。这些单向迁移水道是在康尼亚克期—圣通期沉积期迁移水道“雏形”的基础上发育演化而来的（图 3.3.6，图 3.3.7）。

在坎潘期—马斯特里赫特期沉积期的深水单向迁移水道的南东一翼发育巨型的沉积物漂积体（图 3.3.6，图 3.3.7）。这些丘状漂积体单个长约 125km、宽达 100km，厚数百到上千米（图 3.3.7）。它们与同期的深水单向迁移水道相伴生，脊线与水道的最深谷底线近乎平行，在整个研究区大规模发育存在（图 3.3.7）。这些丘状漂积体与前人描述的等深流作用形成的等深流漂积体特征类似（Rebesco et al.，2014；Hernández-Molina et al.，2016a，2016b；Creaser et al.，2017），也是等深流作用的产物。这些等深流漂积体主要分布在水深为 1500～2000m 的乌拉圭深水陆缘上，分布范围与自北大西洋深层水有效深度吻合（图 3.1.3，图 3.1.4）。故而，我们认为这些等深流漂积体是源自北大西洋深层水的等深流在乌拉圭深水陆缘上留下来的剥蚀-沉积响应。

综上所述，乌拉圭陆缘坎潘期—马斯特里赫特期沉积期（83.6～66.0Ma）主要发育分布深水单向迁移水道和等深流漂积体两大沉积类型（图 3.3.6，图 3.3.7）（Badalini et al.，2016；Creaser et al.，2017）。

3.3.3 晚白垩世乌拉圭陆缘重力流与底流交互作用时空演化模式和典型沉积响应

基于上述沉积特征分析，建立了如图 3.3.8 所示的乌拉圭陆缘晚白垩世重力流（浊流）与底流（等深流）交互作用时空演化模式，揭示了重力流（浊流）与底流（等深流）交互作用典型的沉积响应类型。

1. 晚白垩世乌拉圭陆缘重力流与底流交互作用时空演化模式

如图 3.3.8（a）所示，在塞诺曼期—土伦期（100.5～89.8Ma）沉积期乌拉圭陆缘主要发育浊积扇和浊流沉积物波两大沉积类型。它们均为重力流作用的结果，表明这一时期乌拉圭陆缘被“重力流（浊流）作用过程”所主导［图 3.3.8（d）］。

如图 3.3.8（b）所示，在康尼亚克期—圣通期（89.8～83.6Ma）沉积期乌拉圭陆缘主要发育浊流沉积物波和深水单向迁移水道两大沉积类型，表明这一时期乌拉圭陆缘是一个“重力流及其与底流交互作用为主导”的沉积期［图 3.3.8（d）］。这一时期的深水单向迁移水道规模较小，是迁移水道发育的“雏形”期［图 3.3.8（e）］。

如图 3.3.8（c）所示，在坎潘期—马斯特里赫特期（83.6～66.0Ma）沉积期乌拉圭陆缘主要发育等深流漂积体和深水单向迁移水道两大沉积类型，表明这一时期乌拉圭陆缘是一个“等深流及其与重力流交互作用主导”的沉积期［图 3.3.8（f）］。

综上所述，乌拉圭陆缘晚白垩世展示了具有差异化的重力流与底流交互作用的时空演化模式，经历了“塞诺曼期—土伦期（100.5～89.8Ma）重力流作用主导沉积期”→“康尼亚克期—圣通期（89.8～83.6Ma）重力流及其与底流交互作用主导沉积期”→“坎潘期—马斯特里赫特期等深流及其与重力流交互作用主导沉积期”的沉积作用演化过程（图 3.3.8）。

2. 晚白垩世乌拉圭陆缘重力流与底流交互作用典型沉积响应

前已多次述及，如图 3.3.6 所示的深水单向迁移水道的大规模下切体现了重力流（浊流）的剥蚀沉积响应，而水道的剖面不对称和单向迁移是持续、稳定、单向流动的底流（等深流）作用的结果。因此，晚白垩世乌拉圭陆缘形成发育的深水单向迁移水道体现了重力流（浊流）和底流（等深流）的综合效应，是重力流（浊流）与底流（等深流）交互作用最典型的沉积响应类型。

尤为“难能可贵”的是上述结论（深水单向迁移水道是重力流与底流交互作用最典型的沉积响应类型）得到了现代海洋观察数据的支撑。如图 3.1.3 所示的 3 个洋流观测点（洋流观测点 *A*、*B* 和 *C*）位于现今乌拉圭陆缘的中下陆坡区，位于

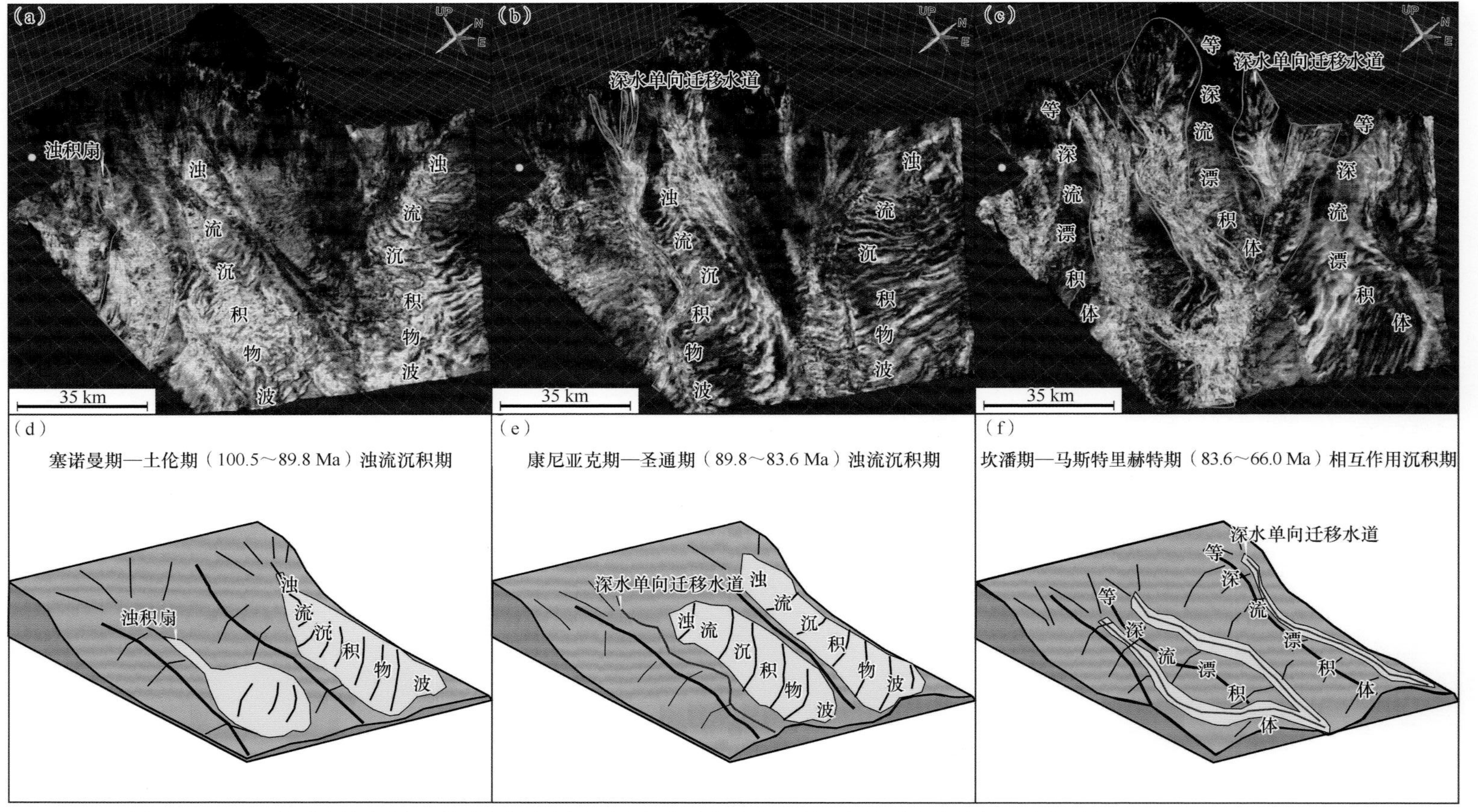

图 3.3.8　3D 可视化振幅属性及其对应解释刻画了乌拉圭陆缘晚白垩世沉积体系发育特征和演化过程（Badalini et al.，2016）

向南流动的北大西洋深层水有效深度（2000～3000m）范围内。英国BG石油公司2014年1月11日至2014年1月31日累计进行了21天洋流观测，洋流观测结果如图3.1.3（b）～（d）所示，表明乌拉圭陆缘深水陆坡区源自北大西洋深层水的等深流的流速为15～35cm/s，最大流速可达40cm/s；主要流动方向为“北东→西南”。这一流动方向与图3.1.6所示的深水水道的迁移方向一致，证实了持续、稳定、单向流动的底流（等深流）参与了深水单向迁移水道的沉积建造过程这一推论。

3.4 小　结

本章对“古代深水陆缘上重力流、底流及其交互作用的过程响应”进行了分析和讨论，认为与现代的台西南中下陆缘台湾峡谷内的底流改造砂一样：古代地层中也发育重力流（浊流）与底流（等深流）交互作用，而作者提出并命名的“深水单向迁移水道”是交互作用最有利的形成发育场所和最典型的沉积响应类型。

（1）在晚白垩世阿根廷陆缘上，重力流与底流交互作用经历了四期发育演变：①从阿普特期到康尼亚克期的浊流主导阶段（125～89.8Ma），这一阶段以热沉降作用为主，随之启动了浊流的发育过程，浊流过程响应占主导；②从康尼亚克期到坎潘期的交互作用启动阶段（89.8～81Ma），以近东南方向流动的浊流与近西南方向流动的底流交互作用为主，是迁移水道-漂积体复合体的起始发育阶段；③从坎潘期到马斯特里赫特期交互作用启动活跃发育阶段（81～66Ma），重力流与底流频繁互动、活跃地交互作用，深水水道及其伴生的等深流漂积体不断沿着底流流向一侧迁移、叠加，是迁移水道-漂积体复合体活跃发育的阶段；④马斯特里赫特期等深流主导阶段（66Ma至今），重力流与底流交互作用停滞，等深流活跃发育、占据主导，前期的迁移水道-等深流漂积体废弃并被等深流漂积体所掩盖。

（2）在晚白垩世乌拉圭陆缘上，重力流（浊流）、底流（等深流）及其交互作用经历了三期“此消彼长”的演变过程：①塞诺曼期—土伦期，这一时期以“浊积扇和大型浊流沉积物波为特色”的重力流作用为主导；②康尼亚克期—圣通期，这一时期以“浊流沉积物波和深水水道为特色”的重力流及其与底流交互作用为主导；③坎潘期—马斯特里赫特期，这一时期以“单向迁移水道-等深流漂积体为特色”的等深流及其与重力流交互作用为主导。

（3）不论是晚白垩世阿根廷陆缘抑或晚白垩世乌拉圭陆缘，均发育持续稳定向一个方向迁移叠加的深水单向迁移水道。它们常常与等深流漂积体相伴生。这些深水单向迁移水道体现了重力流（浊流）和底流（等深流）的综合效应，是交互作用最典型的沉积响应类型。这一推论得到了现代洋流观测数据的证实，结果表明“流速为15～35cm/s、最大流速可达40cm/s”的源自北大西洋深层水的等深流的流动方向（北东→西南流动）与乌拉圭陆缘上形成发育的深水单向迁移水道的迁移方向一致。值得一提的是，发育分布在晚白垩世阿根廷陆缘上水深3500～6500m 处的深水陆坡和陆隆上的单向迁移水道-等深流漂积体沉积体系（由19 个厚 300～500m 的丘状漂积体以及 16 个宽 2～5km 的单向迁移水道组成的等深流漂积体组成）可能是世界上已知最大的“重力流-底流混合沉积体系”。

第 4 章

交互作用沉积响应（深水单向迁移水道）的形态特征、发育演化和沉积模式

4.1 概述与区域地质概况

本书前面章节认为深水单向迁移水道是重力流（浊流）与底流（等深流）交互作用的典型沉积响应类型，本章以南海北部陆缘深水顺向迁移水道（4.2 节）和东非陆缘深水反向迁移水道（4.3 节和 4.4 节）为例，剖析两种类型深水单向（顺向和反向）迁移水道的形态特征、发育演化和沉积模式。

4.1.1 概述以及数据和方法

1. 对深水迁移水道的形态特征、发育演化和沉积模式“知之甚少”

通常情况下，单个深水水道由于可容空间的变化在水道沉积体系中无规律地迁移、摆动，其侧向迁移的方向是不可预知的（Beaubouef，2004；Labourdette，2007）。然而与典型的陆坡深水水道不同，在深水陆坡上还广泛发育一类持续向一个方向迁移的深水水道，将其命名为“深水单向迁移水道”（Gong et al.，2013）。依据水道迁移方向与参与其沉积建造的底流（等深流）流向的相对关系，将其分为顺向和反向两类深水单向迁移水道。相较于研究得比较深入的深水浊积水道而言，无论是对深水顺向迁移水道还是对深水反向迁移水道，对它们的形态特征、沉积构成与沉积模式“知之甚少”，亟待利用 3D 地震资料解释深水单向迁移水道的形态特征、发育演化和沉积模式。

4.2 节以南海北部陆缘深水顺向迁移水道为例，4.3 节和 4.4 节以东非陆缘深水反向迁移水道为例，以期揭示它们的形态特征、发育演化与沉积模式。需要指出的是本章 4.4 节主要基于英国曼彻斯特大学 Ian A. Kane 教授课题组的 Arne Fuhrmann 博士发表在 *Geology* 上题为 *Hybrid turbidite-drift channel complexes: An integrated multiscale model* 的学术论文（Fuhrmann et al.，2020）。

2. 本章所采用的数据和方法

本章主要以南海北部陆缘珠江口盆地形成发育的深水顺向迁移水道（4.2 节）和东非陆缘发育存在的深水反向迁移水道（4.3 节和 4.4 节）为例，所使用的数据包括如下几个方面。

1）南海北部陆缘珠江口盆地地震和钻测井数据

本章 4.2 节对深水单向迁移水道的研究主要基于由中国海洋石油集团有限公司（简称中海油）所获得的 3D 地震资料和钻测井资料，该部分资料来自我国南海北部陆缘珠江口盆地。所使用的 3D 地震数据体面积为 1605km^2，目的层段（上中新统至第四系）内地震资料的主频约为 40 Hz，处理为 0 相位。所使用的 3D 地震数据体的时移面元间距为 25m×12.5m，垂向采样率是 4ms。探井 BY6-1-1 位于研究区范围内，但仅有少量的生物地层和岩性资料可供使用，这些资料主要用于确定深水单向迁移水道形成发育的地质年代和精细岩相的描述。

主要利用 3D 地震属性分析和地震地貌学方法进行深水单向迁移水道内底流改造砂发育演化的刻画。3D 地震属性体的提取方法是：首先沿海底对三维数据体进行层拉平，其次利用 LandMark 地震资料解释软件中的 PostStack/PAL 模块提取 3D 相干数据体和均方根振幅（RMS）属性体，最后利用三维可视化技术来雕刻深水单向迁移水道内的有利储层，进而讨论其发育演化和分布模式。

在研究区范围内可以识别出 7 个主要的深水单向迁移水道，它们从晚中新世（10.5Ma）至今持续发育。考虑到这些深水单向迁移水道在剖面特征、平面形态以及内部沉积构成上的相似性，本章重点对深水单向迁移水道 C3 进行精细剖析。地震数据上所能够识别的深水单向迁移的最小结构是水道复合体，其底界由侵蚀界面所限定。不同的水道复合体的平面形态可以利用这些侵蚀底界面追踪、解释的结果和三维可视化技术来刻画分析。

2）东非陆缘鲁伍马盆地和坦桑尼亚近海盆地地震和测井数据

4.3 节所使用的数据包括由意大利埃尼石油公司获取的东非陆缘鲁伍马盆地的 3D 地震数据和测井数据（伽马射线、声波、密度、中子–孔隙度和电阻率测井）（图 4.1.1）。3D 地震数据覆盖了整个 Coral 工区，地震数据被处理为零相位，以 SEG 负极性显示。测井数据主要用来开展测井相研究，并与 3D 地震解释相结合进行井–震结合的层序和沉积研究。

4.4 节所使用的数据主要基于挪威 Equinor ASA 公司和美国 ExxonMobil 公司提供的面积约为 4885km^2 的 3D 地震反射数据和 14 口探井数据，数据来自坦桑尼亚外海（图 4.1.2）。所使用的地震数据的垂向分辨率为 20～30m、平均速度为 2.9～3.3km/s、主频为 35 Hz。地震数据的道间距为 12.5m×12.5m，采样率为 4ms，

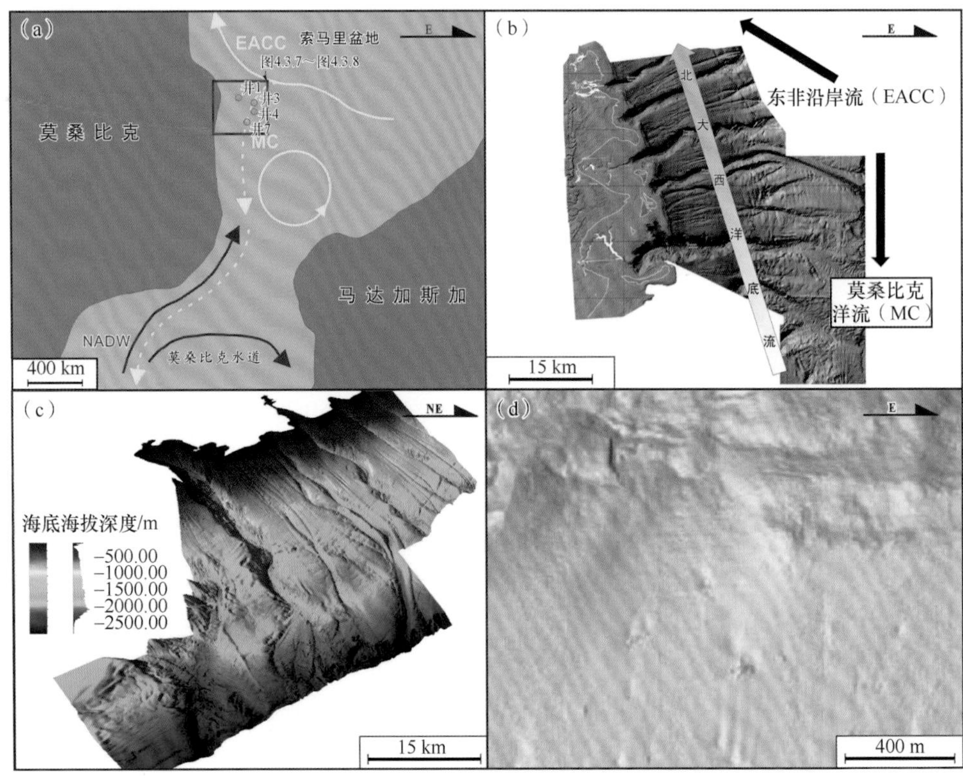

图 4.1.1　4.3 节研究区（东非鲁伍马盆地）区域地质和海洋学背景图（Fonnesu et al.，2020）

以 SEG 正极性为零相位进行显示，其中波峰代表波阻抗向下增大。此外，本章研究还利用了莫桑比克北部海域的高分辨地形扫描数据，这些高精度地形数据利用水下自动航行器（面元大小为 5m）获取，面积约为 65km×50km。对于整点地区使用遥控潜水器（面元大小为 0.6m）进行地形地貌扫描。

在研究方法上采用传统的地震地层学和地震地貌学手段相结合的思路，利用地震地层学基本原理和井-震结合的手段建立区域可对比的层序地层学格架。进而在等时的层序地层格架内开展地震相研究，并结合平面地震属性揭示东非陆缘深水反向迁移水道的形态特征、发育演化与沉积模式。

4.1.2　区域地质概况和海洋学背景

本章研究区主要包括南海北部陆缘珠江口盆地以及东非陆缘（鲁伍马盆地和坦桑尼亚近海盆地），现就它们的区域地质概况和海洋学背景简述如下。

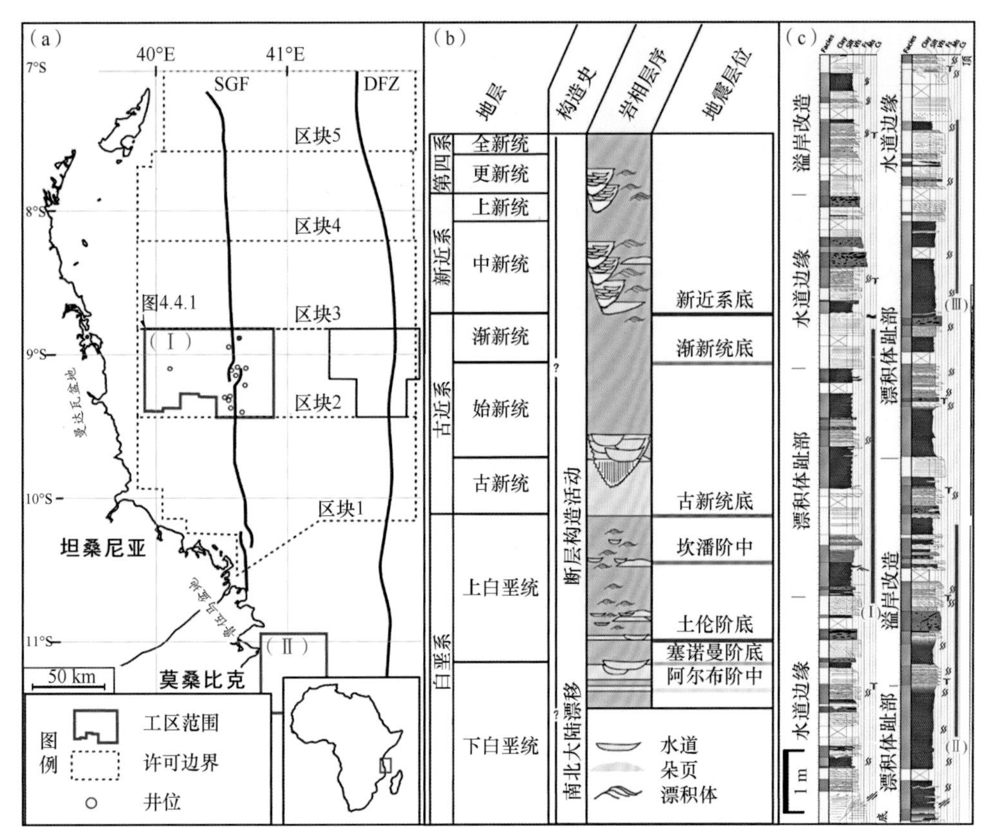

图4.1.2 本章4.4节研究区（红色线框Ⅰ）以及意大利埃尼石油公司洋流观测点区域位置（a）、岩性与地层柱状图（b）及A井岩心解释柱状图（c）（Fuhrmann et al.，2020）

SGF-断层；DFZ-断裂带

1. 南海北部陆缘区域地质概况和海洋学背景

1）南海北部陆缘珠江口盆地区域地质概况

本章研究所使用的3D地震工区位于南海北部陆缘珠江口盆地白云凹陷，面积约为2685km^2，水深范围为200～1600m。本章研究所在的珠江口盆地是一个被动陆缘深水盆地，位于南海北部陆缘的中部，面积约为17.5×10^{4}km^2（庞雄等，2005；张功成等，2007；Zhu et al.，2009；徐强等，2010）。珠江口盆地经历了与被动陆缘深水盆地相似的构造-沉积演化过程（裂陷期、转换期、漂移早期和漂移晚期），相应形成三大区域不整合面断裂不整合（rift-onset unconformity）（60.5Ma）、破裂不整合（the breakup unconformity）（23.8Ma）和陆隆转换不整合（the continental rise conversion unconformity）（10.5Ma）。这三大区域不整合面可以在珠江口盆地和南海北部陆缘进行追踪、对比（张功成等，2007；Gong et al.，2011；He et al.，2013）。依据这三大区域不整合面可以将珠江口盆地的盆地充填划分为三大构造层序：裂陷期构造层序（60.5～23.8Ma）、漂移早期构造层序（23.8～10.5Ma）和漂移晚期构造层序（10.5Ma 至今）。

从漂移晚期（10.5Ma）至今，研究区处在一个陆架-陆坡的深水沉积环境中，相应形成一系列典型的深水沉积体（如深水峡谷、深水浊积朵叶、陆坡深水水道等）（李磊等，2009，2012；刘军等，2011；Gong et al.，2011）。这一时期，在珠江口盆地的白云凹陷内形成发育了大规模的如图 4.2.1 和图 4.2.2 所示的深水单向迁移水道，这些深水单向迁移水道是本章的研究重点。

2）南海北部陆缘珠江口盆地区域海洋学背景

现今南海北部的深水海流循环主要受半封闭地形的控制，可以区分为表层环流（水深小于 350m）、源于北太平洋中层水的中层循环（有效作用深度为 350～1350m）以及源于北太平洋深层水的深层循环（有效作用深度大于 1350m）（Chen，2005；Tian et al.，2006；Yang et al.，2010；Gong et al.，2012；He et al.，2013；王志勇等，2013）。往复的表层环流在夏季主要受顺时针方向旋转的季风驱动，而在冬季主要受逆时针方向旋转的季风驱动（Zhu et al.，2010）。在中国南海北部陆缘的次表层（水深为 75～350m）不论冬夏都受到了黑潮分支的影响（Qu et al.，2000；Caruso et al.，2006）。

南海的中层环流源于沿顺时针方向流动的北太平洋中层水（Chen，2005；Tian et al.，2006），而南海的深层环流源自沿逆时针方向流动的北太平洋深层水（Chao et al.，1996；Qu et al.，2000，2006，Lüdmann et al.，2005；Wan et al.，2010；Huang et al.，2011；Gong et al.，2012）。一般来说，与大洋环流伴生的底流（等深流）在一定的水深范围内大规模流动且在地质历史时期中长期稳定存在。因此，有效深度为 350～1350m 的北太平洋中层水所形成的底流（等深流）对研究区内发育在水深为 500～1300m 的深水单向迁移水道的沉积作用过程有深刻的影响。源自北太平洋中层水的底流（等深流）对深水单向迁移水道内底流改造砂形成发育的影响是本章研究的重点。

2. 东非陆缘区域地质概况和海洋学背景

1）东非陆缘（鲁伍马和坦桑尼亚近海盆地）区域地质概况

东非陆缘发育一系列沉积盆地，主要有鲁伍马盆地，坦桑尼亚、肯尼亚和索马里近海盆地（Salman and Abdula，1995）。研究区位于东非陆缘的鲁伍马盆地的深水陆坡区，研究区的水深超过 1500m（图 4.1.1）。鲁伍马盆地的面积约为 $9\times10^4km^2$，其中 52% 位于海上，具有窄陆架（宽度仅为 5～30km）的地形地貌特征（图 4.1.1）。鲁伍马盆地位于帕尔马和马辛博亚褶皱冲断带之上，向东以戴维斯（Davie）断裂带-洋脊为界，发育 Querimbas 地堑（Franke et al.，2015；Fletcher，2017）；西邻莫桑比克褶皱带；南以莫桑比克褶皱带为界；北与坦桑尼亚盆地相邻（图 4.1.1）。

鲁伍马盆地的发育演化始于冈瓦纳超大陆破裂所形成的陆内裂谷［即卡鲁（Karoo）裂谷］（Reeves et al.，2016；Reeves，2018），经历了晚石炭纪至三叠纪冈瓦纳陆内–陆间裂谷期，中侏罗纪至早白垩纪漂移期和古新世至始新世被动陆缘期以及始新世至现今的新裂谷期的构造–沉积演化过程（图 4.1.3）（Salman and Abdula，1995）。在始新世至现今的新裂谷期，伴随着始新世 Querimbas 地堑的开裂和渐新世至今非洲克拉通的隆升所带来的充沛物源，在鲁伍马盆地形成发育大

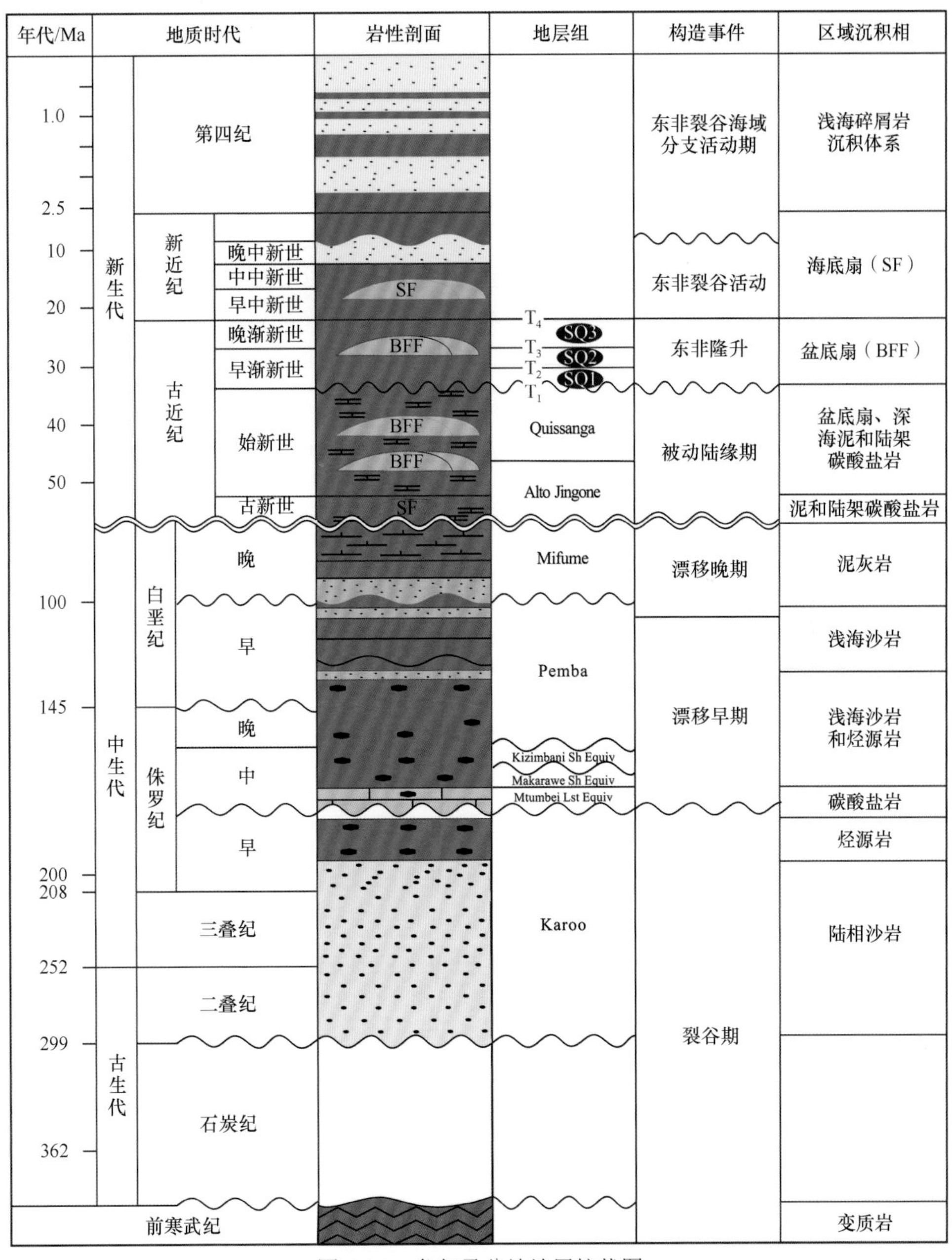

图 4.1.3 鲁伍马盆地地层柱状图

型三角洲（即“鲁伍马三角洲”），相应在盆地深水区发育深水水道-朵叶等深水重力流沉积（Salman and Abdula，1995；Mulibo and Nyblade，2016；Franke et al.，2015；Macgregor，2018）。这一构造-沉积作用可能与非洲板块的隆升（Lithgow-Bertelloni and Silver，1998）以及同期的全球气候变冷相关（Zachos et al.，2001，2008）。这些重力流沉积在影响过程中受到了底流活动的剧烈影响和改造（孙辉等，2017；陈宇航等，2017a，2017b；Fonnesu et al.，2020），重力流（浊流）与底流（等深流）交互作用所形成的深水反向迁移水道的形态特征、沉积构成与沉积模式是本章关注的重点。

东非沿岸的侏罗纪-古近纪盆地（包括本章 4.4 节研究区所在的坦桑尼亚近海盆地）是在冈瓦纳古大陆解体期间形成的（Salman and Abdula，1995）。在普林斯巴赫期（Pliensbachian Age）到阿伦期（Aalenian Age）的北西-南东向裂谷形成之后，发生了约 2000km 的大陆漂移［图 4.1.2（b）］（Reeves，2018）。在此基础上，马达加斯加和印度之间与海底扩张伴随的裂谷作用停止，从而形成了现今的东非被动大陆边缘（Reeves et al.，2016）。本章 4.4 节的研究区位于东非被动大陆边缘的坦桑尼亚外海，研究目的层为坦桑尼亚陆缘阿尔布期大规模海侵形成的广泛的深海沉积物。阿尔布期为非洲大陆母源区的沉积物经由河流搬运到坦桑尼亚外海堆积而成的深水沉积体系（Smelror et al.，2008；Fossum et al.，2019）。

2）东非陆缘（鲁伍马和坦桑尼亚近海盆地）区域海洋学背景

在区域海洋学背景下，莫桑比克北部的 4 区块位于莫桑比克北部沿岸以东 80km 处（图 4.1.1），位于鲁伍马河三角洲以南，靠近坦桑尼亚边境。莫桑比克陆缘的区域海洋学背景主要受控于莫桑比克洋流的一个分流的强烈影响，莫桑比克洋流流经莫桑比克海峡并最终与阿格哈斯洋流和东非沿岸流汇合（图 4.1.1）。莫桑比克洋流［图 4.1.1（a）中的 MC］的特征是向南漂移的反气旋季节性涡流（MCE），而不是持续的定向洋流。这些涡流是中尺度的（直径为 300～350km），并进入莫桑比克大陆斜坡（Lutjeharms et al.，2006；Backeberg et al.，2008；Nauw et al.，2008；Harlander et al.，2009；Breitzke et al.，2017）。

前人研究表明：莫桑比克深水陆坡的区域海洋学背景主要受控于北大西洋底流［图 4.1.1（b）中的蓝色箭头］（de Ruijter et al.，2002）。意大利埃尼石油公司于在 2013 年 3 月至 2014 年 9 月利用声学多普勒电流剖面测量仪对这些北大西洋底流的流体动力学特征进行了测量，测量结果表明：北大西洋底流的流速为 0.2～0.4m/s，最大流速可达 1.2m/s。这些底流（等深流）及其与重力流（浊流）的交互作用是本章 4.3 节和 4.4 节关注的焦点。

4.2　南海北部陆缘深水顺向迁移水道的形态特征、发育演化和沉积构成

4.2.1　南海北部陆缘深水顺向迁移水道形态特征

采用 4.1 节中所述的水道术语体系来表征刻画珠江口盆地内形成发育的七条深水单向迁移水道（图 4.2.1 和 4.2.2 中的 C1～C7），它们分布在水深为 500～1300m 的陆坡底部。这些水道长为 20～35km，宽为 2～5km（图 4.2.1，图 4.2.2，表 4.2.1）。

BY6-1-1 井-震结合研究表明研究区内的深水单向迁移水道形成于晚中新世（距今 10.5Ma）（图 4.2.3）。同时，由于研究区内七条深水单向迁移水道的地貌特征和内部沉积构成十分相似，本节以深水单向迁移水道 C3 为例，讨论深水单向迁移水道的形态特征、发育演化和沉积模式。

在平面上，深水单向迁移水道 C3 短、顺直且沿着顺流方向不断加宽（图 4.2.4），发育存在两个截然不同的地貌单元：相对狭窄的“V”形的上段（图 4.2.4 中的 *I-I′*、*A-A′* 和 *B-B′*）和相对宽缓的“U”形的下段（图 4.2.4 中的

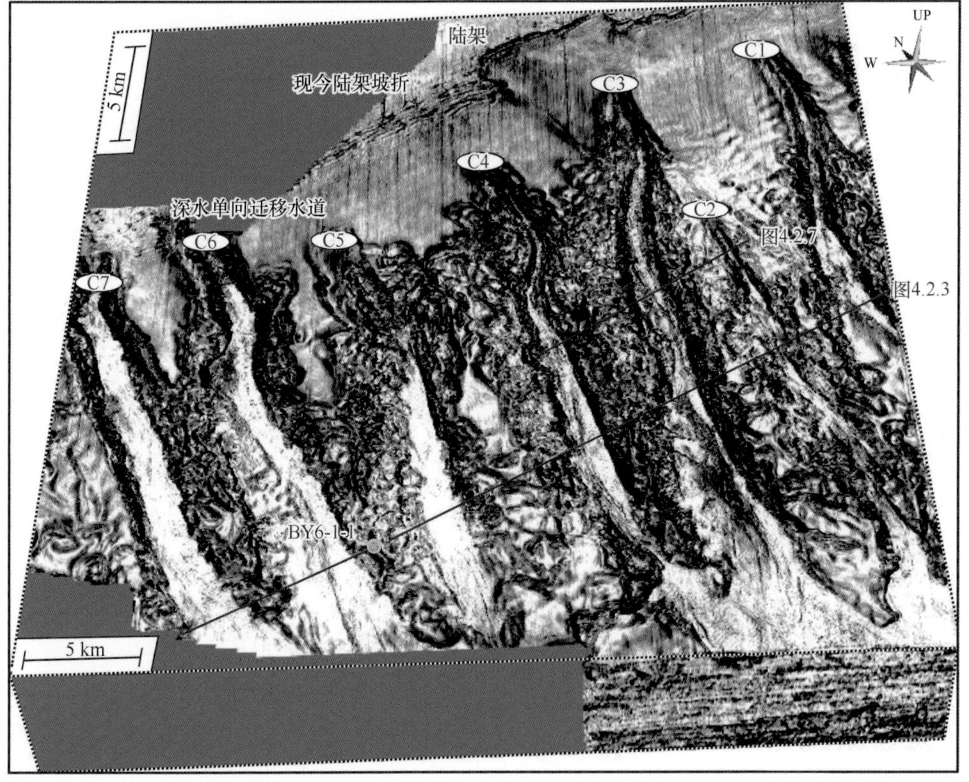

图 4.2.1　相干属性体的三维可视化技术所雕刻的研究区内发育的七条深水单向迁移水道

从东到西依次命名为 C1～C7，图中虚线示意了图 4.2.3 和图 4.2.7 的测线位置

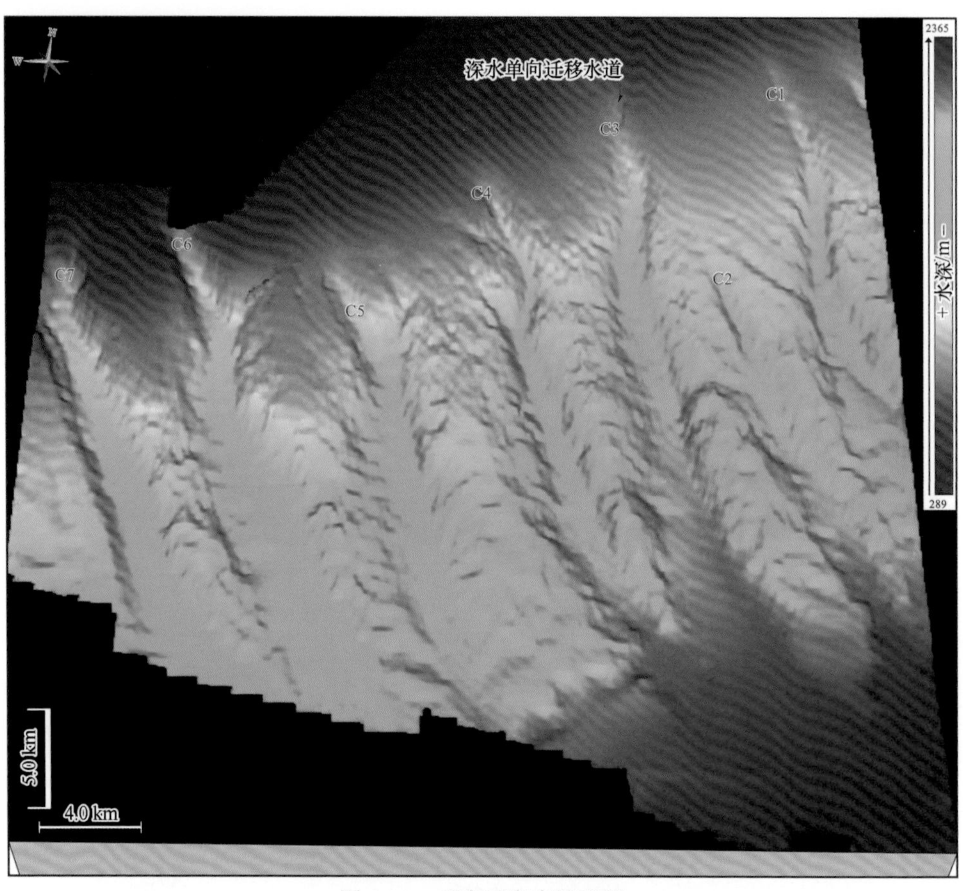

图 4.2.2　研究区海底地形图

本节所研究讨论的七条深水单向迁移水道（C1～C7）的地形地貌特征

表 4.2.1　研究区内七条深水单向迁移水道（C1～C7）的最大宽度和平均长度

顺向迁移水道	C1	C2	C3	C4	C5	C6	C7
最大宽度/m	4366.5	3157.8	5097.8	3721.3	5128.4	5026.2	2962.1
长度/m	26018.7	18493.4	32218.2	22796.9	21133.2	23296.8	22268.4
弯曲度	近乎顺直，弯曲度约为 1						

C-C′～*G-G′*）。在剖面上，深水单向迁移水道最显著的地貌特征是东北翼整体比西南翼更陡，呈明显的剖面不对称性（图 4.2.3，图 4.2.4，图 4.2.5，表 4.2.1）。

深水单向迁移水道 C3 由五期水道复合体叠置而成（CCS1～CCS5），每个水道复合体底部被一个侵蚀面所分割。在研究区内对这五期水道复合体进行了区域追踪、解释，并利用 3D 可视化技术雕刻了它们的平面形态特征（图 4.2.5，表 4.2.2）。这五期水道复合体 CCS1～CCS5 的平均宽度从 2.5km 增加到 5km，而长度从 10km 增加到 30km（图 4.2.5，表 4.2.2）。平面上，这五期的水道复合体短（长度小于 30km）且顺直（弯曲度约为 1）（图 4.2.5，表 4.2.2）。

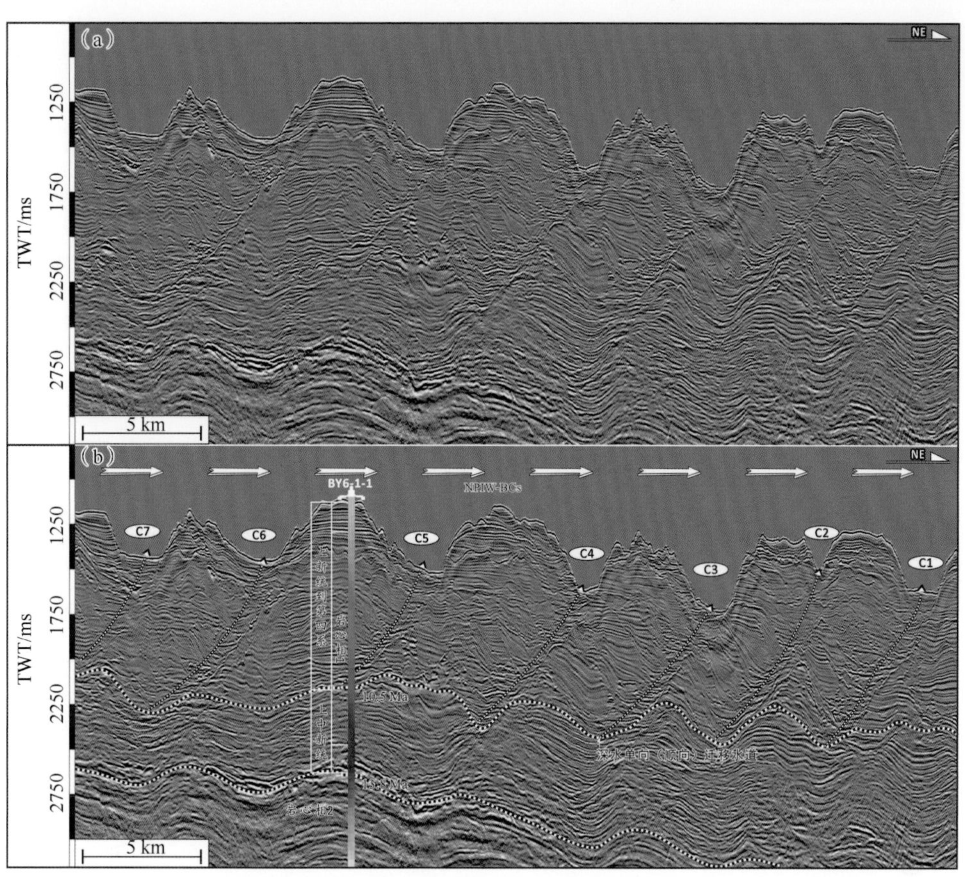

图 4.2.3　垂直物源地震剖面（测线位置如图 4.2.1）揭示了七条典型的深水单向迁移水道（C1～C7）的剖面地震反射特征

TWT-双程旅行时

表 4.2.2　典型的深水单向迁移水道 C3 内所识别的五个水道复合体和其头部发育的块状搬运复合体（地震相 1）形态参数一览表

参数	MTCs	CCS1	CCS2	CCS3	CCS4	CCS5
最大宽度/m	8839.8	6027.9	4170.6	3201.3	3981.7	4628.5
平均宽度/m	6052.5	2887.7	3506.4	2669.2	2891.6	3766.1
长度/m	16075.9	29001.9	26125.5	18515.5	15984.3	10395.5
弯曲度	这五期的水道复合体近乎顺直，弯曲度约为 1					

4.2.2　南海北部陆缘深水顺向迁移水道沉积序列

1. 深水顺向迁移水道沉积构成

利用地震反射的终止关系、结构（振幅、连续性）和构型，并结合地震反射外部形态，在深水单向迁移水道（C3）中识别出了四种主要类型的地震相

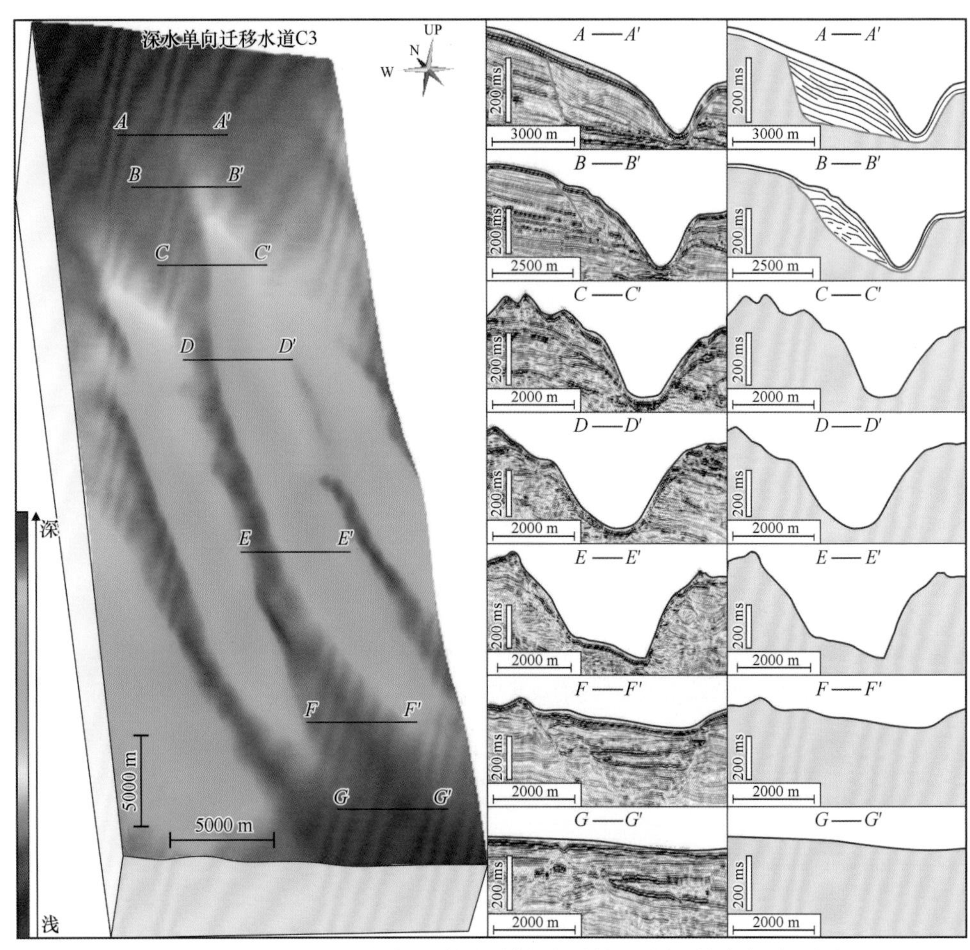

图 4.2.4　深水单向迁移水道 C3 的地震剖面及其解释刻画的本章所研究的深水单向迁移水道的形态特征

（图 4.2.6）。参考了前人对深水水道地震相的解释成果（Schwenk et al.，2005；Mayall et al.，2006；Weimer and Slatt，2007；Wynn et al.，2007），并依据 BY6-1-1 井的岩性和岩相信息，将这些地震相转换为沉积相（图 4.2.6，图 4.2.7）。

1）地震相 1（水道头部杂乱地震相）：块状搬运复合体

地震相 1 位于靠近陆架坡折处，发育在深水单向迁移水道的头部。这种地震相以变振幅、断续、杂乱反射为主，且剧烈侵蚀、下切周围的地层，该地震相的底部界面被一个明显的侵蚀、下切面所包络［图 4.2.6（a）和（a）′］。

在深水沉积环境中，“变振幅、断续、杂乱”往往是重力流快速堆积的产物，常常被解释为块状搬运复合体（Oluboyo et al.，2014）。故而，我们将本节所识别的水道头部的杂乱反射解释为块状搬运复合体［图 4.2.6（a）和（a）′］。

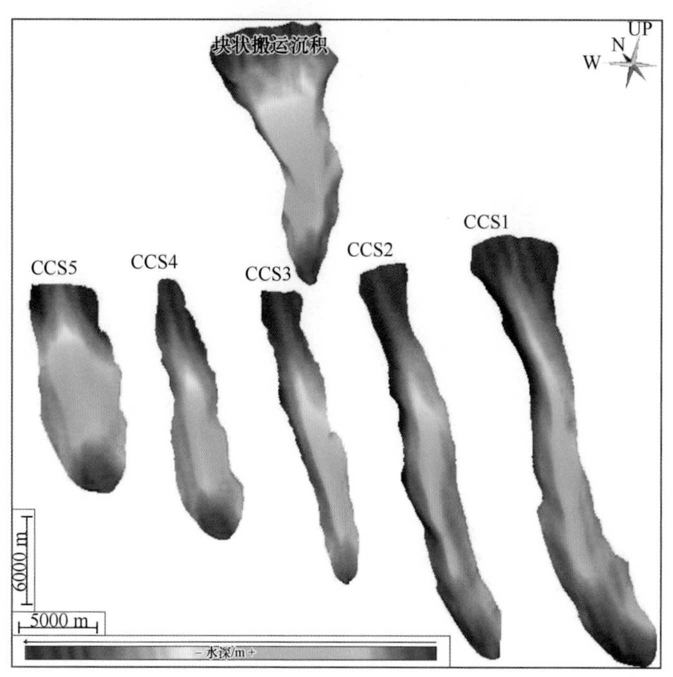

图 4.2.5　深水单向迁移水道 C3 内的块状搬运沉积和五期水道复合体的平面形态特征

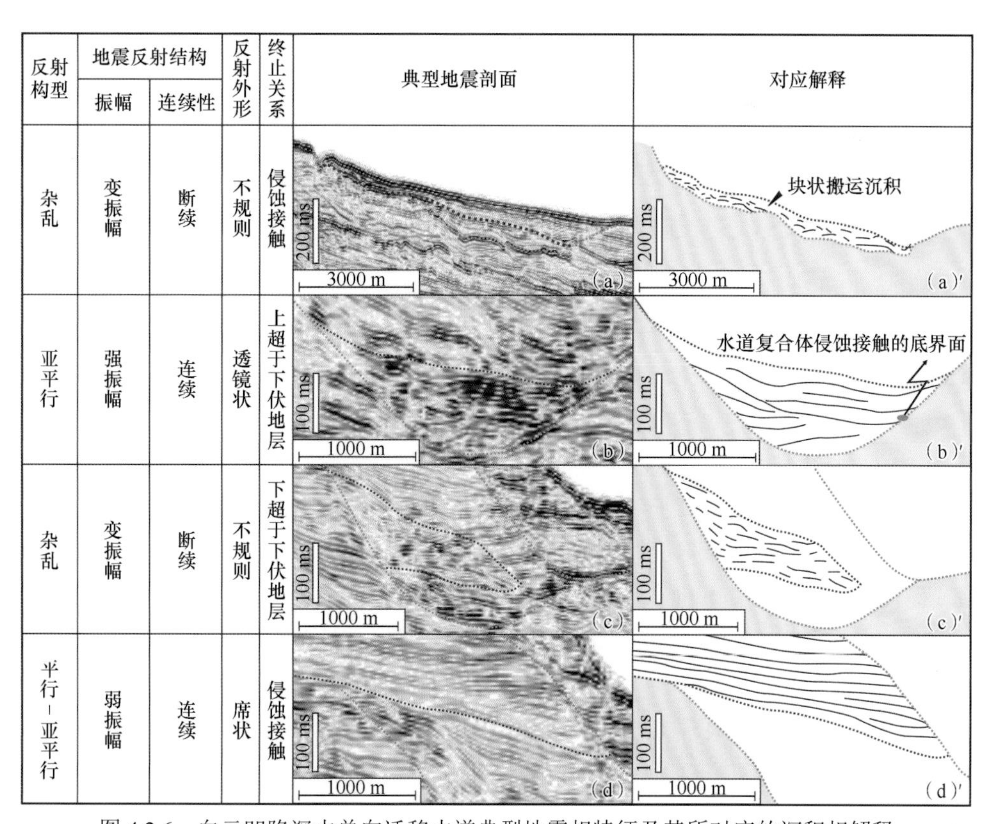

反射构型	地震反射结构		反射外形	终止关系	典型地震剖面	对应解释
	振幅	连续性				
杂乱	变振幅	断续	不规则	侵蚀接触	200 ms 3000 m (a)	块状搬运沉积 200 ms 3000 m (a)′
亚平行	强振幅	连续	透镜状	上超于下伏地层	100 ms 1000 m (b)	水道复合体侵蚀接触的底界面 100 ms 1000 m (b)′
杂乱	变振幅	断续	不规则	下超于下伏地层	100 ms 1000 m (c)	100 ms 1000 m (c)′
平行-亚平行	弱振幅	连续	席状	侵蚀接触	100 ms 1000 m (d)	100 ms 1000 m (d)′

图 4.2.6　白云凹陷深水单向迁移水道典型地震相特征及其所对应的沉积相解释

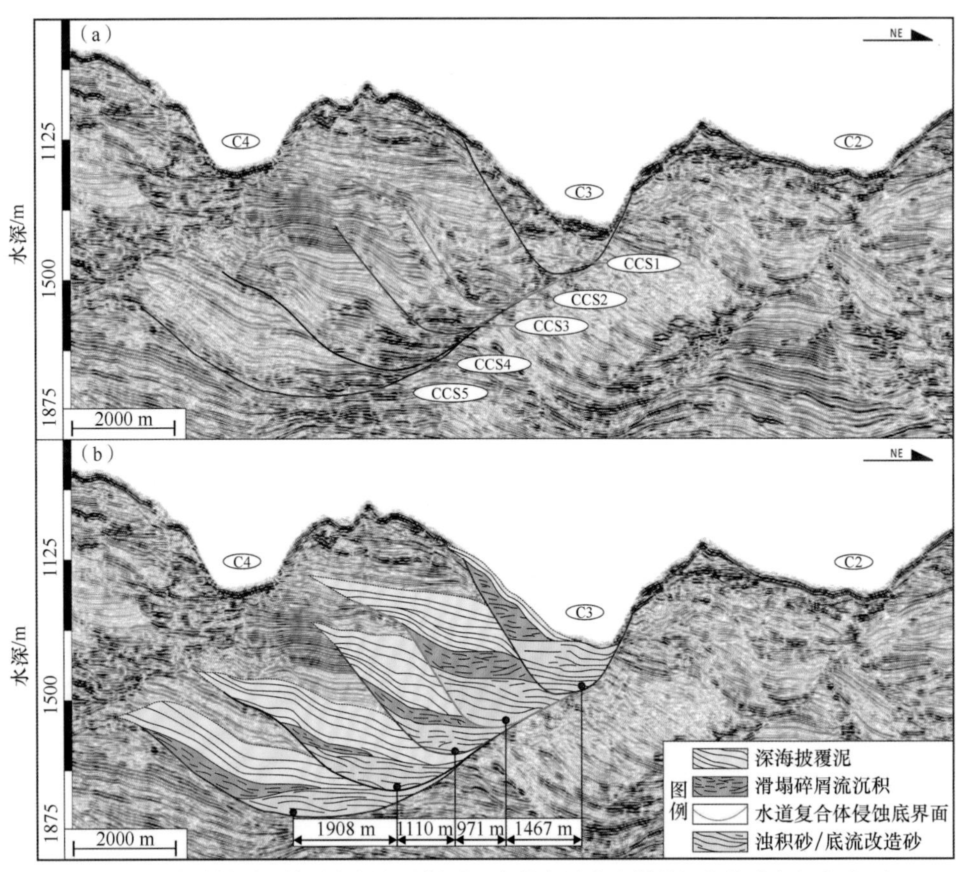

图 4.2.7　地震剖面及其对应解释示例了深水单向迁移水道的沉积构成与沉积序列

2）地震相 2（谷底强振幅地震相）：浊积砂/底流改造砂

地震相 2 以亚平行、强振幅、连续地震反射为主，在剖面上呈下凸上平的透镜状［图 4.2.6（b）和（b）′，图 4.2.7）。这种地震相主要超覆、充填在“U”形或“V”形的侵蚀底界面之上，这些下切面可见明显的下削上超的地震反射终止关系［图 4.2.6（b）和（b）′，图 4.2.7］。

BY6-1-1 井的钻探结果表明地震相 2 为细–粗粒砂岩，局部含泥岩，由于地震资料的精度所限，在剖面上很难将水道底部充填的砂岩和泥岩区分开来，故将其合并为一个地震相进行研究。结合前人研究成果将该地震相解释为深水水道底部滞留浊积砂（Clark and Pickering，1996；Schwenk et al.，2005；Mayall et al.，2006；Cross et al.，2009；Gong et al.，2011；He et al.，2013；Oluboyo et al.，2014）。

此外，考虑到目的水道为深水单向迁移水道，深水沉积环境中单向、持续、稳定的迁移一般是单向流动的底流（等深流）过程响应（Wynn and Stow，2002），因此将该地震相重新解释为深水单向迁移水道中富砂的重力流沉积被底流反复淘洗、分选、改造而形成的底流改造砂。然而并非所有浊流搬运携带而来的砂体都会被分选淘洗，地震相2（谷底强振幅地震相）可能含有部分浊积砂。综合分析认为，地震相2为浊积砂和底流改造砂混积沉积（简称为浊积砂/底流改造砂）[图4.2.6（b）和（b）′，图4.2.7]。

3）地震相3（水道侧壁杂乱地震相）：滑塌碎屑流沉积

地震相3与地震相1类似，均表现为变振幅、断续、杂乱反射［图4.2.6（c）和（c）′，图4.2.7]。在平面上，该地震相呈不规则状，面积为几百平方米到几平方千米。与地震相1不同的是，该地震相上倾一段往往“倚靠”在水道侧壁处，而下倾一段往往下超于下伏地层之上。

考虑到该地震相地震反射特征及其与其他地震相的接触关系，认为这种地震相主要与水道壁失稳、滑动而形成的滑塌碎屑流沉积有关。Mayall等（2006）、Gong等（2011）、Oluboyo等（2014）已经均在深水浊积水道中识别报道了类似的地震相。在深水环境中这种地震相常常被解释为由事件沉积快速堆积而成的块状搬运复合体［图4.2.6（a）和（a）′]（Moscardelli et al.，2006；Moscardelli and Wood，2008；Bull et al.，2009；Gong et al.，2011）。

4）地震相4（透明地震相）：深海披覆泥

地震相4呈席状展布，内部为平行-亚平行、弱振幅、连续反射［图4.2.6（d）和（d）′，图4.2.7]。该地震相横向连续，能够在区域上进行追踪、对比，其往往披覆在地震相2和地震相3之上［图4.2.6（d）和（d）′，图4.2.7]。

BY6-1-1井揭示该种地震相为灰色到灰褐色深海披覆泥岩或薄层泥质灰岩（图4.2.3中岩相1）。此外，前人研究表明在深水沉积环境中，这种地震相常常是由于底流或深水悬浮沉积作用而形成的深海披覆泥（Mayall et al.，2006；Jobe et al.，2011；Gong et al.，2011；Oluboyo et al.，2014）。

2. 深水单向（顺向）迁移水道沉积序列

如图4.2.7所示，一个完整的深水单向迁移水道由从老至新形成发育的五期水道复合体（CCS5～CCS1）相互叠置而成，每一期水道复合体都以区域性侵蚀面为界，并且这些界面被更晚发育的界面所侵蚀、切割。相对于早期发育的水道复合体，晚期发育的水道复合体持续地向东北方向迁移，形成如图4.2.3和图4.2.7所示的深水单向迁移水道。在每一期水道复合体的底部往往发育浊积砂/底流改造砂、向上演化为泥质的滑塌碎屑流沉积，最终被深海披覆泥所覆盖，形成一个由“浊积砂/底流改造砂→滑塌碎屑流沉积→深海披覆泥”组成的、向上变细的沉积序列（图4.2.7）。

4.2.3 南海北部陆缘深水顺向迁移水道充填演化

前已述及，深水单向迁移水道 C3 内发育了五个水道复合体（CCS1～CCS5），在这五个水道复合体中，CCS1 的沉积发育特征最为典型（图 4.2.5，图 4.2.7，表 4.2.2）。本章利用地震地貌学的基本原理，结合相干属性切片和均方根振幅属性切片分析以及三维可视化技术，来雕刻深水单向迁移水道内形成发育的浊积砂/底流改造砂的发育演化历史（图 4.2.8，图 4.2.9）。

1. 基于地震属性切片的充填演化过程分析

1）基于相干属性切片的水道充填演化分析

（1）252ms 的相干属性切片分析［图 4.2.8（a）和（a）′］：252ms 的相干属性切片主要位于 CCS1 的底部，该相干属性切片刻画了水道的雏形，显示了发育良好的水道侵蚀下切边界。此时的水道近乎顺直展布，宽度也较窄。

（2）100ms 的相干属性切片分析［图 4.2.8（b）和（b）′］：100ms 的相干属性切片位于 CCS1 的中下部，水道变宽且弯曲度增加，宽度显著增大。此时的水道

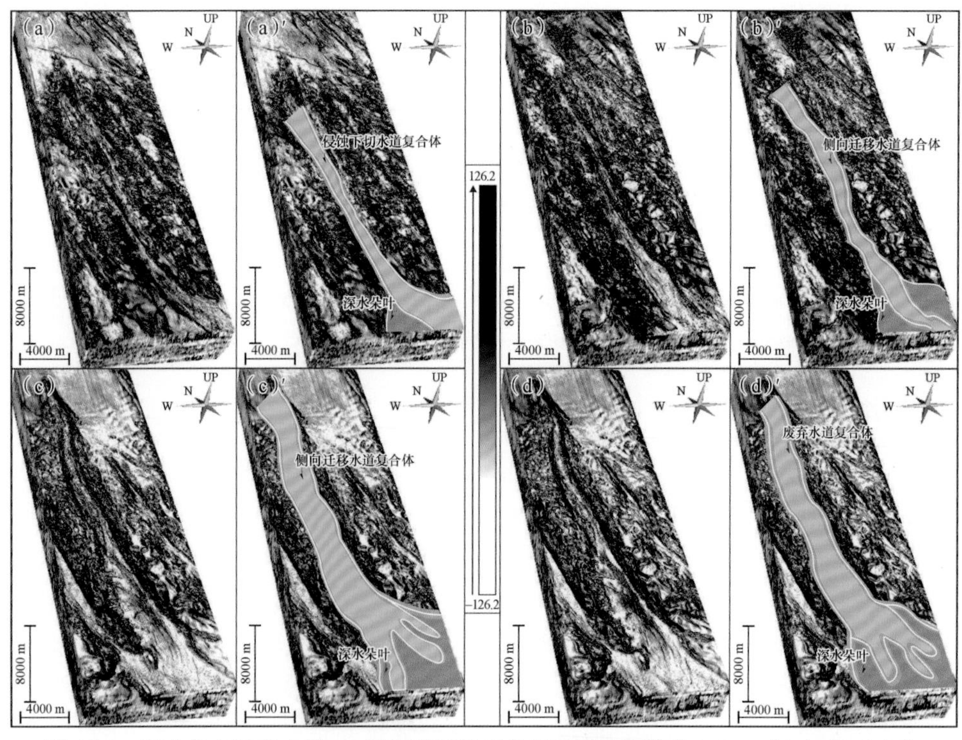

图 4.2.8　深水单向迁移水道 C3 沿海底层拉平的相干属性体沿着 252ms［(a) 和 (a)′］、100ms［(b) 和 (b)′］、20ms［(c) 和 (c)′］和 4ms［(d) 和 (d)′］的相干属性切片及其对应解释示例了深水单向迁移水道的演化过程

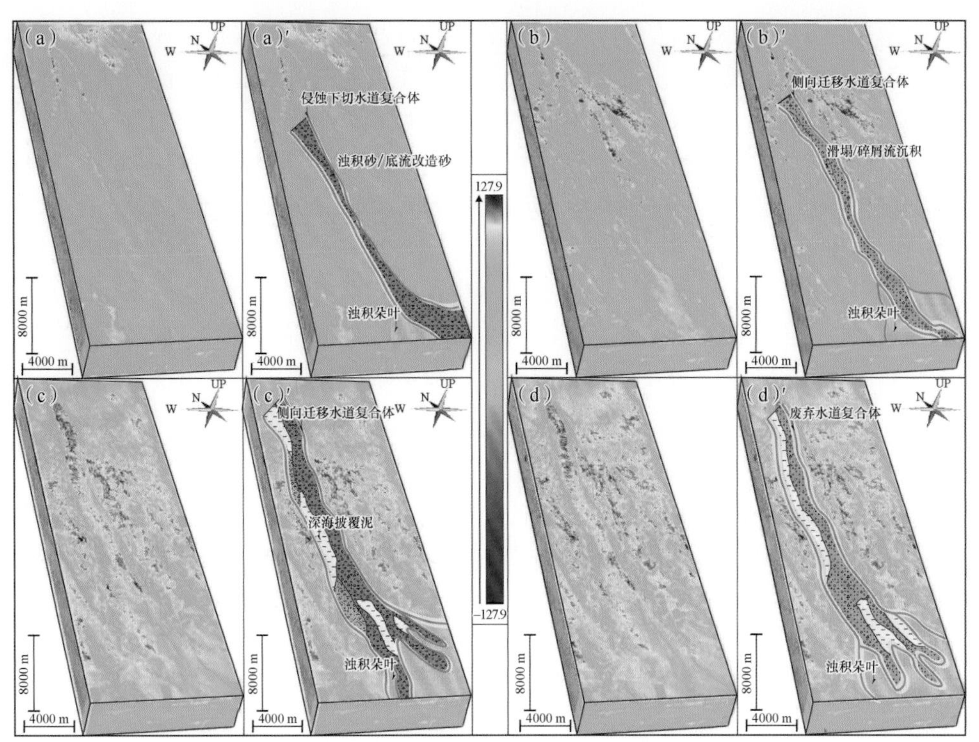

图 4.2.9　深水单向迁移水道 C3 沿海底层拉平的均方根振幅属性体沿着 252ms［(a) 和 (a)′］、100ms［(b) 和 (b)′］、20ms［(c) 和 (c)′］和 4ms［(d) 和 (d)′］的相干属性切片及其对应解释示例了深水单向迁移水道的演化过程

发生了明显的向东北方向一侧的迁移。

（3）20ms 的相干属性切片分析［图 4.2.8（c）和（c)′］：20ms 的相干属性切片位于 CCS1 的中上部，从图 4.2.8（c）和（c)′ 中可以看出此时水道的平面地震地貌特征与 100ms 大致相似。较 100ms 和 252ms 的相干属性切片而言，此时的水道弯曲度和宽度进一步增加，且持续向东北一侧迁移、叠加。

（4）4ms 的相干属性切片分析［图 4.2.8（d）和（d)′］：4ms 的相干属性切片位于 CCS1 的上部接近海底处，该相干属性切片上所反映的水道的平面形态特征和 20ms 的相干属性切片所刻画的平面形态特征几乎相似，说明水道发育演化停止、水道废弃。

2）基于均方根振幅属性切片分析的充填演化过程

（1）252ms 的均方根振幅属性切片分析［图 4.2.9（a）和（a)′］：252ms 的均方根振幅属性切片整体以均方根振幅低值为主，局部发育细长的均方根振幅属性高值条带。结合地震相研究的成果，这些细长的均方根振幅属性高值条带为水道发育初期所形成的局限分布的浊积砂/底流改造砂。

（2）100ms 的均方根振幅属性切片分析［图 4.2.9（b）和（b)′］：此时的均方

根振幅属性切片与252ms的均方根振幅属性切片相比，均方根振幅属性值变高并且高值范围变大。表明这一时期，浊流与底流作用活跃、水道被浊流与底流交互作用形成的浊积砂/底流改造砂广泛充填。水道西南翼出现小范围的均方根振幅属性剧烈变化的“均方根振幅属性值斑点”区域，地震相分析表明这些“斑点”为由沉积物失稳导致水道壁发生滑塌而形成的滑塌碎屑流沉积（地震相3）。

（3）20ms的均方根振幅属性切片分析［图4.2.9（c）和（c）′］：CCS1的20ms的均方根振幅属性切片的特征整体上与100ms的均方根振幅属性切片上反映出来的沉积单元的平面展布特征基本类似，水道大部分被“高均方根振幅属性值”（浊积砂/底流改造砂，地震相2）的区域覆盖，而在水道的西南一侧出现了局限分布的表现为“均方根振幅属性值斑点”的滑塌碎屑流沉积（地震相3）。

（4）4ms的均方根振幅属性切片分析［图4.2.9（d）和（d）′］：和前三期的均方根振幅属性切片相比较，CCS1的4ms的均方根振幅属性切片上“高均方根振幅属性值”范围减小，而“低均方根振幅属性值”（深海披覆泥，地震相4）区域增大，说明这一时期峡谷内悬浮沉积作用活跃，先期形成的均方根振幅属性高值的浊积砂/底流改造砂被深海披覆泥覆盖。

2. 南海北部陆缘深水顺向迁移水道演化

总体上来说，每一期的水道复合体经历了以下三期的侵蚀—充填演化过程。

（1）低位早期-侵蚀期［图4.2.8，图4.2.9中的（a）和（a）′及图4.2.10中的（a）和（d）］。

这一时期的水道“细而直”，由于强烈的重力流（浊流）作用，侵蚀下切特征明显。这一时期以沉积过路作用为主，并受到较弱的底流（等深流）的改造，在水道的底部发育了局限分布的浊积砂/底流改造砂。

（2）低位晚期-侧向迁移期［图4.2.8，图4.2.9中的（b）和（b）′、（c）和（c）′及图4.2.10（b）］。

这一时期的水道逐渐加宽变弯，并向东北一侧不断迁移，这种水道加宽的现象说明水道从低位早期的下切作用为主演化为侧向侵蚀作用为主。

浊流和底流（NPIW-BCs）在低位晚期-侧向迁移期同时、同地发育和存在，且能量相当，浊流和底流活跃地交互作用着。由浊流带入深水单向迁移水道的沉积物频繁地被北太平洋中层水形成的底流频繁地淘洗、分选、改造，从而水道内形成广泛发育分布的浊积砂/底流改造砂。同时，由于浊流的侵蚀作用，在水道侧壁发生重力失稳，形成小规模局限分布的滑塌碎屑流沉积。

（3）海侵-废弃期［图4.2.8，图4.2.9中的（d）和（d）′及图4.2.10（c）］。

在海侵期，浊流活动基本停止，深水单向迁移水道中源自北太平洋中层水形成的底流（NPIW-BCs）和悬浮沉积作用占主导，水道最终被深海泥质沉积物填埋，逐渐废弃、消亡。这三个时期不断发育、演化，同时在底流造成的具有差异的侵蚀—沉积作用的驱动下，浊积砂/底流改造砂不断地向水道迁移一侧叠加、迁移（图 4.2.7，图 4.2.10）。

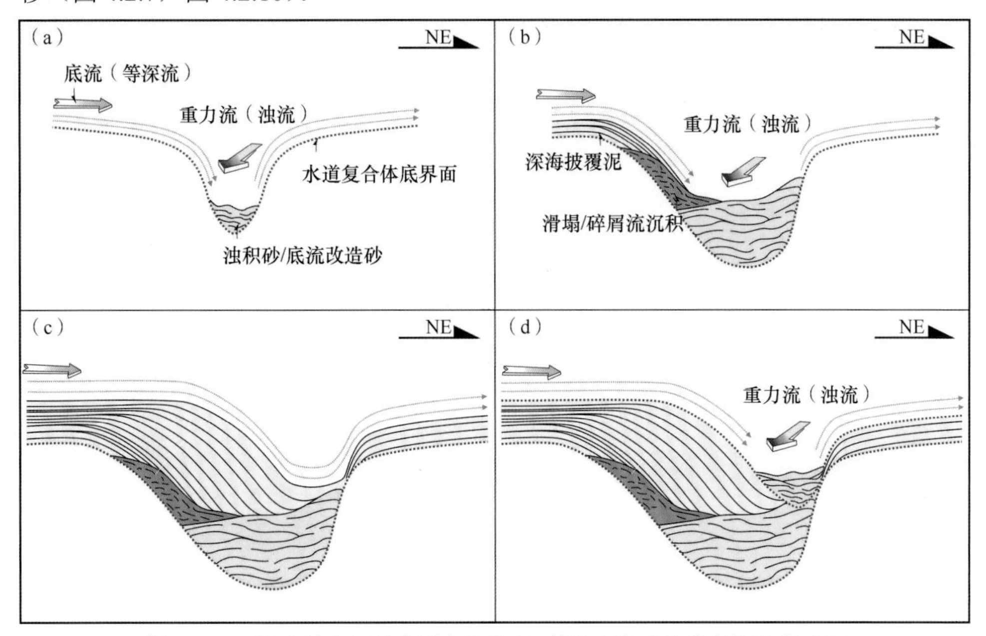

图 4.2.10　深水单向迁移水道内浊积砂/底流改造砂的发育演化模式图

（a）低位早期-侵蚀期；（b）低位晚期-侧向迁移期；（c）海侵-废弃期；（d）新一期的低位早期-侵蚀期

4.3　东非鲁伍马盆地深水反向迁移水道的形态特征、发育演化和沉积构成

4.3.1　鲁伍马盆地渐新统的层序地层格架

1. 基于地震资料的层序划分对比

鲁伍马盆地渐新统的底界面为 T_1 区域不整合面，T_1 区域不整合面响应于东非隆升构造运动；渐新统顶界面为 T_4，该界面是渐新统和中新统之间的分界面（图 4.3.1，图 4.3.2）（孙辉等，2017；陈宇航等，2017a，2017b；Fonnesu et al.，2020）。在 T_1 和 T_4 区域不整合面之间发育 T_2 和 T_3 两个不整合面；其中 T_3 是下渐新统和上渐新统之间的分界面，而 T_2 是下渐新统内部的一个三级层序界面（图 4.3.1，图 4.3.2）（孙辉等，2017；陈宇航等，2017a，2017b；Fonnesu et al.，2020）。

在地震剖面上，T_1 不整合面之上可见明显的上超地震反射特征、双向上超地震反射终止关系特征，造成鲁伍马盆地渐新世地层在垂直物源方向上呈明显

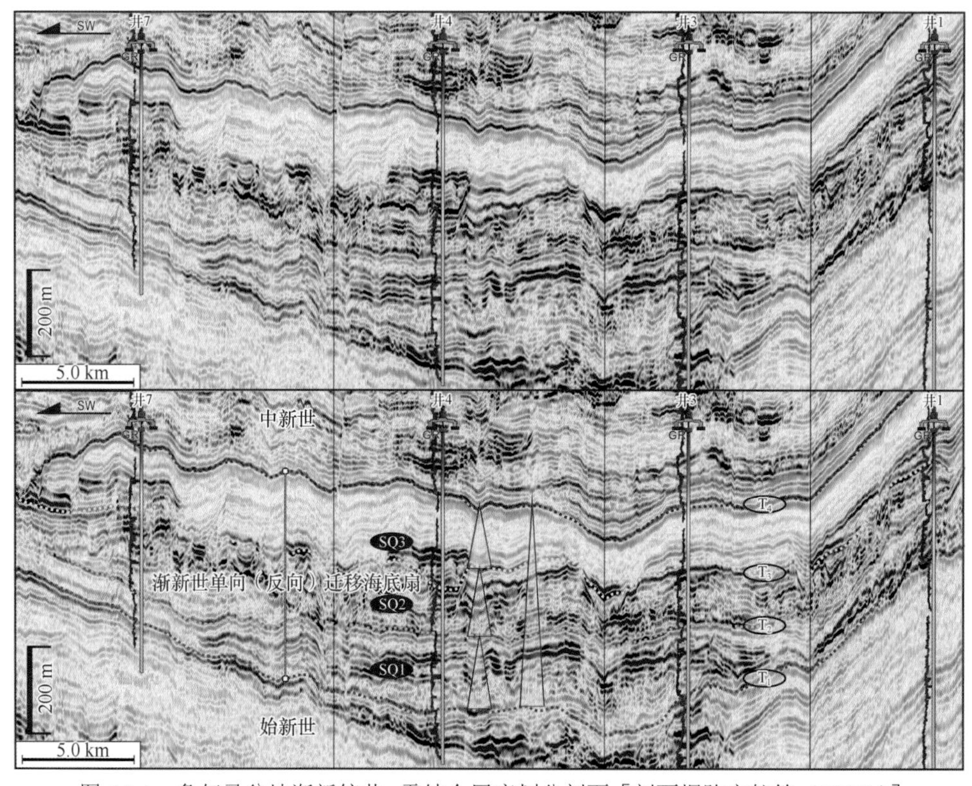

图 4.3.1　鲁伍马盆地渐新统井-震结合层序划分剖面［剖面据陈宇航等（2017b）］
GR-自然伽马

的丘状（图 4.3.1）。T_4 为地震相分界面，界面之下为弱振幅、低频空白反射，而界面之上为中-强振幅、中连续、中频地震反射（图 4.3.1）。T_3 为大套低频、弱振幅空白反射底界面，是上渐新统和下渐新统之间的分界面（图 4.3.1）。T_2 为下渐新统内部的一个局部不整合面，界面之上可见微弱的上超地震反射终止关系（图 4.3.1）；而在如图 4.3.2 所示的过井 1 的地震剖面上，T_2 界面之上上超地震反射终止关系清晰可辨。

2. 基于测井资料的层序划分对比

在测井相特征上，地震资料所厘定的区域不整合面 T_1、T_2、T_3 和 T_4 对应“钟形测井曲线”的底界面，界面之上的伽马测井值存在明显的由高到低的突变，是三个向上变细正旋回的底界面（图 4.3.1，图 4.3.2）。例如，伽马测井曲线在 Well-1 井的 T_1、T_2 和 T_3 界面处为“泥脖子”的顶界面，界面之上伽马测井值明显降低（图 4.3.1，图 4.3.2）。

综上所述，上述四个三级层序界面（T_1、T_2、T_3 和 T_4）将渐新统（一个二级

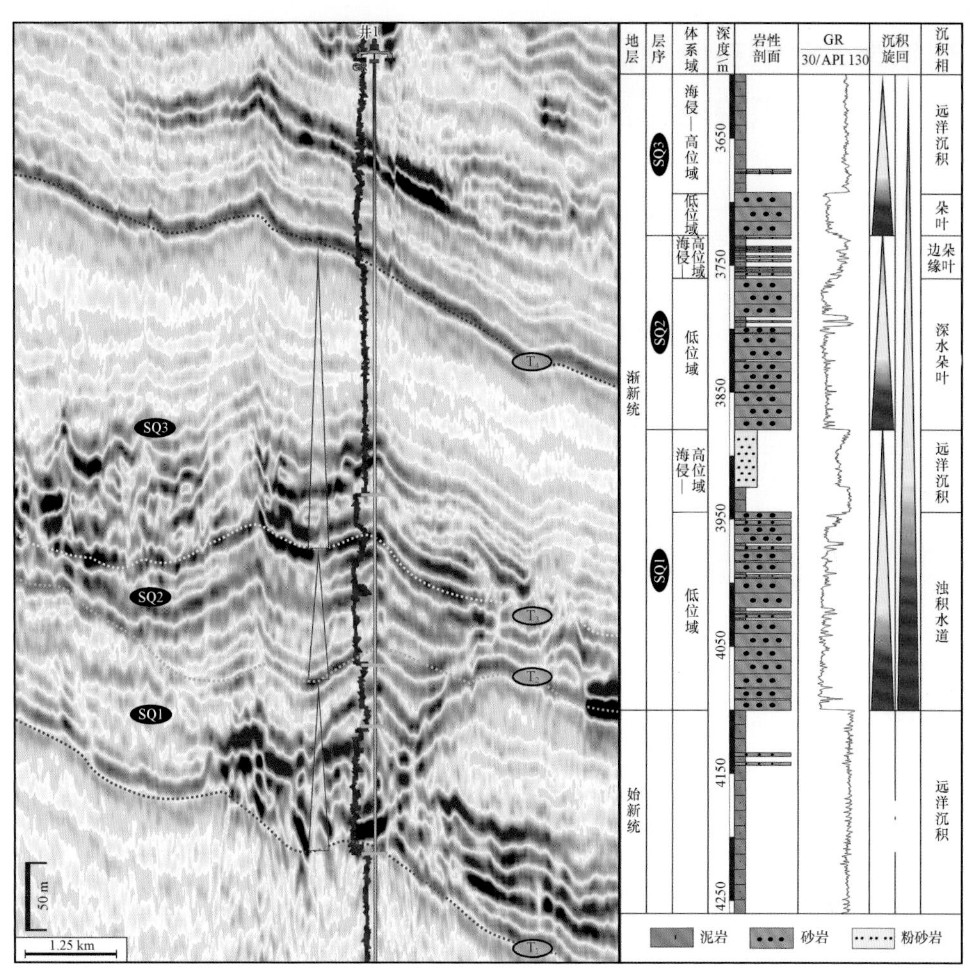

图 4.3.2　基于井-震结合的鲁伍马盆地渐新统层序地层划分对比（陈宇航等，2017b）

层序）划分为三个三级层序（SQ1、SQ2 和 SQ3）。陈宇航等（2017a）研究认为，鲁伍马盆地渐新统为一个二级层序，发育三个三级层序，自下而上依次为 SQ1、SQ2 和 SQ3（图 4.3.1，图 4.3.2）。

井-震结合的四级层序（体系域）划分对比（图 4.3.2）表明：鲁伍马盆地渐新统形成发育的每一个三级层序（SQ1、SQ2 和 SQ3）发育两个体系域（即“低位域”和“海侵-高位域”），具有二分的层序结构（陈宇航等，2017a）。这些三级层序的低位域以粗粒砂岩为主，局部夹薄层的灰绿色泥岩；在测井曲线上呈“低伽马值箱形”，主要为富砂的浊积水道和深水朵叶沉积（图 4.3.2）。而它们的海侵-高位域以灰绿色泥岩为主，局部夹粉砂岩或薄层砂岩；在测井曲线上呈“靠近泥岩基线、低伽马值箱形”或“伽马值向上增大的钟形”，主要为富泥的远洋沉积或边缘朵叶（图 4.3.2）。

4.3.2 鲁伍马盆地渐新世深水反向迁移水道的形态特征和沉积构成

鲁伍马盆地渐新统发育一典型的海底扇沉积，该渐新世海底扇由深水反向迁移水道、单侧朵叶、滑塌碎屑流沉积、等深流漂积体和深海披覆泥构成（图 4.3.3，图 4.3.4 和图 4.3.5）。其中，深水单向迁移水道总是持续、稳定地向南迁移、叠加，这一迁移方向与参与其沉积建造的底流（向北流动的源自南极底层水等深流）的流动方向恰好相反（图 4.3.4，图 4.3.5）。故而，鲁伍马盆地渐新世深水单向迁移水道为一经典的“深水反向迁移水道”。

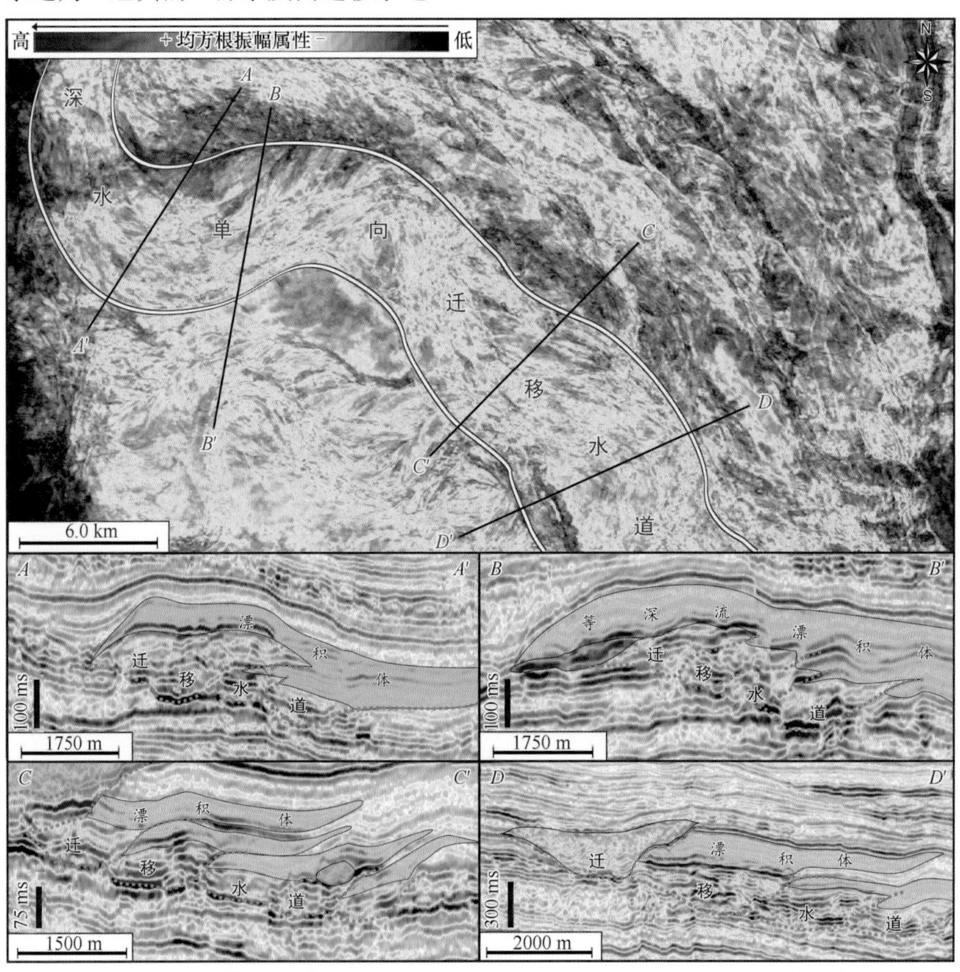

图 4.3.3 鲁伍马盆地渐新世深水单向（反向）迁移水道及其靠近迁移一侧的等深流漂积体在平面地貌相和剖面地震相特征［剖面据 Chen 等（2020）］

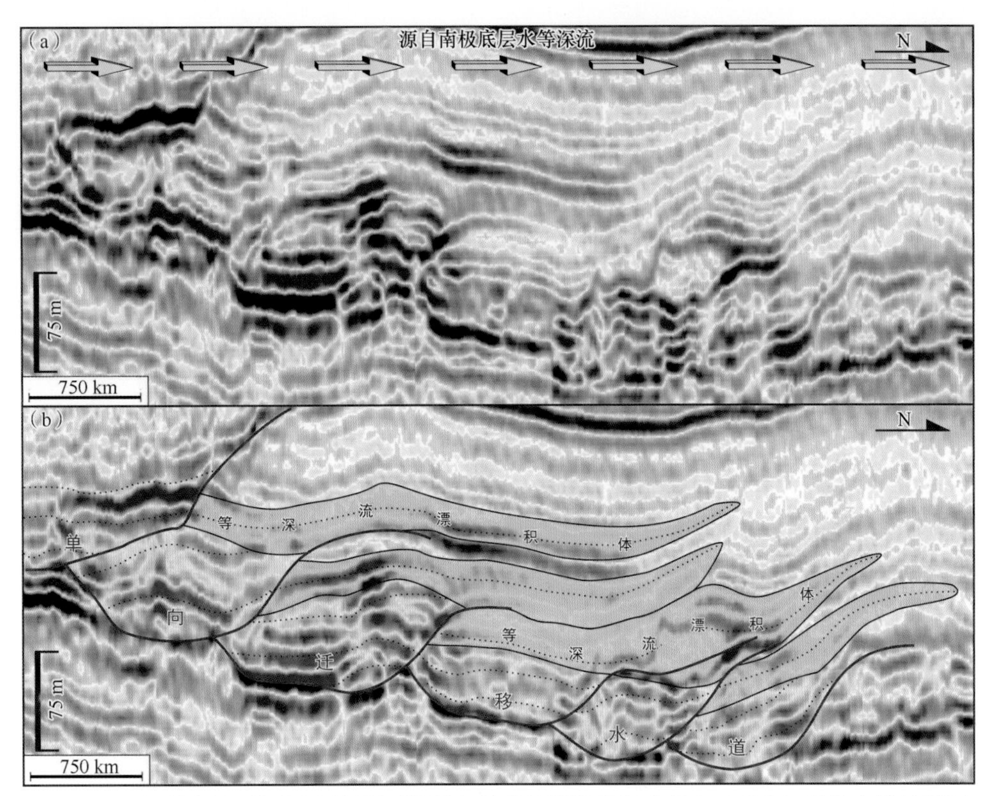

图 4.3.4　地震剖面及其对应解释刻画的鲁伍马盆地渐新世深水单向（反向）迁移水道的剖面地震反射特征和沉积构成特征

1. 深水反向迁移水道沉积构成

鲁伍马盆地渐新世深水反向迁移水道沉积体系主要由深水反向迁移水道、单侧朵叶、滑塌碎屑流沉积、等深流漂积体和深海披覆泥五个沉积单元组成。这些沉积单元的地震相特征及其解释概述如下。

1）深水反向迁移水道

在地震剖面上，该地震相以强振幅、平行、中连续地震反射为主，具有底凹顶平的剖面形态特征（图 4.3.3～图 4.3.5）。在平面上，该地震相为明显的强均方根振幅条带（图 4.3.6～图 4.3.8）。一般而言，深水沉积环境中的侵蚀-充填地震相为深水重力流搬运通道（如深水水道或海底峡谷等）的典型地震反射特征（图 4.3.3～图 4.3.5）（Posamentier and Kolla，2003；Oluboyo et al.，2014；Doughty-Jones et al.，2017；Fossum et al.，2019）。

在测井曲线上，深水水道主要表现为箱形低伽马特征，以粗粒砂质沉积为主，局部夹杂薄层泥岩或薄层砂岩（图 4.3.2，图 4.3.5）。与经典的浊积水道（尤其是深水蛇曲水道）相比，鲁伍马盆地渐新世发育的深水水道总是持续、稳

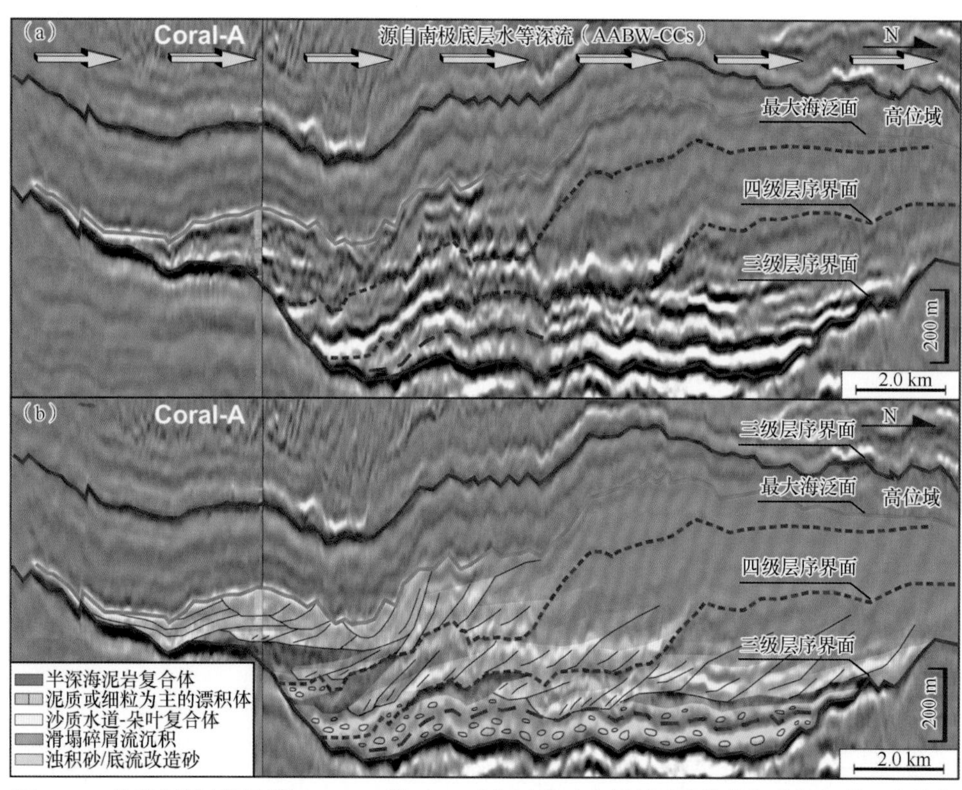

图 4.3.5　地震剖面［剖面据 Fonnesu 等（2020）］及其对应解释示意的鲁伍马渐新世深水单向（反向）迁移水道的剖面地震相与沉积构成特征

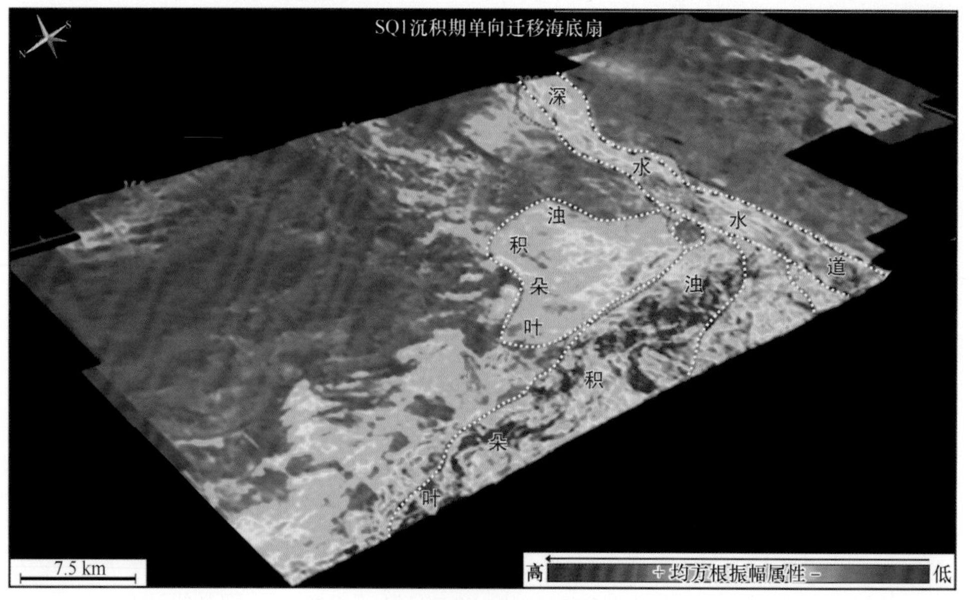

图 4.3.6　渐新世 SQ1 沉积期典型均方根振幅属性图示意的 SQ1 沉积期反向迁移水道-单侧朵叶沉积体系的地震地貌特征

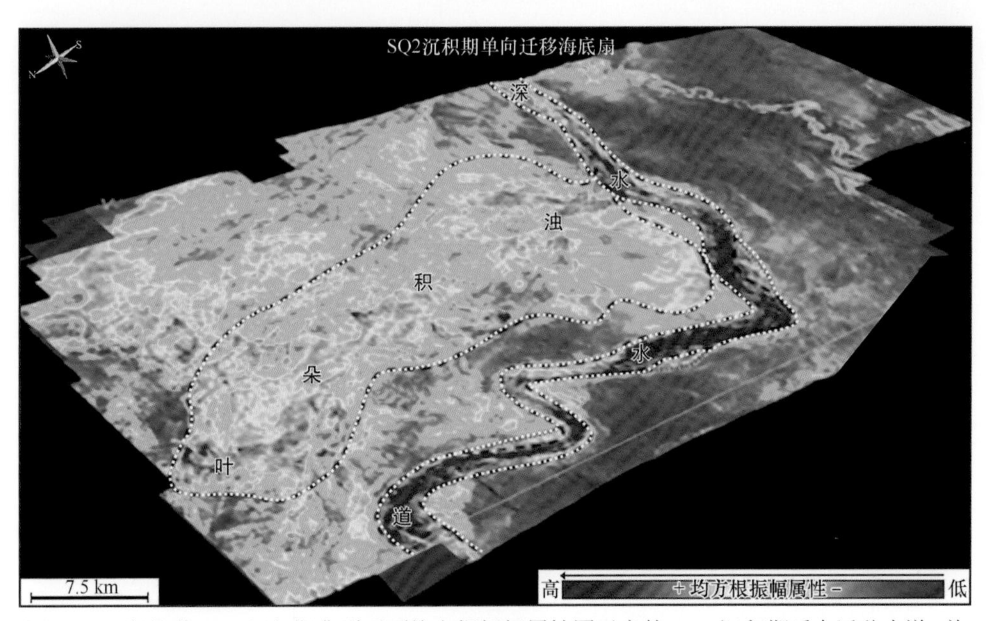

图 4.3.7　渐新世 SQ2 沉积期典型平面均方根振幅属性图示意的 SQ2 沉积期反向迁移水道-单侧朵叶沉积体系的地震地貌特征

与 SQ1 沉积期的海底扇类似，图示的海底扇具有南岸朵叶/天然堤更发育的不对称平面形态特征

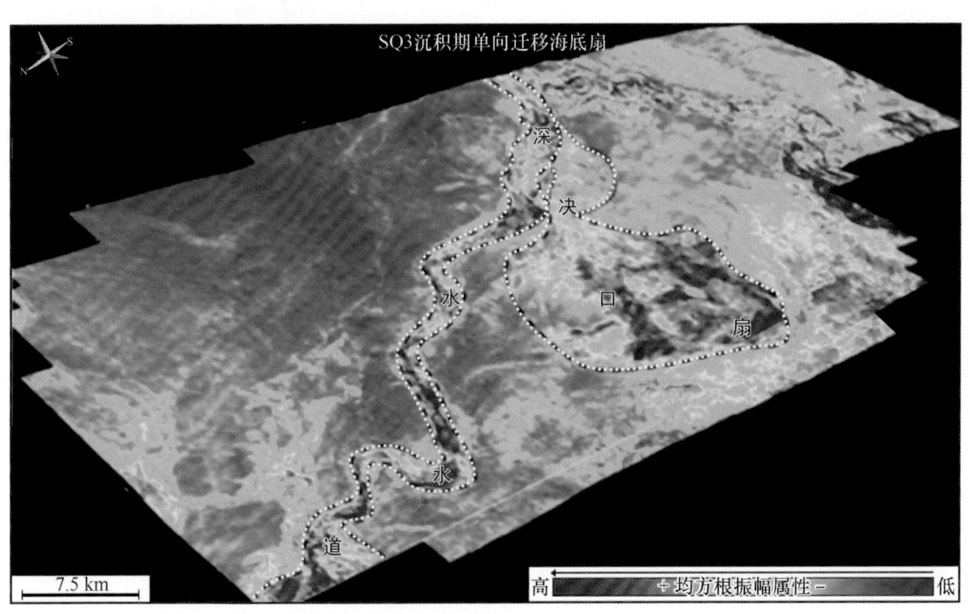

图 4.3.8　渐新世 SQ3 沉积期典型平面均方根振幅属性图示意的 SQ3 沉积期反向迁移水道-单侧朵叶沉积体系的平面地震地貌学特征

定地向南迁移、叠加，且具有南陡北缓、不对称的剖面形态特征（图 4.3.3～图 4.3.5）。这些深水水道由多期水道复合体组成，每期水道复合体宽度一般为 1～4km（图 4.3.4，图 4.3.5）。水道复合体内部充填的砂体宽度一般为 1～3km，

厚度为50～150m，且伴随着水道的迁移其规模（宽度、厚度等）逐渐减小（图4.3.3，图4.3.4）。

2）单侧朵叶

在地震剖面上，该地震相以强振幅反射为主，连续性中等—差，呈透镜状的剖面形态；该地震相常常出现在单向迁移水道天然堤上，推测为水道内浊流侧向溢出形成的深水朵叶（Posamentier and Kolla，2003；Doughty-Jones et al.，2017；Fossum et al.，2019）。考虑到这些浊积朵叶总是出现在反向迁移水道北东一翼，且不断地向南迁移、叠加，进而超覆于古新世的深水单向（反向）迁移水道之上。因此，我们将其重新厘定为“单侧朵叶”。这些单侧朵叶的面积可达200～300km^2，厚度为90～200m。在测井曲线上，这些浊积单侧朵叶的根部（近端朵叶）具有低伽马（富砂）的测井相特征，而其边缘（远端朵叶）具有高伽马富泥的测井相特征（图4.3.2，图4.3.5）。

3）滑塌碎屑流沉积

在地震剖面上，该地震相以变振幅、断续的杂乱反射为主（图4.3.5）。该地震相主要发育在始新世单向迁移水道的侧壁，推测为水道侧壁垮塌、失稳而形成的滑塌碎屑流沉积（Posamentier and Kolla，2003；Doughty-Jones et al.，2017；Fossum et al.，2019）。这些水道侧壁的滑塌体平面上呈不规则状，其宽为1km左右，最厚可达300m。

4）等深流漂积体

在地震剖面上，该地震相主要由“平行-亚平行、弱振幅地震反射”构成，整体上呈“透明”的地震反射结构，主要沿着背向水道迁移一侧（北部）展布（图4.3.5）。该地震相横向连续性好，具有底平顶凸的丘状，与典型的等深流形成的漂积体的剖面地震反射特征类似（Rebesco et al.，2014；Fossum et al.，2019）。这些丘状的等深流漂积体厚达数百米，横向延伸数千米；伴随着水道迁移不断地向南一侧迁移、叠加，发育和水道叠置样式相同的“单向迁移”的地层叠置样式。

5）深海披覆泥

在地震剖面上，该地震相多为平行的弱反射，横向连续性好，厚度横向变化不大，整体上呈“透明”的地震反射结构（图4.3.4，图4.3.5），是深海披覆泥的典型地震响应（Posamentier and Kolla，2003；Doughty-Jones et al.，2017）。

2. 深水反向迁移水道沉积序列

以上五种地震相（深水反向迁移水道、单侧朵叶、滑塌碎屑流沉积、等深流漂积体和深海披覆泥组成）不断演化构成深水反向迁移水道沉积体系。在剖面上形成一个由“深水反向迁移水道充填（浊积砂/底流改造砂）→单侧朵叶→滑塌碎屑流沉积→深海披覆泥和等深流漂积体”组成的向上变细的正旋回，且这个正旋回不断地向南一侧迁移、叠加，形成单向迁移特征明显的深水反向迁移水道-单侧朵叶沉积体系（图 4.3.5）。

4.3.3　鲁伍马盆地渐新世深水反向迁移水道-单侧朵叶沉积体系

上述鲁伍马盆地渐新世反向迁移水道沉积体系经历了 SQ1、SQ2 和 SQ3 三期沉积演化过程（图 4.3.6～图 4.3.8）。

1. SQ1 层序深水反向迁移水道沉积体系发育起始期

SQ1 层序位于渐新统二级层序的早期，反向迁移水道发育启动。这一时期是深水反向迁移水道沉积体系发育起始期。在这一时期，鲁伍马盆地渐新世深水反向迁移水道沉积体系典型地震地貌特征如图 4.3.6 所示，刻画了深水反向迁移水道沉积体系的“雏形”。

这一时期，深水反向迁移水道沉积体系以水道-朵叶复合体为主，水道呈近 NE 向展布的高均方根振幅属性条带，相对顺直（图 4.3.6）。这些深水水道总是持续、稳定地向南迁移叠加，且剖面上具有南陡北缓、不对称的剖面形态特征；与南海珠江口盆地、下刚果盆地和乌拉圭陆缘所识别的深水单向（反向）迁移水道的形态特征与沉积构成相似（图 4.3.3～图 4.3.5）。这些深水单向迁移水道的南部一侧堤岸沉积环境中可见大规模展布的浊积朵叶（宽约数千米，长达数十千米），导致迁移海底扇具有不对称（南岸朵叶/天然堤更为发育）的平面形态特征。这些浊积朵叶靠近水道轴的近端朵叶亚相以朵状的强均方根振幅属性为主；过渡到朵叶边缘的远端朵叶亚相处，均方根振幅属性以中振幅为主（图 4.3.6）。

2. SQ2 层序深水反向迁移水道沉积体系活跃迁移期

SQ2 层序位于渐新统二级层序的中期，深水反向迁移水道持续稳定地向北迁移叠加。这一时期是深水反向迁移水道沉积体系活跃迁移期。在这一时期，鲁伍马盆地渐新世深水反向迁移水道沉积体系典型地震地貌特征如图 4.3.7 所示，靠近迁移水道北东一翼的单侧朵叶大面积发育，朵叶面积明显大于 SQ1 和 SQ2 沉积期形成发育的单侧朵叶（图 4.3.6～图 4.3.8）。

这一时期，先期形成发育的水道消亡，在先期水道靠南一侧发育新一期深水水道（图 4.3.7）。与典型的迁移水道的剖面特征类似，这些水道也具有南陡（靠近迁移一侧）北缓的不对称剖面特征（图 4.3.3，图 4.3.4）。这些水道具有两段式地貌特征，具体来说其上游一段相对顺直，呈近 NW 向展布的强均方根振幅条带；下游一段相对蛇曲，呈近 NE 向展布的强均方根振幅条带（图 4.3.7）。其顺直的上游靠近水道迁移一侧发育浊积朵叶，这些浊积朵叶在均方根振幅属性上呈舌状的中–强均方根振幅属性，局部可见不规则的低均方根振幅区（图 4.3.7）。

3. SQ3 层序深水反向迁移水道沉积体系发育废弃期

SQ3 层序位于渐新统二级层序的晚期，先期反向迁移北东一翼的浊积朵叶消失。这一时期是深水反向迁移水道沉积体系发育废弃期。在这一时期，鲁伍马盆地渐新世深水反向迁移水道沉积体系典型地震地貌特征如图 4.3.8 所示，浊积朵叶消失消亡，深水反向迁移水道沉积体系进入发育废弃阶段。

这一时期，鲁伍马盆地迁移海底扇以浊积水道为主，朵叶不发育（图 4.3.8）。相较于 SQ1 和 SQ2 沉积期发育的深水水道，SQ3 沉积期发育的深水水道呈近 ES 向展布的强均方根振幅条带，水道的弯曲度较前期水道增加，蛇曲特征更加明显（图 4.3.8）。在剖面上，SQ3 沉积期发育的水道进一步向南迁移，具有南陡北缓、不对称的剖面特征（图 4.3.4，图 4.3.5）。在平面上，SQ1 和 SQ2 沉积期发育的浊积朵叶消失；而在水道的南东一翼水道侧拐弯处发生决口，出现决口扇（图 4.3.8）。

整体上，鲁伍马盆地渐新世 SQ1～SQ3 沉积期，深水反向迁移水道–单侧朵叶沉积体系（海底扇）持续、稳定地向南迁移叠加；形成区域上与 4.2 节可以类比的深水单向迁移水道（图 4.3.6～图 4.3.8）。与南海北部陆缘单向迁移水道类似，鲁伍马盆地渐新世深水单向迁移水道也具有南陡北缓的不对称剖面特征；不同的是这两种水道的迁移方向与参与其沉积建造的底流（等深流）流向恰巧相反（图 4.3.6～图 4.3.8）。南海北部陆缘迁移水道的迁移与底流（等深流）流向一致，为顺向迁移水道；而东非陆缘鲁伍马盆地迁移水道的迁移方向与底流（等深流）流向相反，为反向迁移水道。

4.4 东非坦桑尼亚陆缘深水反向迁移水道的形态特征、发育演化和沉积构成

4.4.1 东非坦桑尼亚外海深水单向（反向）迁移水道的形态特征

与东非鲁伍马盆地临近的坦桑尼亚近海盆地亦发育持续、稳定地向北东一侧不断迁移叠加的深水单向迁移水道；而洋流观测结果表明参与这些水道沉积建造的等深流（东非沿岸流或南极底层水）主要向北东一侧流动（图 4.4.1～图 4.4.3）。可见，如图 4.4.2 和图 4.4.3 所示的迁移水道的迁移方向与底流（等深流）的流向

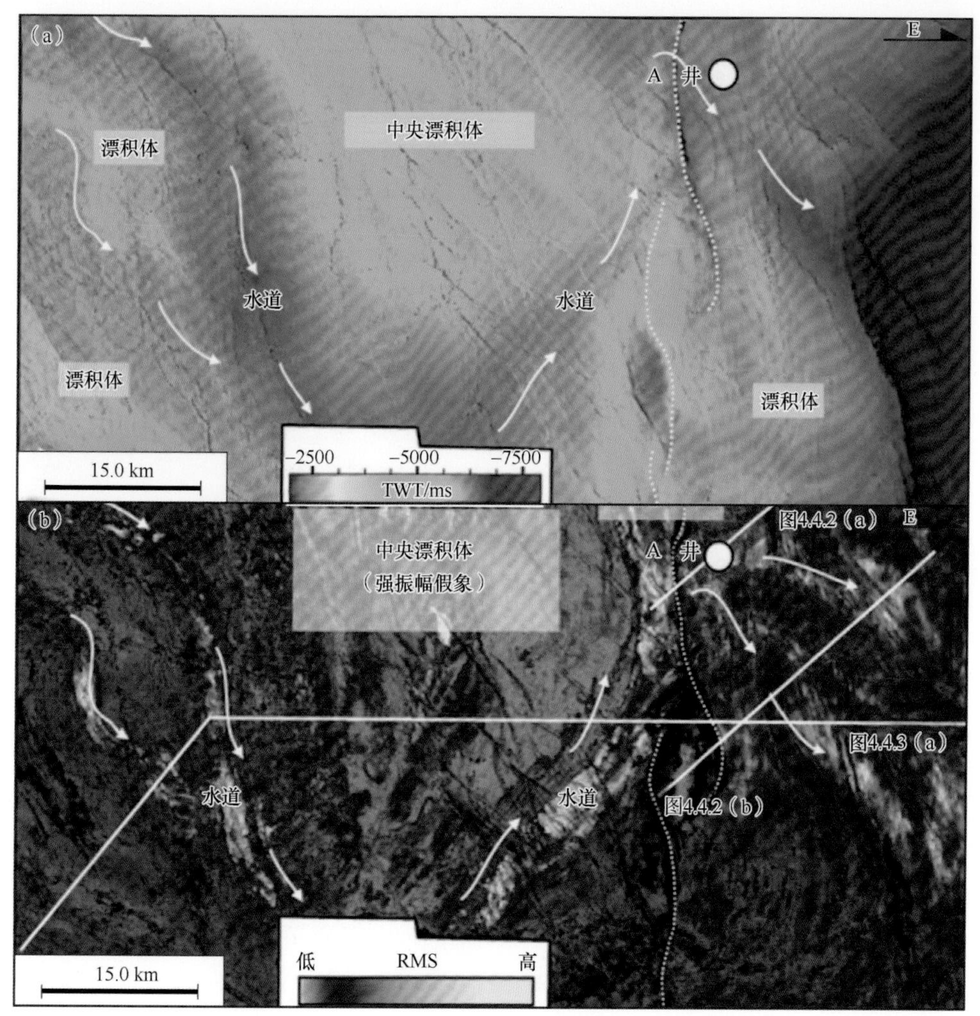

图 4.4.1　东非坦桑尼亚陆缘深水单向（反向）迁移水道在时间域构造图（a）上的地形地貌特征以及在均方根振幅属性图（b）上的地震地貌特征（Fuhrmann et al.，2020）

恰好相反，是一种典型的深水反向迁移水道。

东非坦桑尼亚陆缘形成发育深水单向（反向）迁移水道的平面形态特征如图 4.4.1 所示，平面宽度为几千米到十余千米不等，弯曲度约等于 1，整体上以“宽且顺直”为主要的平面形态特征。其剖面形态特征如图 4.4.2 和图 4.4.3 所示，靠近迁移（西南）一翼较为陡峻，而背离迁移（北东）一翼发育大规模的等深流漂积体，且相对较为平缓；整体上呈现不对称性的剖面特征。

整体上，与其他深水单向（反向）迁移水道（如 4.3 节所讨论的如图 4.3.3～图 4.3.5 所示的东非鲁伍马盆地形成发育的深水反向迁移水道）类似，深水单向（反向）迁移水道以“剖面上不对称（靠近迁移一侧较陡，而背离迁移一侧发育大规模等深流漂积体、地形相对较缓）、平面上宽且顺直”为主要形态特征。

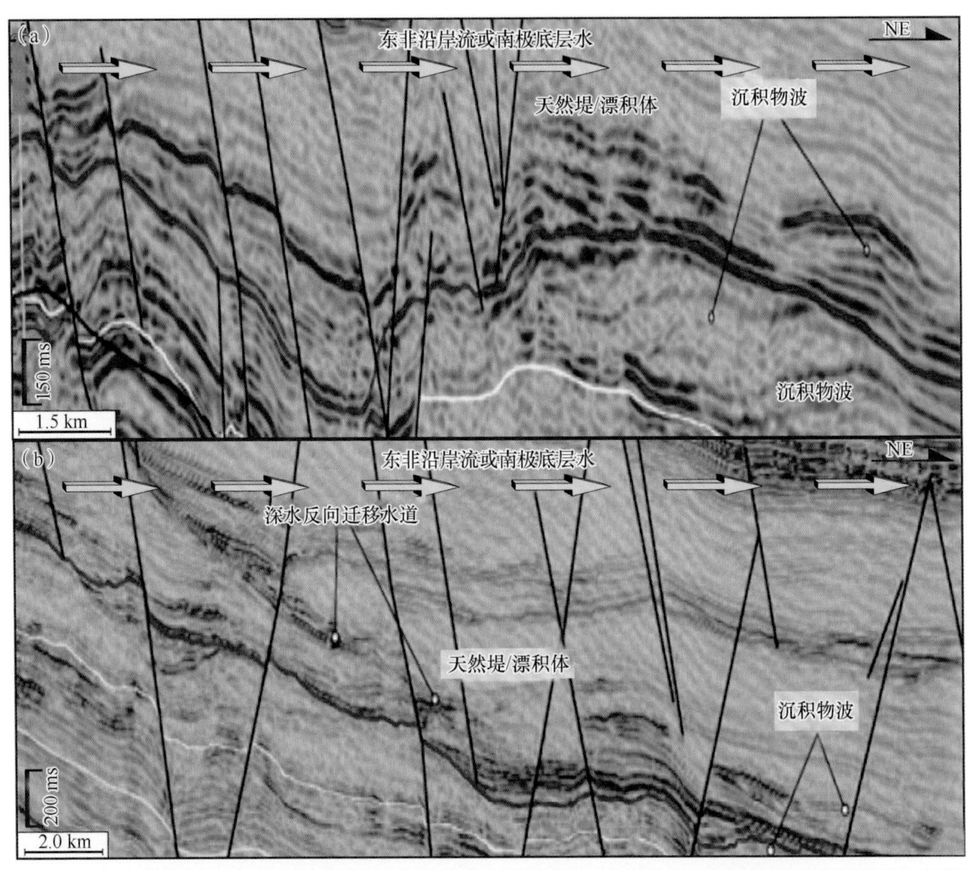

图 4.4.2　垂直物源方向的地震剖面示意了本章所研究的深水反向迁移水道-等深流漂积体沉积体系的剖面形态的沉积构造特征（Fuhrmann et al.，2020）

4.4.2　东非坦桑尼亚外海反向迁移水道-单侧天然堤沉积体系的沉积构成

1. 反向迁移水道-单侧等深流漂积体沉积体系地震相特征

坦桑尼亚上白垩统发育大规模的深水水道-等深流漂积体沉积体系（图 4.4.1，图 4.4.2）。整体上，等深流漂积体以“弱振幅，平行-波状反射”为主（图 4.4.2）。其中，较为明显、面积最大的等深流漂积体位于研究区的中央地带（中央漂积体）；而工区东西两侧发育一些规模较小的等深流漂积体（宽约 12km，长约 30km，近乎 NW-SE 向展布）（图 4.4.1）。其中，面积较大的等深流漂积体和面积较小的等深流漂积体被一系列深水水道分割（图 4.4.1）。

在地震相特征上，这些深水水道表现为明显的强均方根振幅条带［图 4.4.1（a）］。等深流漂积体和深水水道组成反向迁移水道-等深流漂积体沉积体系中的等深流漂积体仅仅发育在水道复合体的东北一侧，并向西南一侧迁移、叠加。不断

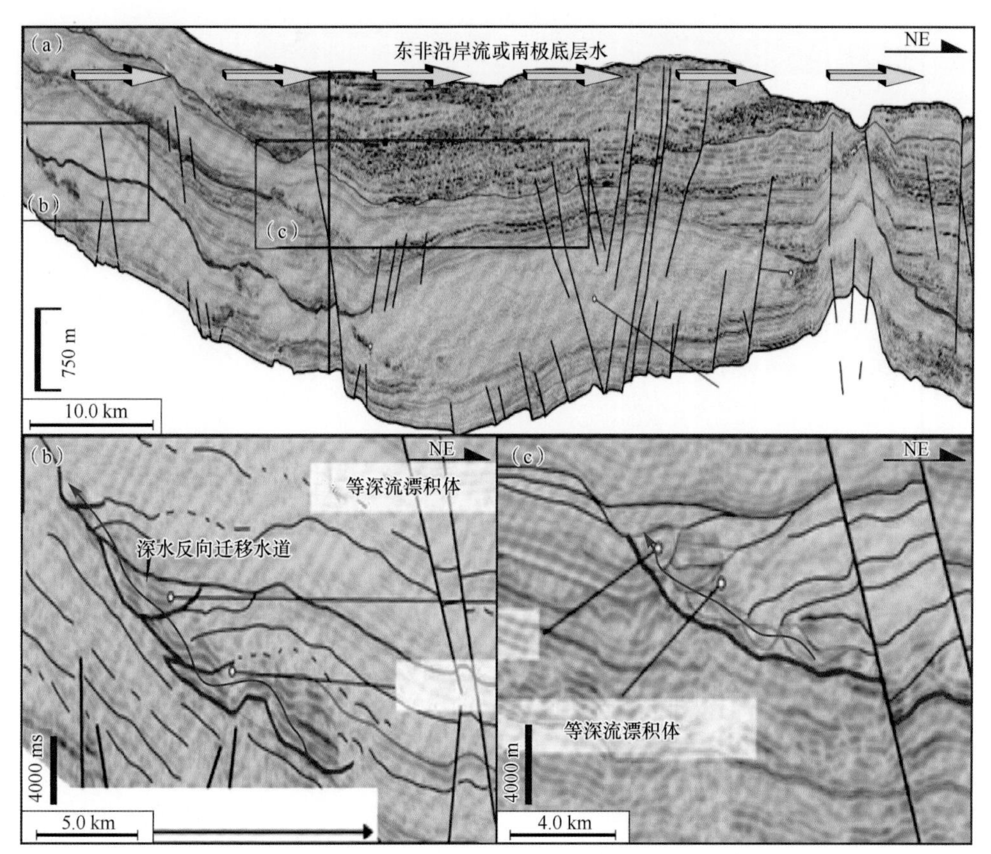

图 4.4.3　垂直物源方向的地震剖面示意的南极底层水和浊流相互作用形成的两个深水反向迁移水道的沉积构成和迁移特征（Fuhrmann et al.，2020）

向西南一侧迁移、叠加的反向迁移水道−等深流漂积体沉积体系分布在莫桑比克外海早白垩世至今的地层中（图 4.4.2，图 4.4.3）。

整体上，坦桑尼亚外海形成发育的反向迁移水道−单侧等深流漂积体沉积体系主要发育两大沉积单元：不断向西南一侧迁移叠加的单向（反向）迁移水道和发育在水道北东一翼的等深流漂积体。

2. 深水单向（反向）迁移水道岩心相特征

如图 4.4.1 和图 4.4.4 所示的 A 井钻遇强振幅水道充填沉积，这些强振幅水道充填沉积与以弱振幅反射为主的泥质漂积体相伴生。在伽马测井曲线响应特征上，钟形低伽马向上逐渐演变为箱形高伽马段。这一测井相特征常常被认为是正韵律粗粒砂岩向上逐渐转变为富泥沉积。

在 A 井所取得的岩心上，所识别的岩心相如下。

（1）浊积岩（Fa1～Fa4 岩心相）：除了经典的浊流沉积之外，还可见少量的碎屑流沉积和混合事件层（图 4.4.4）。

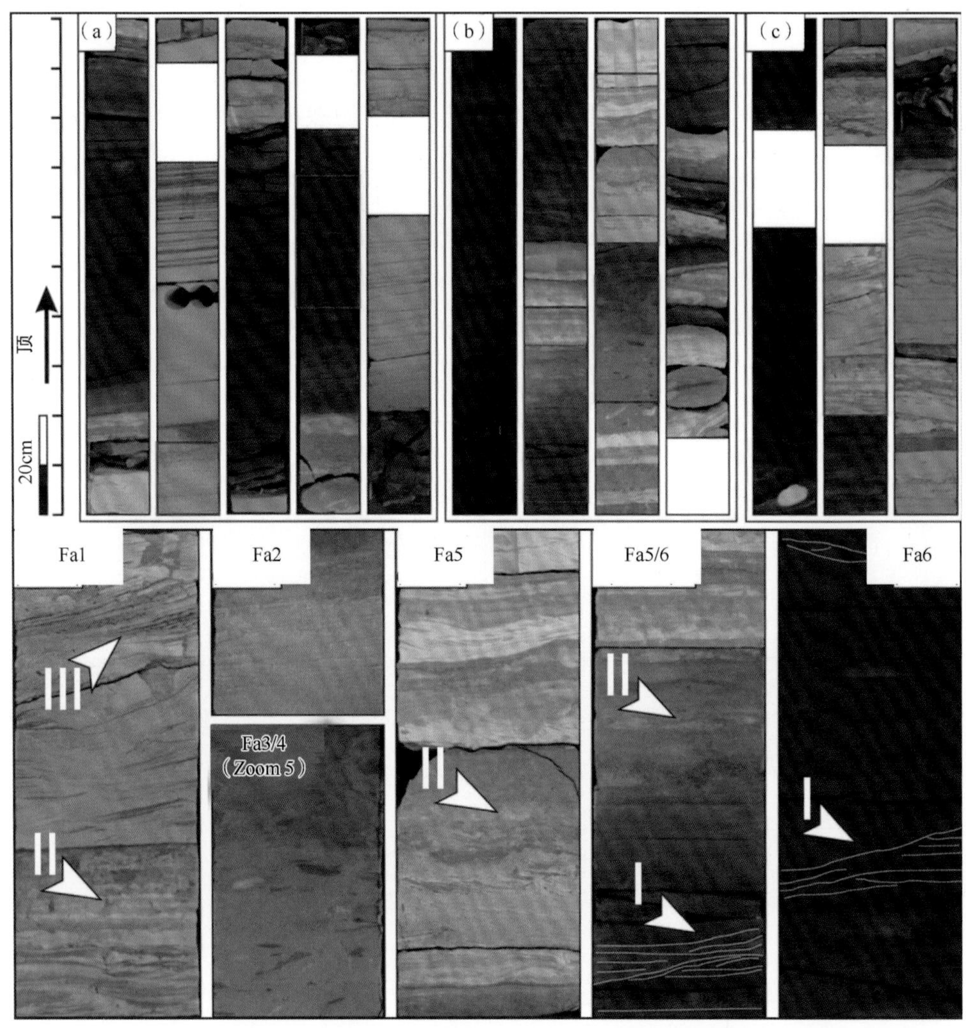

图 4.4.4　坦桑尼亚陆缘形成发育的深水反向迁移水道内典型岩心相特征

(Fuhrmann et al.，2020)

(a) 浊积岩（Fa1～Fa4 岩心相）；(b) 受底流改造的低密度浊积岩（Fa5 岩心相）；(c) 底流沉积（Fa6 相）

（2）受底流改造的低密度浊积岩（Fa5 岩心相）：底部以泥质粉砂岩夹 5～10cm、可见侵蚀底界面的砂岩为主，向上渐变为杂色、可见波纹层理的粉砂岩（图 4.4.4）。Fa5 岩心相的沉积特征与前人描述的受底流改造的低密度浊积岩沉积特征极为相似（Shanmugam et al.，1993a，1993b；Martín-Chivelet et al.，2008），故而将其解释为受底流改造的低密度浊积岩。

Fa5 岩心相与本书第 2 章在台湾峡谷 TS01 大型重力活塞样中所识别的底流改造砂具有一定的可类比性（图 2.2.9），二者兼具重力流（浊流）和底流（等深流）的沉积特征，为底流（等深流）对重力流（浊流）搬运携带的沉积物分选、淘洗和改造后的产物。

（3）底流沉积（Fa6 相）：主要为泥质粉砂岩，单层厚 0.5～2m，发育平行层理，局部可见交错层理和波痕，是底流作用典型的沉积响应类型（图 4.4.4）。Fa6 岩心相具有“分选较好、粒度变化不大”的特征，这表明参与其沉积建造的底流作用相对较为微弱，但持续时间较长。Fa6 岩心相局部发育交错层理表明底流作用强度在某些时刻有增加的趋势（图 4.4.4）。值得注意的是，Fa6 岩心相局部发育粒序层和反韵律，粒度变化不大。这些特征均与前人描述的等深流相模式有所不同（Stow and Faugères，2008）。

Fa6 岩心相与本书第 2 章在南海东北陆缘下陆坡区 TS03 大型重力流活塞样中识别的等深流沉积（等积岩）具有区域可类比性（图 2.2.12），均为底流（等深流）所形成的典型沉积响应类型。

整体上，坦桑尼亚盆地形成发育的深水单向（反向）迁移水道主要形成发育三种岩心相（图 4.4.4）：①由浊流沉积、少量碎屑流沉积和混合事件层构成的浊积岩相（Fa1～Fa4 岩心相）；②底流改造的低密度浊积岩（Fa5 岩心相）；③底流沉积相（Fa6 相）。

4.5　深水顺向和反向迁移水道的沉积模式及其主控因素

4.5.1　两种深水单向迁移水道发育存在的异同

1. 两种深水单向（顺向和反向）迁移水道发育存在的普遍性

4.2 节讨论了南海北部陆缘晚中新世以来形成发育的深水顺向迁移水道[图 4.5.1（a）红圈采样点 2]；而 4.3 节和 4.4 节论述了东非陆缘鲁伍马盆地和坦桑尼亚外海发育存在的深水反向迁移水道[图 4.5.1（a）蓝圈采样点 1 和 2]。

在作者所建立的全球深水迁移水道数据库中，全球 12 个深水盆地均发育与南海顺向迁移水道类似的深水单向（顺向）迁移水道[图 4.5.1（a）中的红色迁移水道数据点]；而全球 11 个深水陆缘形成发育了与东非陆缘反向迁移水道类似的深水单向（反向）迁移水道[图 4.5.1（a）中的绿色迁移水道数据点]。这些深水单向迁移水道具有不同的地域和气候分布特征，其中约 70% 的样本点来自北半球，而仅约 30% 的样本点来自南半球[图 4.5.1（b）]；它们绝大多数（约占 87%）发育在冰室气候期，而仅约 13% 发育在温室气候期[图 4.5.1（c）]。

深水单向（顺向）迁移水道的典型实例如图 4.5.2～图 4.5.4 所示，它们分别来自我国南海北部陆缘神狐陆坡区（图 4.5.2）、南大西洋西侧的乌拉圭陆缘（图 4.5.3）和巴西外海（图 4.5.4）。研究表明南海暖流（South China sea warm current）和北大西洋深层水分别参与了南海北部陆缘以及南大西洋西侧形成发育

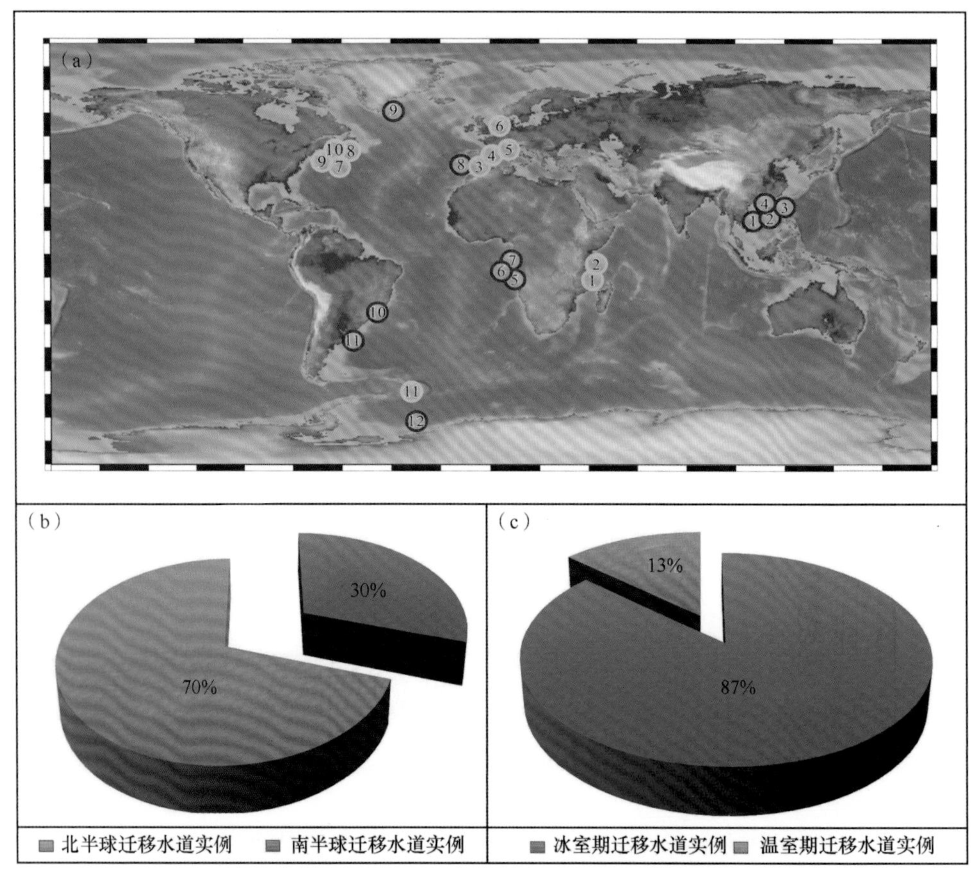

图 4.5.1　全球深水迁移水道数据库（a）以及全球深水迁移水道随纬度（南北半球）和气候（冰室气候期和温室气候期）分布饼状图（b）和（c）

的深水单向迁移水道的沉积建造过程，且这些底流（等深流）的流动方向与水道的迁移方向相同（图 4.5.2～图 4.5.4）。

深水单向（反向）迁移水道的经典实例如图 4.5.5～图 4.5.7 所示，它们分别来自东非陆缘的鲁伍马盆地（图 4.5.5）、加拿大外海新斯科舍（Nova Scotia）陆缘（图 4.5.6）和地中海海域（图 4.5.7）。研究表明源自南极底层水、丹麦海峡溢流/冰岛-苏格兰溢流（Denmark strait overflow water or Iceland-Scotland overflow water）和地中海中层水（Levantine Intermediate water）的底流（等深流）分别参与了鲁伍马盆地（图 4.5.5）、加拿大外海新斯科舍陆缘（图 4.5.6）和地中海海域（图 4.5.7）的深水单向迁移水道的沉积建造过程，且底流的流向与水道的迁移方向恰好相反。

2. 两种深水单向（顺向和反向）迁移的相同之处

在剖面形态上，不论是如图 4.5.2～图 4.5.4 所示的深水顺向迁移水道，还是如图 4.5.5～图 4.5.7 所示的深水反向迁移水道，这两类深水水道靠近迁移一侧水道侧壁更加陡峻，而背离迁移一侧水道侧壁相对平缓，可见“一侧陡一侧缓的不

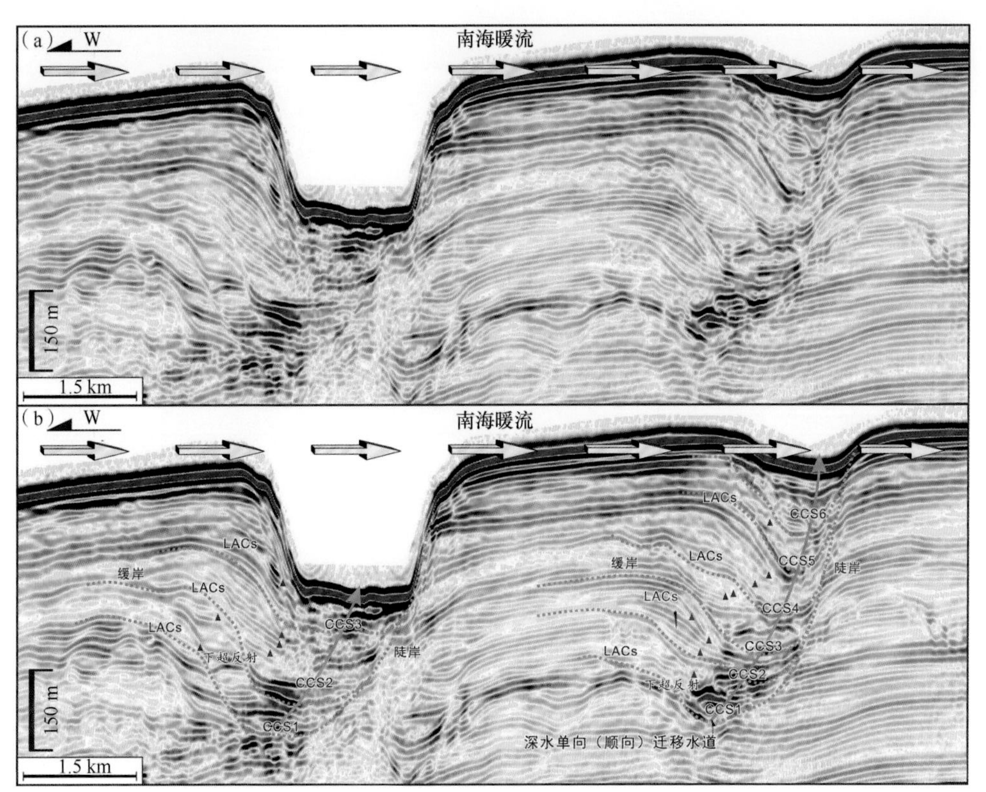

图 4.5.2　单道高分辨地震剖面刻画了南海北部陆缘深水单向（顺向）迁移水道（对应图 4.5.1 中的红圈 2 所示样本点）的剖面形态与沉积构成

LACs-侧向加积体

对称水道剖面形态”（图 4.5.2～图 4.5.7）。

在沉积构成上，深水单向迁移水道均由多期水道复合体组成，如鲁伍马盆地内的单向迁移水道由 6 期水道复合体组成（图 4.5.5 中的 CCS1～CCS6），而南海北部陆缘的深水单向迁移水道亦由多期水道复合体构成（图 4.5.2 中的 CCS1～CCS6）。在剖面上，这些水道复合体不断向一侧持续、稳定地单向迁移叠加，发育单向迁移水道轨迹（图 4.5.2～图 4.5.7）。

3. 两种深水单向（顺向和反向）迁移的不同之处

在剖面形态上，这两类迁移水道虽然都具有不对称的剖面形态（图 4.5.2～图 4.5.7），但如图 4.5.2～图 4.5.4 所示的深水顺向迁移水道的缓岸发育在背离等深流流向一侧（等深流上游），而如图 4.5.5～图 4.5.7 所示的反向迁移深水水道的缓岸发育在靠近等深流流向一侧（等深流下游）。

在沉积构成上，反向迁移深水水道在靠近等深流流向一侧发育堤岸沉积（如等深流漂积体等），这些堤岸沉积不断地向远离水道最深谷底线的方向下游一侧超覆（下超点如图 4.5.5 中的红色三角形所示）；而顺向迁移深水水道在背离等深流

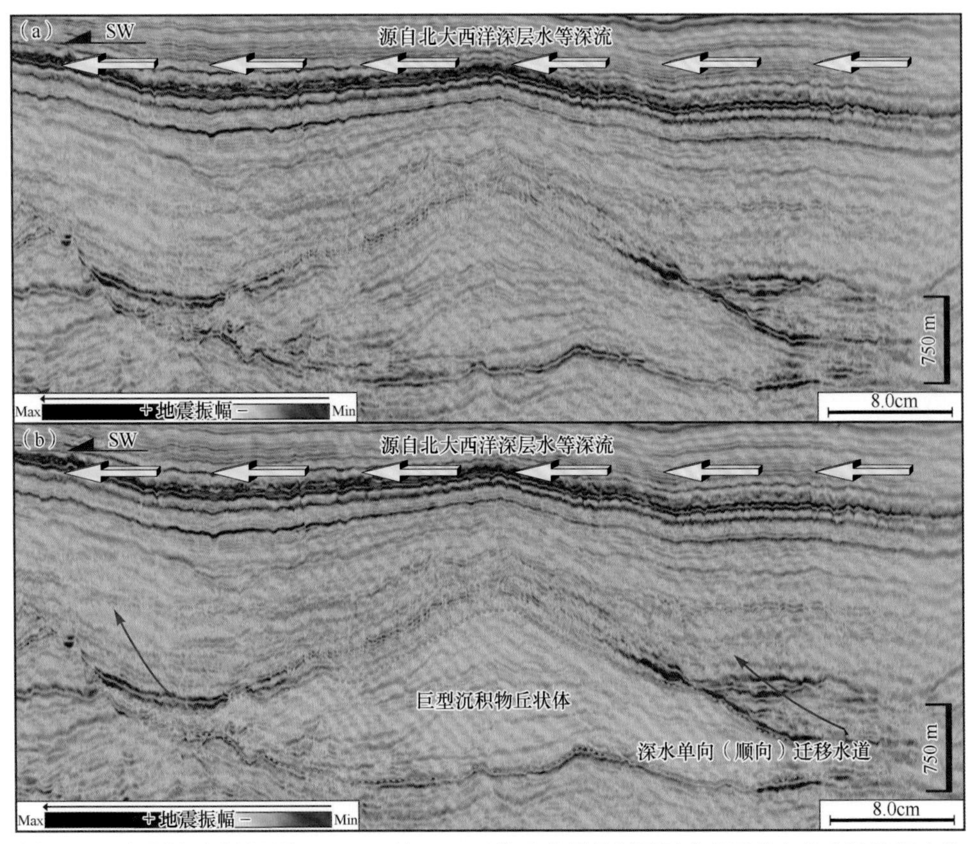

图 4.5.3　地震剖面［剖面据 Badalini 等（2016）］及其解释刻画了晚白垩世乌拉圭陆缘深水单向（顺向）迁移水道（对应图 4.5.1 中的红圈 11 所示样本点）的剖面形态与沉积构成

流向一侧发育侧积体，这些侧积体不断地向水道最深谷底线方向下游一侧超覆（下超点如图 4.5.2 中的红色三角形所示）。

在沉积动力上，深水反向迁移水道缓岸发育天然堤（图 4.5.5～图 4.5.7），表明这类水道内浊流和等深流交互作用的流体厚度大于水道深度，在水道的形成过程中发生了流体的剥离、溢岸作用。与此不同的是，深水顺向迁移水道不发育堤岸，水道内所有的沉积单元均限定在水道内（图 4.5.2～图 4.5.4），表明这类水道内浊流与等深流交互作用的流体厚度小于水道深度，在水道的形成过程中未发生流体的剥离、溢出过程。

顺向迁移水道理论模式建立在中国南海斜坡单向迁移水道的基础之上（Gong et al.，2013，2016，2018）。南海的深水单向迁移水道发育在水深为 400～1500m 的深水陆坡区，北太平洋中层水形成的等深流（有效水深 500～1500m）的方向持续向东北迁移（Gong et al.，2013；Zhao et al.，2015），具有坚实的等深流观察数据支撑。值得注意的是国际著名等深流研究组（英国伦敦大学皇家霍洛威学院 Francisco J. Hernández-Molina 教授课题组）最新研究成果表明，在阿根廷陆缘侏

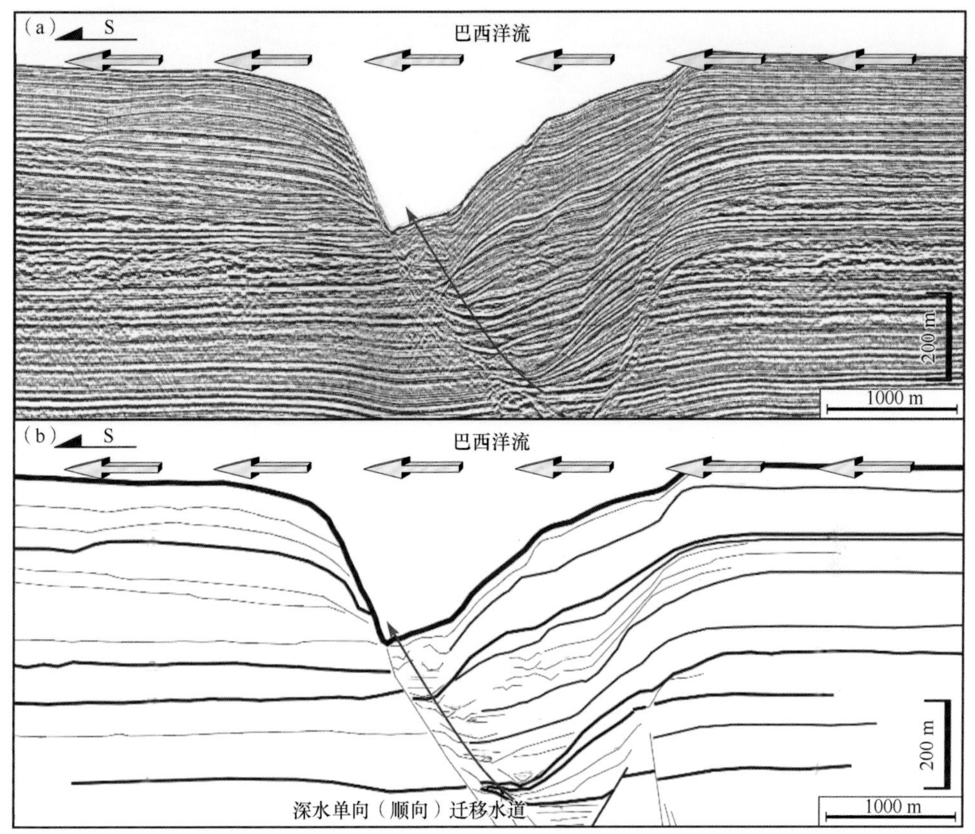

图 4.5.4　地震剖面及其解释描绘了巴西外海深水单向（顺向）迁移水道（对应图 4.5.1 中的红圈 10 所示样本点）的剖面形态与沉积构成

罗系科罗拉多组（100～66Ma）形成发育一大型（面积超过 280000km^2）深水顺向迁移水道-漂积体混合沉积体系。研究认为这些迁移水道的迁移方向与参与其沉积建造的现代等深流流向一致，亦与依据等深流漂积体剖面不对称性推测的等深流流向一致（Rodrigues et al.，2021）。

由此可见，深水顺向和反向迁移水道的上述巨大差异表明：Miramontes 等（2020）基于图 4.5.5 所示反向迁移深水水道的实验模型（即“不对称溢出”理论模型）不能用来解释顺向迁移深水水道的成因。有关这两种单向（顺向和反向）迁移水道的沉积动力学机制将在本书第 6 章做详尽介绍。

4.5.2　两种深水单向（顺向和反向）迁移发育演化的主控因素

1. 底流（等深流）对深水顺向迁移水道发育演化的控制

前已述及底流（等深流）及其与重力流（浊流）的交互作用是深水水道单向

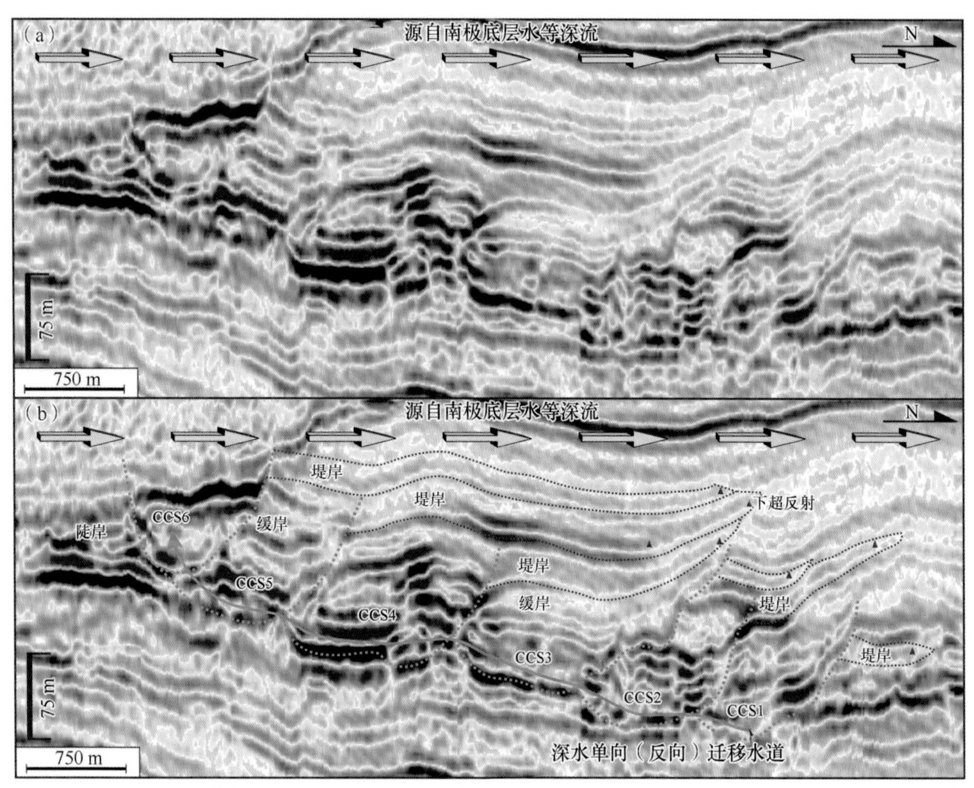

图 4.5.5　地震剖面及其解释描绘了鲁伍马盆地渐新世深水单向（反向）迁移水道（对应图 4.5.1 中的蓝圈 1 所示样本点）的剖面形态与沉积构成

迁移的“根源”，但相关认识亟待洋流观测数据的证实。现代洋流实测数据证实的深水顺向迁移水道的经典案例来自晚白垩世乌拉圭陆缘，该陆缘上形成发育的深水水道如图 4.5.3 所示。晚白垩世乌拉圭陆缘深水水道持续稳定地向南西一侧迁移叠加，而洋流原位观测结果表明沿“北东→南西”流动的源自北大西洋深层水的等深流（底流）可能参与了它们的沉积建造过程（图 4.5.3）（Creaser et al.，2017）。

英国 BG 石油公司在乌拉圭陆缘的陆架区（洋流观测点 *A*）、中陆坡区（洋流观测点 *B*）和下陆坡区（洋流观测点 *C*）共计设置了三个深海洋流观测点。自 2014年 1 月 11 日至 2014 年 1 月 31 日进行了累计 21 天的洋流观测结果显示，在乌拉圭陆缘中下陆坡区发育活跃的沿着“北东→南西”流动的大洋底流（推测为北大西洋深层水）（Badalini et al.，2016）。这些大洋底流的流速为 0～35cm/s，足以搬运淘洗粉砂-黏土级沉积颗粒（Badalini et al.，2016）。在北大西洋深层水所伴生的等深流及其与重力流（浊流）交互作用下，水道不断向等深流流向一侧迁移叠加，如图 4.5.3 所示的顺向迁移水道。

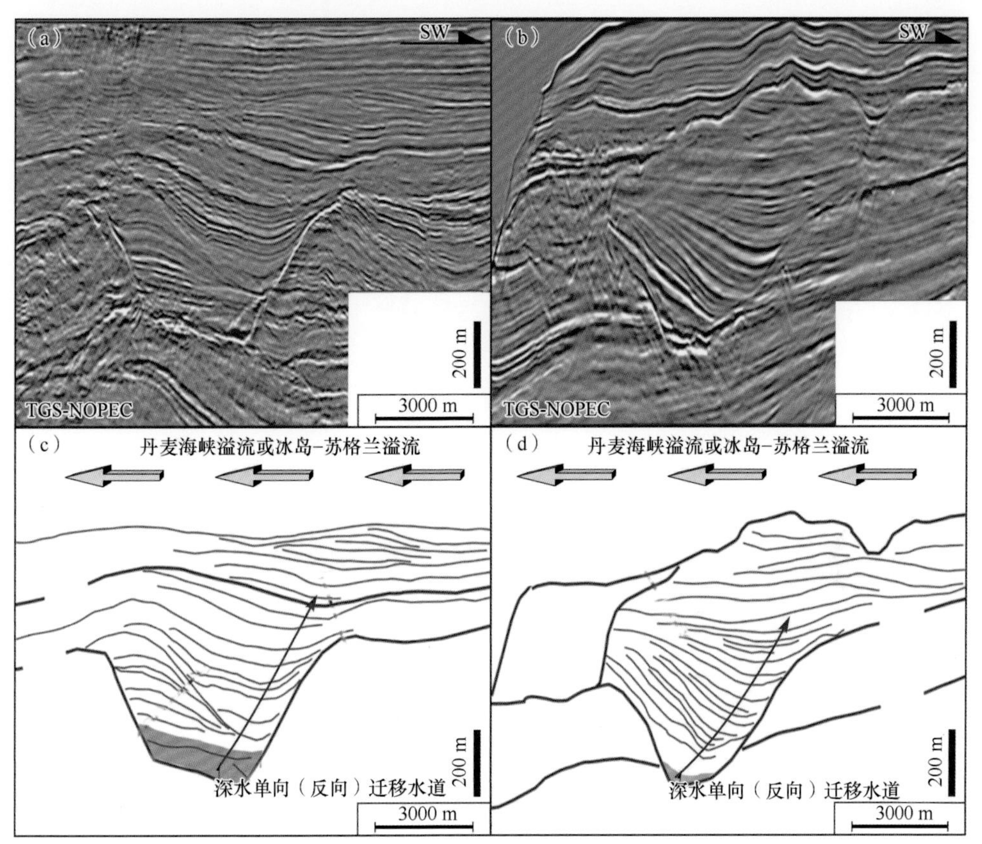

图 4.5.6　地震剖面及其解释刻画了加拿大外海新斯科舍陆缘中中新世深水单向（反向）迁移水道（对应图 4.5.1 中的绿圈 7 所示样本点）的剖面形态与沉积构成

2. 底流（等深流）对深水反向迁移水道发育演化的控制

莫桑比克近海的声学多普勒流速剖面仪测量结果显示，向北东方向流动的底流是研究区最主要的深海洋流作用类型［图 4.5.8（a）］。海底观测结果显示研究区的底流平均流速为 0.2～0.4m/s，最大流速达 1.4m/s［图 4.5.8（b）］；整体上以向北东方向流动为主［图 4.5.8（c）］。这些洋流可能与东非沿岸流（洋流观测点 *B* 和 *D*）或更深的南极底层水有关（Schouten et al.，2003；van Aken et al.，2004；Thiéblemont et al.，2019）。底流流速强度的年际变化可能与莫桑比克海峡沿岸涡流的季节性变化有关（de Ruijter et al.，2002；Nauw et al.，2008；Miramontes et al.，2019；Thiéblemont et al.，2019；Thran et al.，2018）。在利用 60cm 面元遥控深潜器获得的高精度海底地形地貌图上，研究区内发育四个彗星状底流作用形成的“侵蚀坑”以及多条与底流流向近乎平行的“冲沟”（图 4.5.9）。基于 Stow 等（2009）提出的“流速–底形矩阵”，形成这些“侵蚀坑”和“冲沟”所需要的底流流速为 0.2～1.0m/s。

综上所述，依据洋流原位观测（图 4.5.8 中的洋流观测点 *B*、*C* 和 *D* 多普勒

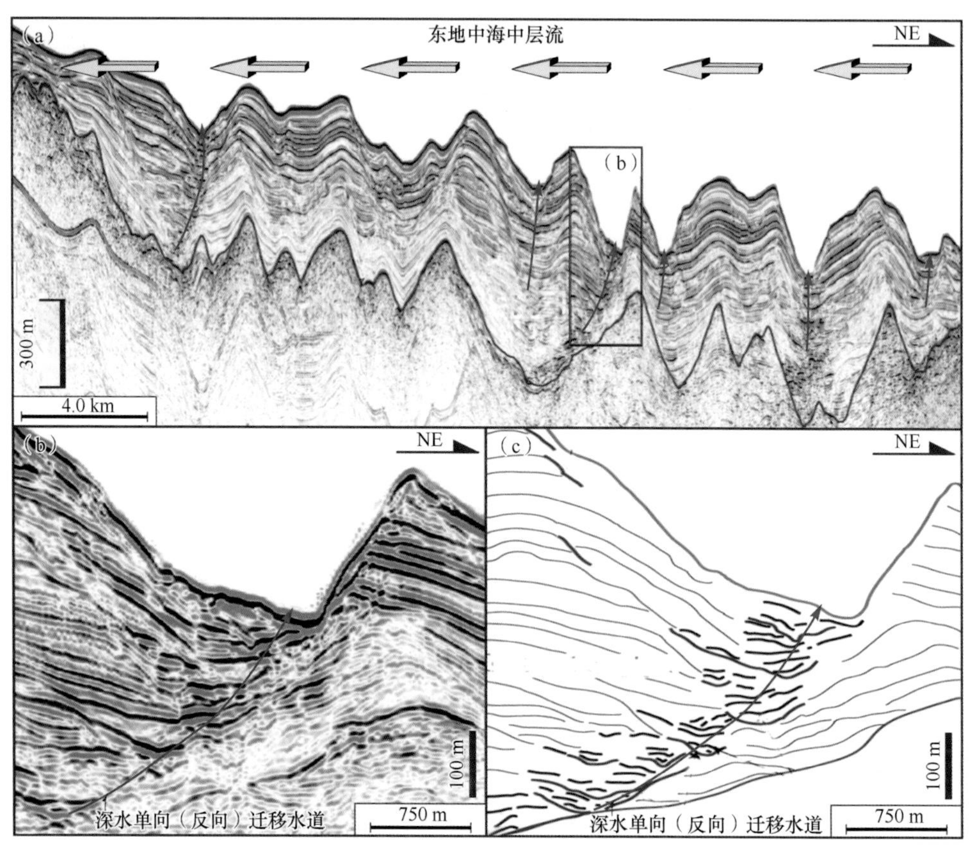

图 4.5.7　地震剖面及其解释示例了地中海上新世至今深水单向（反向）迁移水道（对应图 4.5.1 中的蓝圈 5 所示样本点）的剖面形态与沉积构成

流速剖面）所获取的沿“南西→北东”流动的南极底层水所伴生的底流（等深流）的结果与基于流速-底形矩阵所推测的底流流速结果一致（图 4.5.8，图 4.5.9）。南极底层水所伴生的底流（等深流）的平均流速为 0.4m/s，这一流速的流体能够将浊流沉积所携带来的粉砂和砂质沉积物进行淘洗改造，形成底流相关沉积（譬如，如图 4.4.4 中所示的底流改造的低密度浊积砂/底流改造砂，即岩心相 Fa5）（Stow et al.，2009）。

另一底流（等深流）参与深水反向迁移水道沉积建造过程的经典实例来自鲁伍马盆地渐新世反向迁移水道-单侧朵叶沉积体系，发育在干冷的冰室气候期的反向迁移水道-单侧朵叶沉积体系有孔虫和钙质超肥化石的数量显著减少，且相对富砂；而温暖气候条件下（晚渐新世），有孔虫和钙质超肥化石的数量显著增加，且相对富泥（图 4.5.10）。

前人研究表明在晚始新世，南极洲与澳大利亚之间的塔斯马尼亚海峡形成，随后南极洲与南美洲之间的德雷克海峡打开，从而形成南极环流。这些南极环流伴生的底流（等深流）可能参与了鲁伍马盆地渐新世反向迁移水道-单侧朵叶沉积

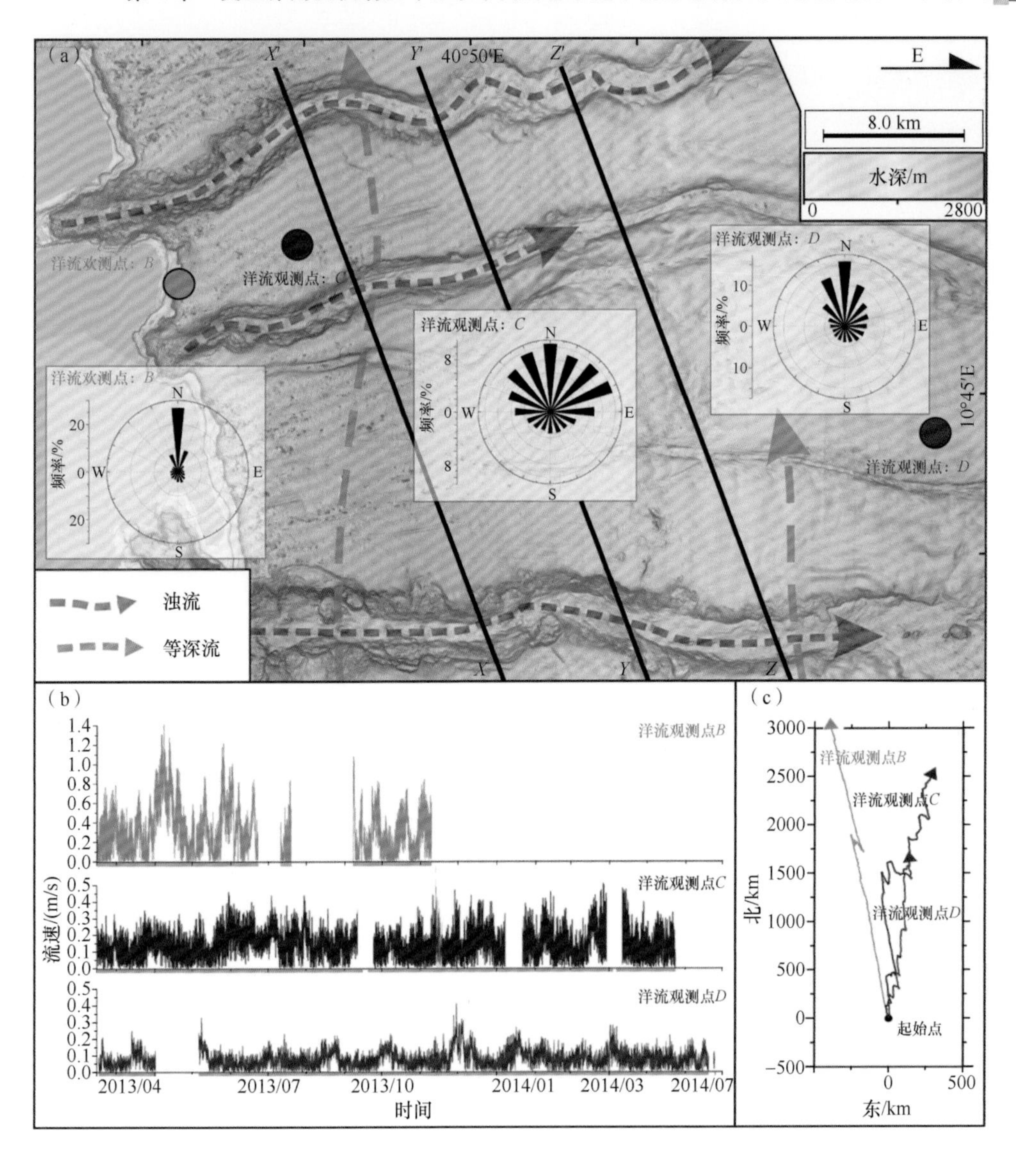

图 4.5.8　莫桑比克外海现今海底地形图（a）、多普勒流速剖面仪获取的剖面流速（b）以及多普勒流速剖面仪获取的底流流动方向（c）（Fuhrmann et al.，2020）

体系的沉积建造过程（图 4.5.10）（孙辉等，2017；陈宇航等，2017a，2017b）。南极环流伴生的底流（等深流）参与了鲁伍马盆地渐新世深水反向迁移水道的沉积建造过程的证据主要有如下两点。

首先，单向迁移的深水水道如图 4.3.3～图 4.3.5 所示，鲁伍马盆地渐新世深水水道总是持续、稳定地向西南一侧不断迁移、叠加。这表明持续、稳定、单向向南流动的南极环流所伴生的底流可能是水道单向迁移的“幕后推手”（图 4.3.3～图 4.3.5）。

其次，不对称的水道剖面形态如图 4.3.3～图 4.3.5 所示，鲁伍马盆地渐新世

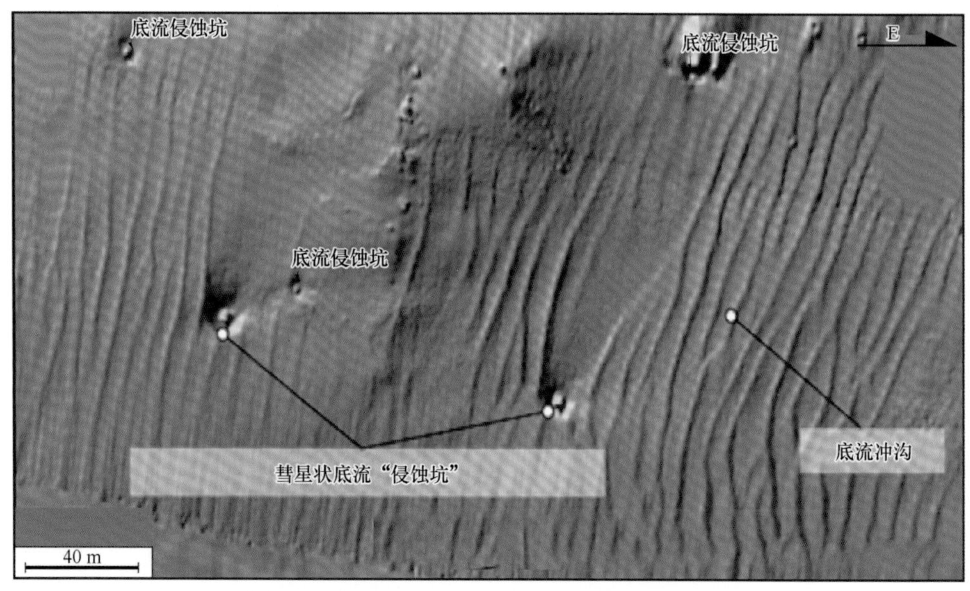

图 4.5.9　海底高精度地形图刻画了两种底流相关底形的地形地貌特征
（Fuhrmann et al.，2020）

深水水道南翼更加陡峻、北翼更加平缓，深水水道呈“南陡北缓”的不对称状。“南陡北缓”的剖面形态可能也是向南流动的南极环流所伴生的不同的剥蚀–堆积过程响应的沉积档案（图 4.3.3～图 4.3.5）。

4.5.3　两种深水单向（顺向和反向）迁移发育演化的沉积模式

1. 深水顺向迁移水道沉积序列

依据底流方向和水道迁移方向的相对关系，存在两种典型的迁移模式（即“顺向迁移模式”和“反向迁移模式”）（图 4.5.11）。无论是深水顺向迁移水道［图 4.5.11（a）］还是深水（反向）迁移水道［图 4.5.11（b）］，一个完整的深水单向迁移水道由多期水道复合体相互叠置而成，每一期水道复合体都以区域性侵蚀面为界。例如，如图 4.5.2 所示的顺向迁移水道由 3 期和 6 期水道复合体组成（图 4.5.2 中的 CCS1～CCS3 以及 CCS1～CCS6）；而如图 4.5.5 所示的反向迁移水道由 6 期水道复合体组成（图 4.5.5 中的 CCS1～CCS6）。

在深水顺向迁移水道的每一期水道复合体底部往往发育浊积砂/底流改造砂，向上演化为泥质的滑塌碎屑流沉积，最终被深海披覆泥覆盖，形成一个由“浊积砂/底流改造砂→滑塌碎屑流沉积→深海披覆泥”组成的向上变细的沉积序列［图 4.5.11（a）］。这一顺向迁移水道沉积序列主要基于如图 4.2.7 所示的南海陆缘深水顺向迁移水道地震相分析（详见 4.2 节）。

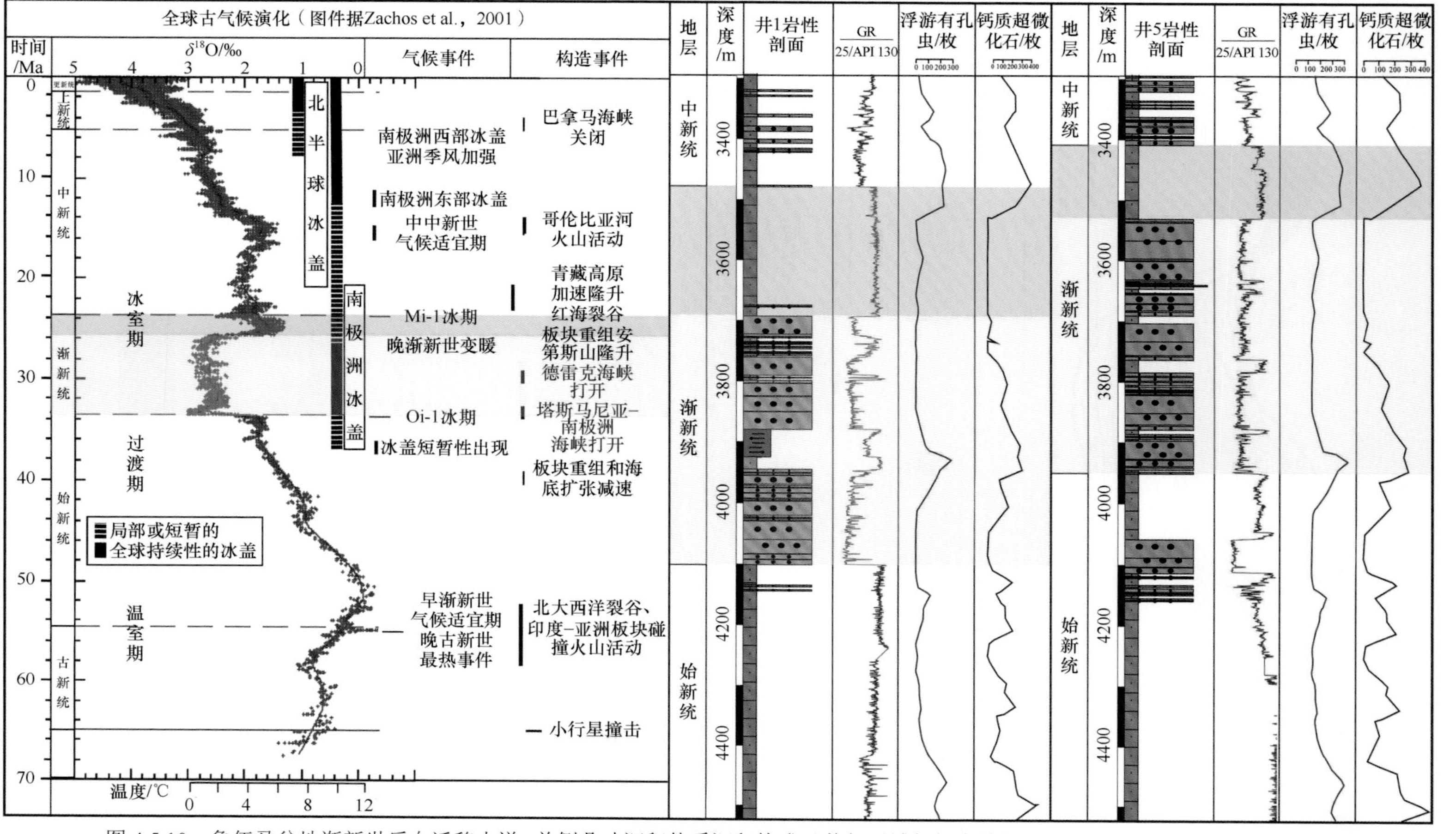

图 4.5.10　鲁伍马盆地渐新世反向迁移水道–单侧朵叶沉积体系沉积构成及其与区域气候事件的成因关联系（陈宇航等，2017b）

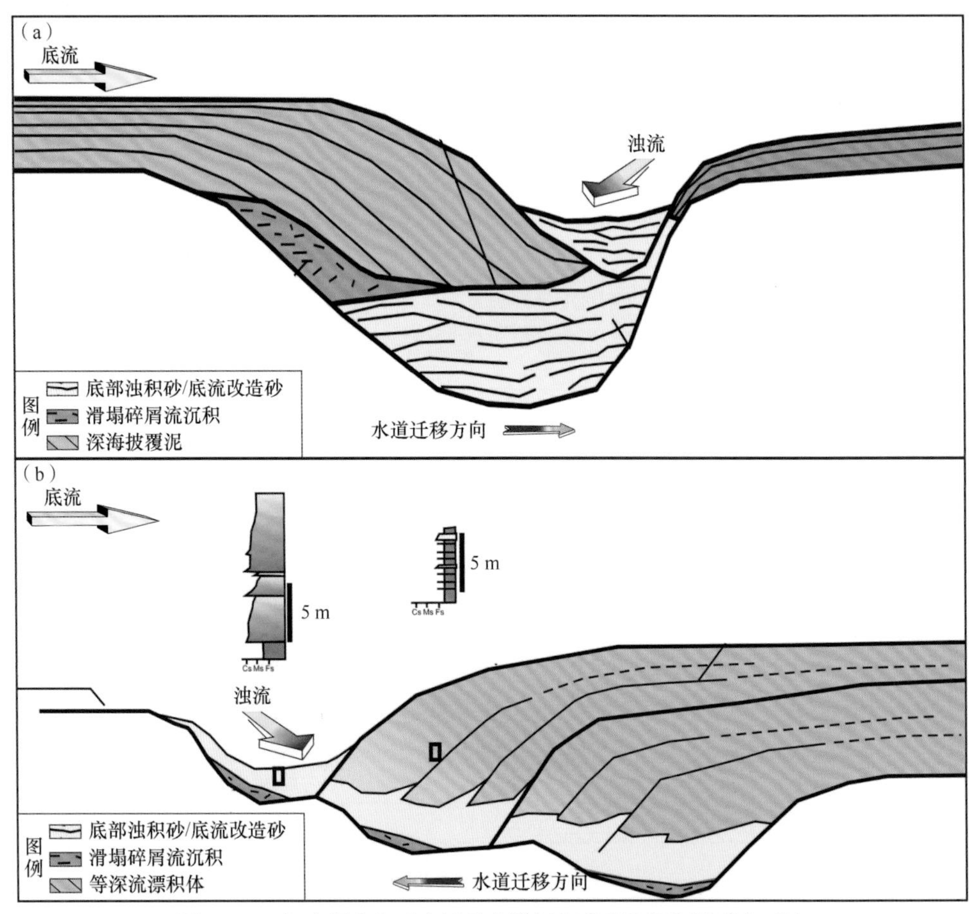

图 4.5.11 深水顺向与反向迁移水道沉积序列和沉积模式之对比
［图（b）修改自 Fonnesu 等（2020）］

2. 深水反向迁移水道沉积序列

在深水反向迁移水道的每一期水道复合体的底部往往发育水道充填浊积砂/底流改造砂，向上演化为水道朵叶复合体和滑塌碎屑流沉积，最终被富泥等深流漂积体和深海披覆泥覆盖，形成一个由“水道充填浊积砂/底流改造砂→水道朵叶复合体+滑塌碎屑流沉积→等深流漂积体+深海披覆泥”组成的向上变细的沉积序列。这一反向迁移水道沉积序列主要基于如图 4.3.5 所示的东非陆缘鲁伍马盆地深水反向迁移水道地震相分析（详见 4.3 节）。

4.6 小　结

本章对“深水单向（顺向和反向）迁移水道的形态特征、沉积构成与沉积模式”进行了分析和讨论，总结如下。

（1）在剖面形态上，无论是深水顺向迁移水道还是深水反向迁移水道，它们由一系列水道复合体叠置而成。这些水道复合体在平面上短而顺直；在剖面上靠近水道迁移一翼的水道侧壁更加陡峻，呈明显的剖面不对称性。

（2）在沉积构成上，主要发育存在两种深水单向迁移水道，包括两翼不发育堤岸为特征的深水顺向迁移水道（以南海北部顺向迁移水道为例）以及以靠近等深流流向一翼发育等深流漂积体或浊积朵叶为特征的深水反向迁移水道（以东非鲁伍马盆地和坦桑尼亚近海盆地顺向迁移水道为例）。

（3）在沉积序列上，顺向迁移水道的每一期水道复合体内部充填一个由“浊积砂/底流改造砂→滑塌碎屑流沉积→深海披覆泥”组成的向上变细的沉积序列（以南海北部深水顺向迁移水道为例）；反向迁移水道的每一期水道复合体内部充填一个由“水道充填浊积砂/底流改造砂→水道朵叶复合体+滑塌碎屑流沉积→等深流漂积体+深海披覆泥”组成的向上变细的沉积序列（以东非陆缘深水反向迁移水道为例）。

（4）在发育演化上，每一期单向迁移水道复合体呈三期充填演化过程：①低位早期–侵蚀期。强烈的重力流或浊流作用压制了底流，形成了底部侵蚀界面和少量的底流改造砂。②低位晚期–侧向迁移期。水道不断加宽并持续向东北方向迁移，在深水单向迁移水道内浊流和底流同时存在、能量相当、活跃地交互作用着，形成广泛发育的底流改造砂。③海侵–废弃期。由于海侵，重力流能量极其微弱甚至消亡，反而被底流压制，水道被底流或悬浮沉积作用形成的深海泥岩覆盖。

第5章

基于全球尺度的深水单向迁移水道形态变化、叠置样式及主控因素

5.1 概述与术语体系

本书第4章认为迁移水道与重力流或等深流水道相比，具有不同的剖面形态特征。本章主要讨论基于全球尺度的深水单向迁移水道形态变化、叠置样式及主控因素。

5.1.1 概述

根据形成发育的水动力条件，深水水道可大致分为三大类，即重力流水道、等深流水道和单向迁移水道。众所周知，重力流水道是由顺坡而下的重力流（浊流）形成的（Parsons et al.，2010；Sumner et al.，2014；Symons et al.，2017），而等深流水道被解释为主要由沿斜流动的底流（等深流）所形成（Rebesco et al.，2014）。单向迁移水道是顺坡而下的重力流（浊流）及其与沿坡流动的底流（等深流）交互作用的结果，严格意义上看其也是一种类型的重力流水道。

尽管深水水道具有重要的研究意义并经过数年的研究，但水道叠置样式的定量表征被证明是地球科学领域具有挑战性的学科方向之一（McHargue et al.，2011；Janocko et al.，2013a；Jobe et al.，2015）。深水水道生长轨迹分析（即水道生长轨迹或路径，与陆架坡折迁移轨迹类似）（Sylvester et al.，2011；Sylvester and Covault，2016；Jobe et al.，2016）是水道沉积和叠置样式研究的重要手段，正如Labourdette和Bez（2009）、McHargue等（2011）以及Jobe等（2016）所证实的那样。因而，深水水道的轨迹分析被认为是表征深水水道沉积和叠置样式的最新进展之一（Sylvester et al.，2011；Jobe et al.，2016）。

然而，先前对水道生长轨迹的分析只集中在重力流水道上（Sylvester et al.，2011；Sylvester and Covault，2016；Jobe et al.，2016），而对等深流或单向迁移水道的关注较少（Gong et al.，2018；Miramontes et al.，2020；Fuhrmann et al.，2020）。从某种程度上来说，造成这一争论的根源在于对深水单向迁移水道缺乏系统性的

对比研究。基于这一目的，本章基于来自全球 23 个大陆边缘的近 60 条深水单向迁移水道组成的全球深水单向迁移水道数据库以及由 142 条深水水道组成的全球深水水道数据库，利用“深水水道生长轨迹分析”这一手段，讨论了深水单向迁移水道在全球尺度的形态特征与叠置样式，以期探究全球尺度的深水水道的轨迹类型和叠置样式以及不同类型的深水水道（重点关注深水单向迁移水道）形态特征和叠置样式之间的异同。

5.1.2 本章所采用的深水水道数据库

本章利用两个全球深水水道数据开展相关研究，包括全球深水单向迁移水道数据库和全球深水水道数据库。

1. 全球深水单向迁移水道数据库

所建立的全球深水单向迁移水道数据库由 60 条深水单向迁移水道实例构成，它们的发育年龄从晚白垩世到现今先后不一，来自全球 23 个大陆边缘［图 5.1.1（a)］。这些深水水道均发育单向迁移水道的生长轨迹，典型实例如图 5.1.1（b）和（c）以及图 5.1.2 所示。依据这些深水水道的迁移方向与等深流流向的关系，可以将其分为以下两大类。

深水顺向迁移水道：主要来自如图 5.1.1（a）中红色圆圈所示的全球深水陆缘［典型实例参见图 5.1.1（b)，图 5.1.2（a)～(d）和（i)］。整体上，它们沿与等深流流向相同的方向不断侧向迁移、叠加［图 5.1.1（b)，图 5.1.2（a)～(e)］，形成深水顺向迁移水道。深水顺向迁移水道实例 UC_{d1}～UC_{d14}、UC_{d32}～UC_{d37} 以及 UC_{d39}～UC_{d40} 中所涉及的等深流流向已通过原位海洋学观测所证实（Badalini et al.，2016）。顺向迁移水道的一个经典水道示例来自晚白垩世乌拉圭陆缘，该水道侧向迁移方向（西南）与从声学多普勒剖面流速仪所获得的北大西洋深层水（沿北东→南西流动）方向一致［图 5.1.2（d)］(Badalini et al.，2016 以及本书第 4 章相关内容）。

深水反向迁移水道：主要来自如图 5.1.1（a）中蓝色圆圈所示的全球深水陆缘［典型实例参见图 5.1.1（c）和图 5.1.2（f)～(i)］。整体上，它们沿着与等深流流向相反的方向不断侧向迁移叠加，形成反向迁移水道［图 5.1.1（c）和图 5.1.2（f)～(h)］。反向迁移水道的经典水道实例来自东非莫桑比克陆缘和坦桑尼亚陆缘，这些水道的侧向迁移方向（南西）与向北东方向流动的等深流流向恰恰相反［图 5.1.1（c)］。参与东非莫桑比克陆缘和坦桑尼亚陆缘反向迁移水道沉积建造过程的等深流的流向是由三个声学多普勒剖面流速仪在 2013 年 3 月至 2014 年 9 月期间获得的南极底层水数据提供［图 5.1.1（c)］(Fonnesu et al.，2020；Fuhrmann et al.，2020 以及本书第 4 章相关内容）。

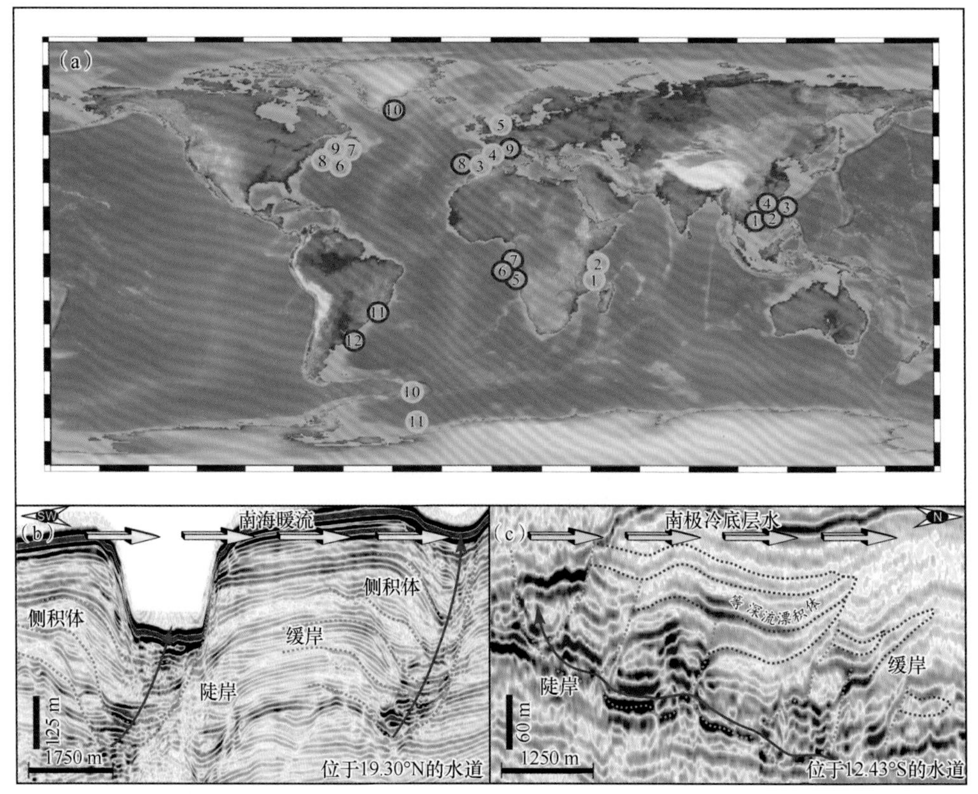

图 5.1.1　深水单向迁移水道实例（a）以及典型深水顺向迁移水道（b）和深水反向迁移水道（c）地震剖面实例

2. 全球深水水道数据库

本章所使用的全球深水水道数据库由 142 条深水水道组成，它们均来自全球深水陆缘，包括 50 条重力流水道［图 5.1.3（a）中用红色圆圈表示］、49 条等深流水道［图 5.1.3（a）中用白色圆圈表示］以及 43 条单向迁移水道［图 5.1.3（a）中用黄色圆圈表示］。本研究中使用的数据的主要来源是已公开的文献和未发表的地震数据，在这些地震剖面上可以看到地震反射特征清晰的深水水道。

如图 5.1.3（b）所示，所集成的深水水道样本点的发育时间从晚白垩世到第四纪不等，主要形成发育在中新世、上新世和第四纪。如图 5.1.3（c）所示，所集成的深水水道样本点形成发育的气候背景条件包括冰室气候和温室气候两种。其中冰室气候期形成发育的深水水道（深水冰室水道）约占 92%，而温室气候期形成发育的深水水道（深水温室水道）仅占 8%。

本章关于深水水道的研究主要基于水道运动轨迹的研究思路，水道运动轨迹类似于滨岸迁移轨迹或陆架坡折迁移轨迹。水道运动轨迹主要用定量方法（轨迹角）来描述水道复合体在侧向和垂向上的运动（图 1.1.7），生长轨迹角 T_{se} 的计算公式为

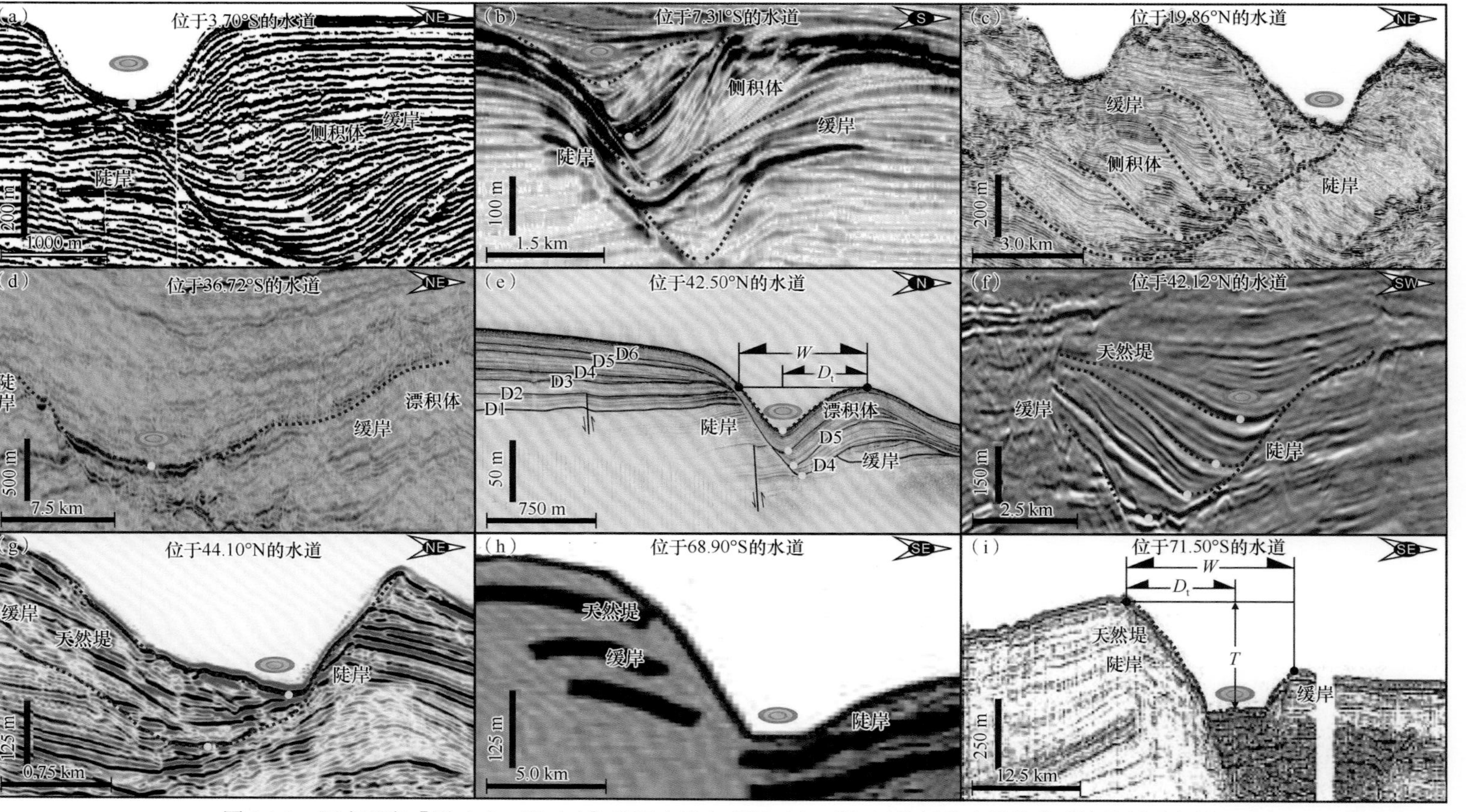

图 5.1.2　深水顺向［图（a)～图（e)］和深水反向［图（f)～图（i)］迁移水道的典型地震剖面实例

图（a)、图（d)、图（e)、图（f)、图（g)、图（h)、图（i）分别引自 Séranne 和 Abeigne（1999)、Badalini 等（2016)、Miramontes 等（2016)、Campbell 和 Mosher（2016)、Soulet 等（2016)、Scheuer 等（2006)、Michels 等（2002)

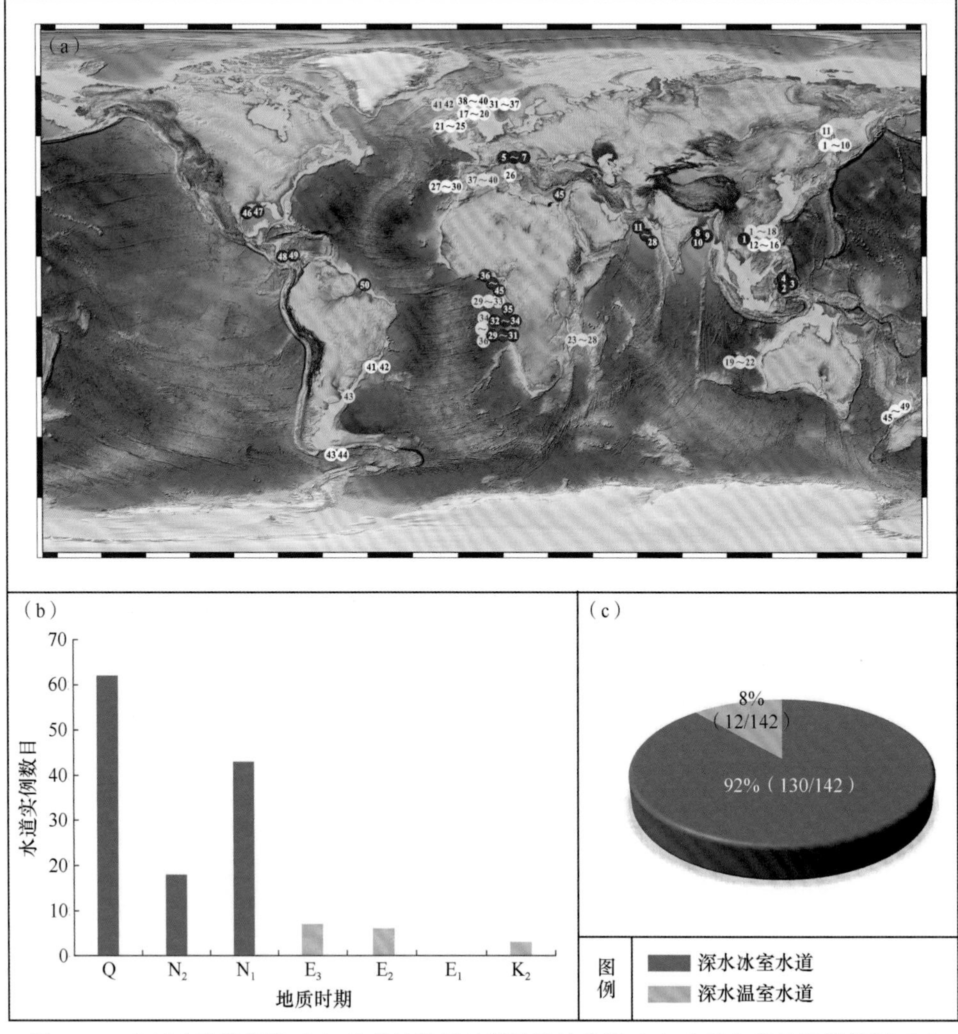

图 5.1.3　全球水道数据库(a)及其按地质时期统计柱状图(b)和按气候统计饼状图(c)

(a)中的红色、白色和黄色样本点分别指代重力流、等深流和单向迁移水道的;(b)中 K_2、E_1、E_2、E_3、N_1、N_2 和 Q 分别指代晚白垩世、古新世、始新世、渐新世、中新世、上新世和第四纪

$$T_{se} = \arctan\left(dy/dx\right)$$

式中,d*x* 为某一水道复合体在侧向上的迁移距离;d*y* 为某一水道复合体在垂向上的进积距离(图 1.1.7)。在水道运动轨迹研究中,我们规定当水道顺坡侧向迁移时,d*x* 为正值;而当水道沿坡向陆迁移时,d*x* 为负值(图 1.1.7)。此外,本章还对水道的剖面形态特征和叠置样式参数进行了统计学分析,相关参数主要包括水道宽度、水道深度、宽深比和水道迁移指数(图 1.1.7)。其中,水道迁移指数定义如下(Jerolmack and Mohrig,2007):

$$M_s = \frac{|dx|}{dy}\frac{T}{W}$$

值得注意的是，我们对水道的运动学（dx 和 dy）、形态学（T 和 W）和叠置样式的研究（M_s）都是未去证实的。

5.2　全球尺度深水单向迁移水道剖面形态和叠置样式对比

5.2.1　深水单向（顺向和反向）迁移水道剖面形态的共同性

虽然上述 40 条深水顺向迁移水道和 20 条深水反向迁移水道在迁移方向上具有“迥异”的特点，但是它们在剖面形态和叠置样式上也存在一些共性。具体来说，所选的 60 条深水迁移水道，不论是顺向抑或反向迁移，它们均发育相对陡峭的水道侧壁，具有明显不对称的水道剖面形态［图 5.1.1（b）、（c），图 5.1.2］。此外，这些迁移水道随着时间不断侧向迁移、叠加，均可见单向生长的水道生长轨迹（水道的剖面迁移轨迹角为 2.8°～39.3°）［图 5.1.1（b）、（c）和图 5.1.2］。

在 40 条深水顺向迁移水道实例中，均未见堤岸沉积，水道内的沉积体均被限定在水道内［图 5.1.1（b），图 5.1.2（a）～（d）、（i）］。与此不同的是，20 条深水反向迁移水道在靠近等深流流向一侧的下游发育溢岸天然堤或漂积体，且这些溢岸天然堤或漂积体不断地向等深流流向一侧超覆、减薄［图 5.1.1（c），图 5.1.2（e）～（h），图 5.1.3（b）］。由此可见深水顺向迁移和反向迁移水道最大的不同在于：前者相伴生的沉积单元被水道完全限定，后者则在靠近深流流向一侧的堤岸处发育溢岸天然堤或等深流漂积体。

上述深水顺向和反向迁移水道的形态特征已在本书第 4 章详细提及，本章重点关注水道剖面不对称在全球尺度的变化性。

5.2.2　深水单向（顺向和反向）迁移水道剖面形态的差异性

重点讨论水道的宽深比（W/T）和剖面不对称系数（A_y）这两个形态参数在全球尺度下随纬度变化而变化的趋势和规律。

1. 60 条深水单向迁移水道的形态参数一览

拟通过宽深比（W/T）和剖面不对称系数（A_y）两个形态参数来讨论分析深水单向迁移水道的形态特征，其中的 A_y 计算公式为

$$A_y=D_t/W$$

式中，W 为水道的宽度；D_t 为从水道最深谷底线到水道缓岸（即天然堤顶部）的水平距离［图 5.1.2（e）、（i）］。为了绘制 A_y 和 W/T 与纬度的交汇散点图，需要为

所选的23个深水陆缘中的每一个水道确定一个A_y和W/T以及纬度数据点［图5.1.1（a）］。故而，我们求取了每一个形成发育的迁移水道的A_y和W/T的平均值，每个A_y和W/T至少有5～10个数据点。这样就能建立水道的“A_y和W/T平均值”与“所处纬度”的一一对应关系（图5.2.1）。

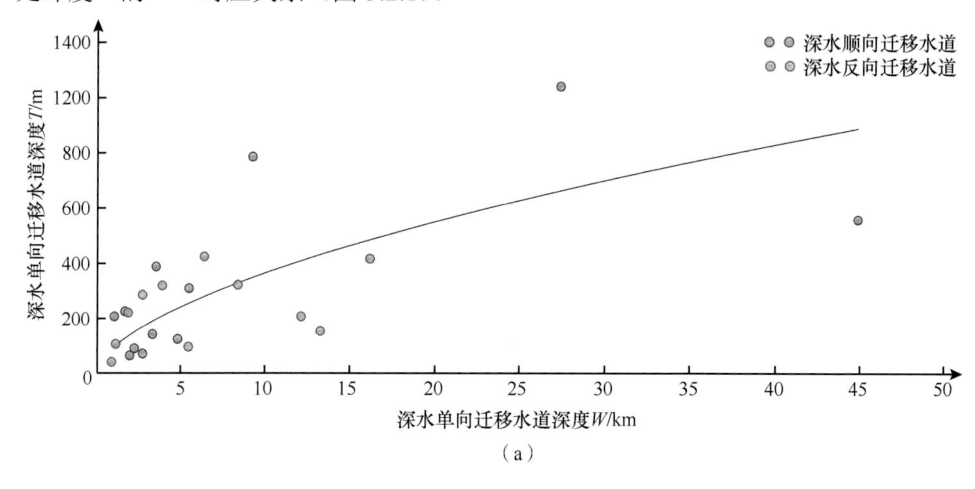

（a）

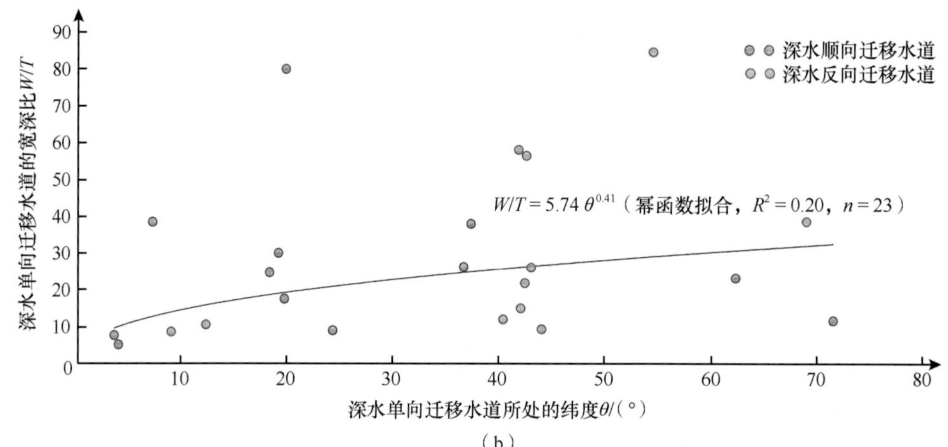

（b）

图5.2.1　深水单向迁移水道的宽度与深度（a）以及纬度与宽深比（b）散点图

分析结果表明本章所选择的60条深水迁移水道实例的宽度为927～44854m（平均值7895m），深度为42～1042m（平均值为288m），宽深比为22～85（平均值为29）（图5.2.1）。此外，本章所选取的60条深水迁移水道实例的剖面不对称系数范围为0.51～0.73（平均值为0.62）［图5.2.2（a）］。剖面不对称系数均大于0.50，这表明不论是深水顺向和反向迁移水道，它们都具有不对称的剖面形态特征，这一认识与图5.1.1（b）、（c）和图5.1.2所观察到的不对称水道剖面形态吻合（靠近水道迁移一侧水道侧壁更加陡峻而另一侧更加平缓）。

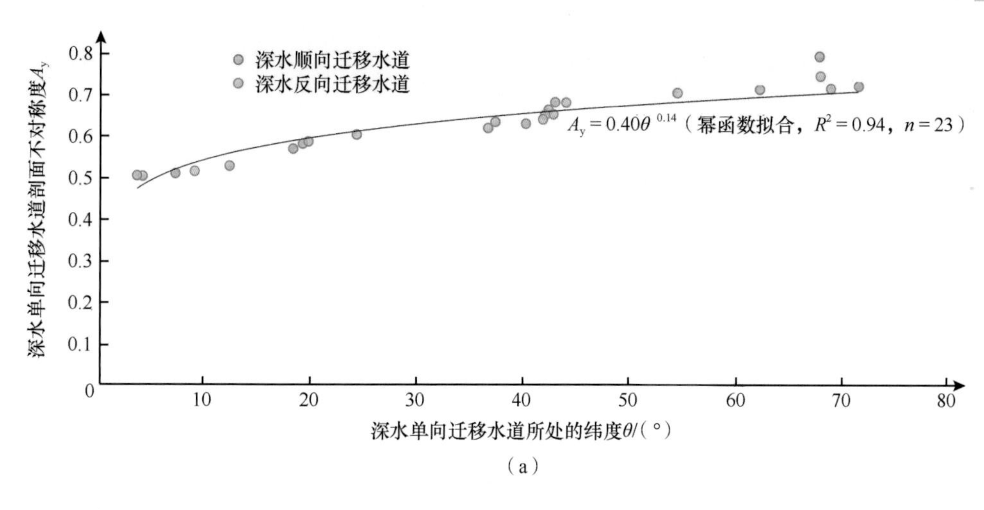

（a）

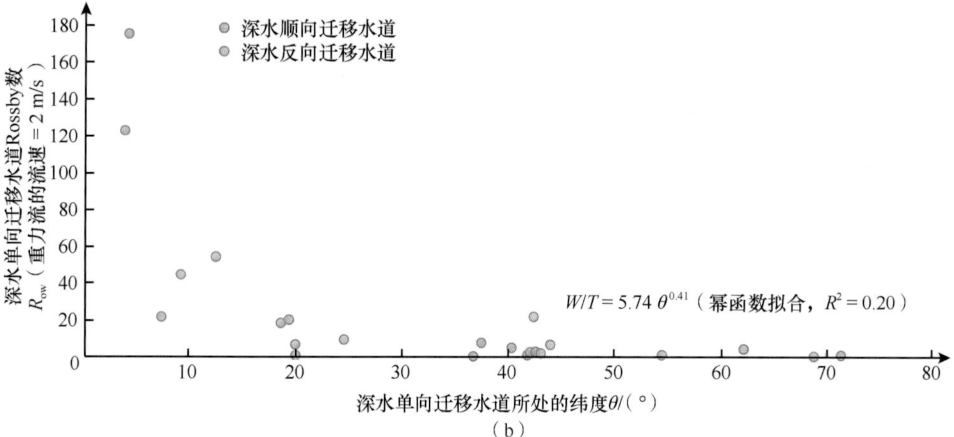

（b）

图 5.2.2　深水单向迁移水道的纬度与剖面不对称度（a）以及纬度与罗斯贝（Rossby）数（b）散点图

2. 全球尺度的深水单向迁移水道的剖面不对称性

如图 5.2.1 所示的交汇图，本章所选的来自 23 个深水陆缘的单向迁移水道的宽深比与纬度的相关系数较低（仅为 0.20）。因此，深水单向迁移水道的宽深比与纬度不存在任何成因关联。与此截然不同的是，23 个深水陆缘的单向迁移水道的剖面不对称性与纬度呈幂函数拟合关系［图 5.2.2（a）]：

$$A_y=0.40\theta^{0.14}\ (R^2=0.94,\ n=23)$$

上述公式表明，深水单向迁移水道的剖面不对称度随纬度呈幂函数拟合关系［图 5.2.2（a）]。换言之，较高纬度的深水水道往往具有较高的 A_y 值（不对称性明显）；而较低纬度的深水水道往往具有较低的 A_y 值（不对称性不明显）。这一结论也为图 5.1.1（b）、（c）以及图 5.1.2 中所示的 9 个深水迁移水道实例所证实，这 9 个深水迁移水道的剖面不对称程度随着所处纬度的增加而增大。

5.2.3 全球尺度深水单向迁移水道剖面形态变化的主控因素

本章研究选取的60条深水水道实例来自全球23个深水陆缘［图5.1.1（a）］，它们具有不同的沉积物供给条件、气候条件和地质年代。其中70%来自北半球，而30%来自南半球；其中87%形成于冰室气候期，而13%形成于温室气候期。因此，本章仅讨论全球尺度的深水单向迁移水道剖面形态变化的主控因素。

1. 科里奥利力

前人研究表明深水水道的剖面不对称性是多种地质因素综合作用的结果（如地形坡度、物源供给、构造活动、海平面变化和流体性质等）（Peakall and Summer，2015）。但是从全球尺度来看，深水单向迁移水道的剖面不对称度与纬度呈幂函数拟合（相关系数为0.94）［图5.2.2（a）］，这表明与纬度相关的因素（如科里奥利力）可能造成了“迁移水道剖面不对称度随纬度增加而增大”这一效应。物理和数值模拟实验表明，在北半球科里奥利力能够驱使流体顺流向右偏移；而在南半球，科里奥利力能够驱使流体顺流向左偏移（Wells and Cossu，2013）。在深水水道中，科里奥利力对浊流的影响一般用Rossby数（R_{ow}）来表征：

$$R_{ow}=|U/Wf|$$

式中，U、W和f分别为浊流平均流速、水道宽度和科里奥利力系数（Wells and Cossu，2013）。Peakall和Sumner（2015）研究指出一般在无实测数据的情况下，常常可以假定浊流平均流速（U）为2m/s。据此，利用Rossby计算公式求得本章所研究水道内浊流与科里奥利力相互作用的R_{ow}为0.84～175.75（均值为25.53）。研究表明：当$R_{ow}<10$时，科里奥利力能够驱动水道内的浊流发生转向（Wells and Cossu，2013）。这表明，科里奥利力可能参与了本章所研究的绝大多数水道的沉积建造过程，使得水道内的浊流发生规律性的偏转。然而，这一推断与本章所研究水道剖面不对称特征不吻合。具体来说，如图5.1.1（b），图5.1.2（c）、（e）、（f）和（g）所示的来自北半球的水道部分顺流向下的左手一侧［图5.1.1（b），图5.1.2（c）、（f）和（g）］更加陡峻，而部分水道顺流向下的右手一侧［图5.1.2（e）］更加陡峻。这表明虽然科里奥利力可能对部分水道的剖面不对称性有一定的影响，但整体上所研究水道的剖面不对称性与科里奥利力无关。

2. 埃克曼螺旋

虽然不论是深水顺向迁移水道还是深水反向迁移水道它们的陡岸与科里奥利力的作用方向不一致，但是这些水道的陡岸与参与它们沉积建造的等深流具有很好的相关性。具体来说，深水单向（顺向和反向）迁移水道的陡岸分别出现在参与其沉积建造的等深流的下游和上游一侧［图5.1.1（b）、（c）和图5.1.2］。这表明，与等深流相伴生的因素可能是水道剖面不对称度随着纬度增加而增大的原因。在海洋学中，埃克曼螺旋（Ekman spiral）常常被用来描述风驱动洋流的运动特征（Hosegood and Haren，2003）。与风驱动的洋流类似，当深水单向迁移水道中的浊流受到等深流作用时，摩擦力可能会诱发埃克曼搬运；而埃克曼螺旋随纬度变化而规律性地变化（图 5.2.3）。这表明，埃克曼螺旋可能是“水道剖面不对称度随着纬度增加而增大”的成因机制之一。

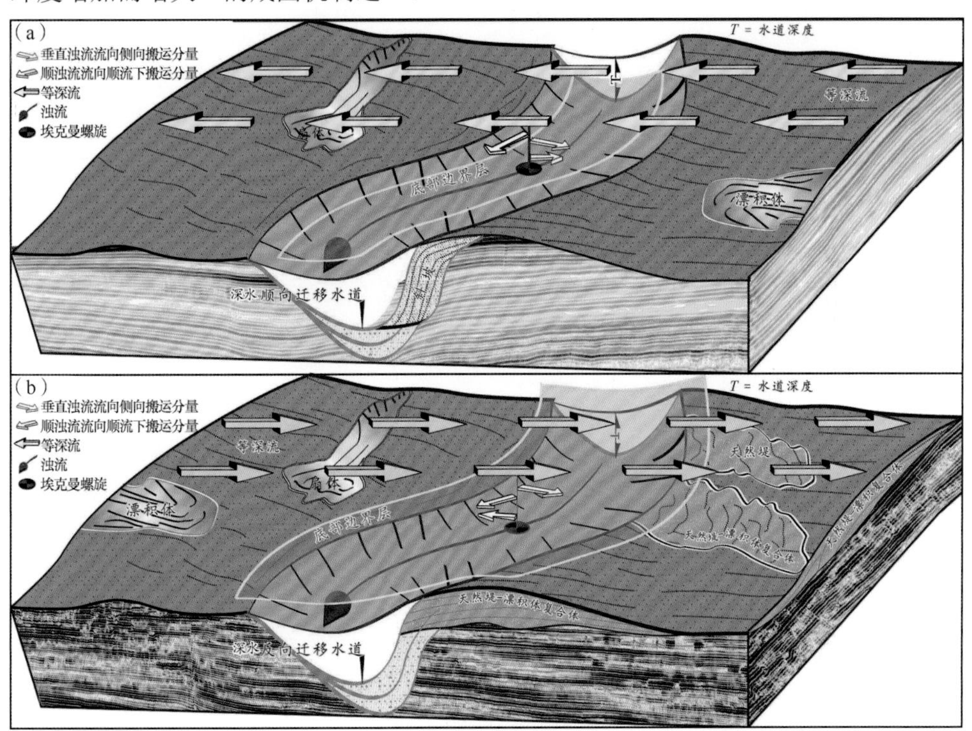

图 5.2.3　深水顺向迁移水道（a）和深水反向迁移水道（b）差异的沉积-侵蚀效应模式图

具体来说，等深流通过摩擦力作用于浊流所形成的埃克曼螺旋与等深流方向之间可能存在 0°～180° 的偏差。深水顺向迁移水道与深水反向迁移水道最大的不同之处在于：如图 5.1.1（b）、图 5.1.2（a）～（e）所示的深水顺向迁移水道内的所有单元均限定在水道内。这表明，在顺向迁移水道内埃克曼螺旋的高度小于水道深度［图 5.2.3（a）］。埃克曼螺旋的高度小于水道深度，从而使得与等深流呈 0°～90° 夹角的埃克曼螺旋部分可能更易顺流（浊流）向下流动［图 5.2.3（a）中灰色箭头］，而与等深流呈 90°～180° 夹角的埃克曼螺旋部分可能更易向等深流上游一侧侧向流动［图 5.1.3（a）中红色箭头］。在不同的埃克曼搬运作用下，深水顺向迁移水道内浊流带来的沉积物优先向等深流上游一侧搬运堆积［图 5.1.3（a）］。这一假说也被如图 5.1.1（b）及图 5.1.2（a）～（e）所示的深水顺向迁移水道内靠近等深流上游一翼的水道侧积体所证实（以沉积为主），而靠近等深流下游一翼的水道更加陡峻，侵蚀特征更加明显（以侵蚀为主）［图 5.2.3（a）］。这一“不同的等深流上游一翼沉积、下游一翼侵蚀效应”驱动单一水道不断向水道下游一翼侧向迁移、叠加，形成深水顺向迁移水道以及不对称的水道剖面形态（等深流下游一翼的水道更加陡峻）[图 5.2.3（a)]。

相比之下，反向迁移水道与顺向迁移水道的不同之处在于：如图 5.1.1（c)、图 5.1.2（f)～(h）所示的反向迁移水道往往发育天然堤或等深流漂积体。这表明在反向迁移水道内埃克曼螺旋的高度可能超过了水道深度［图 5.2.3（b)]。因而，与等深流呈 0°～90° 夹角的埃克曼螺旋部分更易向等深流下游一侧侧向流动［图 5.2.3（b）中的红色箭头]，而与等深流呈 90°～180° 夹角的埃克曼螺旋部分更易顺流（浊流）向下流动［图 5.1.3（b）中的灰色箭头]。“不同的等深流下游一翼沉积、上游一翼侵蚀效应”驱动单一水道不断向水道上游一翼侧向迁移、叠加，形成反向迁移水道以及不对称的水道剖面形态（深流下游一翼发育堤岸沉积）［图 5.2.3（b)]。

上述解释只能算是一个“精致”的假说，埃克曼螺旋如何驱动水道形成不对称的剖面形态尚有待进一步从水动力、物理实验或数值模拟角度“证实”或“推翻”。

5.3　全球视角下深水单向迁移水道与重力流和等深流水道形态特征以及叠置样式对比

5.2 节识别对比了两种类型的深水单向迁移水道（与参与其沉积建造的等深流流向相同的顺向迁移和与之相反的反向迁移）形态特征和叠置样式的异同点。在此基础上，本节重点关注单向迁移水道与重力流水道和等深流水道在形态特征和叠置样式方面的异同及其主控因素。

5.3.1　全球水道生长轨迹对比

本章所使用的全球水道数据库（142 条深水水道）主要发育五种类型的生长轨迹，即侧向、无序、垂向、顺坡和沿坡迁移轨迹。这五类水道生长轨迹组合成三种主要的生长轨迹类型，即侧向-无序-垂向迁移轨迹（重力流水道）、持续顺坡迁移轨迹（等深流水道）和沿坡迁移轨迹（单向迁移水道）。

1. 侧向迁移水道生长轨迹

第一类水道生长轨迹主要由侧向迁移叠加的水道体复合体构成（图 5.3.1，图 5.3.2)，水道以侧向迁移为主。发育侧向迁移轨迹的水道体复合体的典型代表如图 5.3.1 和图 5.3.2 中的蓝点所示，它们通常发育在浊积水道的早期（底部)。侧向

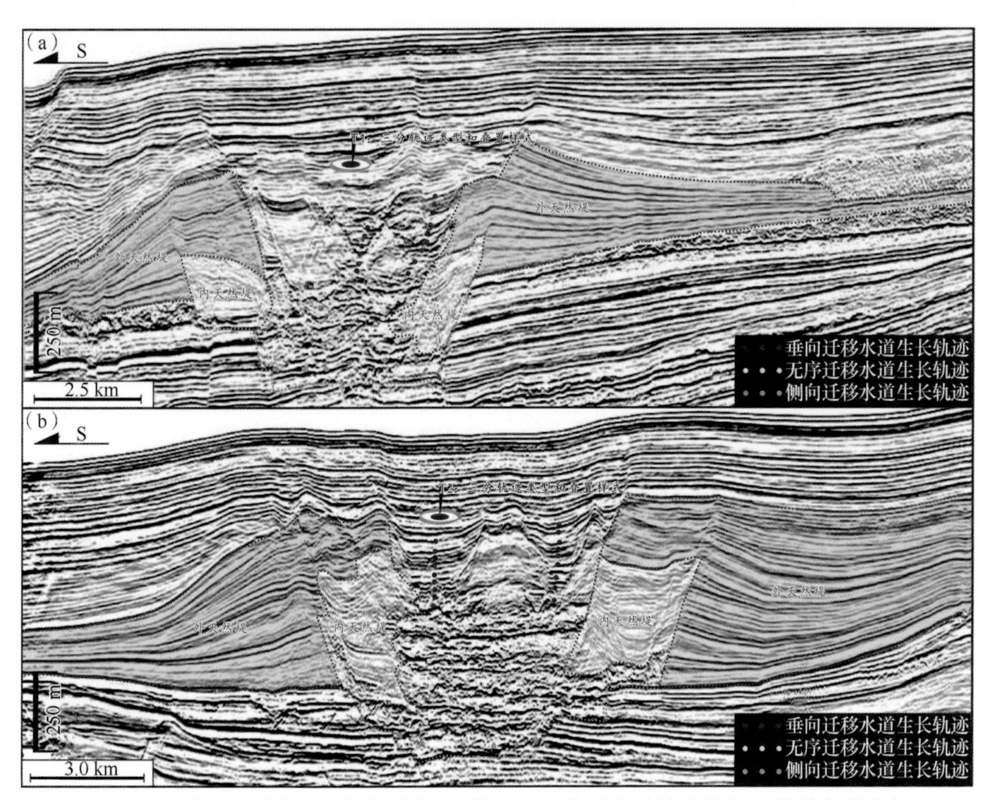

图 5.3.1 发育早期侧向–中期无序–晚期垂向三分迁移轨迹的浊积水道的典型实例（剖面据 Deptuck et al.，2003）

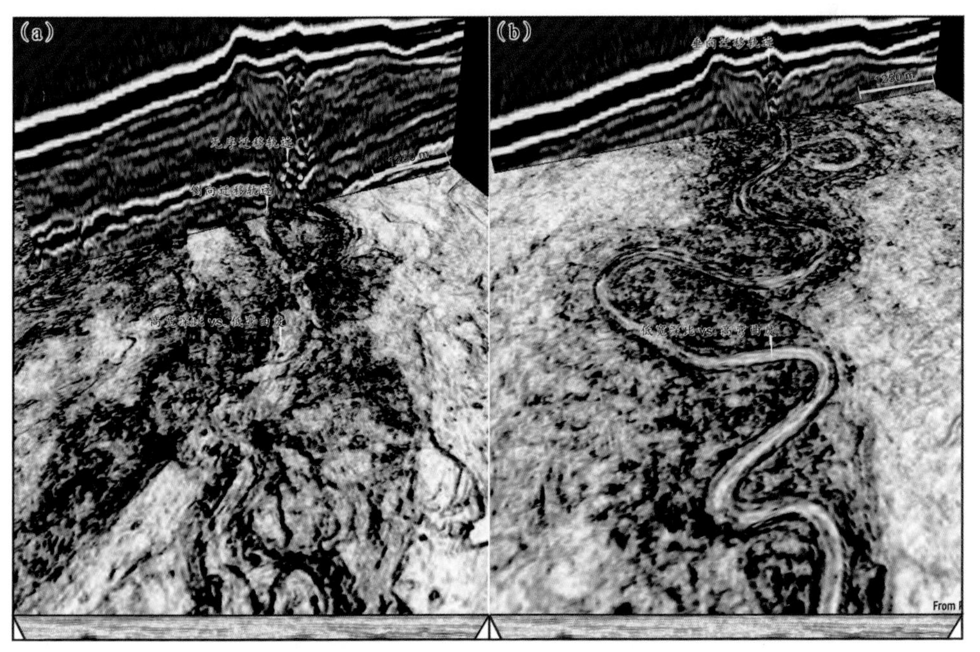

图 5.3.2 发育侧向和无序迁移轨迹浊积水道（a）和发育垂向进积轨迹浊积水道（b）的形态特征和叠置样式对比（Posamentier，2003）

迁移水道生长轨迹的轨迹角（T_c）较小，为 1.4°～4.1°，平均值为 2.4°，标准方差为 ±0.9°。

在水道形态上，发育侧向迁移轨迹的水道在平面上的弯曲度较小［图 5.3.2，图 5.3.3（a）］，为中弯度到低弯度水道［图 5.3.3（a）］。这类水道的宽度为 404～3992m（平均为 2313m），深度为 26～299m（平均为 102m）；形成中等规模的水道宽深比，宽深比的范围为 2～42，平均值为 24，标准方差为 ±10［图 5.3.4（a），图 5.3.5（a）］。在叠置样式上，发育侧向迁移轨迹的重力流水道的迁移指数较大，范围为 0.76～1.89（平均值为 1.21），标准方差为 ±0.32［图 5.3.6（a）］；且随着时间的推移，这类水道以侧向迁移为主，侧向迁移特征明显［图 5.3.3（a）和（a）″］。

2. 无序迁移水道生长轨迹

第二类水道生长轨迹主要由在水平和垂向方向上无序迁移的多个水道体复合体组成（图 5.3.1，图 5.3.2），可见无序迁移的水道生长轨迹［图 5.3.3（b）］。具有无序水道生长轨迹的水道体复合体典型实例如图 5.3.1 和图 5.3.2 中的黄点所示，这类水道常常发育在重力流水道的中部。无序迁移水道生长轨迹的轨迹角为 1.8°～5.9°，平均值为 3.3°，标准方差为 ±1.4°［图 5.3.4（a）］。

在水道形态上，发育无序迁移轨迹的重力流水道两侧一般可见内天然堤（图 5.3.1，图 5.3.2）。这类水道的宽度为 825～3589m（平均值为 2270m），深度为 72～187m（平均值为 123m），形成中等大小的水道宽深比，宽深比的范围为 10～24，平均值为 18，标准方差为 ±5［图 5.3.4（a）］。在叠置样式上，具有无序轨迹的重力流水道的迁移指数范围为 0.60～1.81（平均值为 1.17）［图 5.3.6（a）］，且这类水道在剖面上无序地侧向迁移和垂向叠加，无序迁移的叠置样式特征明显［图 5.3.3（b）和（b）″］。

3. 垂向迁移水道生长轨迹

第三类水道生长轨迹主要由多个以垂向进积为主的水道体复合体组合而成（图 5.3.1 和图 5.3.2），可见垂向迁移的水道生长轨迹［图 5.3.3（c）］。发育垂向生长轨迹的深水水道的典型实例用图 5.3.1 和图 5.3.2 中用红点表示，这类水道常常发育在水道体系的上部（晚期）。垂向迁移水道生长轨迹具有较高的轨迹角（12.0°～59.0°），轨迹角的平均值为 29.9°，轨迹角的标准方差为 ±14.9°［图 5.3.4（a）］。

在水道形态上，发育垂向轨迹的水道复合体两翼发育外天然堤［图 5.3.1，图 5.3.2 和图 5.3.7（b）］，平面上长且蛇曲［典型实例如图 5.3.7（b）］所示的孟加拉垂向进积水道复合体］［图 5.3.3（c）′］。这类水道宽度为 399～1970m，平均值为 950m；深度为 85～299m，平均值约 191m，形成窄且深的水道剖面形态宽深比

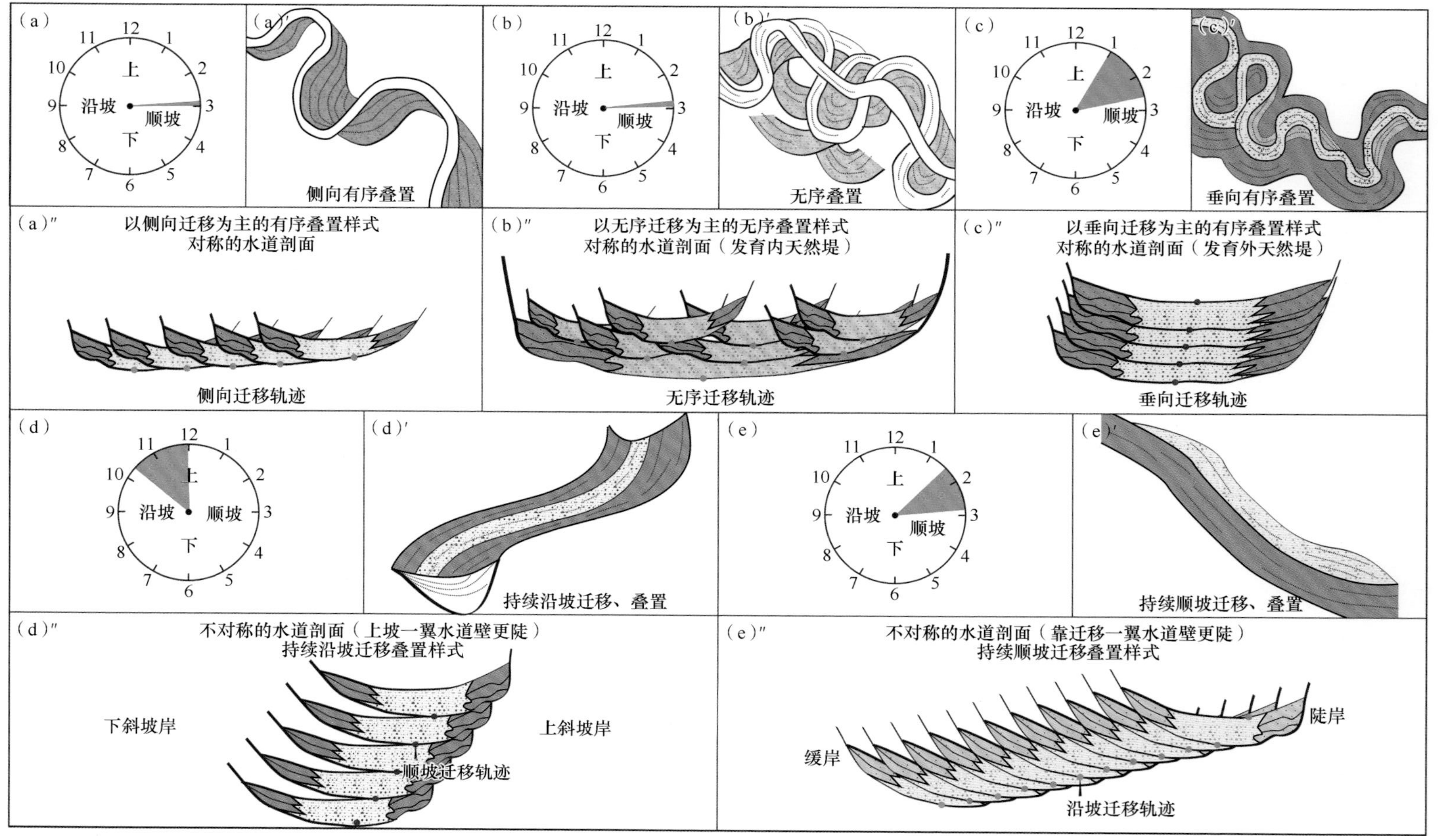

图 5.3.3　不同类型的水道生长轨迹［图（a）～图（e）］、叠置样式［图（a）′～图（e）′］以及构成样式［图（a）″～图（e）″］卡通示意图

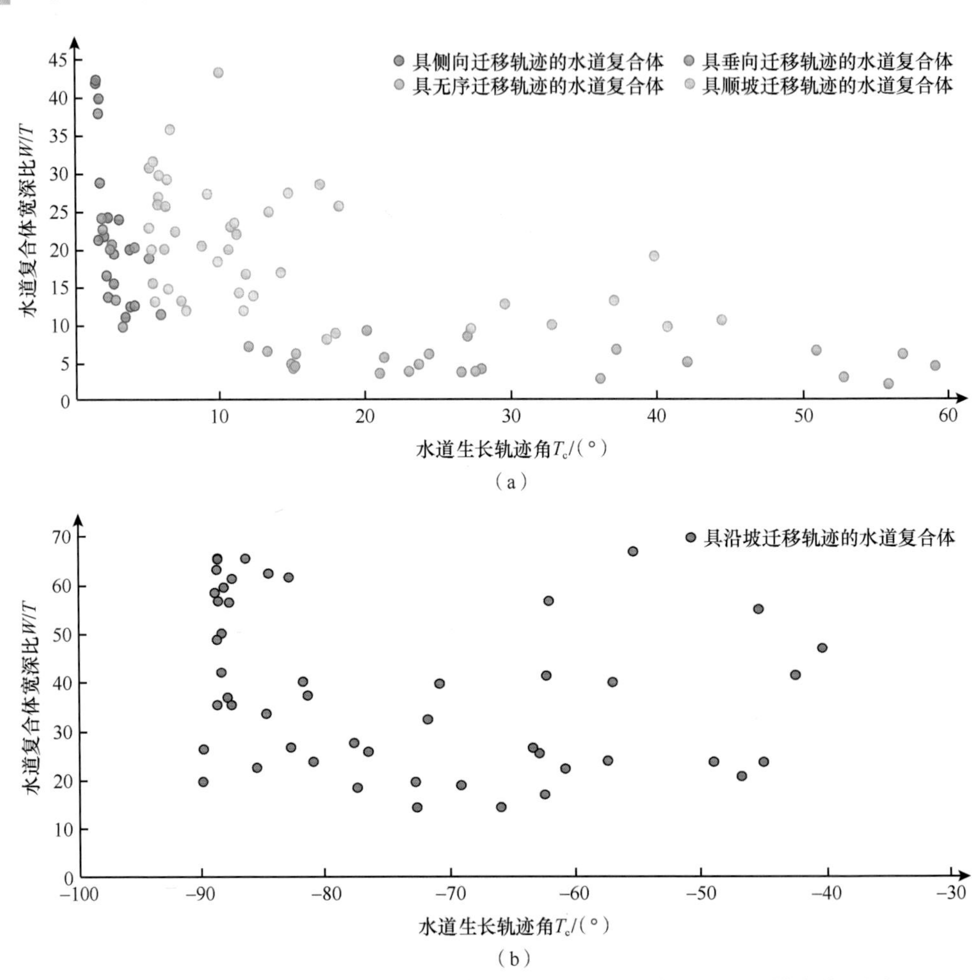

图 5.3.4　本章所研究的 142 条水道实例的轨迹角 T_c 与宽深比 W/T 散点统计图

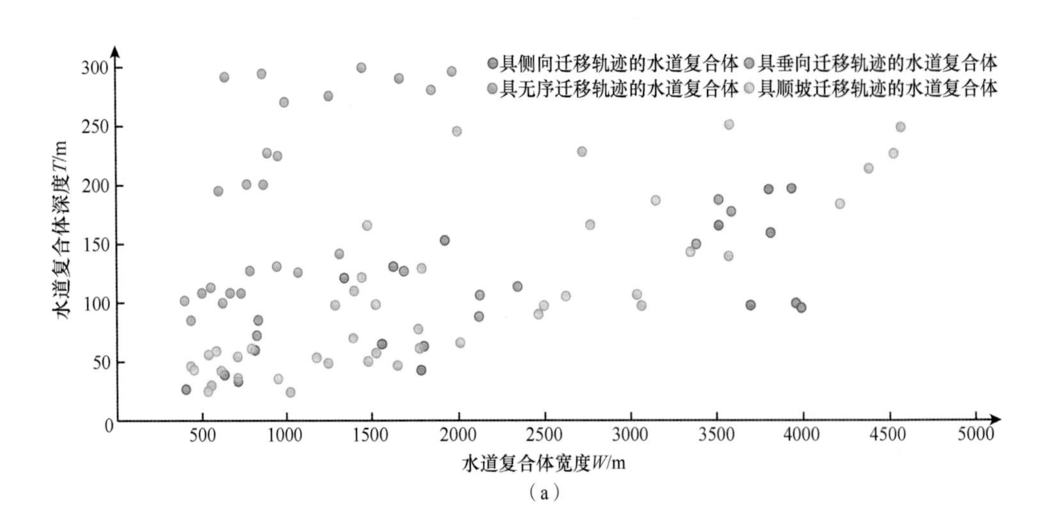

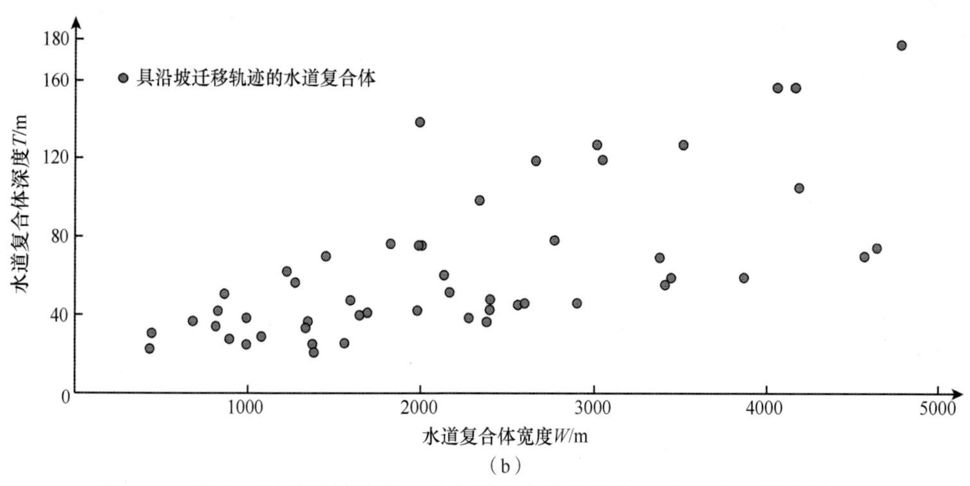

图 5.3.5　发育不同迁移轨迹的深水水道复合体的宽度 W 与深度 T 散点统计图

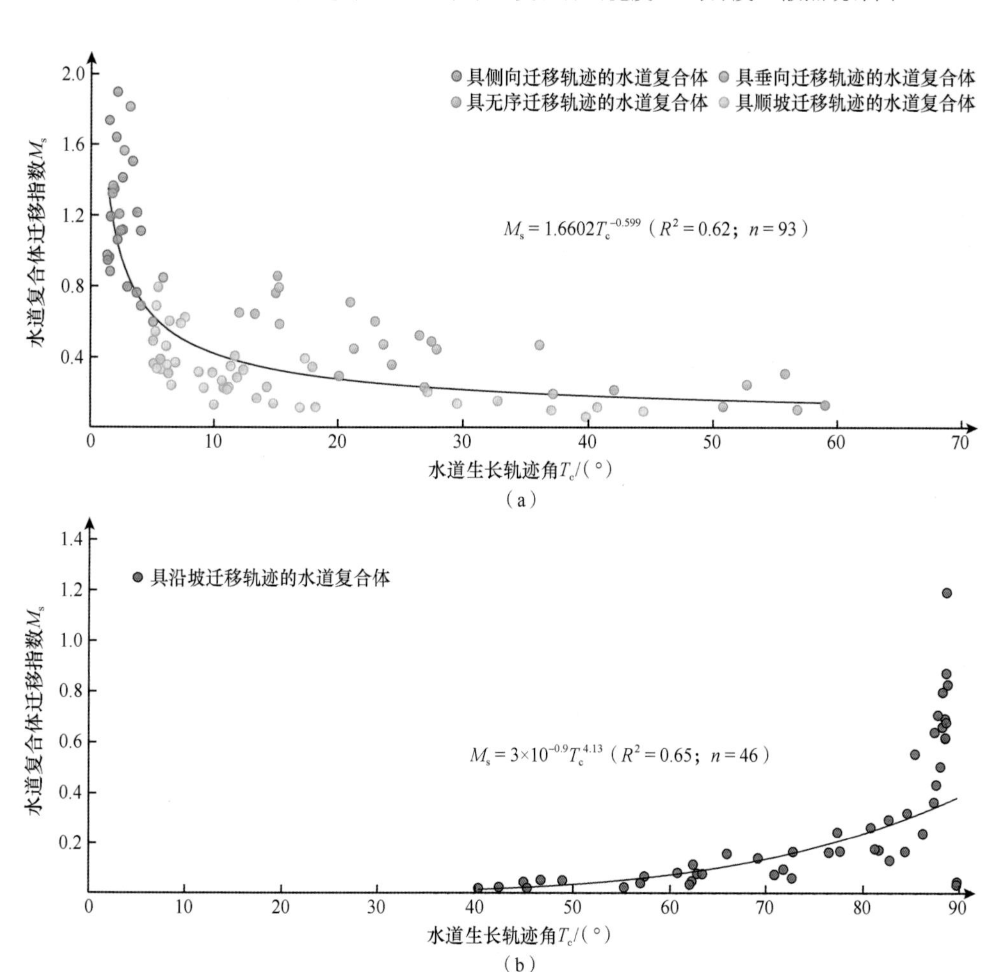

图 5.3.6　发育不同迁移轨迹（侧向、无序、垂向、沿坡和顺坡迁移）的深水水道复合体的轨迹角 T_c 与迁移指数 M_s 散点统计图

较低，为2～9，平均值为5，标准方差为±2［图5.3.4（a）和图5.3.5（a）］。在叠置样式上，具有垂向轨迹的重力流水道发育中等大小的迁移指数（迁移指数的范围为0.11～0.86，平均值为0.44，标准方差为±0.22）［图5.3.6（a）］；且这类水道在剖面上以垂向向上迁移叠加为主，垂向进积的叠置样式特征明显［图5.3.3（c）和（c）″］。

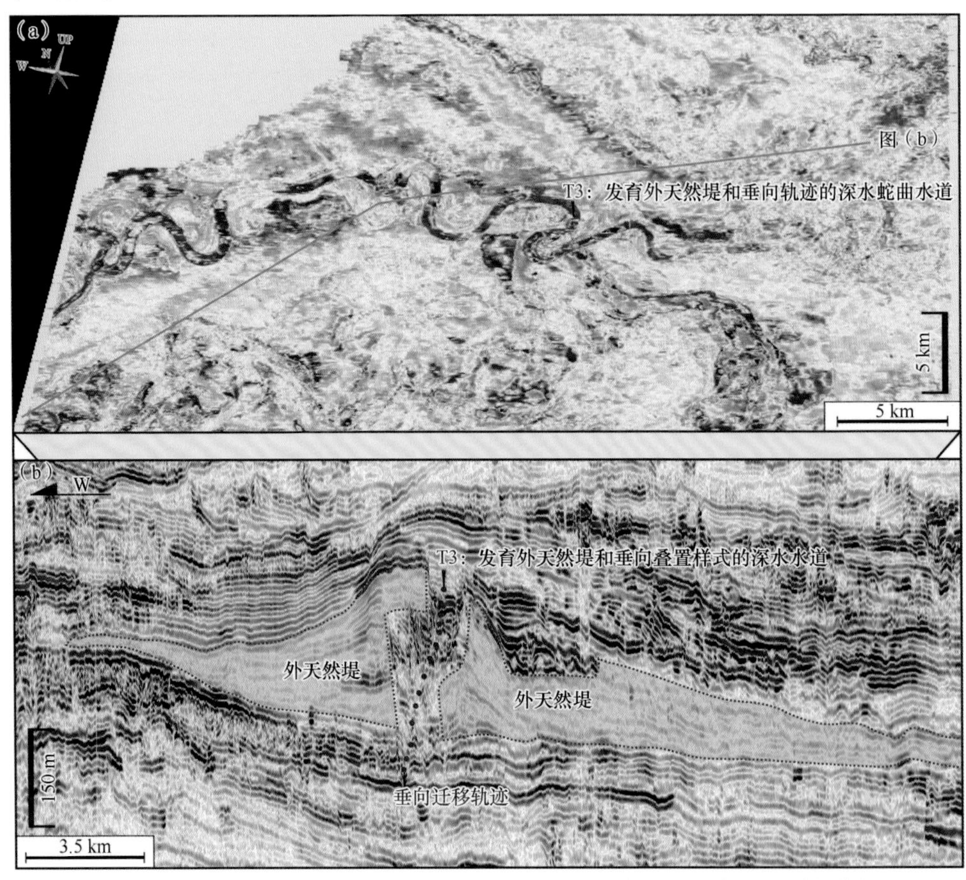

图5.3.7 发育垂向迁移轨迹的重力流水道的平面地震地貌（a）和剖面地震相特征（b）

4. 顺坡迁移水道生长轨迹

第四类水道生长轨迹主要持续稳定地沿斜坡向上迁移叠加，迁移方向多平行于物源方向。顺坡迁移的迁移轨迹如图5.3.8和图5.3.9（e）中的蓝点所示，可见顺坡迁移的水道生长轨迹［图5.3.3（d）］。具有顺坡迁移水道生长轨迹的深水水道的代表性实例如图5.3.8和图5.3.9（e）所示，这些水道的走向［图5.3.9（a）～（d）］与陆坡等深线方向近乎平行，是典型的等深流水道。发育顺坡迁移轨迹的等深流水道的轨迹角为−89.8°～−40.2°，轨迹角的平均值为−74.1°，标准方差为±15.1°［图5.3.4（a）和图5.3.6（a）］。

在水道形态上，所研究的49条具有顺坡迁移轨迹的等深流水道的上坡一翼总

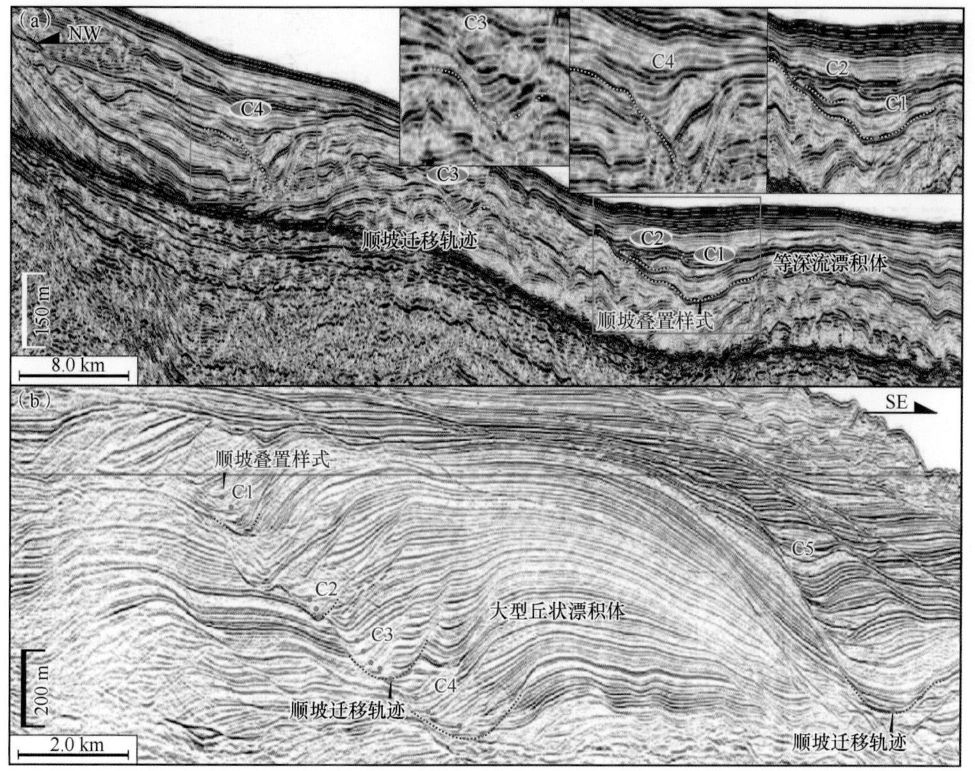

图5.3.8 法罗-设得兰群岛陆缘（a）（Davies et al.，2001）和新西兰近海坎特伯雷盆地（b）（Lu et al.，2003）顺物源方向的地震剖面示意的深水等深流水道的剖面形态和叠置样式

比下坡一翼更加陡峭［图5.3.8和图5.3.9（e）］，其走向与区域等深线几乎平行［图5.3.3（d）′，图5.3.9（a）和（d）］。这些等深流水道的宽度为430～4778m（平均值为2148m），深度为21～178m（平均值为60m）；宽深比较大，为14～67，平均值为39，标准方差为±17［图5.3.4（b）和图5.3.5（b）］。在叠置样式上，发育顺坡迁移轨迹的等深流水道总是持续稳定地顺坡向上迁移、叠加，且其发育较低的迁移指数，迁移指数的范围为0.02～1.20（平均值为0.28，标准方差为±0.29）［图5.3.6（b）］，沿斜坡向上迁移的叠加样式明显［图5.3.3（d）和图5.3.3（d）″］。

一般而言顺坡迁移的迁移方向与区域重力流流动方向（物源方向）一致，其是等深流水道的典型生长轨迹类型。

5. 沿坡迁移水道生长轨迹

第五类水道生长轨迹主要由沿着近乎平行于陆坡等深线方向迁移叠加的水道体复合体组成，可见明显的沿坡迁移的水道生长轨迹［图5.3.3（e），图5.3.10～图5.3.12］。具有沿坡迁移轨迹的深水水道的典型地震实例来自南海北部的珠江口盆地［图5.3.10（a）］、西非陆缘下刚果盆地［图5.3.10（b）］、南海北部的琼东南盆

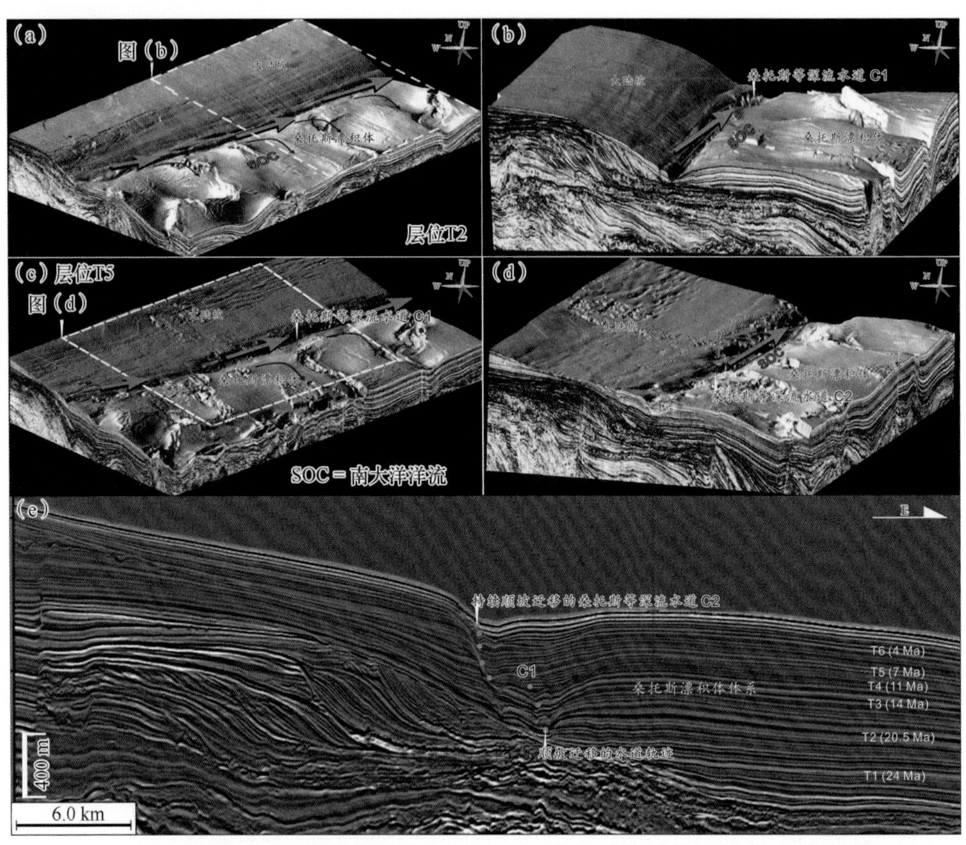

图 5.3.9 巴西外海桑托斯盆地内等深流水道（桑托斯等深流水道）的平面地震地貌［(a)～(d)］和剖面地震反射（e）特征（Duarte and Viana，2007）

地（图 5.3.11）、格陵兰东南陆缘和巴西东南陆缘（图 5.3.12）。这些水道实例均发育单向迁移的水道生长轨迹，是深水单向迁移水道的经典实例。沿坡迁移水道生长轨迹的轨迹角为5.1°～44.4°，平均值为13.8°，标准方差为±10.7°［图5.3.4（a）］。

在水道形态上，43 条发育沿坡迁移轨迹的深水单向迁移水道靠近迁移一侧的水道侧壁更加陡峻，展现出明显的不对称的水道形态剖面［图 5.3.3（e），图 5.3.10～图 5.3.12］。深水单向迁移水道宽度范围为 434～4571m（平均值为 1940m），深度为 24～251m（平均值为 104m）；可见中等大小的宽深比（其取值范围为 8～45，平均值为 20，标准方差为 ±8）［图 5.3.4（b）和图 5.3.5（b）］。在水道叠置样式上，具有沿坡迁移轨迹的深水单向迁移水道具有较低的迁移指数，范围为 0.06～0.79（平均值为 0.31，标准方差为 ±0.17）［图 5.3.6（b）］，且主要沿着陆坡走向不断侧向迁移叠加，沿坡侧向迁移特征明显［图 5.3.3（e）和（e）″，图 5.3.10～图 5.3.12］。

一般而言沿坡迁移的迁移方向与区域重力流流动方向（物源方向）垂直，而与区域等深流流动方向一致，其是单向迁移水道的典型生长轨迹类型。

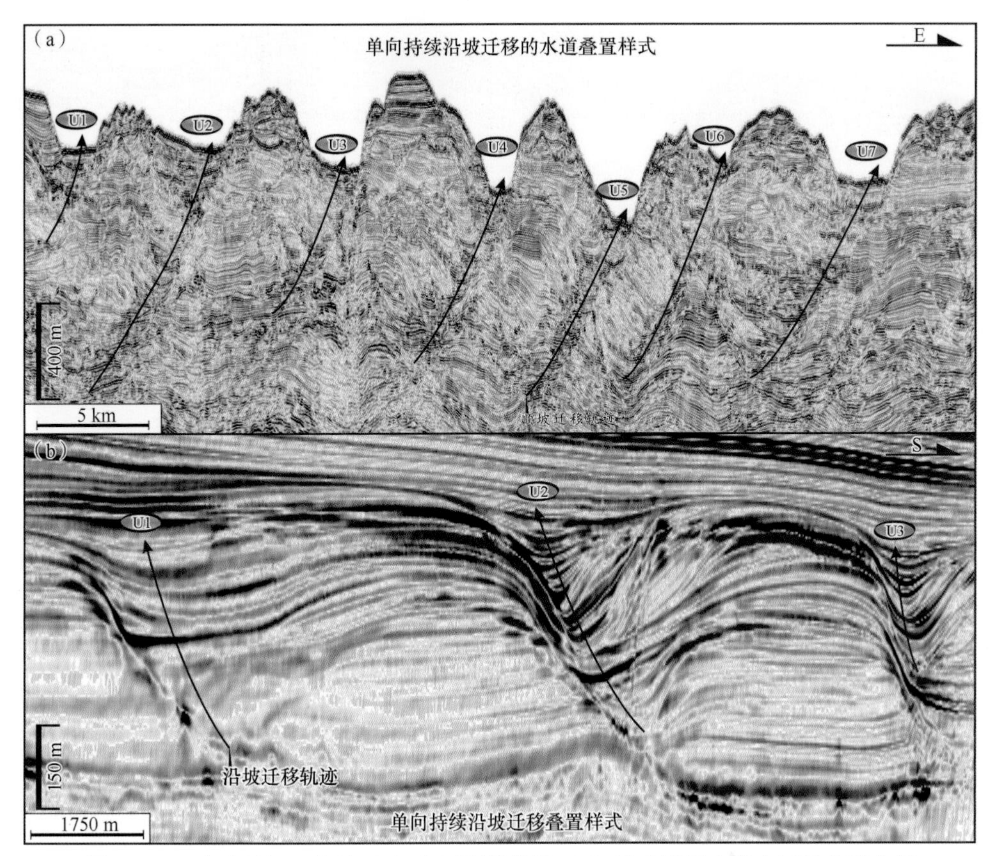

图 5.3.10　来自珠江口盆地（a）和下刚果盆地（b）的典型深水单向迁移水道实例

5.3.2　全球水道形成发育气候背景条件对比

在整个地质历史时期，地球主要经历了两种主要的端元气候状态（即冰室和温室）（Blum and Hattier-Womack，2009；Sømme et al.，2009；Kidder and Worsley，2012）。从气候状态的角度来看，所建立的全球水道数据库中的 142 条水道样本点可分为两类，即温室和冰室水道［图 5.1.3（b）和（c）］。

1. 在温室气候期形成发育的深水水道（深水温室水道）

在过去的 5.4 亿年中，我们人类居住的地球经历了冰室和温室两种气候状态，其中冰室气候期约占地质历史时期的 18%，而温室气候期约占地质历史时期的 82%（Kidder and Worsley，2012）。温室和冰室这两种气候边界条件都深刻影响了深水水道和其他深水沉积体系的形成发育过程。在地质历史时期中，白垩纪、古新世、始新世和渐新世被认为是温室时期［图 5.1.3（b）］（Miller et al.，1991，2003；Kidder and Worsley，2012），这表明发育于晚白垩世、始新世和渐新世的深水水道属于温室期发育的深水水道（深水温室水道）［图 5.1.3（b）和（c）］。

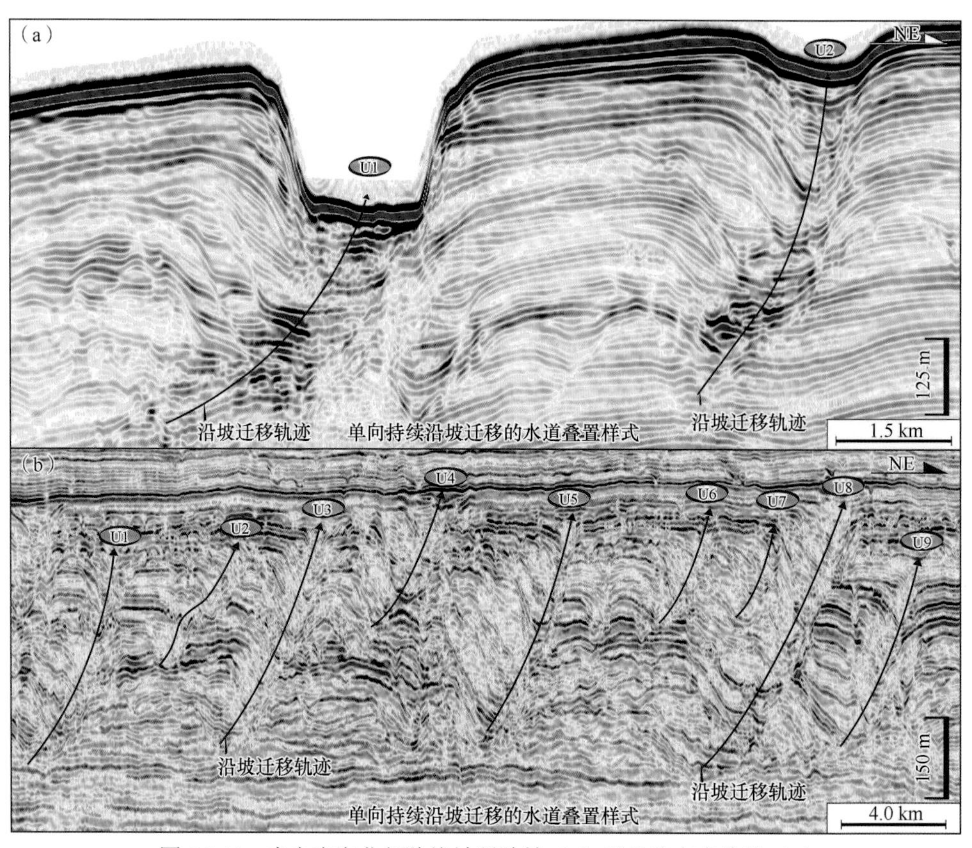

图 5.3.11　来自南海北部陆缘神狐陆坡（a）以及琼东南盆地（b）的典型深水单向迁移水道实例

深水温室水道（12 条）仅占全球深水水道数据库（142 条）的 8%［图 5.3.13（b)］。深水温室水道的一些经典实例是莫桑比克北部边缘的早始新世水道（UC23～UC28）（Palermo et al.，2014），下刚果盆地上的渐新世水道（UC34～UC36）（Séranne and Abeigne，1999），以及德国北海地区晚白垩世的等深流水道（C39 和 C40）（Surlyk et al.，2008）。这些温室水道的宽深比范围为 12～29（平均值为 17，标准方差为 ±5），迁移指数范围为 0.03～0.79（平均值为 0.36，方差为 ±0.27）［图 5.3.13（b)］。

2. 在冰室气候期形成发育的深水水道（深水冰室水道）

此外，中新世、上新世和第四纪都被广泛认为是冰室气候时期［图 5.1.3（b)］（Miller et al.，1991，2003；Sømme et al.，2009）。这一结论表明：我们的深水水道数据库中发育于中新世、上新世和第四纪冰室气候期的深水水道可以认为是深水冰室水道［图 5.1.3（b）和（c)］。与上述深水温室水道形成鲜明对比的是，全球水道数据库中的大部分研究实例（142 条中的 130 条）都是深水冰室水道［图 5.1.3

（b）和（c）]，其约占全球深水水道的 92%。一些经典的深水冰室水道实例来自上新世孟加拉扇（图 5.3.7）、中新世桑托斯盆地（图 5.3.9）、中新世珠江口盆地［图 5.3.10（a）]、上新世琼东南陆缘［图 5.3.11（a）］以及图 5.3.8、图 5.3.11 和

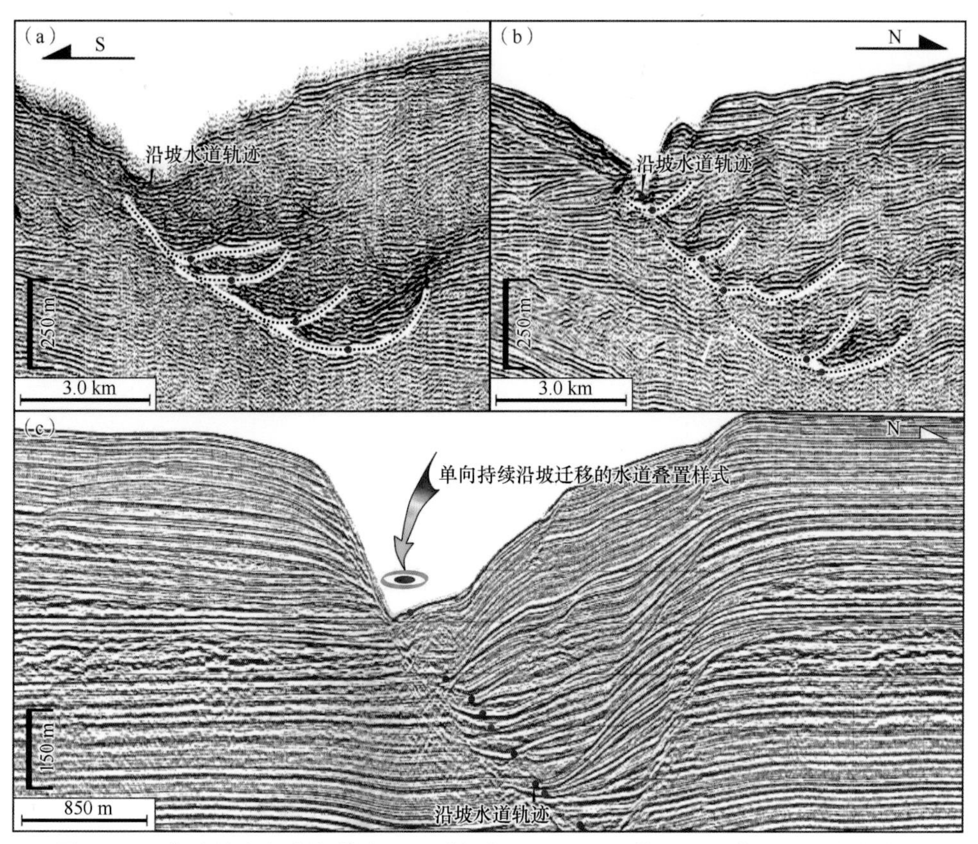

图 5.3.12　格陵兰东南陆缘［图（a），剖面据 Rasmussen 等（2003）］和巴西东南陆缘［图（b），剖面据 Faugères 等（1999）］的典型深水单向迁移水道实例

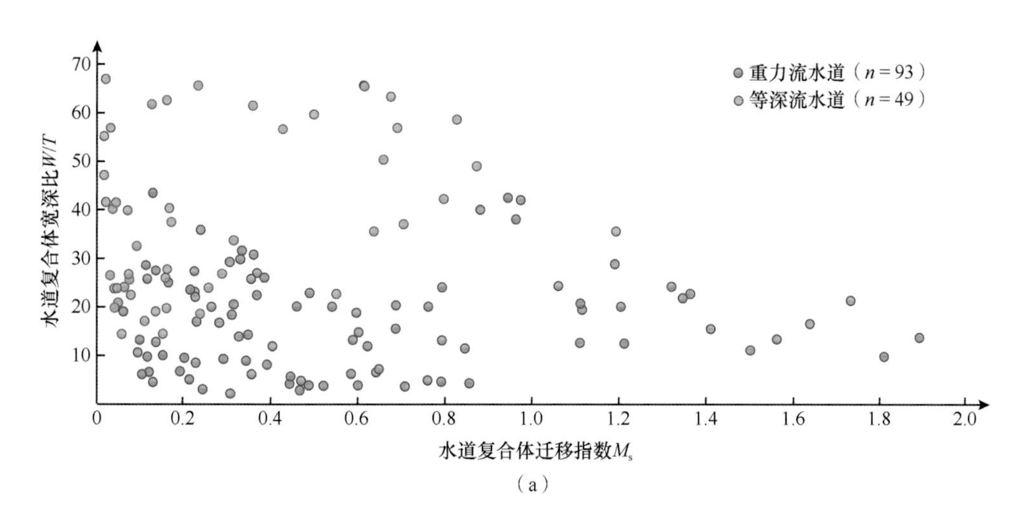

（a）

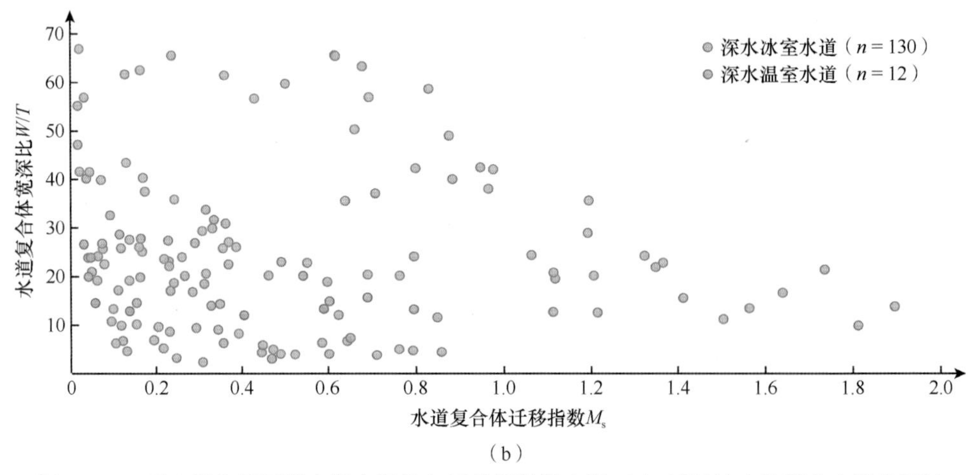

图 5.3.13　重力流和等深流水道宽深比与迁移指数散点图（a）以及冰室和温室水道宽深比与迁移指数散点图（b）

图 5.3.12 中所示的第四纪气候期形成发育的水道。这些冰室水道的宽深比范围为 2～67（平均值为 25，标准方差为 ±17），迁移指数范围为 0.02～1.89（平均值为 0.50，标准方差为 ±0.44）[图 5.1.3（c）和图 5.3.13（b）]。

5.3.3　全球视角下的深水水道剖面形态和叠置样式对比

1. 不同轨迹样式深水水道之间的剖面形态和叠置样式的对比

在水道剖面形态上，93 条发育侧向–无序–垂向迁移轨迹或沿坡迁移轨迹的重力流水道具有相对较低的 W/T（范围为 2～43）、W/T 平均值（17）、W/T 中值（15）、W/T 标准方差（10）[图 5.3.13（a）和图 5.3.14（a）]。与此截然不同的是，49 条具有顺坡迁移轨迹的等深流水道可见相对较高的 W/T（14～67）、W/T 平均值（39）、W/T 中值（37）和 W/T 标准方差（±17）[图 5.3.13（a）和图 5.3.14（a）]。

在全球水道数据库中，等深流水道的宽深比范围、平均值、中值和标准方差几乎都是重力流水道的 2～3 倍 [图 5.3.14（a）]。由此可见，等深流水道往往宽且浅，而重力流水道和迁移水道往往窄而深 [图 5.3.13（a）和图 5.3.14（a）]。需要指出的是，深水单期迁移水道在剖面形态和叠置样式上和重力流水道并无明显差别。

在水道叠置样式上，93 条发育侧向–无序–垂向迁移轨迹或沿坡迁移轨迹的重力流水道具有相对较高的迁移指数（范围为 0.06～1.89），且迁移指数的平均值（0.59）、中值（0.45）和标准方差（±0.45）均相较于等深流水道的迁移指数平均值、中值和标准方差更高 [图 5.3.13 和图 5.3.14（b）]。与此不同的是，49 条发育顺坡迁移轨迹的等深流水道具有相对较低的迁移指数（0.02～1.20）、迁移指数平均值（0.28）、迁移指数中值（0.16）和迁移指数标准方差（±0.29）[图 5.3.13 和图 5.3.14（b）]。

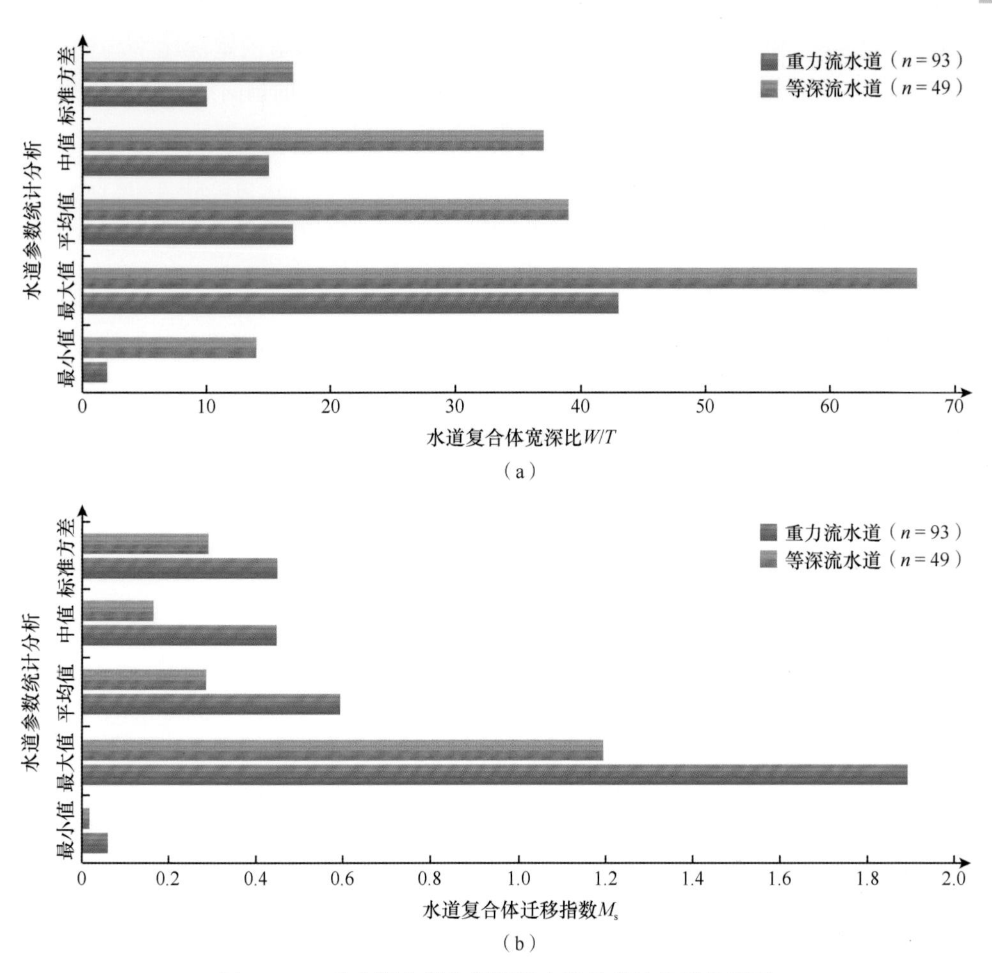

图 5.3.14　重力流水道和等深流水道的统计分析柱状图

由此可见，重力流水道的迁移指数的取值范围、均值和中值均比等深流水道大 2～3 倍［图 5.3.13 和图 5.3.14（b）］。一般而言，低迁移指数表示水道主要垂向进积而侧向迁移很少，而高迁移指数表示水道主要侧向迁移而垂向进积很少（Sylvester et al.，2011；Jobe et al.，2016）。这表明重力流水道和单向迁移水道以侧向迁移为主（为等深流水道的 2～3 倍），而等深流水道以垂向进积为主（为重力流水道的 2～3 倍）。需要指出的是，深水单向迁移水道在剖面形态和叠置样式上与重力流水道并无明显差别。

2. 不同气候状态之间水道剖面形态和叠置样式的对比

在水道形态上，12 条深水温室水道宽深比的取值范围变化幅度小（12～29），且宽深比的平均值（17）、中值（15）和标准方差（±5）均较小［图 5.3.13（b）和图 5.3.15（a）］。与此不同的是，130 条深水冰室水道宽深比的取值范围变化幅度大（2～67），宽深比的平均值（25）、中值（22）和标准方差（±17）均较大

[图 5.3.13（b）和图 5.3.15（a）]。由此可见，深水冰室水道的宽深比平均值、中值和标准方差是深水温室水道的 1～2 倍，且深水冰室水道的剖面形态变化幅度大，而深水温室水道剖面形态变化幅度小 [图 5.3.15（a）]。

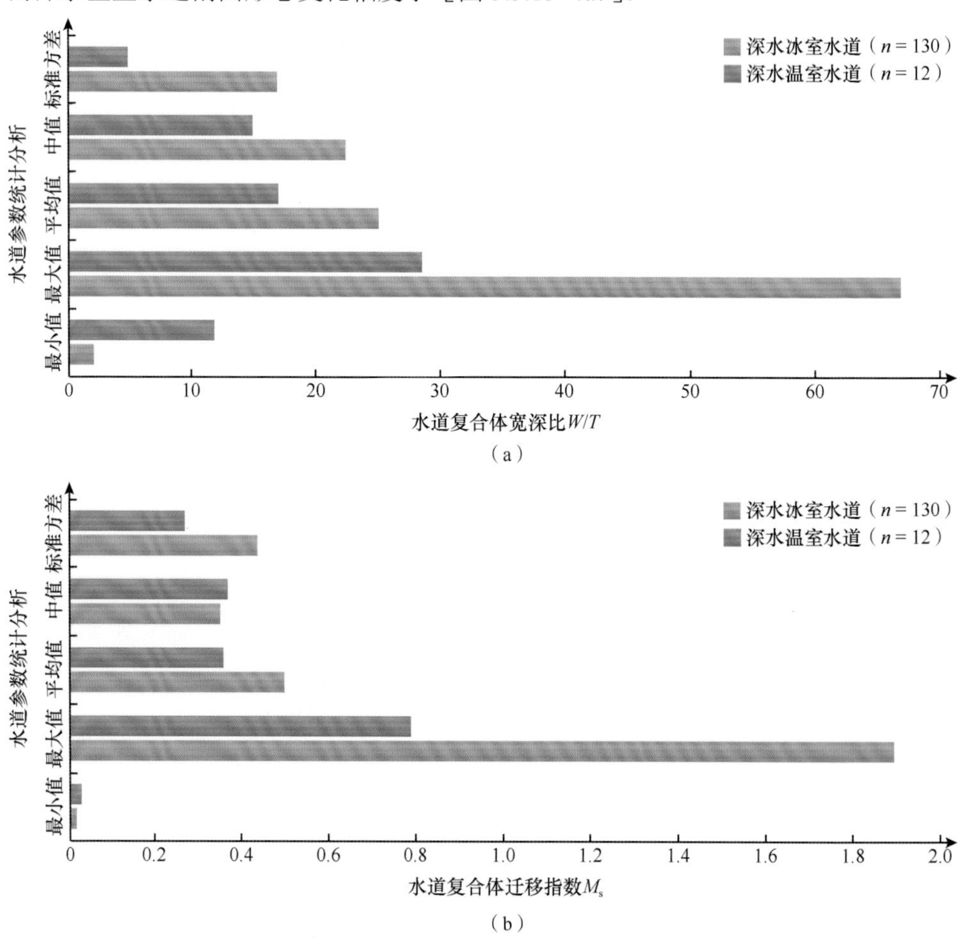

图 5.3.15　深水冰室水道与深水温室水道的统计分析柱状图

在水道叠置样式上，12 条深水温室水道具有变化相对较小的迁移指数（范围为 0.03～0.79），较低的迁移指数平均值（0.36）、中值（0.37）、标准方差（±0.27）[图 5.3.13（b）和图 5.3.15（b）]。相比之下，130 条深水冰室水道具有变化相对较大的迁移指数（范围为 0.02～1.89），较高的迁移指数平均值（0.50）、中值（0.35）和标准方差（±0.44）[图 5.3.13（b）和图 5.3.15（b）]。由此可见，深水冰室水道迁移指数的平均值、中值和标准方差几乎比深水温室水道大 2～3 倍 [图 5.3.15（b）]，这表明深水冰室水道的叠置样式相对多变，而深水温室水道的叠置样式相对单一 [图 5.3.15（b）]。

5.3.4 全球视角下的深水水道形态和叠置样式差异的主控因素

人们提出了各种机制来解释深水水道剖面形态和叠置样式的差异，包括科里奥利力、坡度、离心力等（Kolla et al.，2007；Cossu et al.，2015；Peakall and Sumner，2015；Covault et al.，2016；Jobe et al.，2016）。本章所使用的全球水道数据库来源于不同的沉积背景、构造环境以及地质年代条件（图5.1.3）。因而，我们将讨论聚焦在流体性质这一具有普遍意义的水道控制因素上。

1. 不同轨迹样式之间水道剖面形态和叠置样式全球差异的控制因素

如前所述，等深流水道往往具有宽且浅的剖面形态（W/T平均值较高，为39）和以垂向进积为主的叠置样式（M_s平均值较低，为0.28）；而重力流水道和迁移水道窄且深（W/T平均值较低，为17）和以侧向迁移为主的叠置样式（M_s平均值较高，为0.59）[图5.3.13（a），图5.3.14（a）]。我们研究认为不同轨迹样式之间的深水水道在剖面形态和叠置样式上的差异是水道内流体与海水之间的密度差造成的。

具体来说，重力流（浊流）可以说是地球上最重要的沉积物输送过程（Talling，2014）。重力流是携带大量沉积颗粒的密度流［野外实测的浊流的密度一般为2650kg/m^3，据Sequeiros（2012）］，且持续时间较短（从几个小时到数天不等）（Azpiroz-Zabala et al.，2017）；而等深流是清水流，持续时间长（长达数百万年）（Rebesco et al.，2014）。由此可见，重力流水道和迁移水道内浊流与海水的密度差要比等深流水道中等深流与海水的密度差更大。较高的水道内流体–环境流体密度差使浊积水道中的浊流更易发生侧向剥离（Dorrell et al.，2013；Jobe et al.，2016），从而导致重力流水道更易发生侧向迁移，所形成的重力流水道和迁移水道往往具有较高的M_s（平均值为0.59）[图5.3.13（a）]。与此截然不同的是，较小的浊流–海水密度差会抑制水道内流体的侧向剥离作用（Dorrell et al.，2013；Jobe et al.，2016），从而导致等深流水道以垂向进积为主，所形成的等深流水道往往具有较低的M_s（平均值为0.28）[图5.3.13（a）和图5.3.14（b）]。

2. 不同气候状态之间水道剖面形态和叠置样式全球差异的控制因素

如前所述，深水温室水道占全球水道数据的8%，且其剖面形态和叠置样式相对单一、变化幅度小［相对较小的W/T取值范围，较低的W/T平均值（17）、W/T中值（15）和W/T标准方差（±5）］［图5.1.3（c），图5.3.13（a）和图5.3.15］。与此截然不同的是，深水冰室水道在全球水道数据库中的占比较高，且其剖面形态和叠置样式相对多变［变化相对较大的W/T值（范围为2～67），较高的W/T平均值（25）、W/T中值（22）和W/T标准方差（±17）］［图5.1.3（c），图5.3.13（a）

和图 5.3.15]。我们将这种水道剖面形态和叠置样式的全球性差异归因于不同的温室与冰室气候期海平面特征。

具体来说，冰室气候期海平面变化的频率高、振幅大，这将直接导致高频且剧烈的浊流活动（Blum and Hattier-Womack，2009；Sømme et al.，2009；Kidder and Worsley，2012）。这一假说被“大规模边坡失稳与晚更新世高频率（1 万～10 万年）和高振幅（60m 以上）的海平面变化相伴生”这一事实所佐证（Brothers et al.，2013；Kutterolf et al.，2013）。高频、剧烈的浊流活动将使深水水道更加频繁和更加剧烈地被侵蚀和下切，从而导致冰室期形成的深水水道的剖面形态和叠置样式变化幅度较大［图 5.3.13（b）和图 5.3.15]。与此截然不同的是，温室气候期往往伴随着低频和低幅的海平面变化（Blum and Hattier-Womack，2009；Sømme et al.，2009；Kidder and Worsley，2012），这将直接导致低频且微弱的浊流活动。低频且微弱的浊流反过来使得深水水道被侵蚀和下切的频率与幅度都更小，从而形成剖面形态和叠置样式变化幅度均较小的温室水道［图5.3.13（b）和图5.3.15]。

5.3.5 “全球视角下的深水单向迁移水道与重力流和等深流水道形态特征以及叠置样式之对比”研究的意义

1. 水道生长轨迹是研究水道叠置样式的新方法

重力流水道 T_c 与 M_s 的散点图表明，T_c 与 M_s 之间符合如式（5.3.1）所示的幂函数关系［图 5.3.6（a)]：

$$M_s=1.6602T_c^{-0.559}\ (R^2=0.62;\ n=93) \tag{5.3.1}$$

此外，等深流水道的 T_c 与 M_s 的散点图表明，等深流水道的 T_c 与 M_s 同样也符合幂律关系［图 5.3.6（b)]，如式（5.3.2）所示：

$$M_s=3\times10^{-0.9}T_c^{4.13}\ (R^2=0.65;\ n=46) \tag{5.3.2}$$

上述 142 条水道实例的 T_c 与 M_s 的幂律关系（图 5.3.6）表明水道生长轨迹是水道叠置样式的预测者。因此，我们的研究结果为解释陆缘普遍发育存在的深水水道的叠置样式提供了一种新的方法。

如前所述，深水水道的生长轨迹是预测深水水道叠置样式的新工具（Sylvester et al.，2011；Sylvester and Covault，2016；Jobe et al.，2016）。使用全球水道数据库，Jobe 等（2016）首次认识和量化了“曲棍球式（J 形）”的浊积水道生长轨迹，但是 Jobe 等（2016）的数据库中并未涉及等深流水道和深水单向迁移水道。在全球采样的 142 条深水水道数据库中包括 49 条发育顺坡迁移轨迹的等深流水道和 43 条发育沿坡迁移的单向迁移水道。我们识别并量化了这两类水道的生长轨迹及其与水道叠置样式的关系，这将有助于更加系统全面地认识完整的水道生长轨迹及形态和叠置样式。

2. 更好地了解海底滑坡如何响应未来全球变暖的方法

深水水道是每一深水陆缘均广泛发育存在的地形地貌单元，是向深水中输送沉积物、营养物、污染物和有机碳的“搬运工”（Galy et al.，2007；Talling et al.，2007；Mulder et al.，2012；Hubbard et al.，2014；de Leeuw et al.，2016；Fildani，2017）。深水水道内的浊流可以诱发破坏性极强的海啸，是海底基础设施或海底光缆的潜在破坏者。在全球变暖的大背景下，了解全球变暖是否会诱发浊流及其次生灾害对于预测未来全球迅速变暖是否导致滑坡显著增加至关重要。基于 142 条深水水道的全球采样，我们的研究结果表明，温室气候温度的升高伴随着深水水道“零星”出现（仅占 8%），而冰室气候温度的降低则伴随着深水水道广泛出现（约占 92%）。这一研究结果表明在冰室气候变冷期间，滑坡发生率增加；而在温室气候变暖期间，浊流及其次生地貌（如浊积水道）的发生率并不会显著增加。由此可见，浊流和滑坡数量的寡众与全球变暖之间没有直接的相关性，可以预见未来全球变暖并不一定会诱发大规模的水道和浊流灾害。

我们的假说与 Urlaub 等（2013，2014）以及 Clare 等（2015）所得出的结论一致。他们都认为，未来的海洋变暖并不一定会导致滑坡发生率和浊流活动的可能性增加。但是我们的结论与 Maslin 等（1998）、Owen 等（2007）、Lee（2009）、Maslin 等（2010）以及 Tappin（2010）得出的结论相左，他们均认为未来全球气候变暖会导致海底滑坡及次生灾害（如浊流）频发。由此可见，我们的研究将有助于更好地了解海底滑坡如何响应未来全球变暖，但值得注意的是我们的全球水道数据库存在年代的不确定性，并且某些局部信号很可能在我们的全球水道数据库中被掩盖，因此有待进一步深入研究。

5.4 小　结

本章对“全球视角下重力流与底流交互作用典型沉积响应（深水单向迁移水道）的形态变化和叠置样式”进行了分析和讨论，得出如下结论。

（1）本章首先利用来自全球 23 个大陆边缘的 40 条深水顺向迁移水道和 20 条深水反向迁移水道建立了一个全球迁移水道数据库，首次解释了迁移水道全球尺度的剖面形态和叠置样式的变化。具体来说，依据与参与其沉积建造的等深流流向相同和相反，可以将深水迁移水道区分为顺向迁移和反向迁移两大类。深水顺向迁移水道更加陡峻的水道侧翼发育在等深流下游一翼，且水道内所有沉积要素全部被限定在水道内。在“埃克曼螺旋所形成的等深流上游一翼沉积、下游一翼侵蚀的不对称沉积-侵蚀效应”作用下，水道不断向水道下游一翼侧向迁移、叠加，形成顺向迁移水道和不对称的剖面形态（等深流下游一翼的水道更加陡峻）。与此不同的是，深水反向迁移水道更加陡峻的水道侧翼发育在等深流上游一翼，且水道被溢岸天然堤或等深流漂积体所构成的堤岸所限定。在“埃克曼螺旋所形成的差异的等深流下游一翼沉积、上游一翼侵蚀的不对称沉积–侵蚀效应”作用下，水道不断向水道上游一翼侧向迁移、叠加，形成反向迁移水道以及不对称的水道剖面形态（等深流下游一翼发育堤岸沉积）。

（2）基于对 142 条深水水道的全球采样，从水道生长轨迹的运动学角度来看，重力流水道发育侧向–无序–垂向迁移的运动轨迹，等深流水道主要发育顺坡迁移的生长轨迹；而深水单向迁移水道则发育沿坡迁移的生长轨迹。基于全球 142 条深水水道数据库，浊流相关水道（包括浊积和迁移水道）发育窄而深的水道剖面形态（宽深比 W/T 的中值约为15），且其侧向迁移速率是等深流水道的2～3倍（迁移指数 M_s 的中值约为 0.45）。与此不同的是，等深流水道往往宽且浅（宽深比 W/T 的中值约为 39），且垂向进积速率是重力流水道的 2～3 倍（迁移指数 M_s 的中值约为 0.28）。重力流水道和等深流水道在剖面形成和沉积叠置样式上的这一差异是由“水道内流体与海水密度差”的不同造成的。具体来说，重力流水道内浊流–海水的密度差要大于等深流–海水的密度差，从而使得重力流水道以侧向迁移为主而等深流水道以垂向进积为主。从气候变化的角度来看，发育在温室气候期的深水温室水道在水道数据库中占比较小（仅占 8%），具有较小的 W/T（标准方差为 ±5）和 M_s（标准方差为 ±0.27），可见其剖面形态和叠置样式相对单一。与此不同的是，发育在冰室气候期的深水温室水道在水道数据库中占比较大（约占 92%），具有较大的 W/T（标准方差为 ±17）和 M_s（标准方差为 ±0.44），可见其剖面形态和叠置样式多变。深水温室和冰室水道的在剖面形成和沉积叠置样式上的这一差异是“温室与冰室海平面变化的差异”造成的。具体来说，温室期浊流活动的频率相对较低且更加微弱，低频且微弱的浊流造成为数不多的深水温室水道在剖面形态和叠置样式上相对单一；而冰室期浊流活动的频率相对较高且更加强劲，高频且强劲的浊流造成数量众多的深水冰室水道在剖面形态和叠置样式上变化多端。

第 6 章

深水单向迁移水道内重力流与底流交互作用的沉积动力学机制

6.1 概述与区域地质概况

6.1.1 概述

1. 深水单向迁移水道内剖面环流结构是未解之谜

顺坡而下的重力流（浊流）和沿坡流动的底流（等深流）是深水大洋中最重要的两大侵蚀-搬运营力（Rebesco et al.，2014；de Leeuw et al.，2016；Azpiroz-Zabala et al.，2017）。在过去的研究中，这两大基本特征迥异的沉积作用常常被分开研究，但最近的研究表明：它们并不是永不相交的两条平行线，在某些特定的地质条件下，重力流（浊流）和底流（等深流）能够同时、同地存在，活跃地交互作用（Gong et al.，2013，2018；Rebesco et al.，2014；Fonnesu et al.，2020）。然而，重力流和底流在持续时间、作用强度、流动方向和流动速度等方面存在“冰与火”的差异，从而导致重力流与底流交互作用一直颇具争议。产生这一争议的根本原因是未能从根本上揭示深水单向迁移水道内重力流与底流交互作用的动力学机制。

此外，就深水单向迁移水道而言，本书前几章围绕这些深水单向迁移水道的剖面形态、叠置样式和沉积构成等展开了讨论，而未能对深水单向迁移水道内重力流（浊流）和底流（等深流）在剖面上的流体行为（剖面环流结构）展开论述。

6.2 节和 6.3 节将以“非被动大陆边缘的下刚果盆地内形成发育的深水单向迁移水道”为例（图 6.1.1），从流体动力学计算的角度论证揭示深水顺向迁移水道内重力流与底流交互作用的动力学机制。6.4 节的研究基于不莱梅大学 Elda Miramontes 博士联合荷兰乌得勒支大学 Joris T. Eggenhuisen 博士等发表在地学著名刊物 *Geology* 第 48 期题为 *Channel-levee evolution in combined contour current-turbidity current flows from flume-tank experiments* 的文章（Miramontes et al.，2020）。该成果以“加拿大新斯科舍陆缘上现代的深水反向迁移水道”为例（图 6.1.2），开展了迁移水道内重力流与底流交互作用模拟实验研究。

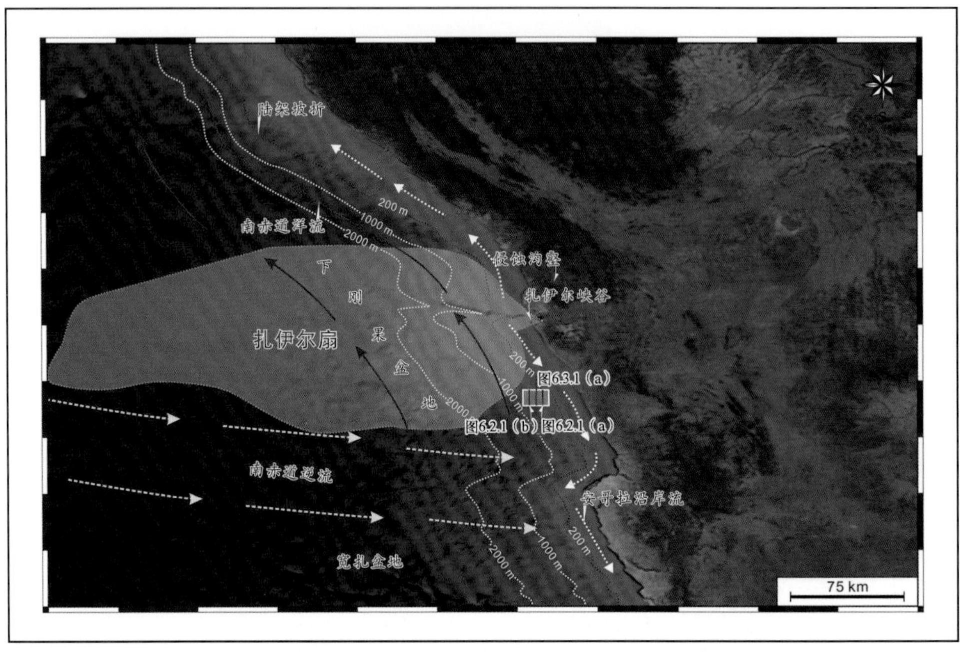

图 6.1.1　地貌图示意了本章 6.2 节和 6.3 节研究区（下刚果盆地）的区域地质和海洋学背景以及图 6.2.1 和图 6.3.1（a）所示地震剖面的平面位置

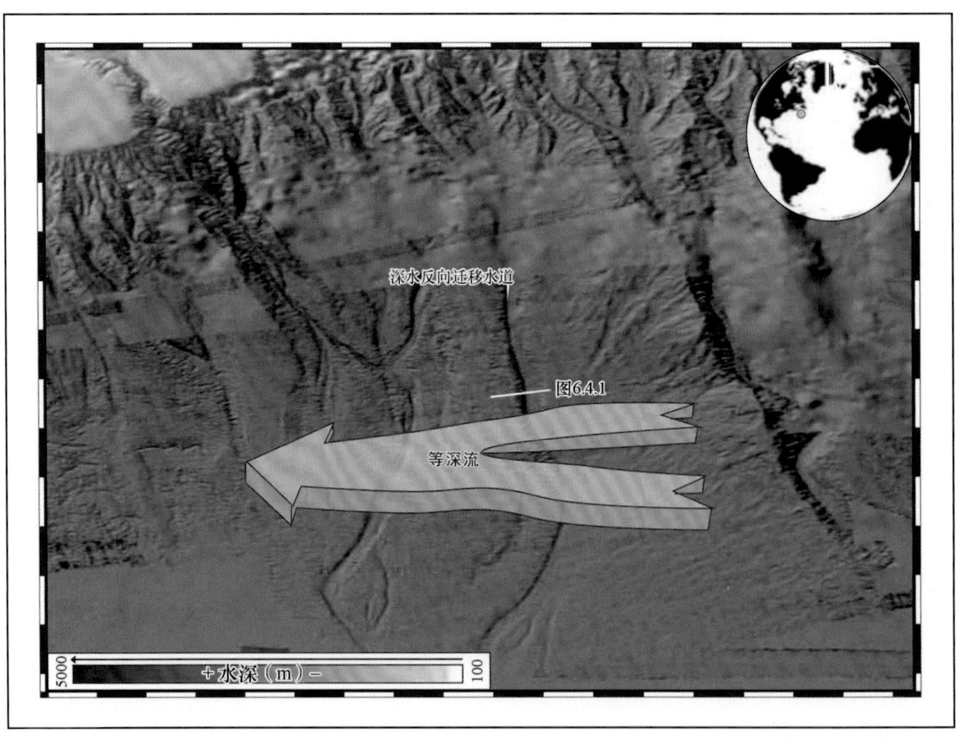

图 6.1.2　多波束海底地形图（Miramontes et al.，2020）示例了加拿大新斯科舍陆缘上深水反向迁移水道的地貌特征

2. 本章所涉及的数据和方法

本章主要为作者的研究积累和 *Geology* 第 48 期的相关成果（Miramontes et al.，2020），所涉及的数据和方法概述如下。

1）3D 地震数据

本章研究所使用的地震数据主要是约 500km^2 的三维地震数据，该数据是由中国石油化工股份有限公司在西非陆缘下刚果盆地采集获取的，这些地震资料上清晰可见单向迁移特征明显的深水水道（图 6.1.1）。本章所使用的三维地震数据经过三维叠后时间偏移处理，垂向采样率为 4ms，时间偏移地震数据体的面元面积为 12.5m×12.5m。所使用的地震数据在目的层的主频约为 40 Hz，垂向分辨率为 15～20m。这些地震数据使用“SEG 负极性”进行显示，其中正反射系数对应于波阻抗的增大。

在地震资料解释方法上，本章研究采用经典的 2D 地震相分析（Vail et al.，1977）和 3D 地震地貌学（Posamentier et al.，2007）相结合的手段。地震振幅切片增强了对小规模沉积要素和特征的地层结构的可视化，能够精确地描绘此研究中深水水道的外部形态和内部构型。采用两步生成层拉平的地震振幅切片：首先利用现代海底（0ms）作为层拉平顶界面，将三维地震振幅体沿海底进行层拉平；其次利用 LandMark 地震资料解释软件制作地震振幅切片。在此基础上，本章采用层拉平的地震振幅切片与三维地震剖面相结合的方法，对所研究的水道进行了平面和剖面的详细描述。此外，我们还度量了所研究的深水单向迁移水道的形态参数。在时-深转换时，我们利用研究区浅层沉积物的速度（2000m/s）和海水的速度（1500m/s）将所量取的时间域形态参数转换为深度参数。依据所研究的深水单向迁移水道的外部几何形态和内部反射特征，解译了参与水道沉积建造的沉积作用过程。

2）深水反向迁移水道交互作用物理模拟实验的建立

Elda Miramontes 博士的水槽模拟实验基于的地质模型概化于如图 6.1.2 所示的加拿大新斯科舍陆缘上发育的现代和东非陆缘鲁伍马盆地内的古代深水反向迁移水道（Fonnesu et al.，2020）。无论是现代还是古代的深水反向迁移水道，参与它们沉积建造的等深流的流向均与迁移水道的迁移方向相反（Normandeau et al.，2019；Fonnesu et al.，2020）。

Elda Miramontes 博士的模拟实验是在隶属于荷兰乌得勒支大学的 Eurotank 水槽实验室内完成的（该实验室全景一览见图 6.1.3），该实验室的主任是 Joris T. Eggenhuisen 博士。Eurotank 水槽长约 11.0m、宽约 6.0m、高约 1.2m，能够进行从重力流（浊流）到海底扇等多尺度的物理模拟实验，产生了一系列经典的深水研究成果，是当今最先进的水槽实验室之一。譬如，在浊流深水水道-天然堤沉积体系物理模拟方面的代表性研究成果有 de Leeuw 等（2016，2018a，2018b），这些模拟研究成果为反向迁移水道内重力流（浊流）与底流（等深流）交互作用的物理模拟提供了良好的基础。

图 6.1.3　隶属于荷兰乌得勒支大学的 Eurotank 水槽实验室一览（图片来自谷歌）

在 Elda Miramontes 博士所开展的物理模拟中，浊流是由沉积物和水的混合物泵入（粒度中值为 133μm，沉积物体积浓度为 17%，体积为 $0.9m^3$，流量约为 $30m^3/h$），这些浊流流入位于坡度为 11° 的斜坡上预先设置的水道中。这些预先设置的水道的形状和尺寸与 de Leeuw 等（2018b）的第五次实验相同（宽 80cm，深 3cm）。之所以选择这种预制水道的形态参数是因为在实验过程中，水道侧面上方的浊流有很大一部分会与等深流相互作用。在 Elda Miramontes 博士的模拟实验中，采用了多级水泵，在盆地中产生近乎垂直于重力流方向的水循环，以模拟沿坡流动的等深流。Elda Miramontes 博士等共开展了四组模拟实验（Miramontes et al., 2020），其中在第一组模拟实验中，浊流在没有等深流的静水中流动；在后三组实验中，浊流的参数保持不变，分别使用 1 个、2 个和 3 个泵产生三种不同流速的等深流（流速分别为 10cm/s、14cm/s 和 19cm/s）。实验中等深流和浊流的流速分别利用信号处理 SA 公司出品的 UDOP 4000 测速仪进行测量，该测速仪位于水道最深谷斜坡的中部。UDOP 4000 测速仪能够测量顺坡流动和沿坡流动的速度分量的时间序列。

6.1.2 区域地质概况与海洋学背景

1. 西非被动大陆边缘的下刚果盆地

本章的研究区（图6.1.1）位于西非被动大陆边缘的下刚果盆地，研究区的面积约500km^2，水深为200～500m。下刚果盆地是在早白垩世南大西洋开裂的过程中形成发育而来的（Séranne and Abeigne，1999；Stramma and England，1999；Ho et al.，2012）。扎伊尔河是该盆地的主要物源“供应商”，向下刚果盆地输送了大量碎屑，形成扎伊尔（刚果）扇；其流域面积达3.8×10^6km^2，含沙量达4.3×10^7t/a（图6.1.1）（Ho et al.，2012）。扎伊尔扇广泛发育峡谷、水道和朵叶等典型深水沉积单元，所研究的第四纪深水单向迁移水道发育在扎伊尔扇的东南缘（图6.1.1）。

下刚果盆地经历了两个主要的构造演化阶段，即从距今150Ma到早阿普特期的裂谷期和从阿尔布期到第四纪的后裂谷期（Valle et al.，2001；Brouckea et al.，2004；Séranne and Anka，2005）。相应地，在下刚果盆地内形成了两套超层序，即前阿普特全面陆相裂陷期超层序和裂后拗陷期超层序（Séranne and Abeigne，1999；Séranne and Anka，2005）。盆地的构造抬升主要发生在断陷后的陆架出露阶段，从而导致沉积物以浊流的方式被重新分配到盆地较深处（Anderson et al.，2000；Anka and Séranne，2004；Anka et al.，2009；Savoye et al.，2009；Ho et al.，2012）。发育于西非陆缘上陆坡区的第四系深水水道是本章研究的重点。

在区域海洋学背景上，研究区内主要被安哥拉沿岸流（Angola coastal current）、南赤道逆流（south equatorial countercurrent）和南赤道洋流（south equatorial current）所主导（图6.1.1）。向东南方向流动的安哥拉沿岸流有效作用深度小于200m，是陆架上主要的洋流水动力类型，其参与了陆架上沙坝的沉积建造过程（图6.1.1）（Séranne and Abeigne，1999）。向东流动的南赤道逆流具有显著的季节性变化，其作用深度可达250m；而南赤道洋流主要流向研究区的西北方，其有效深度小于350m，流速最大可达10cm/s（图6.1.1）（Stramma and England，1999；Merciera et al.，2003）。一般而言，等深流通常与大规模的水团相伴生，且在地质历史时期中长期、稳定存在（Rebesco et al.，2014），这表明现今向北流动的南赤道洋流可能参与了本章6.2节和6.3节所讨论描述的持续向北迁移的单向迁移水道的沉积建造过程。

2. 加拿大新斯科舍陆缘

加拿大新斯科舍陆缘的陆架宽约200km，现今陆架坡折位于水深80～130m的外陆架处（Normandeau et al.，2019）。新斯科舍陆坡被众多峡谷水道下切，它们多为晚上新世以来形成发育的，是晚上新世全球变冷和海平面下降的产物（图6.1.2）。向陆一侧，不少水道切割并穿越陆架坡折抵达内陆架-中陆架处；向海一侧，部分峡谷的头部抵达水深约4000m的水深处（图6.1.2）。

新斯科舍陆坡上发育多种沿坡流动的底流（等深流）作用，尤以“北大西洋深层西部边界流”（North Atlantic deep western boundary current）最为显著。它们向西南流动，主要由四大洋流组成：有效作用深度小于 700m 的 Upper Labrador Sea Water、有效作用深度介于 700～1500m 的 Classic Labrador Sea Water 以及有效作用深度大于 1500m 的 Denmark Strait Overflow Water 和 Iceland-Scotland Overflow Water（Normandeau et al.，2019；Miramontes et al.，2020）。研究认为 Denmark Strait Overflow Water 和 Iceland-Scotland Overflow Water 所伴生的底流（等深流）可能参与了本章 6.3 节所讨论的现代反向迁移水道的沉积建造过程（Normandeau et al.，2019；Miramontes et al.，2020）。

6.2 深水顺向迁移水道内重力流与底流交互作用的剖面螺旋环流结构

6.2.1 西非陆缘上顺向迁移水道的地震沉积学研究

本节研究区（西非陆缘下刚果盆地）识别出了发育单向迁移水道轨迹的三条深水单向迁移水道 C1、C2 和 C3（图 6.2.1，图 6.2.2）。本章以沉积特征最为典型、反射特征最为明显的深水单向迁移水道 C2 为例，来解译深水单向迁移水道内重力流（浊流）与底流（等深流）交互作用所形成的螺旋环流的流体结构。所研究的深水单向迁移水道发育三期水道复合体（CCS1～CCS3），这三期水道复合体的形态特征见表 6.2.1。根据地震反射特征（反射连续性和振幅）、剖面几何形态和地震反射终止关系，识别出两个主要的地震相（地震相 1 和地震相 2），对这两种地震相的描述和解释详见表 6.2.2 和表 6.2.3。

1. 西非陆缘上深水顺向迁移水道地震地层学和地震地貌学研究

在剖面上，本章所研究的深水单向迁移水道不发育堤岸、可见单向迁移的水道生长轨迹和不对称的水道剖面形态（图 6.2.2～图 6.2.4）。在剖面上，本章拟重点剖析的深水单向迁移水道 C2 由三期持续向北迁移、叠加的水道复合体系（CCS1～CCS3）组成［图 6.2.1，图 6.2.2，图 6.2.4 和图 6.2.5（a）］。在剖面几何形态上，这三期水道复合体系的宽度为 2.5～5.5km，平均厚度为 100～350m，宽深比约为 20［图 6.2.1，图 6.2.3，图 6.2.4 和图 6.2.5（a），表 6.2.1］。

深水单向迁移水道 C2 的三期水道复合体 CCS1～CCS3 可以识别出两个独立的沉积单元（地震相 1 和地震相 2）［图 6.2.3，图 6.2.4，图 6.2.5（a），表 6.2.2）］。具体来说，地震相 1（谷底强振幅地震相）为位于水道复合体下部的谷底充填呈透镜状、平行—亚平行强振幅反射体；地震相 2（“S”形弱振幅地震相）为位于

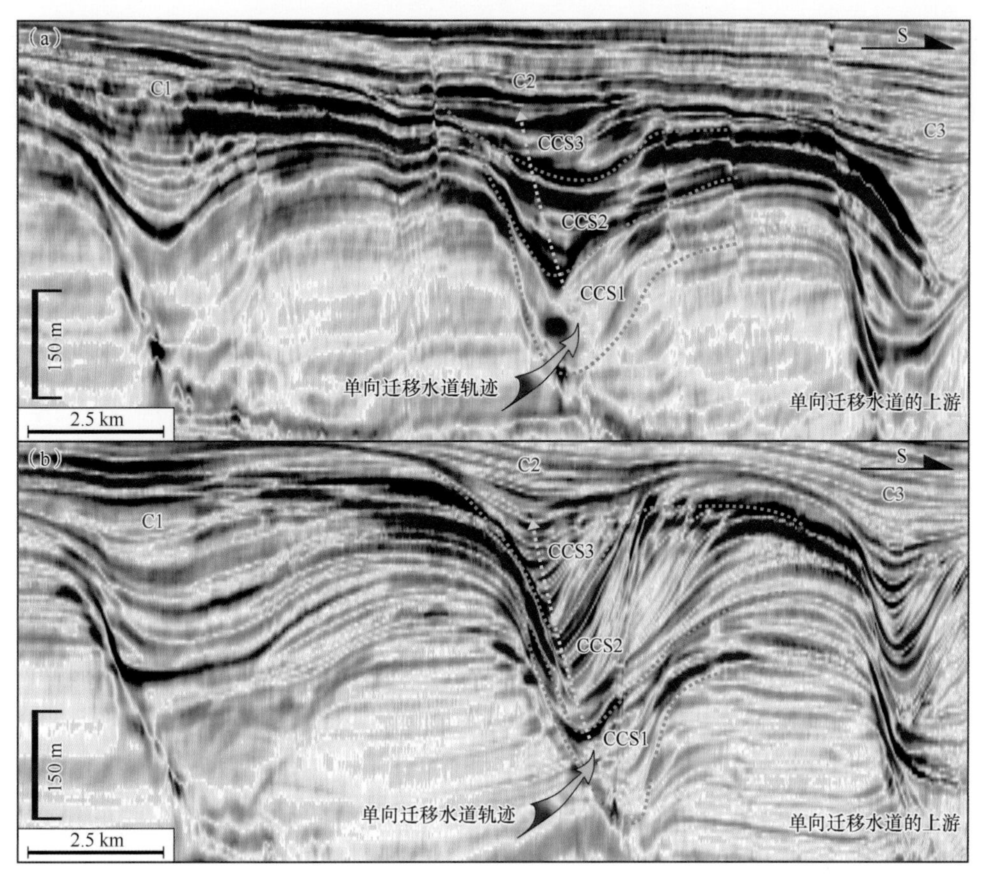

图 6.2.1　地震剖面（剖面位置见图 6.1.1）刻画了深水单向迁移水道的形态特征和沉积构成（深水单向迁移水道 C2 的局部放大图见图 6.2.3）

水道复合体上部的“S”形、向水道最深谷底线以 1°～11° 倾斜的弱振幅反射体［图 6.2.3，图 6.2.4，图 6.2.5（a），表 6.2.2］。地震相 1 的平均宽度为 2.5km，平均高度为 40～70m，而地震相 2 平均宽度为 3～5.5km，平均高度为 50～90m［图 6.2.3，图 6.2.4，图 6.2.5（a），表 6.2.2］。

如图 6.2.3、图 6.2.4、图 6.2.5（a）和表 6.2.1 所示：在平面上，本章拟重点剖析的深水单向迁移水道 C2 长约 30km，近乎顺直（弯曲度约为 1）。在拉平振幅切片上，地震相 1 由近乎平行展布的新月形的强振幅丝带构成，而地震相 2 则由近乎等间距展布的弱振幅丝带构成［图 6.2.3，图 6.2.4，图 6.2.5（a），表 6.2.2］。在平面上，地震相 1 主要沿着与深水单向迁移水道 C2 轴向平行，并靠近水道迁移（陡岸）一侧呈条带状展布，而地震相 2 主要沿着水道的缓岸发育、分布［图 6.2.3，图 6.2.4，图 6.2.5（a）］。

2. 西非陆缘上深水顺向迁移水道沉积学解释

前人研究认为：深水水道谷底的强振幅（地震相 1）常常为高密度浊流快速沉

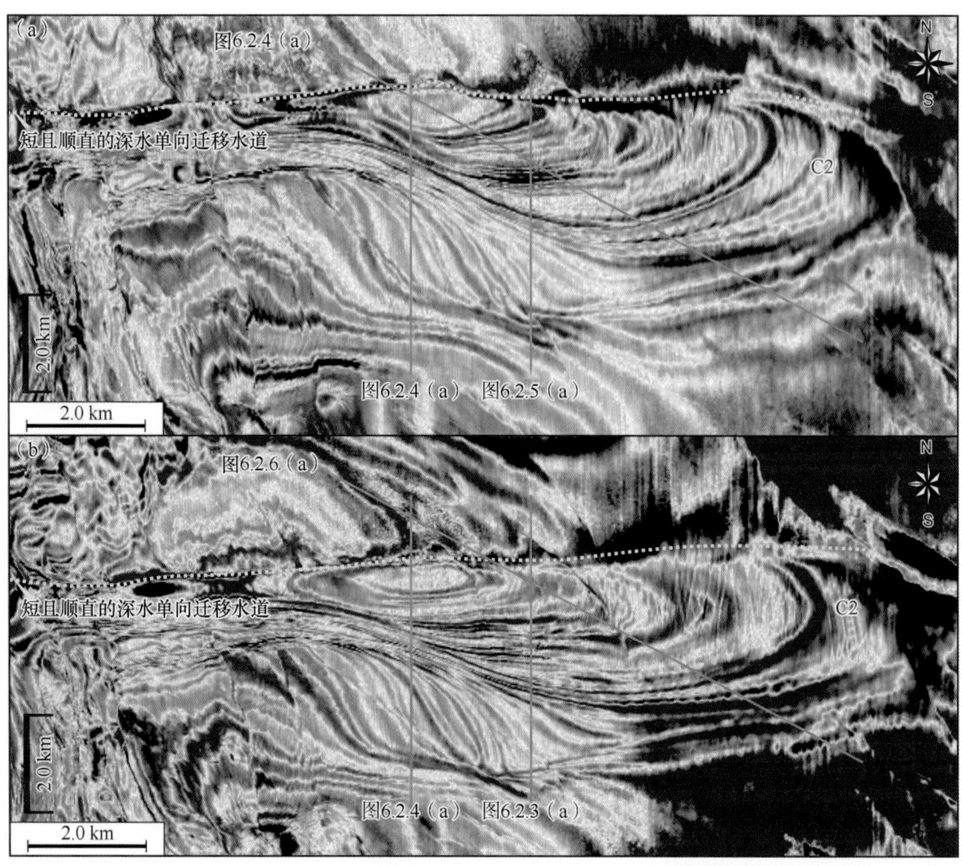

图 6.2.2　海底向下 280ms（a）和 300ms（b）地震切片（切片的剖面位置详见图 6.2.3）示意的本章所研究的深水单向迁移水道 C2 的平面地震地貌特征以及图 6.2.3（a）、图 6.2.4（a）和图 6.2.5（a）所示的地震剖面的平面位置

表 6.2.1　西非陆缘上深水顺向迁移水道 C2 三期水道复合体（CCS1～CCS3）的形态参数一览

水道复合体	最大宽度/km	平均宽度/km	最大深度/km	平均深度/m	宽深比 W/T	平均长度/km	弯曲度
CCS1	4.49	2.52	195.14	124.06	20.31	25.43	～1
CCS2	5.43	3.43	345.87	172.13	19.93	29.78	～1
CCS3	4.32	2.32	164.52	112.13m	20.69	28.91	～1

表 6.2.2　西非陆缘上深水顺向迁移水道内地震相特征一览

地震相	剖面地震表述			平面反射构型	反射终止关系	地震实例
	振幅	连续性	形态			
1	强	中等	透镜状	强振幅丝带	削截	图 6.2.3、图 6.2.4 和图 6.2.5（a）
2	弱	高	S 形	弱振幅丝带	上超和下超	图 6.2.3、图 6.2.4 和图 6.2.5（a）

表 6.2.3　深水单向迁移水道内沉积要素的形态特征一览

地震相	最大宽度/km	平均宽度/km	最大高度/m	平均高度/m
水道充填	4.0	2.5	70	50
侧积体	5.5	3.5	90	60

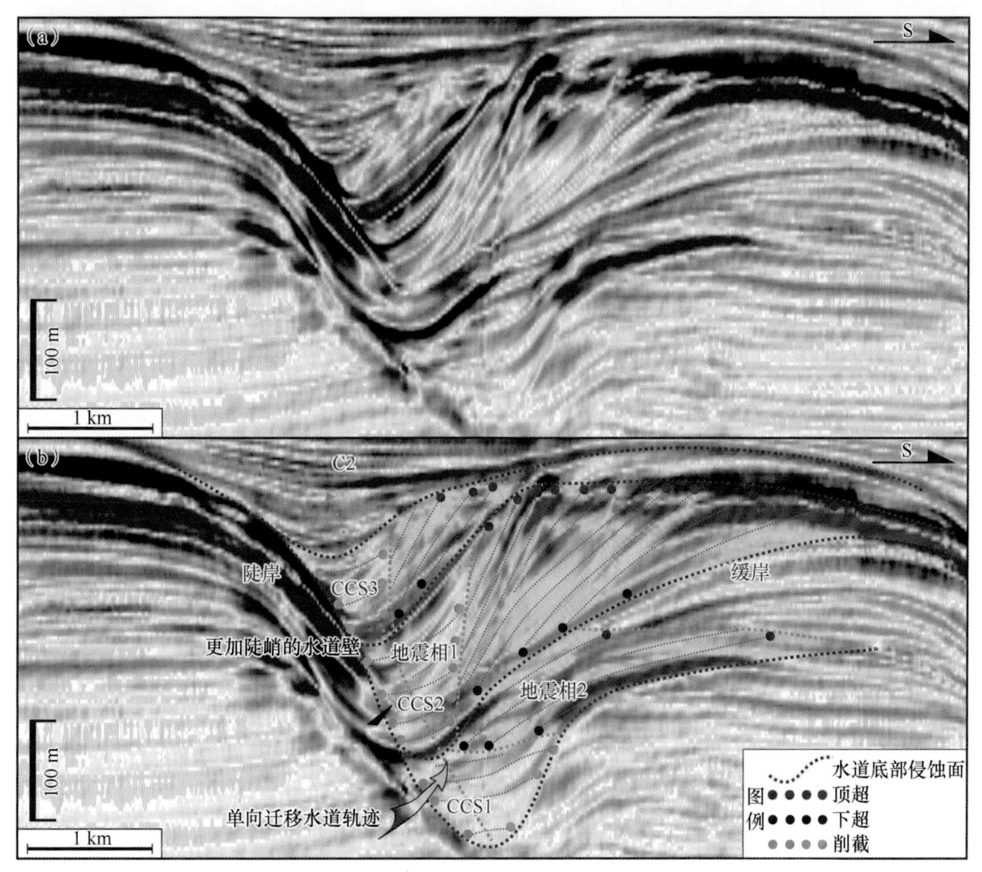

图 6.2.3　垂直于物源方向的地震剖面（剖面位置详见图 6.2.2）及其解释示意的本章所研究的深水单向迁移水道内水道充填（地震相 1，图中暖色阴影部分）和侧积体（地震相 2，图中冷色阴影部分）的剖面地震反射特征

积而成的谷底富砂的水道充填沉积。据此，我们也同样将深水水道谷底强振幅反射解释为高密度浊流形成的产物［图 6.2.3，图 6.2.4，图 6.2.5（a），图 6.2.6（a），图 6.2.7（a），表 6.2.2］（Wynn et al.，2007；Gong et al.，2013；Janocko et al.，2013a）。深水水道中与陆上边滩剖面形态特征类似的弱反射体（地震相 2）一般为浊流与底流（底流）交互作用沉积而成富泥的水道侧向迁移复合体（Zhu et al.，2010；Gong et al.，2013；He et al.，2013）。地震相 1 和地震相 2 持续稳定地向北迁移，这一沉积特征常常被认为是单向底流持续作用的结果［图 6.2.1，图 6.2.3 和图 6.2.5（a）］（Zhu et al.，2010；Gong et al.，2013；He et al.，2013）。

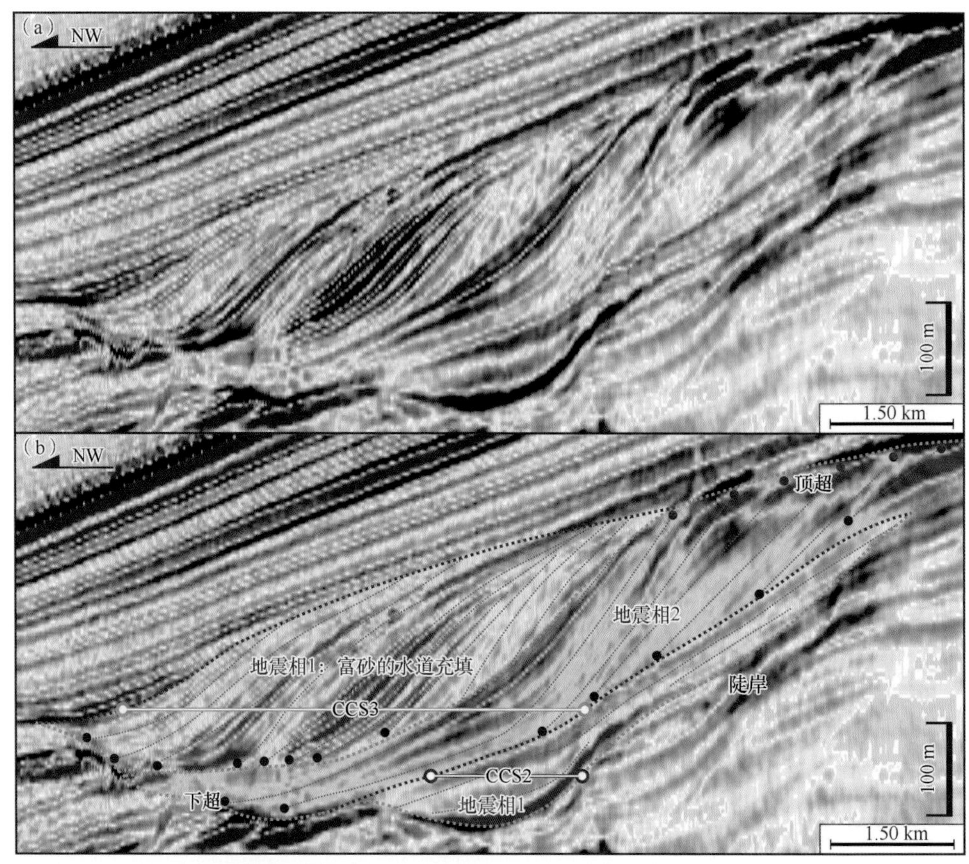

图 6.2.4 斜交深水单向迁移水道 C2 的地震剖面（剖面位置见图 6.2.2）及其对应解释刻画了迁移水道内地震相 1（水道充填）和地震相 2（侧积体）的剖面地震反射特征

6.2.2 重力流与底流交互作用螺旋环流的定量重构

1. 西非陆缘上顺向迁移水道内沉积作用类型

深水水道常常被认为是重力流（浊流）最有利的形成发育场所，顺陆坡而下的深水水道常常被认为是重力流（浊流）的沉积响应（Peakall and Sumner，2015）。这表明重力流（浊流）可能是本章所研究的深水单向迁移水道最重要的沉积建造作用类型［图 6.2.8（b）］。此外，本章所研究的深水单向迁移水道发育分布在 200～500m 的古水深范围内（图 6.2.1）。这表明所研究的深水水道的单向（向北）迁移可能与有效深度约 350m、向北流动的南赤道洋流持续单向流动（等深流）有关［图 6.2.8（b）］（Stramma and England，1999；Merciera et al.，2003）。Merciera 等（2003）研究表明南赤道洋流所伴生的底流最大流速约为 10cm/s。

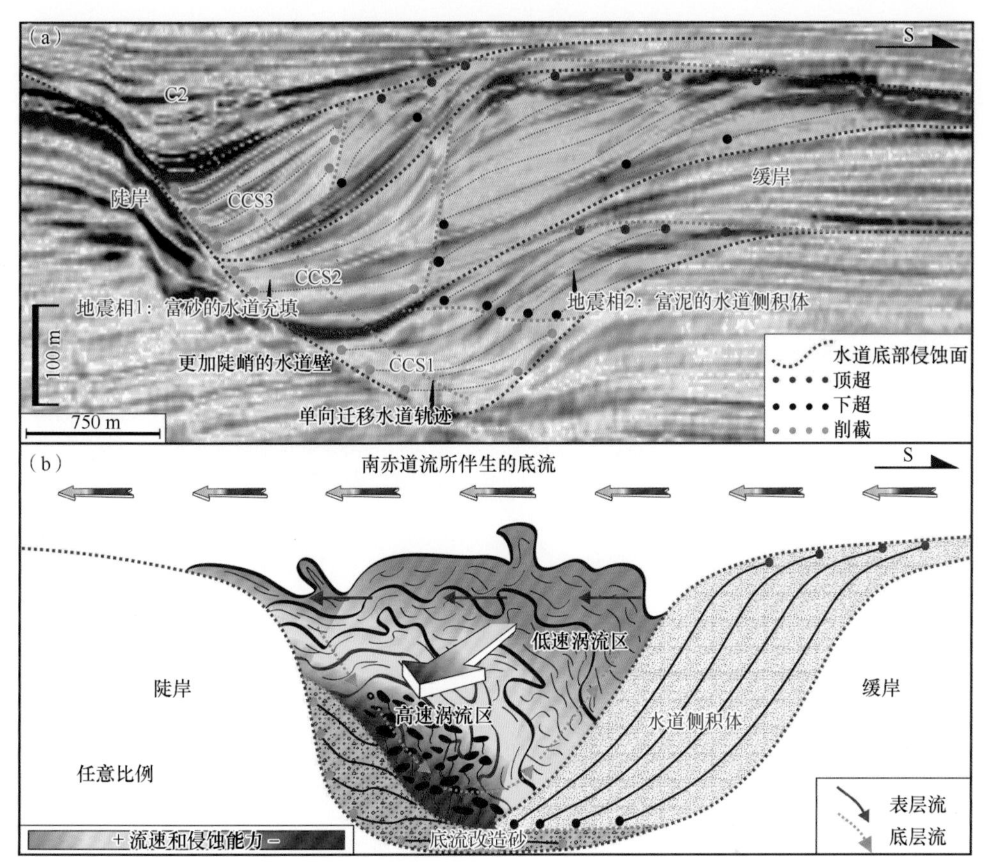

图 6.2.5　垂直于物源方向的地震剖面刻画了深水单向迁移水道（图 6.2.1 中 C2）的剖面几何形态和沉积特征（a）和手绘图示意了深水单向迁移水道内重力流（浊流）与底流（等深流）交互作用所形成的横向螺旋环流的剖面流体结构（b）

2. 科里奥利力和离心力

众所周知，科里奥利力对顺直和蛇曲深水水道内的流体动力学均有影响（Cossu and Wells，2013）。人们常常用罗斯贝数 R_{ow} 来衡量科里奥利力对深水水道剖面环流的影响效应，R_{ow} 的计算公式为（Cossu and Wells，2013）

$$R_{ow}=|U/Wf| \tag{6.2.1}$$

式中，U 为浊流平均速度；W 为水道宽度（研究区水道宽度约 3.2km）；f 为科里奥利力系数，定义为 $f=2\Omega\sin\theta$，其中 Ω 为地球自转角速度，θ 为纬度（本章所研究的水道位于南纬 7.16°）。

利用式（6.2.1），当 $U=F_x=0.5$m/s 时，$R_0=\left|0.5/\left(3200\times2\times\Omega\ \sin7.16°\right)\right|\approx$ $\left|\dfrac{0.5}{3200\times1.81\times10^{-5}}\right|\approx8.63$；当 $U=F_x=5$m/s 时，$R_0=\left|5/\left(3200\times2\times\Omega\ \sin7.16°\right)\right|\approx$

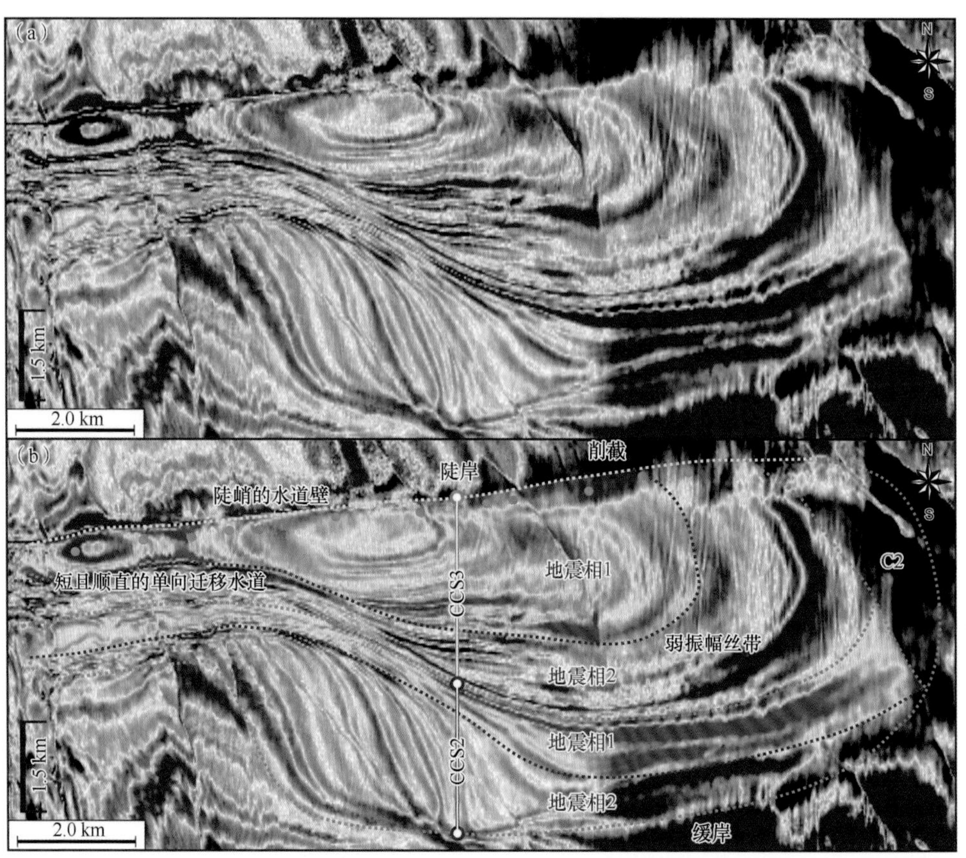

图 6.2.6 现今海底之下 270ms 的层拉平地震振幅切片及其解释示意的水道的平面地震地貌形态与地震相 1 和地震相 2 的平面地震地貌学特征

$\left|\dfrac{5}{3200\times1.81\times10^{-5}}\right|\approx86.3$。以上这两种情况下，$R_0$ 均远大于 1，表明不论水道内浊流的流速有多大（5m/s）抑或有多小（0.5m/s），科里奥利力对位于靠近赤道附近（南纬 7.16°）的深水顺向迁移内螺旋环流的影响“微乎其微”。

Wells 和 Cossu（2013）研究表明在北半球科里奥利力会驱动深水水道内的浊流偏向水道右手一侧（顺流向下看），而在南半球科里奥利力使得深水水道内的浊流向左偏（顺流向下看）（Cossu et al.，2010）。与此同时，这一作用将在水道内形成一个与河流相反的螺旋环流，使得水道缓岸受到侵蚀，而陡岸发生沉积（顺流向下看）（Wells and Cossu，2013；Cossu and Wells，2013；Cossu et al.，2015）。然而，这一假设与我们所观察到的深水单向迁移水道内的“陡岸侵蚀-缓岸沉积”截然不同。这从另一个侧面说明科里奥利力对本章所研究的深水单向迁移水道沉积作用过程的影响可以忽略不计。

此外，前人研究认为当浊流流经水道弯曲处会被离心加速，形成离心力。所形成的离心力也是深水曲流水道中影响沉积过程最重要的作用类型之一（Pyles et al.，

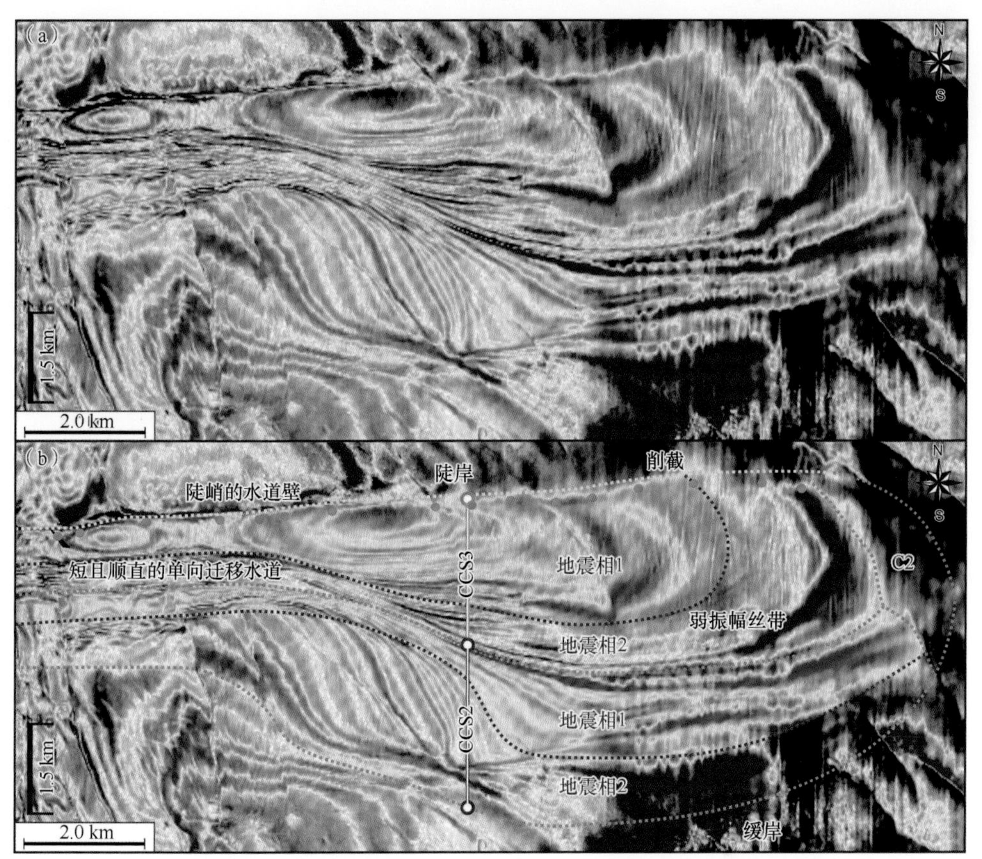

图 6.2.7　现今海底之下 250ms 的层拉平地震振幅切片及其解释示意的水道的平面地震地貌形态与地震相 1 和地震相 2 的平面地震地貌学特征

2012；Janocko et al.，2013b；Peakall and Sumner，2015）。本章所研究的深水单向迁移水道 C2 相对顺直，无明显的水道弯曲度陡变带［图 6.2.2，图 6.2.7，图 6.2.8（a），表 6.2.1］，这表明其形成发育过程并未受到曲率诱导的离心力的作用。因此，离心力也没有参与本章所研究的深水水道的沉积建造过程。

3. 重力流（浊流）与底流（等深流）交互作用而成螺旋环流的定量计算

一般而言，深水水道内的浊流通常表现密度和速度分层，其底部通常具有较高的流速和密度（Peakall et al.，2000），这表明底流会对水道内流速和密度较小的上层浊流有较大影响。通过分析底流和上部浊流的交互作用，可预测螺旋环流（表层流）整体的性质。具体来说，依据如图 6.2.8（b）所示的力的合成与分解三角，可以获得交互作用螺旋环流的古流向（β，单位为°），计算公式如下：

$$\beta=\tan^{-1}(F_y/F_x) \tag{6.2.2}$$

式中，F_x 为浊流最大流速；F_y 为底流最大流速。

前人研究表明南赤道流的最大流速（F_y）可达 10cm/s（Stramma and England，

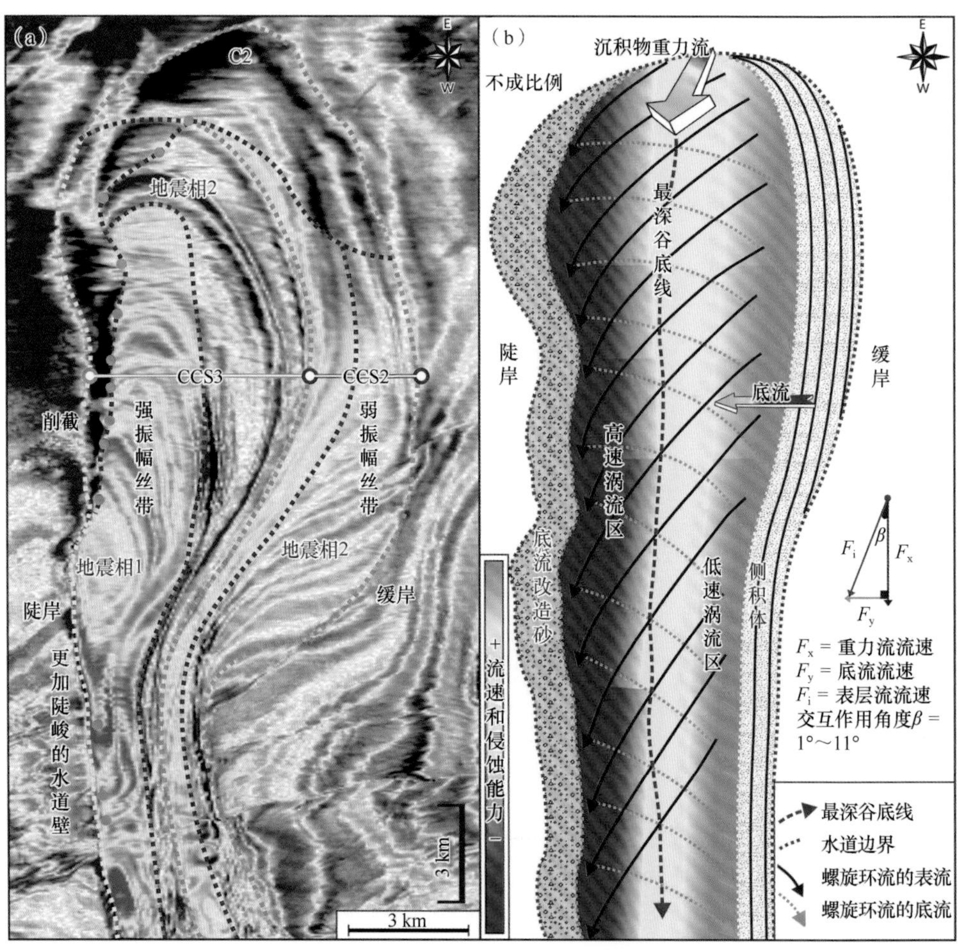

图 6.2.8　现今海底之下 260ms 的层拉平地震振幅切片及其解释示意的水道的平面地震地貌形态和地震相 1 和地震相 2 的平面地震反射特征（a）和手绘图示意的深水单向迁移水道内重力流与底流交互作用所形成的螺旋环流的平面流体结构（b）

1999; Merciera et al.，2003），据此我们假定参与本章所研究的深水水道沉积建造的底流流速为 $F_y \approx 0.1$m/s。依据式（6.2.2），当 F_x=0.5m/s 时，β=11.3°；当 F_x=5m/s 时，β=1.2°。这表明无论浊流流速有多大（最大可达 5m/s）或有多小（最小可达 0.5m/s），底流总能使水道内的浊流的上部以 1°～11° 的角度斜交水道的陡岸［图 6.2.5（b），图 6.2.8（b）］，从而导致水道内的浊流在水道陡岸一侧产生压力梯度，在陡岸一翼出现高速涡流区；与此同时水道底部沉积物向缓岸一侧搬运，在缓岸一翼出现低速涡流区［图 6.2.5（b），图 6.2.8（b）］。

上述深水单向迁移水道内重力流（浊流）与底流（等深流）交互作用形成的“由流速较大的流向陡岸的表层流和流速较小的流向缓岸的底流构成的螺旋环流”被以下几点现象所佐证。

首先，本章研究的深水单向迁移水道的缓岸广泛发育分布了体积规模较大的弱振幅富泥的侧向迁移复合体（最大宽度 5.5km，最大高度 90m），这表明深水单向迁移水道的缓岸以沉积作用为主，低速涡流区可能在这一区域发育［图 6.2.1～图 6.2.3，图 6.2.5（a），图 6.2.6，图 6.2.7，图 6.2.8（a），表 6.2.3］。

其次，所研究的深水单向迁移水道陡岸一侧可见局限分布的体积规模较小的强振幅富砂的水道充填沉积（最大宽度 4.0km，最大高度 70m），这表明水道的陡岸以侵蚀作用为主，高速涡流区在陡岸发育分布［图 6.2.1～图 6.2.3，图 6.2.5（a），图 6.2.6，图 6.2.7，图 6.2.8（a），表 6.2.3］。

最后，所研究的深水单向迁移水道的陡岸一侧的水道壁要比缓岸一侧更加陡峭，且可见削截地震反射终止关系；而缓岸一侧的水道壁更比陡岸一侧更加平缓，且发育顶超和下超地震反射终止关系，这也说明了水道的陡岸发育高速涡流区而缓岸发育低速涡流区［图 6.2.1～图 6.2.3，图 6.2.5（a），图 6.2.6，图 6.2.7，图 6.2.8（a）］。

4. 重力流（浊流）与底流（等深流）交互作用螺旋环流的过程响应

深水单向迁移水道内经由浊流带来的沉积物在高速涡流区（靠近水道迁移一侧的陡岸）可能被更充分地被分选、淘洗和改造，细粒的泥质沉积物在高速涡流区被冲刷掉，从而在陡岸形成体积规模较小的富砂的水道充填沉积（平均宽度为 2.5km，平均高度为 50m）［图 6.2.1～图 6.2.3，图 6.2.5（a），图 6.2.6，图 6.2.7，图 6.2.8（a），表 6.2.3］；而低速涡流区以沉积作用为主，从而在缓岸形成体积规模较大的富泥的水道侧向迁移复合体（平均宽度为 3.5km，平均高度为 60m）［图 6.2.1～图 6.2.3，图 6.2.5（a），图 6.2.6，图 6.2.7，图 6.2.8（a），表 6.2.3］。重力流（浊流）与底流（等深流）交互作用形成的螺旋环流在水道内产生“陡岸侵蚀-缓岸堆积”的过程响应，这一过程响应驱动水道不断向着底流流向一侧单向迁移、叠加，形成如图 6.2.1、图 6.2.3 和图 6.2.5 所示的深水单向迁移水道。

此外，如前所述，本章所研究的深水单向迁移水道的两翼并不发育同期沉积的浊积堤岸［图 6.2.1～图 6.2.3，图 6.2.5（a），图 6.2.6，图 6.2.7，图 6.2.8（a）］，这表明沿所研究的水道内重力流（浊流）与底流（等深流）交互作用所形成的螺旋环流的流体厚度比水道深度要小［图 6.2.5（b），图 6.2.8（b）］，从而导致水道内的流体不会从水道内溢出，缺少溢岸沉积及其所对应的水道堤岸。

6.2.3　深水顺向迁移水道内重力流与底流交互作用剖面螺旋环流重构的科学意义

本章研究以深水单向迁移水道为载体，讨论研究了深水单向迁移水道内重力流（浊流）与底流（等深流）交互作用所形成的螺旋环流的流体结构，为深水水道的沉积学解释、数值模拟和物理实验提供了新思路和新见解。

首先，前人已证实压力梯度力、离心力和科里奥利力可以在蛇曲的深水水道中产生与河流螺旋环流的表层流和底流流向相同的（Kassem and Imran，2004；Imran et al.，2007；Abad et al.，2011）或相反的螺旋环流（Peakall et al.，2007；Wynn et al.，2007；Parsons et al.，2010；Pyles et al.，2012；Cossu and Wells，2013；Sumner et al.，2014；Cossu et al.，2015），或两者兼而有之（Corney et al.，2008；Abad et al.，2011；Giorgio-Serchi et al.，2011；Dorrell et al.，2013）。而我们的研究首次从地震沉积学的角度揭示了在顺直没有离心力作用的深水水道中，以1°～11°夹角向陡岸流动的底流和沿水道轴向流动的浊流能够在水道内形成一个由流向陡岸的表层流和流向缓岸的底流构成的螺旋环流［图6.2.5（b），图6.2.8（b）］。由此可见，本章的结果有助于更好地理解深水水道的剖面环流结构。

其次，本章的研究表明，在不发生蛇曲，不受离心力作用、科里奥利力的作用可忽略不计的深水水道内［图6.2.2（a），图6.2.3（b），图6.2.6，图6.2.7，图6.2.8（a）］，底流促进了底流诱发的螺旋环流的形成。这一环流在水道中形成“陡岸侵蚀-缓岸沉积”的沉积作用过程。该“陡岸侵蚀-缓岸沉积”的沉积模式与深水水道中点坝的形成模式一致（Peakall et al.，2007；Amos et al.，2010；Cossu and Wells，2013；Cossu et al.，2015）。这种不对称的水道沉积模式与由科里奥利力主导的高纬度系统的实验结果相类似（Peakall et al.，2007；Cossu and Wells，2013；Cossu et al.，2015）。

再次，受可容空间变化的影响，单个的浊积水道总是在水道沉积体系中侧向无序地迁移、摆动（Wynn et al.，2007）。我们的研究结果首次从流体动力学的角度阐明了底流诱发的与河流类似的螺旋环流在深水水道中驱动形成“陡岸侵蚀-缓岸沉积”的沉积作用过程，从而在水道的陡岸形成体积规模较小的富砂的水道充填沉积而在水道的缓岸发育体积规模较大的富泥的水道侧向迁移复合体。这种“陡岸侵蚀-缓岸沉积”的沉积作用过程驱动深水单向迁移水道及其所伴生的底流改造砂向参与其沉积建造的底流流向一侧迁移、叠加，形成与浊积水道沉积特征迥异的深水单向迁移水道。这一研究结果有助于更好地认识深水水道的发育演化和成因机理。

最后，顺坡浊流与沿坡底流交互作用是深水沉积学中最具争议的问题之一（Zhu et al.，2010；Gong et al.，2013，2015），这在很大程度上由浊流与底流之间的能量差异造成的。本章研究结果表明，底流可驱动浊流以1°～11°流向水道的陡岸，形成“陡岸侵蚀-缓岸沉积”的过程响应。由此可见，本节的研究讨论有助于更好地理解重力流（浊流）与底流（等深流）交互作用的剖面环流结构。

6.3　深水顺向迁移水道内重力流与底流交互作用沉积动力学计算

6.3.1　基于水道形态的迁移水道内浊流满槽水力学计算

在下刚果盆地的研究区内，共计识别出了 6 条第四纪深水单向迁移水道［图 6.3.1（a）中的 UC1～UC6］。本节基于满槽水力学的浊流计算方程，计算重构了深水顺向迁移水道 UC1～UC6 的重力流（浊流）动力学参数（图 6.1.1，图 6.3.1）。

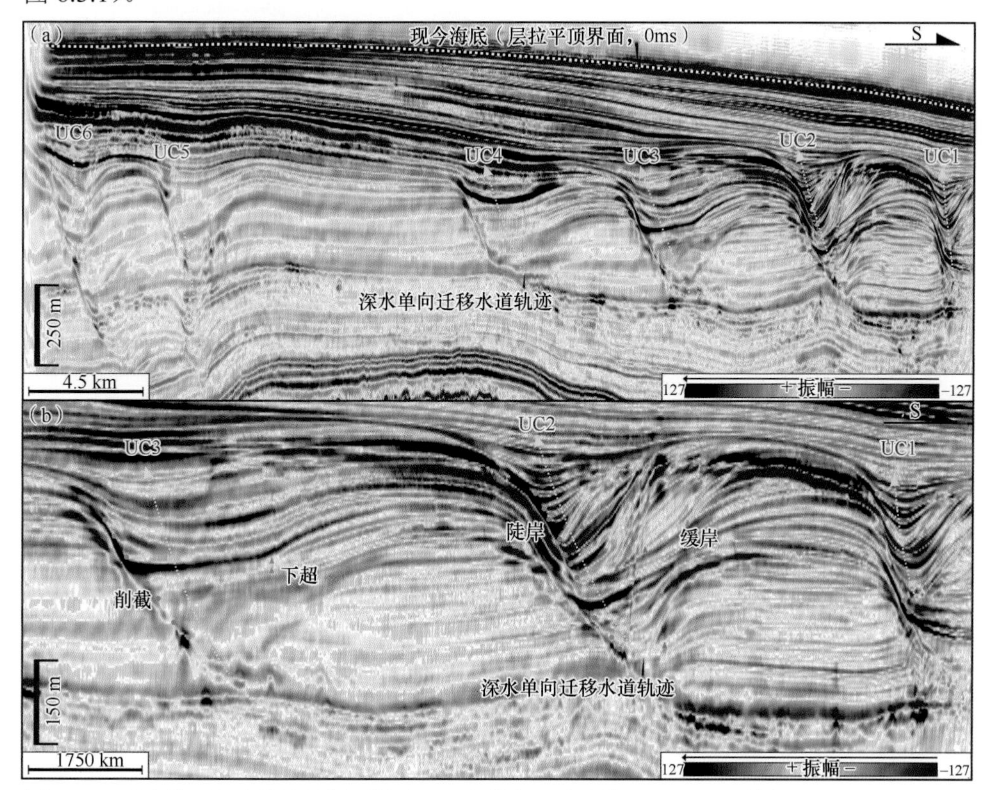

图 6.3.1　垂直物源方向的地震剖面刻画了深水单向迁移水道 UC1～UC6 的剖面形态与沉积构成

1. 下刚果盆地深水单向迁移水道的地震地貌特征

在平面上，深水单向迁移水道（以 UC1～UC3 为例）由一系列紧密相间的呈新月状或环带状的强、弱振幅条带组成［图 6.3.2，图 6.3.3（a）］，水道谷底的平均坡度（S）为 0.011～0.020（平均为 0.015）。在剖面上，6 条深水单向迁移水道北陡南缓，展现出明显的剖面不对称性，水道北部一翼总体上比南部一翼陡 1.5～3.5 倍，且陡坡一翼常见削截地震反射终止关系，而缓坡一翼常常与下超地震

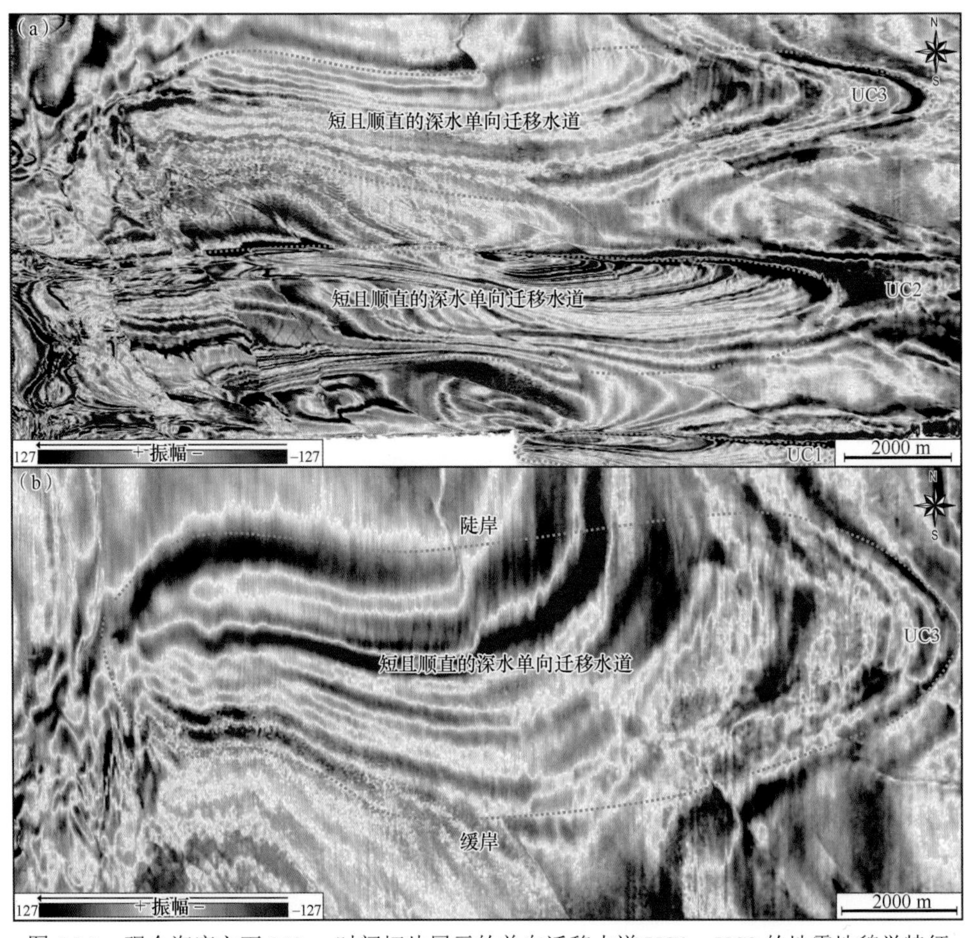

图 6.3.2　现今海底之下 350ms 时间切片展示的单向迁移水道 UC1～UC3 的地震地貌学特征

反射终止关系相伴生（图 6.3.1，图 6.3.4）。6 条深水单向迁移水道由一系列地震剖面上可识别的水道复合体构成，这些水道复合体的满槽宽度为 1506～3817m，满槽深度为 64～108m，长宽比为 16～45。

2. 基于水道形态的满槽水力学计算

拟利用壳牌国际石油勘探与生产公司 Octavio E. Sequeiros 博士所提出的弗劳德数计算模型来计算所研究迁移水道浊流的满槽水力学特征，该计算模型如式（6.3.1）所示：

$$Fr=[0.15+\tan h(7.62S^{0.75})](1+v_s/u_*)^{1.1}[C_f(1+\alpha)]^{-0.21} \quad (6.3.1)$$

式中，Fr 为弗劳德数；h 为流体厚度；$C_f(1+\alpha)$ 为复合摩擦系数，受控于 Fr；v_s 为悬浮物沉降速度；u_* 为流体剪切速度；S 为平均地形坡度（无量纲）。

该浊流满槽水力学计算模型既适用于深水蛇曲水道，也适用于深水顺直水道

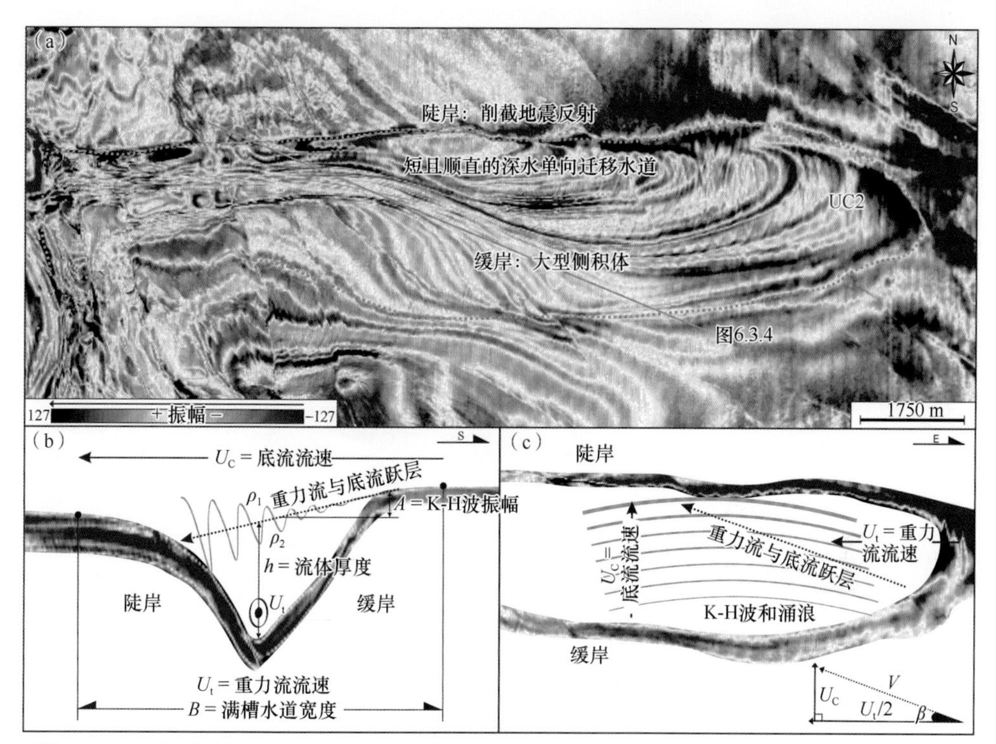

图 6.3.3　现代海底下 300ms 的地震振幅切片雕刻的单向迁移水道 UC2 的地震地貌特征（a）和重力流与底流交互作用动力学数值计算模型的剖面（b）和平面（c）示意图

ρ_1-底流（等深流）的密度；ρ_2-重力流（浊流）的密度；V-重力流与底流交互作用的流速；β-重力流与底流交互作用的流向

（Sequeiros，2012），因此被用来估算所研究的深水单向迁移水道的浊流满槽水力学参数。利用该浊流满槽水力学计算模型和下刚果盆地深水单向迁移水道的形态参数得出的计算结果表明：形成深水单向迁移水道 UC1～UC3 浊流的弗劳德数为 1.11～1.38（平均约为 1.24）[图 6.3.5（a）]，为超临界浊流（具体计算过程详见表 6.3.1）。如图 6.3.5（a）所示，本章所计算的 9 个浊流计算结果和 73 个实测或实验浊流数据样本的相关系数为 0.82，这表明我们基于水道形态的满槽水力学计算结果是可信的。

在得到弗劳德数的基础上，可以利用式（6.3.2）计算浊流的层平均速度（U_t）：

$$U_t = Fr(g\overline{\Delta\rho}/\overline{\rho}h)^{1/2} \tag{6.3.2}$$

式中，g 为重力加速度；$\overline{\Delta\rho}$ 为流体层平均密度差；$\overline{\rho}$ 为流体层平均速度；$\overline{\Delta\rho}/\overline{\rho}$ 为相对于周围流体密度（ρ_a）的层平均密度差；h 为浊流的流体厚度。

利用式（6.3.2）计算获得形成下刚果盆地迁移水道浊流的层平均速度（U_t）为 1.72～2.59m/s [图 6.3.5（b）；具体计算过程详见表 6.3.1]。

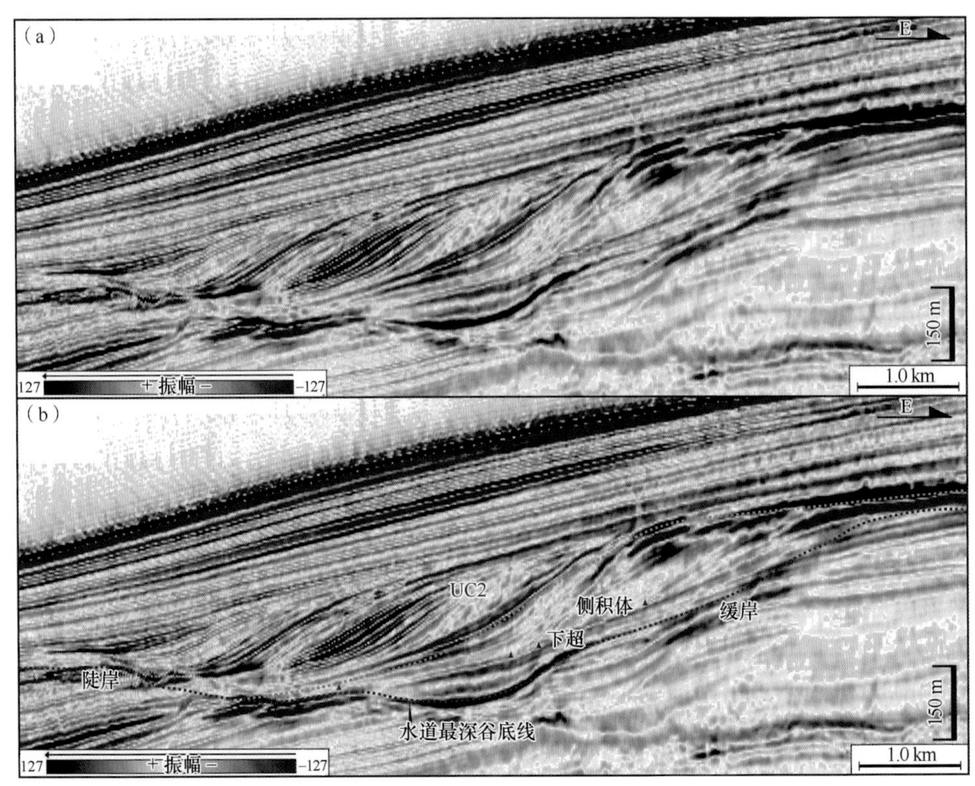

图 6.3.4　斜交深水单向迁移水道 UC2 的地震剖面［(a)，剖面位置见图 6.3.3（a)］及其解释（b）揭示的迁移水道的沉积构成特征

6.3.2　重力流与底流交互作用的动力学数值计算模型

在“风吹湖面”这一自然现象的启发下，本章首次引入韦德伯恩数（*We*）的概念来量化深水单向迁移水道内重力流（浊流）与底流（等深流）是如何交互作用并影响水道的沉积过程。

1. 定量计算重力流与底流交互作用幅度

在湖沼学的研究中，韦德伯恩数（*We*）常被广泛用以定量研究“风吹湖面”引起的波动情况（Stevens and Lawrence，1997; Shintani et al.，2010）。我们首次将这一数学模型引入深水单向迁移水道内浊流与底流交互作用的研究中来，将迁移水道视为一个“微缩版的湖盆”，将迁移水道中的重力流（浊流）视为“湖水”［图 6.3.3（b）和（c)］。因此，底流（等深流）流经水道内的重力流（浊流）所形成的浊流-等深流之间的界面（即密度跃层）可以用 *W* 来进行定量计算：

$$W = \frac{g\left(\rho_2 - \rho_1\right)h^2}{\rho_1 v_*^2 B} = \frac{g(\Delta\rho)\, h^2}{\rho_1 v_*^2 B} \tag{6.3.3}$$

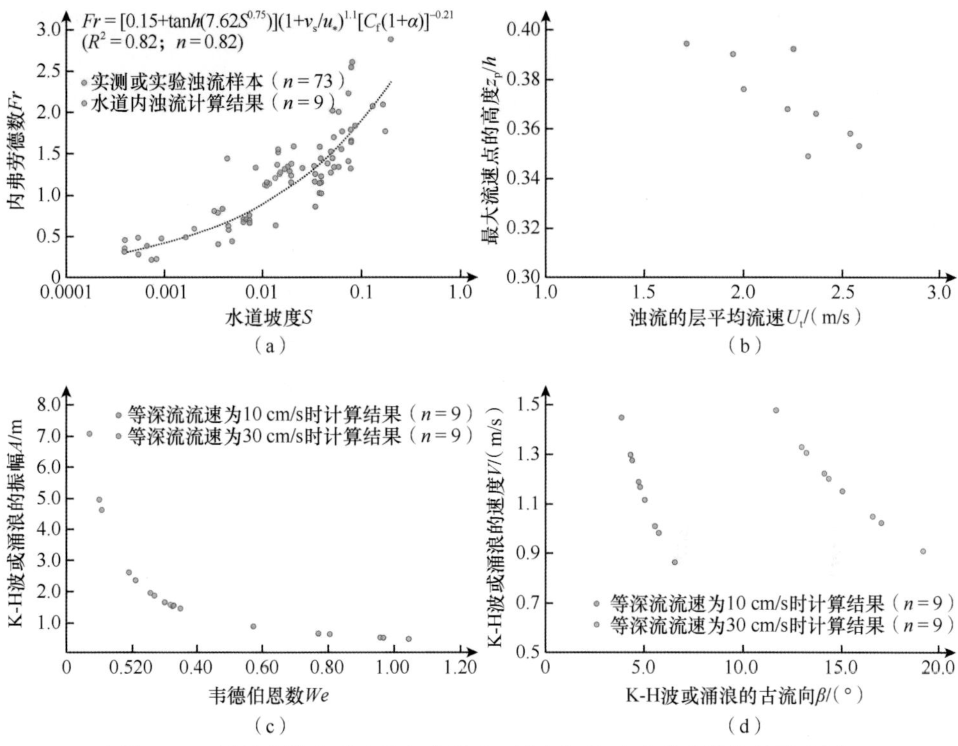

图 6.3.5　迁移水道内重力流与底流交互作用沉积动力学参数统计散点图

表 6.3.1　基于水道形态的满槽水力学计算过程与计算结果一览表

地震剖面	迁移水道	基于水道形态的满槽水力学计算											
		输入				迭代	输出				C	输出	
		S	z_i/m	κ_s/m	v_s/u_*	Fr	α	C_f	h/m	z_p/m		U_t/（m/s）	U_p/（m/s）
图 6.3.1（a）	UC1	0.020	80	1	0.002	1.38	0.531	0.0074	58.3	20.4	0.0032	2.33	3.16
	UC2	0.011	108	1	0.002	1.12	0.239	0.0060	81.9	32.1	0.0032	2.25	2.96
	UC3	0.015	86	1	0.002	1.26	0.369	0.0068	63.9	23.5	0.0032	2.22	2.97
图 6.3.1（b）	UC1	0.012	79	1	0.002	1.14	0.248	0.0066	60.3	23.5	0.0032	1.95	2.57
	UC2	0.017	103	1	0.002	1.32	0.445	0.0066	76.1	27.3	0.0032	2.54	3.44
	UC3	0.014	75	1	0.002	1.21	0.319	0.0070	56.1	21.1	0.0032	2.01	2.67
联络测线 13040	UC1	0.015	96	1	0.002	1.27	0.382	0.0066	71.3	26.1	0.0032	2.37	3.18
	UC2	0.018	103	1	0.002	1.35	0.488	0.0068	75.2	25.3.5	0.0032	2.59	3.51
	UC3	0.011	64	1	0.002	1.11	0.230	0.0070	48.5	19.1	0.0032	1.72	2.25

注：S-平均地形坡度（无量纲）；z_i-满槽水道深度；κ_s-底床糙率；z_p-最大流速处高度；U_p-最大峰值流速。

式中，ρ_1 为等深流的密度；ρ_2 为浊流的密度；h 为浊流流体厚度；B 为满槽水道宽度；v_* 为浊流–等深流界面处的紊流速度。

为了计算 W，还需求取四个变量（ρ_2、$\Delta\rho$、B、v_*），其中 ρ_2 可由式（6.3.4）计算（Sequeiros，2012）：

$$\rho_2=\rho_i(1-C)+\rho_s C \tag{6.3.4}$$

式中，ρ_i 为流体密度；ρ_s 为颗粒浓度；C 为平均含沙量。一般而言，浊流的流体密度约为 1025kg/cm^3，平均含沙量约为 1%。利用式（6.3.4）计算得到浊流的流体密度约为 1041kg/m^3。此外，浊流–等深流界面处的紊流速度可由剪应力计算公式获取（$\tau=\rho_1 v_*^2=\rho_1 C_d U_C^2$）（Shintani et al.，2010）：

$$v_*=\sqrt{C_d}U_C \tag{6.3.5}$$

式中，C_d 为阻力系数；U_C 为等深流的层平均速度。由于并无对南赤道洋流流速的观察数据，很难对 U_C 进行约束。然而，现有的等深流实测数据表明：在大多数无实测数据的情况下，我们可以假定等深流的层平均速度为 0.10～0.30m/s（Wetzel et al.，2008）。

利用式（6.3.3）～式（6.3.5）计算表明：当 U_C=0.10m/s 时，下刚果盆地深水单向迁移水道内重力流与底流交互作用的韦德伯恩数 We 为 0.21～1.04；当 U_C=0.30m/s 时，W 变化范围为 0.07～0.35［图 6.3.5（c），表 6.3.2］。

Shintani 等（2010）提出，两相流体之间密度跃层的振幅 A 可以由式（6.3.6）计算：

$$A=\frac{1}{2W} \tag{6.3.6}$$

计算结果表明：当 U_C=0.10m/s 时，A 的取值范围为 0.48～2.36m；当 U_C=0.30m/s 时，A 的取值范围为 1.44～7.07m［图 6.3.5（b）和（c），表 6.3.2］。

2. 定量表征重力流与底流交互作用的方式

两相流体之间密度跃层的作用方式可以通过式（6.3.7）中的 W^{-1} 来定量表征（Boegman et al.，2005），我们将这一数学计算模型引入深水单向迁移水道内两相流体（浊流与等深流）交互作用的定量研究中来：

$$W^{-1}=\frac{A}{h_1'} \tag{6.3.7}$$

式中，h_1' 为界面深度；A 为两相流体之间密度跃层的振幅。利用式（6.3.7）计算表明：当 U_C=0.10m/s 时，W^{-1} 变化范围为 0.96～4.71；当 U_C=0.30m/s 时，W^{-1} 变化范围为 2.87～14.13［图 6.3.5（b）和（c），表 6.3.2］。西澳大利亚大学（The University of Western Australia）Leon Boegman 博士的研究认为当 $W^{-1}>1$ 时，两相流体交互作用往往形成 K-H 波和涌浪（Boegman et al.，2005）。基于这一结论

表 6.3.2　迁移水道内重力流与底流交互作用沉积动力学参数定量计算结果一览表

地震剖面	迁移水道	迁移水道内重力流与底流交互作用定量计算															
		输入						输出									
		g/（m/s^2）	ρ_2/（kg/m^3）	C_d	U_{C1}/（m/s）	U_{C2}/（m/s）	B/m	W		A/m		W^{-1}		v/（m/s）		β/（°）	
								U_{C1}	U_{C2}	U_{C1}	U_{C2}	U_{C1}	U_{C2}	U_{C1}	U_{C2}	U_{C1}	U_{C2}
图 6.3.1（a）	UC1	9.80	1041	0.01	0.1	0.3	1612	0.77	0.26	0.65	1.94	1.30	3.89	1.17	1.20	4.9	14.4
	UC2	9.80	1041	0.01	0.1	0.3	2780	0.97	0.32	0.52	1.55	1.03	3.10	1.45	1.48	4.0	11.7
	UC3	9.80	1041	0.01	0.1	0.3	3817	0.33	0.11	1.54	4.61	3.07	9.21	1.12	1.15	5.1	15.1
图 6.3.1（b）	UC1	9.80	1041	0.01	0.1	0.3	1575	0.57	0.19	0.87	2.61	1.74	5.23	0.98	1.02	5.8	17.1
	UC2	9.80	1041	0.01	0.1	0.3	2402	0.81	0.27	0.62	1.86	1.24	3.72	1.28	1.31	4.5	13.3
	UC3	9.80	1041	0.01	0.1	0.3	2944	0.30	0.10	1.66	4.97	3.31	9.93	1.01	1.05	5.7	15.35
联络测线 13040	UC1	9.80	1041	0.01	0.1	0.3	1506	1.04	0.35	0.48	1.44	0.96	2.87	1.19	1.22	4.8	14.2
	UC2	9.80	1041	0.01	0.1	0.3	2069	0.96	0.32	0.52	1.56	1.04	3.13	1.30	1.33	4.4	13.0
	UC3	9.80	1041	0.01	0.1	0.3	2650	0.21	0.07	2.36	7.07	4.71	14.13	0.87	0.91	5.35	19.2

和我们的数值计算结果，边界流速为 0.10m/s 或 0.30m/s 的等深流（U_C）和速度为 1.72～2.59m/s 的浊流（U_t）交互作用时，可能在深水单向迁移水道内形成 K-H 波和涌浪［图 6.3.5（b）和（c），表 6.3.2］。

3. 定量计算 K-H 波和涌浪的速度和古流向

研究区深水单向迁移水道内超临界浊流是典型的层状流，在地层附近具有峰值流速。因此，这种分层的超临界流体界面上的典型速度将低于其层平均速度或峰值速度。界面处的典型速度约束较差，但最大可设为 $U_t/2$。K-H 波和涌浪的局部古水流速度 v 和古流向 β 可分别由式（6.3.8）和式（6.3.9）计算［图 6.3.3（b）和（c）］：

$$v=\sqrt{\left(\frac{U_t}{2}\right)^2+U_C^2} \tag{6.3.8}$$

$$\beta=\arctan\left[U_C\bigg/\left(\frac{U_t}{2}\right)\right] \tag{6.3.9}$$

计算结果表明：当 U_C=0.1m/s 时，v 的变化范围为 0.87～1.45m/s，β 的变化范围为 4.0°～5.35°［图 6.3.3（b）、（c），6.3.5（d），表 6.3.2］；当 U_C=0.3m/s 时，v 的变化范围为 0.91～1.48m/s，β 的变化范围为 11.7°～19.2°［图 6.3.3（b）、（c），图 6.3.5（d），表 6.3.2］。

6.3.3 深水顺向迁移水道内重力流与底流交互作用动力学机制

1. 深水顺向迁移水道内交互作用的剥蚀–沉积响应

如前所述，下刚果盆地深水单向迁移水道内浊流和等深流交互作用形成的 K-H 波和涌浪的振幅 A 为 0.48～7.07m，并以 4.0°～19.2° 的角度斜交迁移水道的陡岸［图 6.3.3（b）和（c）］。振荡最剧烈、流速最大的 K-H 波和涌浪的头部常常出现在水道的陡岸，侵蚀作用剧烈；而振荡最微弱、流速最小的 K-H 波和涌浪的尾部则出现在水道的缓岸，沉积作用明显［图 6.3.3（b）和（c）］。这一 K-H 波和涌浪的流体结构（振荡最剧烈、流速最大的波头发育在水道陡岸，而振荡最微弱、流速最小的波尾发育在水道的缓岸）也被如下三条证据所证实。

首先，如图 6.3.1 所示：下刚果盆地中的深水单向迁移水道在剖面上不对称，北翼较陡而南翼较缓（北翼陡岸坡度是南翼缓岸坡度的 1.5～3.5 倍）。其次，在刚果盆地的迁移水道内，富砂的强振幅地震反射往往沿着陡岸一侧堆积；而富泥的弱振幅地震反射常常出现在水道的缓岸（图 6.3.1，图 6.3.4）。最后，陡岸常见削截地震反射终止关系（如图 6.3.1 和图 6.3.4 中的圆点所示），而缓岸常见下超地震反射终止关系（如图 6.3.1 和图 6.3.4 中的三角所示）。这三点迁移水道的沉积构造特征表明：水道陡岸以侵蚀为主，水动力较强；而缓岸以沉积为主，水动力较弱［图 6.3.3（b）和（c）］。等深流通常在地质历史时期长期稳定存在且单向流动（Wetzel et al.，2008；Rebesco et al.，2014），这表明等深流与浊流交互作用形成的 K-H 波和涌浪会持续稳定地造成“差异的陡岸侵蚀、缓岸堆积的沉积响应格局”，从而驱动水道持续不断地向陡岸一翼迁移叠加，形成如图 6.3.1 所示的深水单向迁移水道。

2. 深水顺向迁移水道内交互作用动力学机制研究之意义

本章研究有助于更好地认识深水水道的过程响应和动力学机制，具有如下三点重要意义。首先，近年来深水单向迁移水道在我国南海北部陆缘（Gong et al.，2013）、莫桑比克北部近海（Palermo et al.，2014）以及下刚果盆地（图 6.3.1，图 6.3.4）等深水陆缘被广泛发现并报道。由此可见，尽管深水单向迁移水道与浊流水道或等深流水道的沉积构成样式和剖面形态特征具有“天壤之别”，但它们却在世界主要深水陆缘广泛发育存在。我们首次利用韦德伯恩数数值计算模型重构了迁移水道内重力流与底流交互作用的动力学特征，解释了交互作用的动力学机制，有助于更好地理解深水单向迁移水道这一特殊但却普遍存在的深水沉积现象。

其次，浊流和等深流流体动力学特征的巨大差异使得它们之间的交互作用成为 20 世纪 70 年代以来海洋沉积学中颇具争议的话题之一（Rebesco et al.，2014）。我们的数值计算结果表明：在大多数情况下，边界流速为 0.10m/s 或 0.30m/s 的等深流与迁移水道内浊流交互作用时会产生 K-H 波和涌浪［图 6.3.3（b）和（c）］。这些 K-H 波和涌浪波前振幅和速度最大、振荡最剧烈的波头造成迁移水道的陡岸以侵蚀为主；而振幅和速度最小、振荡最微弱的波尾造成迁移水道的缓岸以沉积为主。可见，本章研究结果有助于更好地理解浊流和等深流同时、同地存在时到底是如何相互影响、相互作用的，为进一步开展重力流与底流交互作用研究奠定了坚实的动力学基础。

最后，浊流携带着大量的碎屑物质，常常被认为是短暂的（每年可能只有几次）、局部的沉积作用事件，引起了沉积学家的注意和广泛研究（Azpiroz-Zabala et al.，2017）。与此相反，等深流本质上是清水流，携带沉积颗粒较少甚至没有，但持续时间可长达数百万年，影响范围巨大，引起了海洋学家的广泛关注（Rebesco et al.，2014）。因此，在通常情况下，浊流和等深流常常不被共同提及，而是分开进行单独研究。然而，本章的研究结果表明：在某些特殊的沉积现象中（如深水单向迁移水道），浊流和等深流这两种“水火不相容”的沉积营力有可能同时、同地存在，相互影响，交互作用。这表明在深水大洋中除了浊流和等深流这两种被广泛研究、报道的沉积作用过程之外，可能还存在浊流与等深流交互作用。

6.4 深水反向迁移水道重力流与底流交互作用沉积动力学模拟

6.4.1 深水反向迁移水道重力流与底流交互作用物理模拟实验

Normandeau 等（2019）研究报道了加拿大新斯科舍陆缘上现代的深水单向迁移水道（图 6.1.2）。这些现代的深水单向迁移水道有效作用深度大于 1500m，是向西南流动的 Denmark Strait Overflow Water 和 Iceland-Scotland Overflow Water 所伴生的等深流和重力流作用的结果（Normandeau et al.，2019；Miramontes et al.，2020）（图 6.4.2）。与如图 6.4.2 所示的鲁伍马盆地的深水单向迁移水道相似，这些现代和古代的深水水道靠近迁移一侧均发育大规模的浊积天然堤；水道的迁移方向与参与其沉积建造的底流流向恰好相反，是典型的深水反向迁移水道（图 6.4.1 和图 6.4.2）。

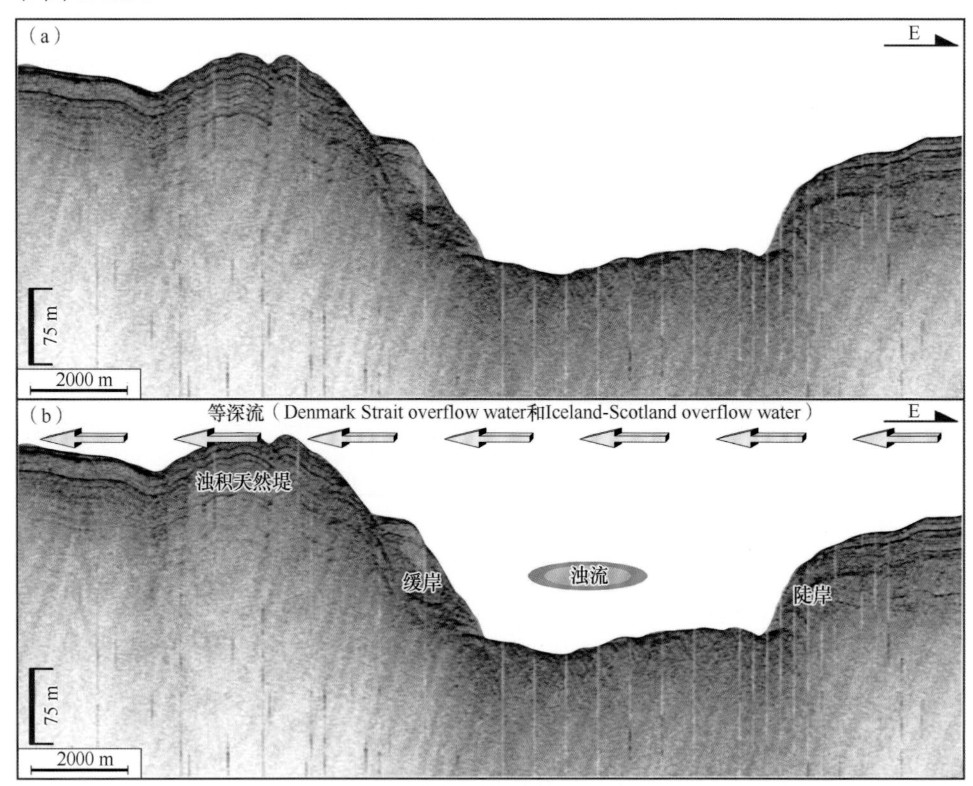

图 6.4.1　3.5kHz 浅地层剖面（Miramontes et al.，2020）刻画的现代反向迁移的深水水道的剖面特征和沉积构成

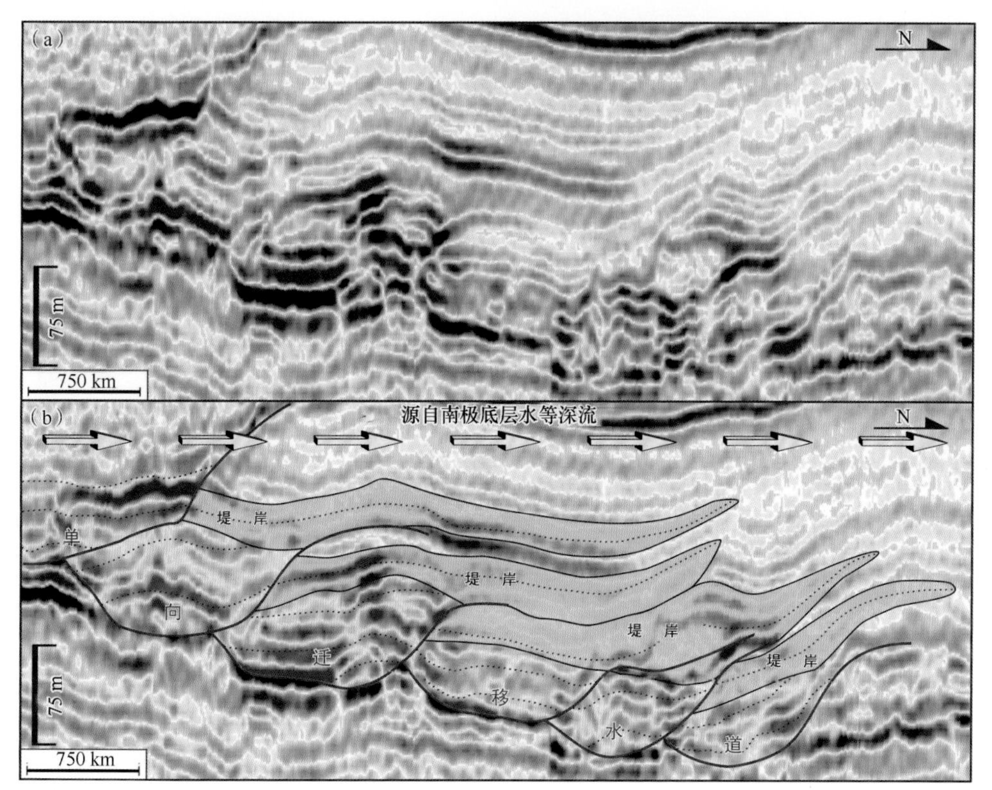

图 6.4.2　3D 地震剖面刻画的东非陆缘鲁伍马盆地渐新世深水反向迁移深水水道的剖面特征和沉积构成

1. 深水反向迁移水道物理模拟的流体特征

Elda Miramontes 博士的水槽模拟结果显示：在不发育等深流的情况下，物理模拟深水水道实验中的浊流向两侧对称溢出［图 6.4.3 和图 6.4.4（a)］；在发育等深流的情况下，物理模拟深水水道实验中的浊流主要向靠近等深流流向一侧溢出［图 6.4.4（b）和图 6.4.5］；而在背离等深流流向一侧浊流的侧向溢出被等深流“阻挡”，形成静止的侧向前缘及清晰可辨的等深流-浊流分界线［图 6.4.4（b）和图 6.4.5 中的虚线］。由此可见，等深流极大地改变了模拟水道中浊流的流体动力学特征，导致其以不对称溢出为主，浊流带来的沉积颗粒被等深流侧向沿坡（垂直于物源方向）搬运［图 6.4.4（b）和图 6.4.5］。

在浊流的流体特征上，等深流能够极大地改变浊流的流动特性，特别是浊流顺坡流速和流动方向（图 6.4.6）。在没有等深流的第一组模拟实验中，浊流在主流向方向上的最大流速为 87cm/s；而在等深流流速为 10cm/s 和 14cm/s 的第二组和第三组模拟实验中，重力流（浊流）与底流（等深流）交互作用在主流向方向上的最大流速增大到 96cm/s；而在等深流最大的第四组模拟实验中（流速 19cm/s），重力流（浊流）与底流（等深流）交互作用在主流向方向上的最大流速减小到

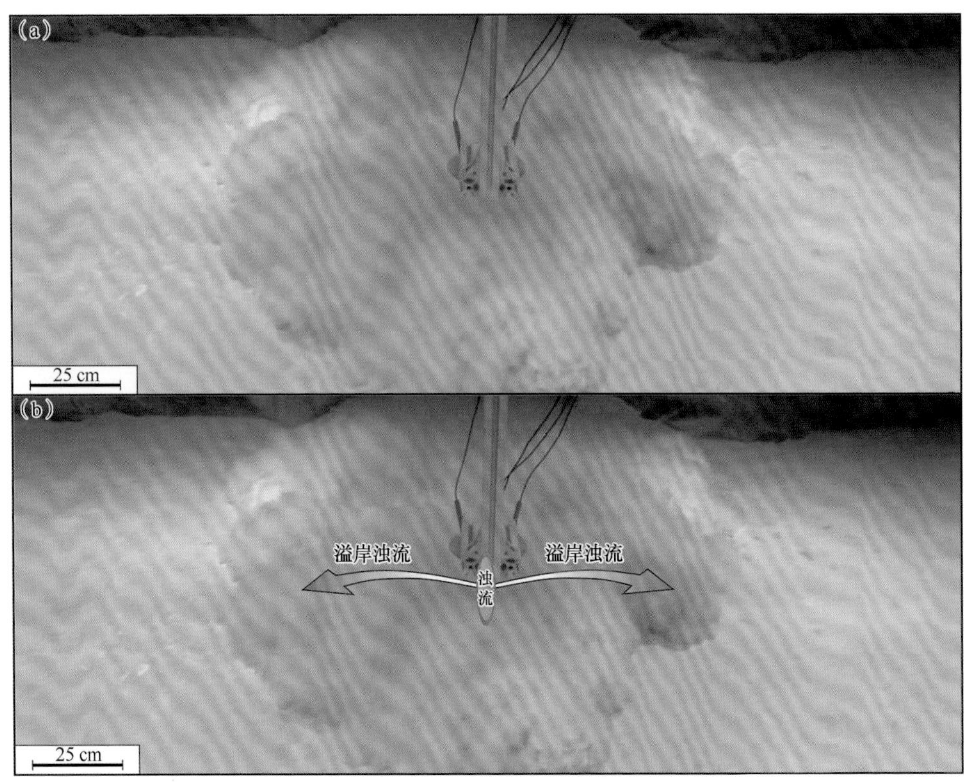

图 6.4.3　在不发育等深流的条件下深水水道中浊流流体动力学行为物理模拟结果（以“对称溢出”为主）（Miramontes et al.，2020）

76cm/s（图 6.4.6）。在三组发育等深流的模拟实验中，速度为最大流速一半高度的测速点，其等深流流速与浊流最大流速之比分别由 0.10 增大到 0.15 和 0.25；而平均流体厚度为 5.2～5.7cm（图 6.4.6）。在没有等深流的第一组模拟实验中，浊流的在垂直于主流向方向的剖面侧向流动的侧向流速分量为 2.5cm/s；而当发育浊流与等深流交互作用时剖面侧向流动的侧向流速分量高达 8.7cm/s（图 6.4.6）。

由此可见，在发育等深流的物理模拟实验中，垂直于主流向方向的剖面侧向流动的侧向流速随着等深流流速的增大而增大［图 6.4.6（b）］。在等深流流速为 10cm/s、14cm/s 和 19cm/s 模拟实验中，浊流-等深流交互作用的流体剖面呈螺旋状结构由距水道底部 3cm 之下的限定性浊流和距水道底部 3cm 之上的非限定性浊流构成，且流动方向随与基底之间距离的变化而不断侧向偏移［图 6.4.6（c）］。具体来说，偏移的角度随着与模拟实验水道谷底距离的增大而逐渐增加［图 6.4.6（c）］。

2. 深水反向迁移水道物理模拟的沉积特征

反向迁移水道内浊流-等深流交互作用模拟的沉积特征如图 6.4.7 所示，这些重力流（浊流）与底流（等深流）交互作用形成的沉积地貌是用激光地形扫描系

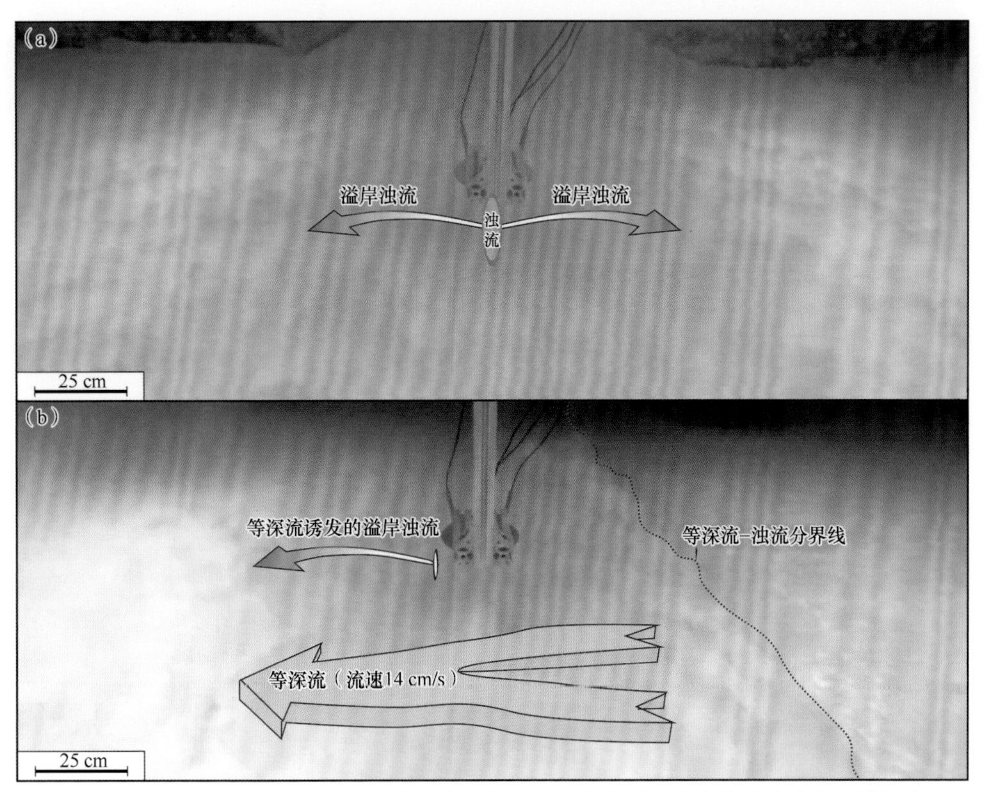

图 6.4.4　不发育（a）和发育（b）等深流的条件下深水水道浊流流体动力学物理模拟结果之对比（Miramontes et al.，2020）

统获取的。在不发育等深流的第一组模拟实验中：在模拟水道两侧形成发育了厚2～3cm 的对称天然堤，天然堤顶部相对于水道的倾斜度为 30°～45°；天然堤和中间的水道形成经典的、对称的“鸥-翼”状剖面形态［图 6.4.7（a）］。在发育等深流的三组模拟实验中，在靠近等深流流向一侧：随着等深流流速的增大，天然堤宽度越来越大、厚度越来越高，平面范围也越来越大［图 6.4.7（b）～（d）］。与此截然不同的是，在背离等深流流向一侧：随着等深流流速的增大，天然堤宽度越来越小、厚度越来越低，平面范围也越来越小［图 6.4.7（b）～（d）］。与这一流体动力学行为相伴生的是，随着等深流流速的增大，水道和天然堤的不对称性越来越明显［图 6.4.7（b）～（d）］。

上述深水反向迁移水道中观察到的非对称的水道-天然堤剖面形态与速度测量（图 6.4.6）和观测结果（图 6.4.7）相一致。在存在等深流的三组模拟实验中，无论等深流流速有多小（10cm/s）抑或有多大（19cm/s），它们都能够驱离模拟水道中的浊流并使其发生侧向偏移［图 6.4.6（c）］，且在垂向上，重力流（浊流）与底流（等深流）交互作用的侧向偏移特征随着与模拟实验水道谷底距离的增大而增强［图 6.4.6（c）］。

此外，在深水反向迁移水道的模拟实验中还观察到水道内沉积物厚度以及水

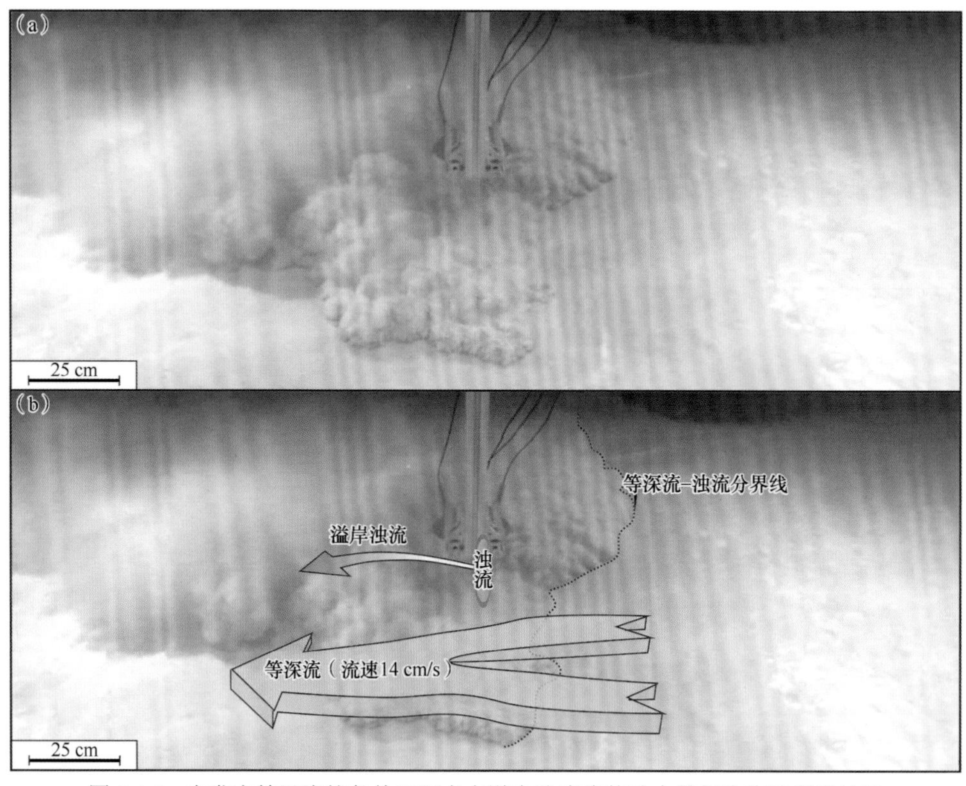

图 6.4.5　在发育等深流的条件下深水水道中浊流流体动力学行为物理模拟结果（以“不对称溢出”为主）（Miramontes et al.，2020）

道前方朵叶的位置也随着等深流流速的变化而有规律地变迁（图 6.4.7）。与不发育等深流的静水实验相比［图 6.4.7（a）］，等深流流速较小时（10cm/s），水道内沉积物堆积较少，水道前方的浊积朵叶距物源口（“向陆”一侧）的距离也越大，朵叶靠“海”一侧发育［图 6.4.7（b）］；而当等深流流速增大时（14cm/s 和 19cm/s），水道内沉积物堆积较多，水道前方的浊积朵叶距物源口（“向陆”一侧）的距离越小，朵叶靠“陆”一侧发育［图 6.4.7（c）和（d）］。

6.4.2　深水反向迁移水道内重力流与底流交互作用动力学机制

1. 物理模拟结果与自然界真实地质情况之对比

首先是物理模拟实验和自然界流体的流速对比。一般而言顺大陆边缘顺坡而下的浊流是一种流速变化范围从几分米每秒到几米每秒的高能沉积作用（Azpiroz-Zabala et al.，2017）；然而沿大陆边缘沿坡流动的等深流是一种流速变化范围从几厘米每秒到几十厘米每秒的低能沉积作用（Shanmugam et al.，1993a；Zhao et al.，

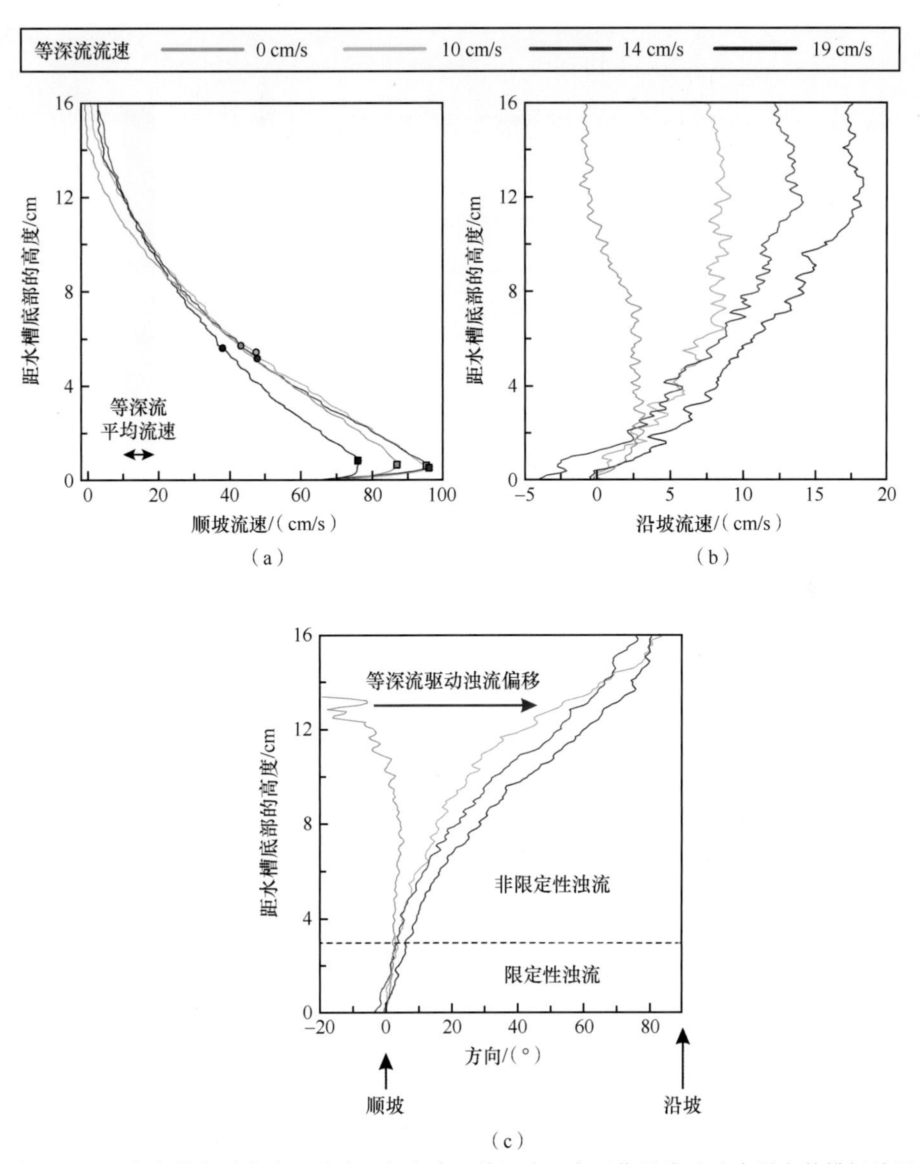

图 6.4.6　深水水道内重力流（浊流）与底流（等深流）交互作用流动动力学参数模拟结果一览（Miramontes et al.，2020）

（a）平行于主流线方向的流速剖面结构；（b）垂直于主流线方向的流速剖面结构；（c）浊流被等深流侧向驱离的角度（角度越大，侧向驱离作用越明显，反之亦然）

2015）。在选择浊流-等深流交互作用的实验模拟参数时，等深流沿坡流速与浊流最大顺坡流速的比值可以用来作为模拟实验的标定系数。在 Miramontes 等（2020）的模拟实验中，等深流的流速为浊流最大流速的 10%～25%。换言之，当模拟实验中设定模拟重力流（浊流）与 19cm/s 底流（等深流）交互作用“等比例缩放”时，相当于自然界中流速为 0.19m/s 的等深流与流速为 0.8～2m/s 的浊流交互作用。显而易见，这些“等比例缩放”的浊流速度范围（0.8～2m/s）在自然界均被现场

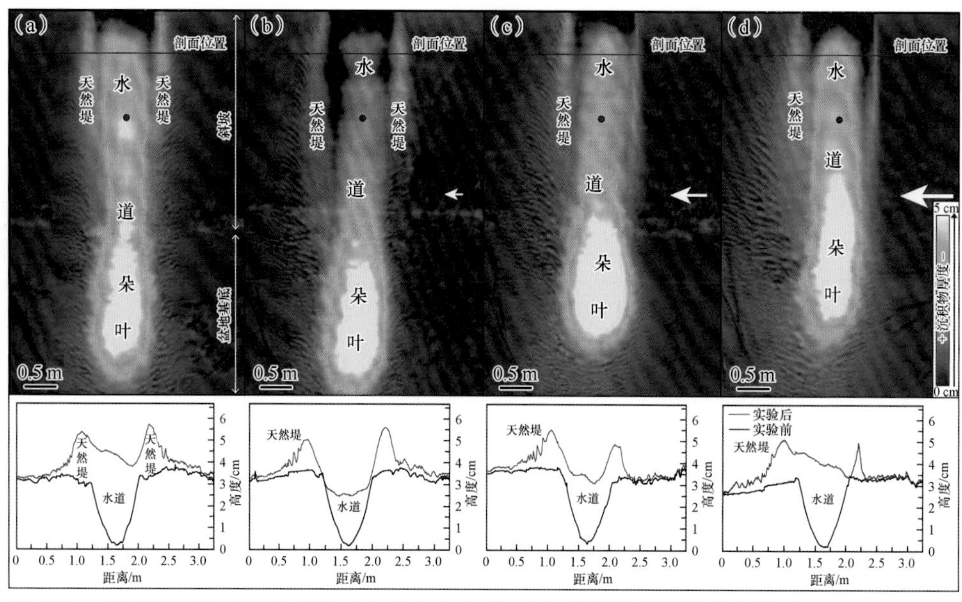

图 6.4.7　四组物理模拟实验［图（a）、（b）、（c）和（d）分别为等深流流速等于 0cm/s、10cm/s、14cm/s 和 19cm/s 的模拟结果］的沉积物平面厚度图和剖面形态一览（Miramontes et al.，2020）

观测记录到（Khripounoff et al.，2012；Zhao et al.，2015；Clarke，2016；Azpiroz-Zabala et al.，2017；Paull et al.，2018）。

其次是物理模拟实验和自然界沉积特征之对比，模拟实验中浊流-等深流交互作用产生的水道-天然堤复合结构与自然界的浊流-等深流复合沉积体系在沉积特征上也具有一定的可类比性（图 6.4.1，图 6.4.2）（Normandeau et al.，2019；Fonnesu et al.，2020）。物理模拟实验中观察到的不对称的水道-天然堤剖面（靠近等深流流向一侧的天然堤更为发育）也在自然界被观察到。譬如，如图 6.4.1 所示的加拿大新斯科舍陆缘上发育的现代深水水道，在靠近等深流流向的西南一侧天然堤更发育，而背离等深流流向的南侧天然堤不发育；如图 6.4.2 所示的鲁伍马盆地渐新世温室气候期的古代深水水道在靠近等深流流向一侧发育宽约数千米、厚达几十米到上百米的等深流漂积体（Chen et al.，2020；Fonnesu et al.，2020）。

基于以上对比分析可以看出，由于不对称溢岸作用形成的、靠近等深流流向一侧、天然堤更发育（沉积作用明显）的物理模拟水道，可能是莫桑比克北部近海和加拿大新斯科舍陆缘形成的深水反向迁移水道的“类比物”（Campbell and Mosher，2016；Chen et al.，2020；Fonnesu et al.，2020）。物理模拟实验中的迁移水道和莫桑比克北部近海及加拿大新斯科舍陆缘的迁移水道都是反向迁移的（图 6.4.1，图 6.4.2）；而中国南海（Gong et al.，2013；He et al.，2013）和西非下刚果盆地内的深水单向迁移水道的迁移方向和区域等深流流向一致（Gong et al.，2016，2018）。

Gong 等（2018）研究认为：在顺向迁移深水水道中，浊流-等深流交互作用形成的 K-H 波和涌浪，可以在靠近等深流流向一侧的陡岸产生侵蚀，而在背离等深流流向一侧的缓岸发生沉积。然而，在 Elda Miramontes 博士的模拟实验中（Miramontes et al.，2020），这样的交互作用动力学模式并未被观察到。由此可见，顺向迁移水道内浊流-底流交互作用亟待开展水槽模拟实验研究，以期从物理模拟的角度解释反向和顺向迁移水道动力学机制的本质区别。

2. 重力流（浊流）与底流（等深流）交互作用的沉积动力学机制

在 Elda Miramontes 博士的物理模拟实验中，大部分浊流的流速都高于等深流的流速［图 6.4.6（a）］。在不发育等深流的静水水槽实验模型中，浊流流速未发生改变［图 6.4.6（a）］；但是当浊流流速是等深流流速的三倍多时，在模拟水道谷底之上 3cm 处可见浊流方向发生偏移，浊流的速度方向呈螺旋状变化［图 6.4.6（c）］。

此外，等深流对水道化的重力流（浊流）剖面的流动结构有很大的影响。譬如，在等深流流速为 10～19cm/s 的三组模拟实验中，在垂直主流向方向侧向流动的流速要比静水中浊流的侧向流动的流速高一个数量级［图 6.4.6（b）］。由此产生的浊流-等深流复合流结构表现出浊流和等深流兼而有之的沉积动力学特征，这种沉积作用不属于浊流也不属于等深流，代表了一种新的海洋环境的沉积作用营力。浊流-等深流复合流结构主导了深水反向迁移水道内的沉积作用过程和沉积特征，是深水大洋中除了“浊流”和“底流（等深流）”之外的第三大深水沉积作用营力。

6.5　小　结

本章从数值计算和物理模拟的角度，揭示了顺向和反向迁移水道内的沉积动力学机制，得到以下结论。

（1）本章 6.2 节首次从 3D 地震的角度研究揭示了深水单向迁移水道内的流动过程和沉积作用。研究结果表明，流向陡岸的底流能够驱使浊流以 1°～11° 流向水道的陡岸，形成一个类似河流的由流向陡岸的流速较大的表层流和流向缓岸的流速较小的底流构成的螺旋环流。这种重力流（浊流）与底流（等深流）交互作用诱发的螺旋环流能够在深水水道内形成“陡岸侵蚀-缓岸沉积”的过程响应，从而在水道的陡岸形成局限分布的富砂的水道充填沉积，在水道的缓岸形成广泛分布的富泥的水道侧向迁移复合体。这种重力流（浊流）与底流（等深流）交互作用形成的螺旋环流所诱发的“陡岸侵蚀-缓岸沉积”的沉积作用过程驱动水道及其所伴生的底流改造砂向参与其沉积建造的底流一侧不断地迁移、叠加，形成与浊积水道特征迥异的深水单向迁移水道。我们对于“重力流（浊流）与底流（等深流）交互作用形成的螺旋环流”的研究结果有助于更好地理解重力流（浊流）与底流（等深流）交互作用的动力学机制以及水道的剥蚀-沉积过程响应。

（2）在“风吹湖面模型”的启发下，本章6.3节研究首次引入韦德伯恩数 *We* 的概念来量化深水单向迁移水道内浊流与等深流是如何交互作用并影响沉积的。下刚果盆地内深水单向迁移水道中的满槽浊流通过数值计算表明：其弗劳德数为1.11～1.38（超临界浊流），流速为1.72～2.59m/s。假设等深流的流速恒为0.1m/s和0.3m/s两种边界条件时，深水单向迁移水道内浊流与等深流交互作用会产生K-H波和涌浪，这些K-H波和涌浪的振幅最大可达7.07m，速度为0.87～1.48m/s，并以4.0°～19.2°的角度流向迁移水道的陡岸。因此，振幅最大、流速最高的K-H波和涌浪的头部出现在陡岸一侧，以侵蚀作用为主；而振幅最小、流速最低的尾部出现在缓岸一侧，以沉积为主；从而在深水单向迁移水道内形成“陡岸侵蚀-缓岸堆积”的过程响应。这一陡岸侵蚀-缓岸堆积的过程响应不断驱动水道向陡岸一侧不断前移、叠加，从而形成发育单向迁移轨迹和不对称剖面形态的深水单向迁移水道。

（3）浊流和等深流是深海环境中两大最常见的沉积作用营力，深刻地影响着深水的沉积物搬运-堆积过程。它们二者并非彼此孤立，在某些地质条件下（时空上同时同地存在时），它们的交互作用可形成剖面不对称且持续单向迁移的深水单向迁移水道。除了前述章节提到的深水顺向迁移水道之外，在深水陆缘还发育迁移方向与等深流流向相反的深水反向迁移水道。基于加拿大新斯科舍陆缘上发育的现代和鲁伍马盆地内古代的反向迁移水道实例（Fonnesu et al.，2020），Miramontes等（2020）开展了反向迁移水道内浊流-等深流交互作用的三维水槽实验，以探究交互作用的动力学机制。实验结果表明，流速为10～19cm/s的等深流可使最大流速为76～96cm/s的浊流发生侧向偏移，进而形成不对称的浊流溢出作用及其所伴生的不对称的水道-天然堤沉积体系。具体来说，在背离等深流流向一侧，等深流-浊流交互作用形成一个“等深流-浊流分界线”，这一分界线抑制了浊流的侧向溢出及天然堤的发育；而在靠近等深流流向一侧，等深流使得浊流的侧向溢出作用更加明显，促进了天然堤的发育。具有差异化的浊流溢出模式使得浊流带来的沉积物被优先搬运到靠近等深流流向一侧形成天然堤，从而驱动水道不断地向等深流的上游方向迁移，形成反向迁移的深水水道。

第 7 章

深水单向迁移水道及其底流改造砂相模式、相标志及古海洋学意义

7.1 概述与研究现状

7.1.1 经典浊流储层理论研究

Arnold Bouma 于 1962 年基于野外露头观察提出了著名的、一次浊流事件形成的鲍马序列。众所周知，鲍马序列由具递变粒序层理的砂岩或砂砾岩段（Ta）、下平行层理细砂岩段（Tb）、沙纹旋涡层理粉砂岩段（Tc）、上平行层理泥质粉砂岩段（Td）和泥岩页岩段（Te）五个特征构造形成的垂向系列（Bouma，1962）。Jr Dott（1963）依据流变学特征首次将沉积物重力流划分为碎屑流（塑性流体）和浊流（黏性流体）；而 Middleton（1967）依据颗粒支撑机制，将沉积物重力流划分为紊流支撑的浊流、基质强度支撑的碎屑流、分散压力支撑的颗粒流和受向上逃逸流体支撑的液化沉积物流。Lowe（1982）将流变学和颗粒支撑机制相结合，提出了依据液态或塑性流变学特征分为流体流和碎屑流，继而依据颗粒浓度和沉积物支撑机制把浊流细分为低密度浊流和高密度浊流。高密度浊流这一术语自提出以来引起了广泛争议（Shultz，1984；Shanmugam，2002）。Shanmugam（1997，2002）认为只有正粒序砂岩是依靠悬浮沉降形成的，符合浊流的沉积特征；而块状砂岩和逆粒序砂岩则表现出碎屑流（塑性流体）的沉积特征，并提出了砂质碎屑流的概念。Mulder 和 Alexander（2001）将沉积物重力流分为摩擦流（frictional flows）和黏结流（cohesive flows），并将摩擦流进一步细分为超密度流体（hyperconcentrated density flows）[相当于 Shanmugam（1997）所提出的砂质碎屑流]、高密度流（concentrated density flows）和浊流。

上述浊流相关理论奠定了深水沉积学的基础，为深水油气勘探中储层分布预测提供了重要的理论支撑。但是无论是经典的鲍马序列（Kuenen and Migliorini，1950；Bouma，1962；Lowe，1982）抑或是块状搬运和砂质碎屑流理论（Shanmugam，1996，1997），均强调在单一重力作用下流体动力学参数（如密度、黏度等）的相

互作用及由此形成的各种经典的浊积岩沉积构造（如鲍马序列等）。

7.1.2 亟待开展深水单向迁移水道内有利储层沉积特征、识别相标志和时空分布模式研究

随着深水油气勘探实践的增多和深水沉积学基础理论的发展，人们越发认识到上述重力流（浊流）已无法满足油气勘探开发的需要，且不足以解释某些深水沉积现象。譬如，本章所研究的东非鲁伍马盆地深水区渐新世深水单向迁移水道内形成发育的深水砂体（Rebesco et al.，2014；Fonnesu et al.，2020；Fuhrmann et al.，2020）。这些深水砂体连续性好、空间分布广、面积大，属超大型深水储层；但是它们泥质含量少（多低于 10%）、物性好，且可见牵引流沉积构造；这些特征与经典的重力流（浊流）相模式“相悖”（Rebesco et al.，2014；孙辉等，2017；陈宇航等，2017a，2017b；赵健等，2018；Fonnesu et al.，2020；Fuhrmann et al.，2020）。非经典浊流储层的典型实例来自莫桑比克北部近海，意大利埃尼石油公司于 2011 年和 2012 年在莫桑比克北部近海 4 区块发现了巨型的深水 Coral 和 Mamba 气田（Fonnesu et al.，2020）。这两个气田的储量超过 80 万亿 $ft^3$①（Orsi，2013），储层以古新世至渐新世深水砂岩为主；其与邻近的 1 区块（Fletcher，2017）共同成为世界上油气最为富集的深水盆地之一。Coral 和 Mamba 气田的古近系储层由异常纯净（泥质含量最低仅为 2%）的深水砂岩组成，是典型的规模（厚度超过数百米）、优质（孔隙度最高可达 28%、渗透率约在 1000mD②）的储集体。研究认为 Coral 和 Mamba 古近系储层是由受底流（等深流）改造的浊流沉积物组成；而类似的浊流与底流交互作用形成的油气储集体或沉积体系在世界其他深水陆缘也广泛发育。

非经典浊流储层的一个重要的形成机制便是重力流（浊流）与底流（等深流）交互作用；从油气勘探的角度来看，交互作用形成的沉积体系一直被认为是潜在的油气储集体（Viana et al.，2007；Rebesco et al.，2014；Gong et al.，2016；Fonnesu et al.，2020；Fuhrmann et al.，2020）。尽管等深流以形成细粒沉积和勘探潜力有限的生物扰动沉积为主，但当底流（等深流）与重力流交互作用时或底流对深水碎屑沉积进行再改造时，则可能形成规模高效的优质储集体。譬如，前人在沿着伊比利亚半岛南部加的斯湾地区已经发现报道了浊流与底流交互作用形成的富砂沉积体系（Mulder et al.，2006；Brackenridge et al.，2013；Stow et al.，2013；Alonso et al.，2016；Hernández-Molina et al.，2014）。这些研究识别出了纯净、分选良好、高砂地比（N∶G）、结构和成分成熟度高的交互作用成因的深水砂岩（Brackenridge et al.，2013；Gong et al.，2015），并揭示了砂岩的粒度和沉积构造

①$1ft=3.048\times10^{-1}m$。

②$1D=0.986923\times10^{-12}m^2$。

特征（Alonso et al.，2016），这都表明类似的深水环境可能同样存在极具勘探价值的交互作用成因的深水油气储集体（Stow et al.，2013）。例如，在南大西洋巴西被动大陆边缘（Viana and Faugères，1998；Mutti and Carminatti，2012；Mutti et al.，2014）、北海（Enjolras et al.，1986）、墨西哥湾（Shanmugam et al.，1990，1993a，1993b）、东非陆缘鲁伍马盆地（赵健等，2018；Fonnesu et al.，2020）和东非陆缘坦桑尼亚近海（Fuhrmann et al.，2020）等许多深水沉积环境中，均发现了重力流与底流交互作用形成的油气储层。

然而，相较于“浩无边际”的重力流水道储层相关研究，深水单向迁移水道因识别底流沉积相伴生的沉积结构极其困难（Shanmugam et al.，1993a，1993b）且基于露头的交互作用研究实例较少（Mutti，1990；Kähler and Stow，1998；Capella et al.，2017；Li et al.，2019），导致深水单向迁移水道内有利储层（重力流与底流交互作用形成的油气储层）沉积特征、识别相标志和时空分布模式研究相对“凤毛麟角”。

7.2　深水单向迁移水道沉积体系的相模式与时空演化

本节重点关注鲁伍马盆地深水单向迁移水道及其所伴生的沉积体系的储层物性特征、相模式和时空演化，是基于前人研究成果的进一步梳理和凝练（孙辉等，2017；陈宇航等，2017a，2017b；赵健等，2018；Fonnesu et al.，2020）。

7.2.1　深水单向迁移水道沉积体系储层岩相特征

鲁伍马盆地始新世—渐新世深水单向迁移水道沉积体系（或简称迁移海底扇）的典型剖面地震反射特征如图 7.2.1（a）和图 7.2.2 所示，其典型的平面地震属性特征如图 7.2.1（b）所示。

岩心观察表明，鲁伍马盆地始新世—渐新世深水单向迁移水道沉积体系主要发育三种类型的岩相，包括经典浊积岩岩相（浊流沉积）、非经典浊积岩岩相（浊流和等深流交互成因的底流改造砂）和深海远洋泥岩相（等深流沉积和悬浮沉积）。如图 7.2.3 和图 7.2.4 所示，经典浊积岩岩相和非经典浊积岩岩相对应“低伽马-高声波”的箱状测井相特征。

1. 经典浊积岩岩相（浊流沉积）

1）经典浊积岩岩相主要沉积特征

岩心观察表明，鲁伍马盆地始新世—渐新世深水单向迁移水道沉积体系发育

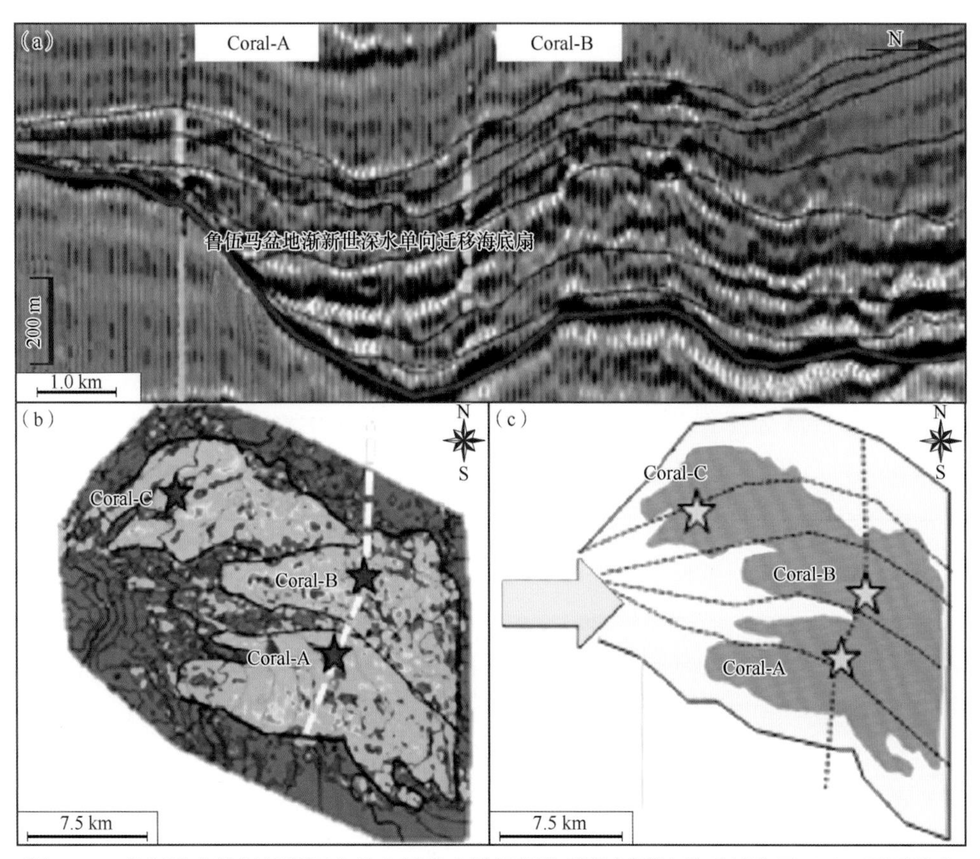

图 7.2.1　鲁伍马盆地渐新世深水单向迁移水道沉积体系的剖面地震反射特征（a）、平面均方根振幅属性特征（b）及沉积相解释（c）（Fonnesu et al.，2020）

经典浊积岩岩相（图 7.2.3～图 7.2.5）。具体来说，如图 7.2.4 和图 7.2.5 所示的鲁伍马盆地始新统 4053～4110m 深度段每隔 5～10m 即出现粒度突变界面，两个界面之间可见一期经典浊积岩岩相（图 7.2.5）。这些经典的浊积岩粒序层底部砂体颗粒大、分选磨圆较差，向上粒度逐渐变小，分选磨圆变好（图 7.2.5）。它们的底部可见暗色、大小不一、形状不规则的泥质条带或团块，偶见白色、灰白色钙质团块（图 7.2.5）。粒序层底部的泥质条带或团块多呈撕裂状，颜色及矿物组成与深海悬浮沉积近似，推测为深海–半深湖泥岩在未固结–半固结状态下被重力流再次搅拌、启动、卷携到高密度浊流层再沉积而成（赵健等，2018；Fonnesu et al.，2020；Fuhrmann et al.，2020）。

在岩性上，这些长 5～10m 的正旋回砂岩段自下而上依次发育：含砾粗粒长石砂岩、中–粗粒长石砂岩和中粒长石砂岩［图 7.2.5，图 7.2.6（a）和（b）］（赵健等，2018）。在储层岩石学特征上，5～10m 的正旋回砂岩段的矿物成分几乎相同，以石英、长石为主，杂基含量较少（低于 2%，以黏土和云母为主）（赵健等，2018）。大部分层段石英含量超过 60%，局部含量超过 80%；长石是以钾长石和斜

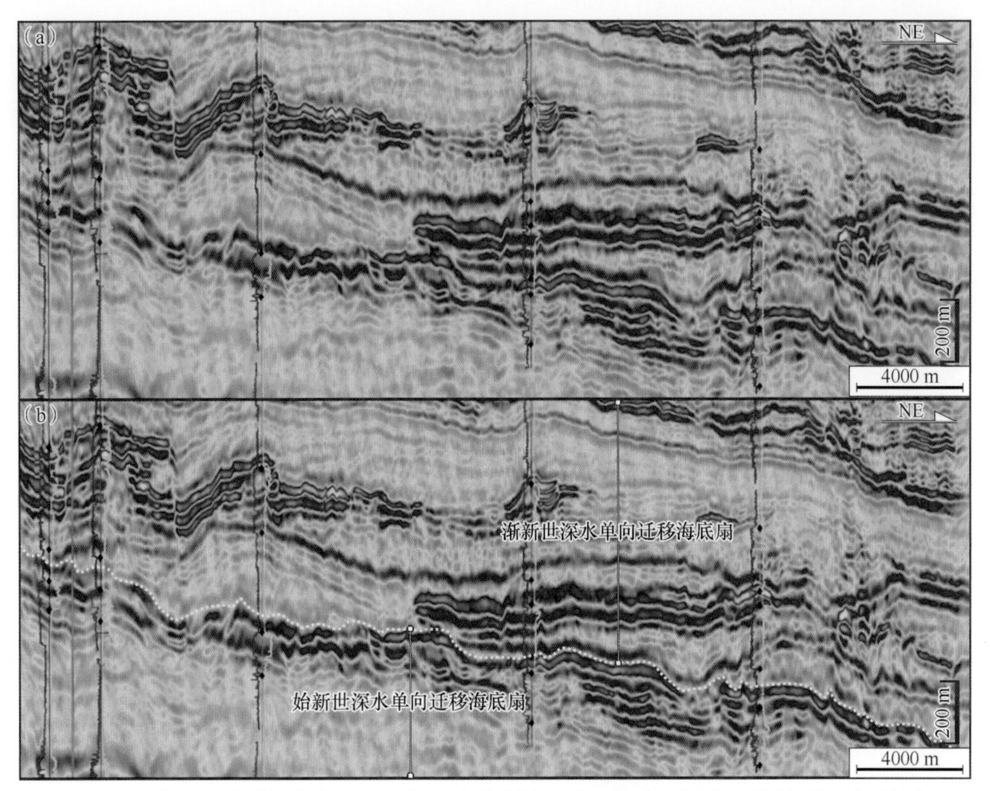

图 7.2.2　鲁伍马盆地始新统和渐新统（本节所涉及岩心的取心层段）的剖面地震反射和测井响应特征

长石为主，含量约占 20%（赵健等，2018）（图 7.2.5，图 7.2.6）。这些正旋回砂岩段多为长石砂岩，局部可能是长石石英砂岩。整体上，压实程度较低，矿物颗粒以点接触为主，胶结程度较弱；矿物颗粒溶蚀现象少见，储层孔隙基本上以原生粒间孔为主（赵健等，2018）。

2）经典浊积岩岩相主要岩相类型

如图 7.2.5 所示，鲁伍马盆地渐新统主要发育七种经典浊积岩岩相（F1～F3 岩相、F5 岩相以及 F8～F10 岩相），具体如下所述。

F1 岩相：泥质支撑角砾石，可见包卷层理，泥质支撑，含棱角分明的砾石，分选磨圆极差，结构和成分成熟度极低，为致密非储层（图 7.2.5）。

F2 岩相：含砾岩，可见包卷层理，泥质支撑，含中砾到巨砾，分选磨圆极差，结构和成分成熟度极低（图 7.2.5）。

F3 岩相：富砾岩，可见块状层理，以碎屑支撑为主，结构和成分成熟度较低，分选差，储层物性一般较好（图 7.2.5）。

F5 岩相：含砾粗砂岩，可见块状层理、泄水构造，杂基支撑，分选程度差—好，储层物性极好（图 7.2.5）。

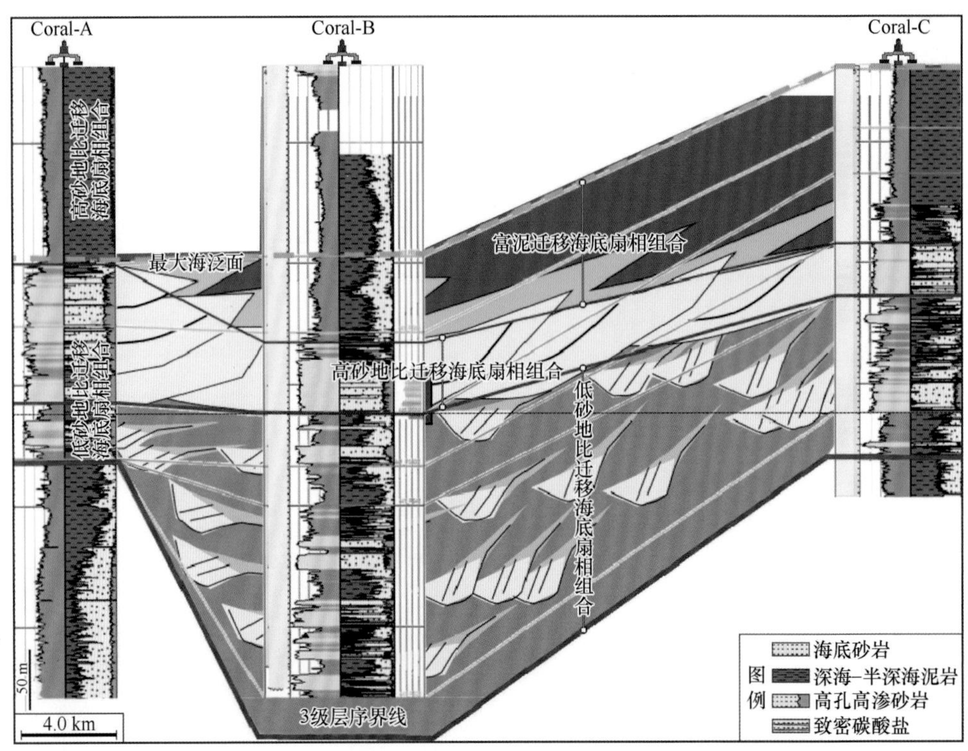

图 7.2.3 Coral-A、Coral-B 和 Coral-C 连井（平面井位详见图 7.2.1）沉积相解释对比剖面（Fonnesu et al.，2020）

F8 岩相：块状中粗砂岩，可见块状层理，发育泄水构造，分选磨圆极好—极好，结构和成分成熟度高，储层物性极好（图 7.2.5）。

F9 岩相：层状中细砂岩，可见经典的鲍马序列，发育水平层理、流水波痕，分选差—好，储层物性差—好（图 7.2.5）。

F10 岩相：泥岩，可见流水波痕、双泥层和砂岩透镜状条痕，为致密非储层（图 7.2.5）。

除了上述七种经典浊积岩岩相之外，鲁伍马盆地渐新统还发育典型的砂质碎屑流沉积形成的块状砂岩［图 7.2.7（c）］、逆粒序–正粒序［图 7.2.7（d）］、重力滑塌构造［图 7.2.7（e）］。

整体上这些经典浊积岩岩相呈深灰色、灰色，以中–粗粒砂岩为主，局部含有砾石或巨砾，分选磨圆一般较差，与泥岩呈突变接触（顶突变非侵蚀接触）；可见粒序层理、重力滑塌构造等典型的重力流沉积构造（图 7.2.5～图 7.2.7）。这些特征与经典的浊积岩沉积特征一致，故而它们是顺坡而下的重力流（浊流）的沉积响应（赵健等，2018；Fonnesu et al.，2020；Fuhrmann et al.，2020）。

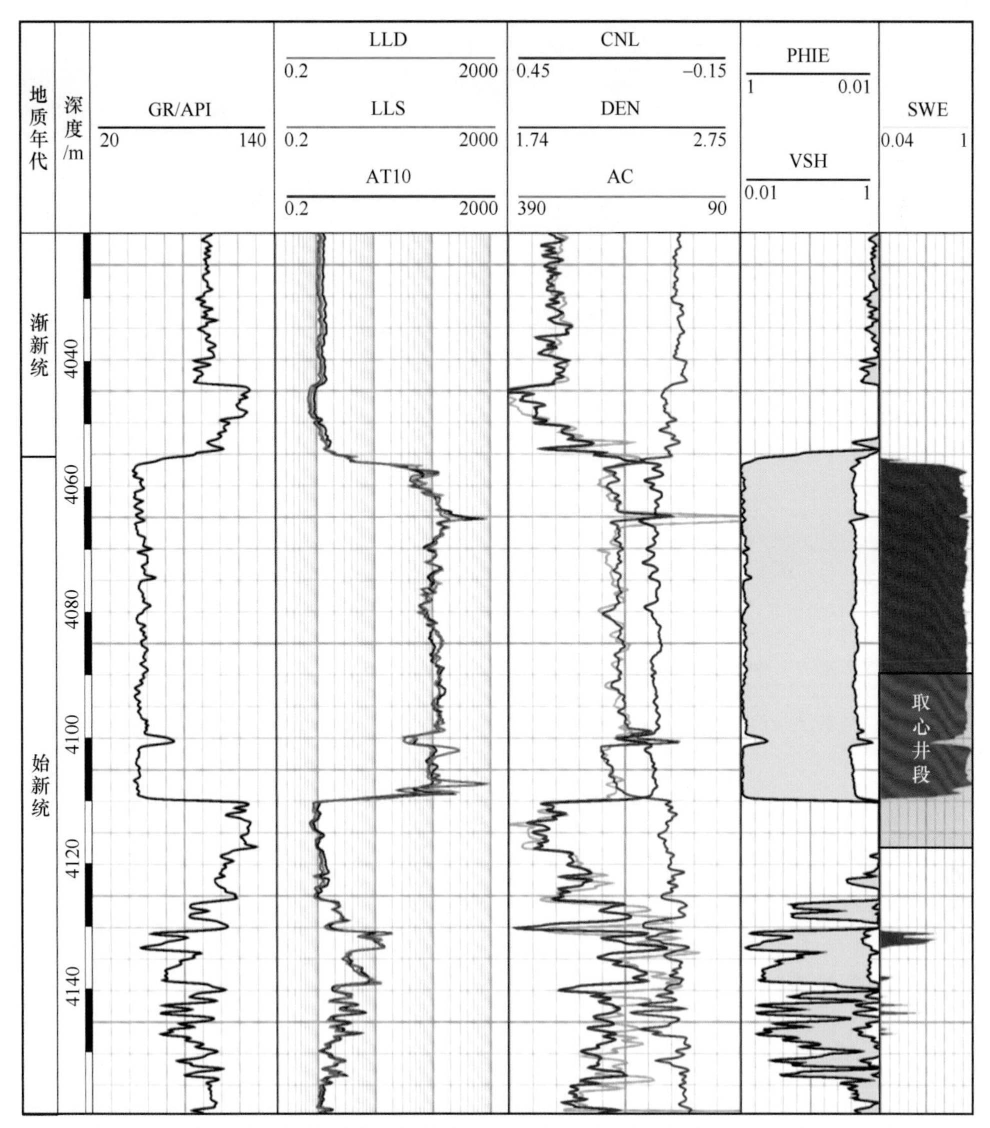

图 7.2.4　本章研究所使用岩心的取心井段（鲁伍马盆地始新统）的测井响应特征

2. 非经典浊积岩岩相（浊流和等深流交互成因的底流改造砂）

1）非经典浊积岩岩相（底流改造砂）主要沉积特征

除了上述经典的浊积岩岩相之外，由图 7.2.8 所示的正旋回砂岩段岩心素描和物性垂向分布可见，在取心井的 4090～4111m 深度段发育两个完整的正旋回砂体和一个不完整的反旋回砂体。这两个正旋回砂体的孔隙度高达 19%～23%，呈由下而上储层物性逐渐变好的趋势（图 7.2.8）。具体来说，单砂层底部孔隙度偏低，随着向上粒度变细，砂岩物性逐渐变好（图 7.2.8）。这一储层物性变化趋势与浊流理论所预测的浊积岩通常随着矿物粒度向上变细而变差的传统认识截然相反。此

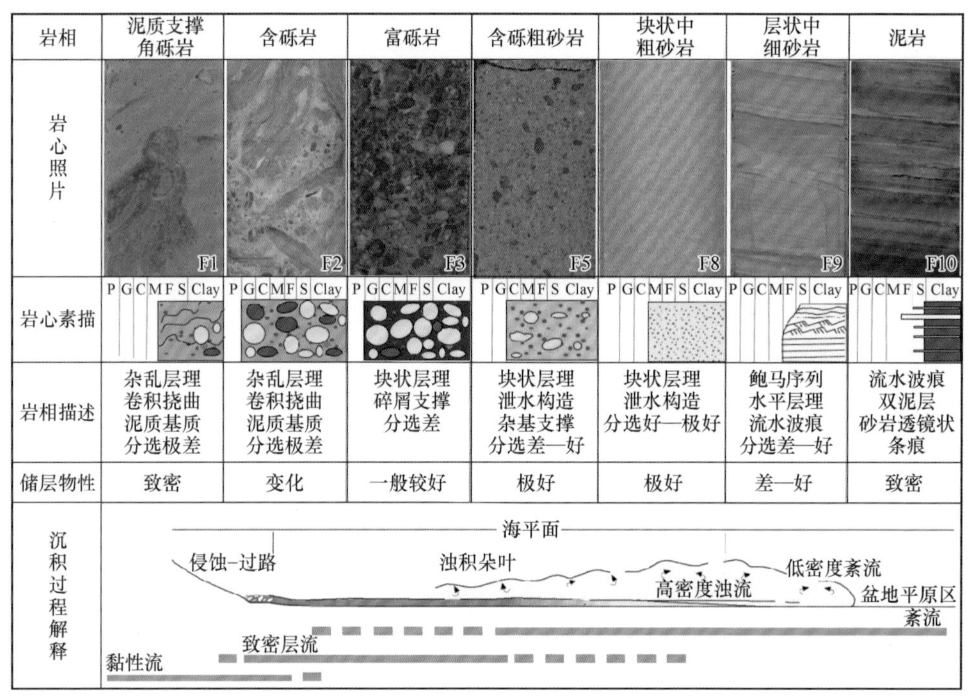

图 7.2.5　经典浊积岩岩相及其岩相描述、储层性质及其沉积过程（顺坡而下重力流（浊流）过程响应）解释一览（Fonnesu et al.，2020）

P-巨砾；G-砾；C-粗砂；M-中砂；F-细砂；S-粉砂；Clay-黏土

外，取心井段泥质含量极低，未见任何泥岩层段；这些也与发育鲍马序列的典型浊积岩截然不同（图 7.2.9）。

除了“结构和成分成熟度随粒度变细而变好”以及“无鲍马序列 Td 和 Te 段”外，这些非经典浊积岩岩相在鲁伍马盆地渐新世迁移海底扇上还见到牵引流沉积构造，如逆粒序［图 7.2.7（b）］、平行层理和交错层理［图 7.2.7（f）］。这些典型的牵引流沉积构造常常单独出现，而非垂向上形成一个有序的鲍马序列［图 7.2.7（b）、（f）］。此外，箱状砂体测井相与泥岩呈“突变接触关系”（无粒度的渐变过程），未见明显的旋回性；而锯齿状或钟形砂岩测井相与其上的泥岩呈“渐变接触关系”（有粒度的渐变过程），具有一定的旋回（图 7.2.4）。

2）非经典浊积岩岩相（底流改造砂）主要岩相类型

除了上述经典浊积岩岩相之外，鲁伍马盆地渐新统深水单向迁移水道沉积体系主要发育五种非经典浊积岩岩相（图 7.2.9），具体如下所述。

F5-D 岩相：粗砂岩，可见交错层理或逆粒序，储层物性极好（图 7.2.9）。

F8-D 岩相：中粗砂岩，可见逆粒序、水平层理或低角度交错层理，储层物性极好（图 7.2.9）。

F9a-D 岩相：中细砂岩，可见逆/正粒序、水平层理、基底波痕，储层物性为

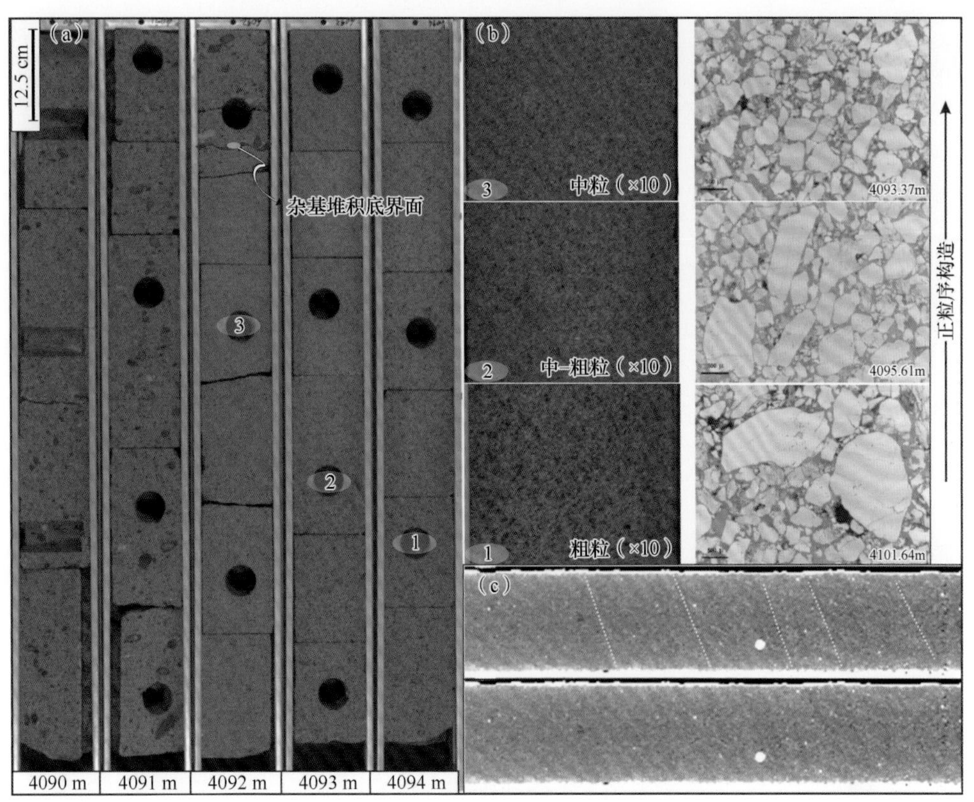

图 7.2.6　典型浊积岩岩心照片（a）、粒度变化特征（b）以及高分辨率岩心扫描照片（c）

差一好（图 7.2.9）。

F9b-D 岩相：中细砂岩，可见压扁–透镜状层理、双向波痕、爬升层理或双泥层，储层物性差（图 7.2.9）。

F10 岩相：泥岩，可见流水波痕、双泥层，局部可见砂岩透镜状条痕，为致密非储层（图 7.2.9）。

整体上，上述这些非经典浊积岩沉积构造表明这些正旋回砂体可能不仅仅是单一重力流作用的结果（Shanmugam，2008a，2008b；李云等，2012；徐尚等，2012；陈宇航等，2017a；赵健等，2018；Fonnesu et al.，2020；Fuhrmann et al.，2020）。在如图 7.2.6（c）所示的岩心高分辨扫描照片上，除了明显的正粒序之外（浊流作用的结果），还可见厚度不均一的纹层。这表明这些浊流砂体在形成过程中或者形成后（但未成岩）受到了牵引流（底流）的改造。由此可见，上述非经典浊积岩岩相体现了顺坡而下的重力流（浊流）和沿坡流动的底流（等深流）的综合响应，是重力流（浊流）和底流（等深流）交互作用所形成的底流改造砂。

值得一提的是如图 7.2.10 所示，本章所研究的砂岩与顶部的泥岩直接接触而没有粒度的渐变过程（顶突变非侵蚀接触）。顶突变非侵蚀接触岩相特征是底流参与了本章所描述的岩相沉积建造过程的“铁证”（Shanmugam，2008a，2008b；李

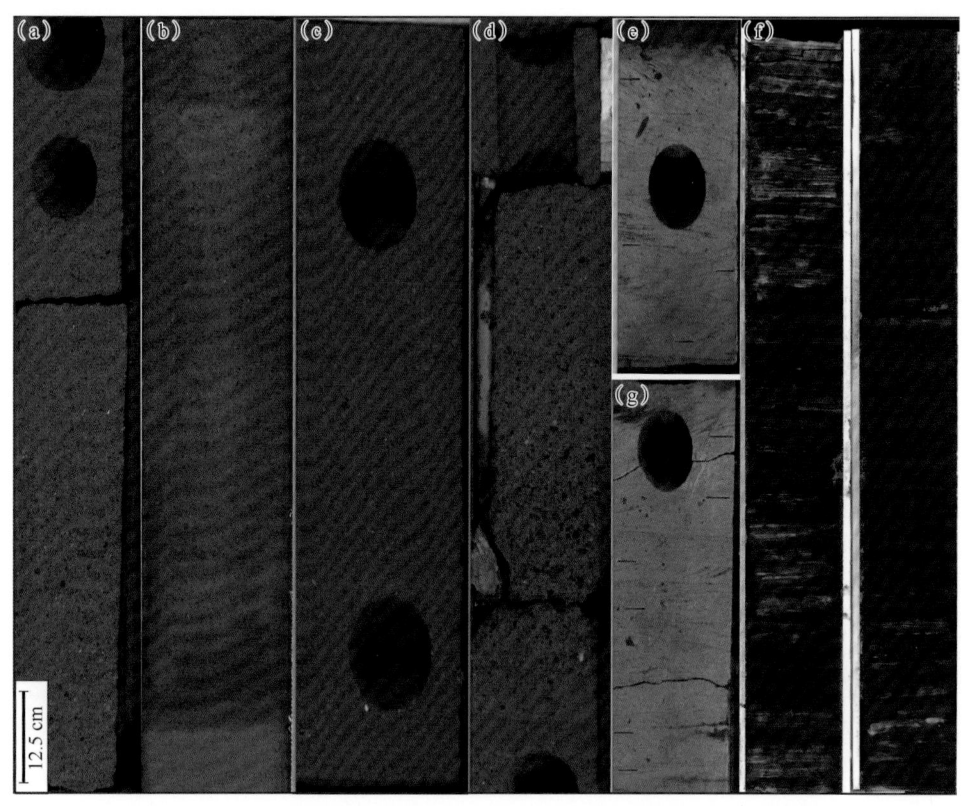

图 7.2.7 鲁伍马盆地渐新世单向迁移水道沉积体系典型深水岩心照片

(a) 发育经典鲍马序列的正粒序浊积岩（Well-1 井 3764.9～3765.3m 深度段）；(b) 逆粒序砂岩（Well-7 井 3716.0～3716.4m 深度段）；(c) 发育块状层理的浊积岩岩相（Well-2 井 4150.0～4150.3m 深度段）；(d) 发育逆粒序-正粒序浊积岩（Well-2 井 3716.0～3716.4m 深度段）；(e) 发育重力滑塌构造的浊积岩（Well-1 井 3726.5～3726.8m 深度段）；(f) 发育交错层理和平行层理的非经典浊积岩（Well-1 井 3726.5～3726.8m 深度段）；(g) 暗色泥岩（Well-7 井 3694.0～3696.0m 深度段）

云等，2012；徐尚等，2012；Gong et al.，2015，2016）。具体来说，顶突变非侵蚀接触常常被认为是已有的浊流沉积被后期的底流渐变式地淘洗、分选、改造而成，为底流改造成因（Shanmugam，2008a，2008b；李云等，2012；徐尚等，2012；Gong et al.，2015，2016）。由于浊流中的悬浮沉积作用常常形成递变而非突变的顶部接触面（Kuenen and Migliorini，1950；Bouma，1962；Lowe，1982），故而顶突变接触不是浊积岩的特征。在我国南海东北陆缘台湾峡谷下游的 TS01 柱状样中所识别的底流改造砂亦可见顶突变非侵蚀接触沉积构造（图 2.2.9）（详见本书 2.2 节）。

3. 深海远洋泥岩相（等深流沉积和悬浮沉积）

此外，鲁伍马盆地渐新世深水单向迁移水道沉积体系的岩心还可见暗色泥岩［图 7.2.7（g）］。这些泥岩多呈黑色、暗色或灰绿色，以黏土和云母为主（含量大于 45%）（图 7.2.10）。此外，这些泥岩还含有约 20% 的石英、10%～20% 的斜长石，

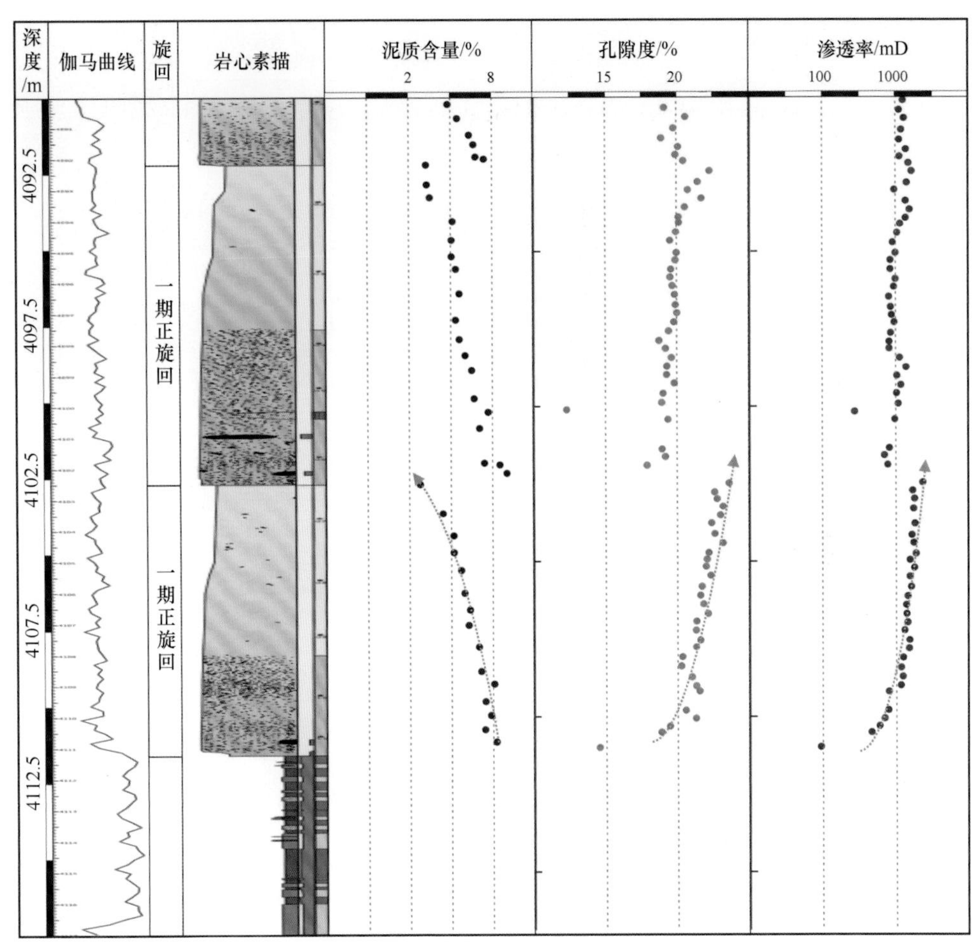

图 7.2.8　鲁伍马盆地始新世受底流改造而成的非经典浊积岩岩相及储层物性分析一览（赵健等，2018）

钾长石含量通常低于 10%，局部可见方解石。

在深海沉积环境中，暗色泥岩多为深海远洋沉积；在发育沿坡流动的底流（等深流）的深水陆缘上，暗色泥岩也可能是底流（等深流）所形成的等深流漂积体（Shanmugam，2008a，2008b；Fonnesu et al.，2020；Fuhrmann et al.，2020；李云等，2012；赵健等，2018）。无论是深海远洋沉积还是等深流漂积体，均为致密非储层（图 7.2.5，图 7.2.9）。

7.2.2　深水单向迁移水道沉积体系相组合分析

在如图 7.2.3、图 7.2.11 和图 7.2.12 所示的连井剖面上，鲁伍马盆地始新世深水单向迁移水道沉积体系主要发育三种相组合：①高砂地比迁移海底扇相组合，主要由富砂的浊积朵叶和深水水道组合而成，砂体的侧向连通性好；②低砂地比

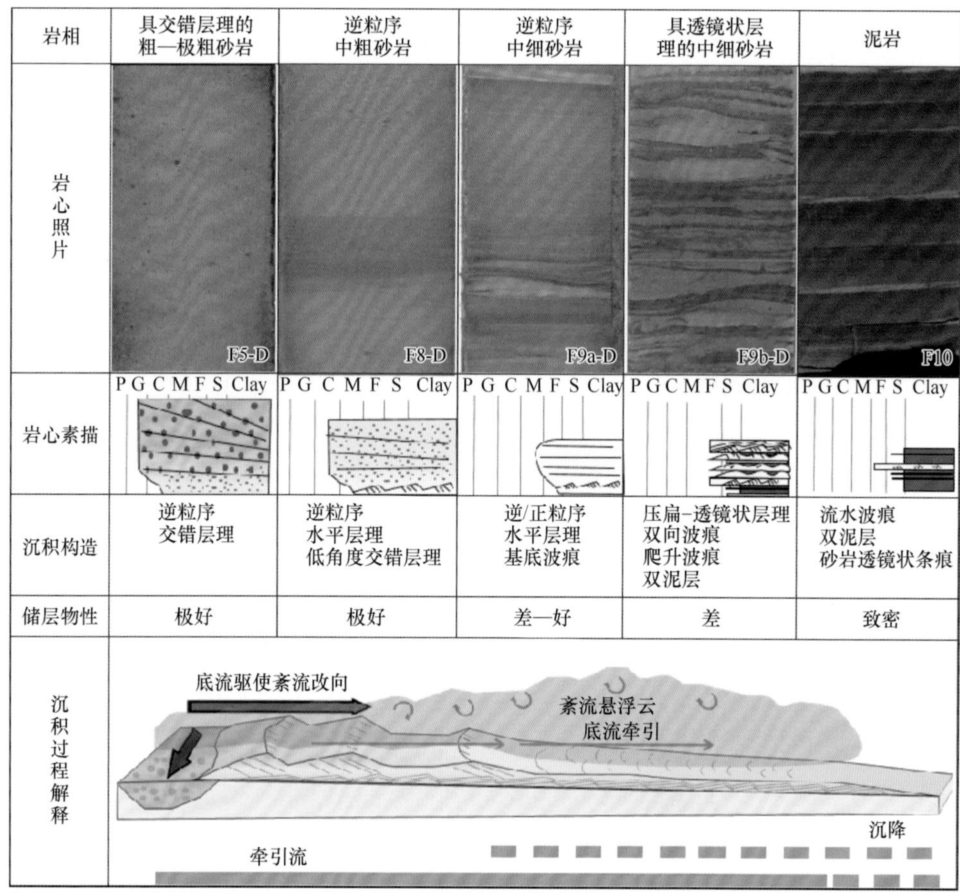

图 7.2.9　非经典浊积岩岩相及其岩相描述、储层性质及其沉积过程解释一览
（Fonnesu et al.，2020）

迁移海底扇相组合，主要由小型的单向迁移水道和局限分布的浊积朵叶组合而成，砂体的侧向连通性相对差；③富泥迁移海底扇相组合，主要由等深流成因的等深流漂积体组成。

1. 高砂地比迁移海底扇相组合

高砂地比迁移海底扇相组合位于深水单向迁移水道沉积体系的下部，砂体单层厚度大，侧向连通性好，储层物性好（图 7.2.3，图 7.2.11 和图 7.2.12）。在岩性上，高砂地比迁移海底扇相组合主要由分选程度中等到较差、粗粒的砂岩组成，局部可见卵石和一些页岩碎屑（图 7.2.11）。上部相组合底部可见侵蚀下切面，无任何泥岩夹层（mud offshoots）出现，单层最大厚度可达 50m，砂地比＞80%。块状砂岩段的底部通常由非常粗的、富含卵石的砂岩或砾岩组成，砾岩中含有不同数量的泥屑（图 7.2.5 中的岩相 F3）。虽然该相组合的沉积颗粒分选程度为中等或较差，但黏土含量非常小（＜10%），成岩阶段以自生绿泥石和方解石胶结物为主，储层

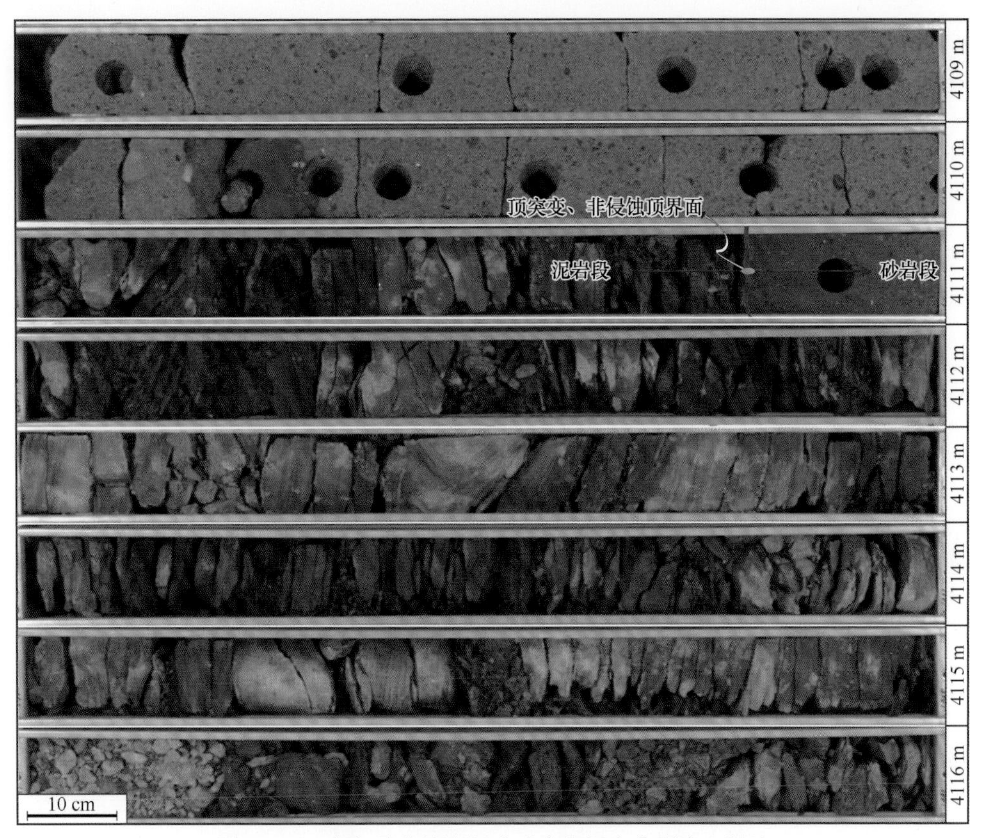

图 7.2.10　鲁伍马盆地渐新世砂岩和泥岩典型岩心照片

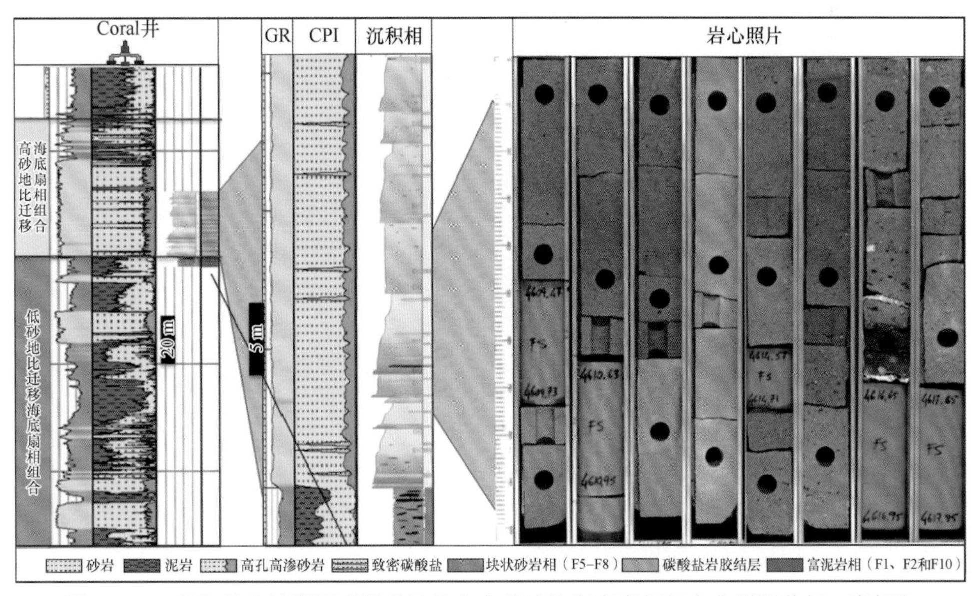

图 7.2.11　鲁伍马盆地渐新世低砂地比和高砂地比海底扇相组合典型测井相、岩相和岩性照片一览（Fonnesu et al.，2020）

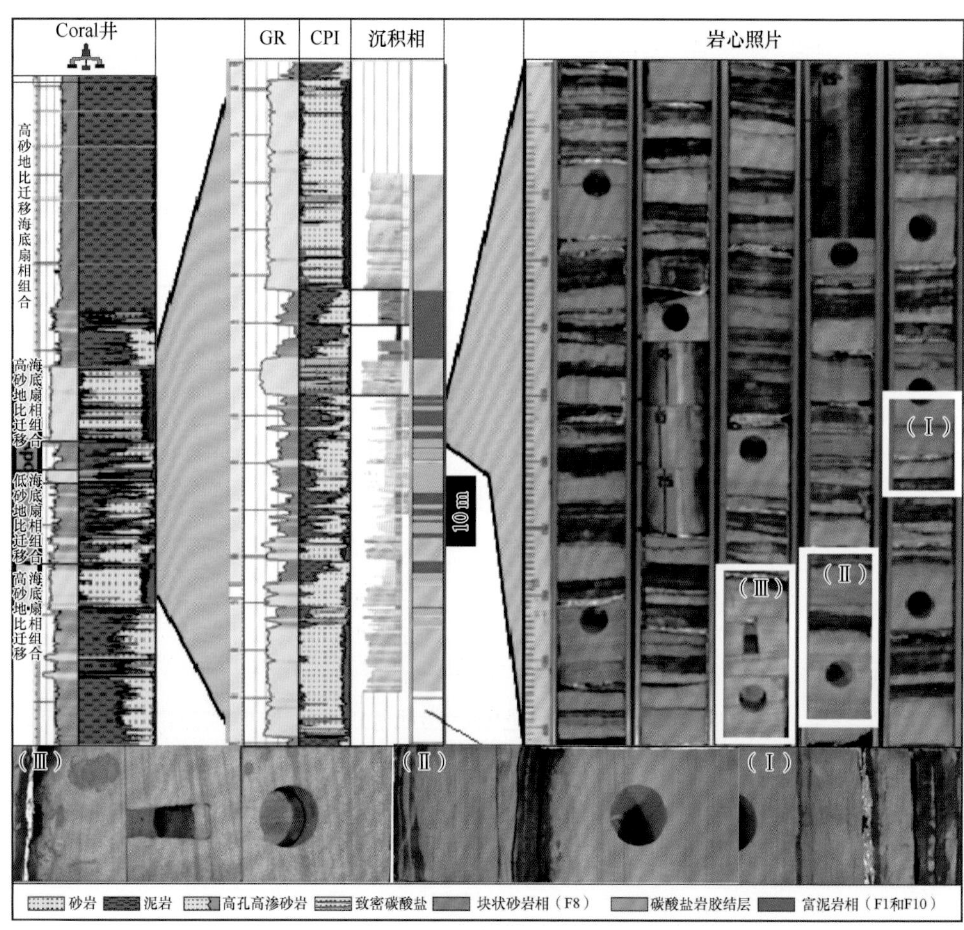

图 7.2.12　鲁伍马盆地渐新世低砂地比和高砂地比深水单向迁移水道沉积体系典型测井相和沉积相及其典型岩心照片（Fonnesu et al.，2020）

质量优越（图 7.2.6 和图 7.2.11）。在沉积构造上，上部相组合中的砂岩多为块状和经典的鲍马序列，偶见火焰构造和碟状构造（流体逃逸系统）。在少数情况下，在粒序层的顶部发现微小的交错层理（图 7.2.9 中的 F5-D 岩相）。

如图 7.2.11 所示的块状砂岩相 F5 和 F8 中的泄水构造常常被认为是双层浊流底部高密度浊流的产物，是大量砂粒通过悬浮颗粒沉降而发生沉积物快速沉积作用的结果（Mutti，1992；Talling et al.，2012）。如图 7.2.5 所示的富含泥质碎屑和砾石的岩相 F3 常常认为是浊积水道底部的滞留沉积，表明水道形成早期侵蚀和沉积过路阶段的产物。测井相和井-震结合分析表明［图 7.2.1（a）］与传统的深水扇岩相特征显著不同的是（Mutti，1992；Talling et al.，2012）：鲁伍马盆地深水单向迁移水道沉积体系的块状砂岩相中几乎不发育中细粒砂、粉砂和页岩夹层（图 7.2.5，图 7.2.9）。

2. 低砂地比迁移海底扇相组合

低砂地比迁移海底扇相组合位于深水单向迁移水道沉积体系的上部，砂体单层厚度较小，侧向连通性差，储层物性一般（图 7.2.3，图 7.2.11 和图 7.2.12）。在岩性上，下部相组合的砂地比为 40%～60%，主要由厚达数米的块状含砾粗砂岩（图 7.2.5 中的 F5 岩相）和含卵石和泥质碎屑或砾石滞流沉积的岩心组成（图 7.2.5 中的 F3 岩相）。在沉积构造上，下部相组合的上半部分可见向上变细的正粒序，其厚度可达 20m；该正粒序的底部可见细粒到中粒砂岩以及发育平行层理砂岩段（图 7.2.12）。下部相组合的上半部分亦可见向上变粗的逆粒序（图 7.2.9 中的 F8-D 岩相）；该逆粒序中可见中细砂岩（图 7.2.5 中 F9 岩相和图 7.2.9 中的 F9a-D 岩相）和泥岩（图 7.2.9 中的 F10 岩相）。此外，下部相组合中还发育生物扰动构造、波痕等沉积构造，在其中部普遍发育高角度槽状交错层理。

海底扇上的块状砂岩和砾岩常常被认为是由高密度浊流形成的水道充填沉积，具有较强的侵蚀搬运能力（Mutti，1992；Talling et al.，2012）。向上变细的单元被解释为内天然堤复合体，是细粒沉积物由水道中的浊流侧向被搬运到堤岸上而形成的产物（Mutti，1992）。沉积颗粒分选好，可见递变层理、泥岩撕裂屑和泥质夹层等牵引流沉积构造，可能是浊流与底流交互作用时浊流能量衰减变弱条件下，底流（等深流）活动对细粒浊流进行反复淘洗、分选和改造而形成的产物（Shanmugam et al.，1993a，1993b；Rebesco et al.，2014；Fonnesu et al.，2020；Fuhrmann et al.，2020）。

3. 富泥迁移海底扇相组合

该相组合主要为均质半深海泥岩（图 7.2.9 中的 F10 岩相）、粉砂质泥岩，具波痕和泥质夹层（图 7.2.5 中的 F9 岩相和图 7.2.9 中的 F9a-D 岩相）以及富泥滑塌碎屑流沉积（图 7.2.5 中 F1 和 F2 岩相）。这些富泥岩相主要出现在深水单向迁移水道沉积体系的顶部，以等深流漂积为主（图 7.2.3，图 7.2.11 和图 7.2.12）。

由此可见，深水单向迁移水道沉积体系主要发育高砂地比迁移海底扇、低砂地比迁移海底扇和富泥迁移海底扇三种相组合类型（图 7.2.3，图 7.2.11 和图 7.2.12）。其中高砂地比迁移海底扇相组合砂体单层厚度大，侧向连通性好，储层物性好；低砂地比迁移海底扇相组合砂体单层厚度小，侧向连通性差，储层物性差；而富泥迁移海底扇相组合主要由富泥的等深流沉积组成（图 7.2.3，图 7.2.11 和图 7.2.12）。

7.3 深水单向迁移水道内有利储层识别相标志

前已述及，重力流与底流交互作用形成的底流改造砂可以形成优质的深水油气储层，是当前深水沉积学研究的热点领域，但目前还缺乏广泛接受的识别相标志，且对其成因机理的研究和认知程度也比较低。本节利用海洋区域调查资料和油气工业所获取的3D地震资料建立了底流改造砂大、中、小三个尺度的识别相标志。

7.3.1 底流改造砂的地球物理响应特征分析

1. 深水单向迁移水道的地球物理响应特征

利用油气工业所获取的3D地震数据，本书识别讨论了南海北部陆缘琼东南盆地内形成发育的深水单向迁移水道沉积（图7.3.1），同样在如图7.3.1所示的地震剖面上也可清晰地辨识出与这些前已述及的深水单向迁移水道沉积特征类似的深

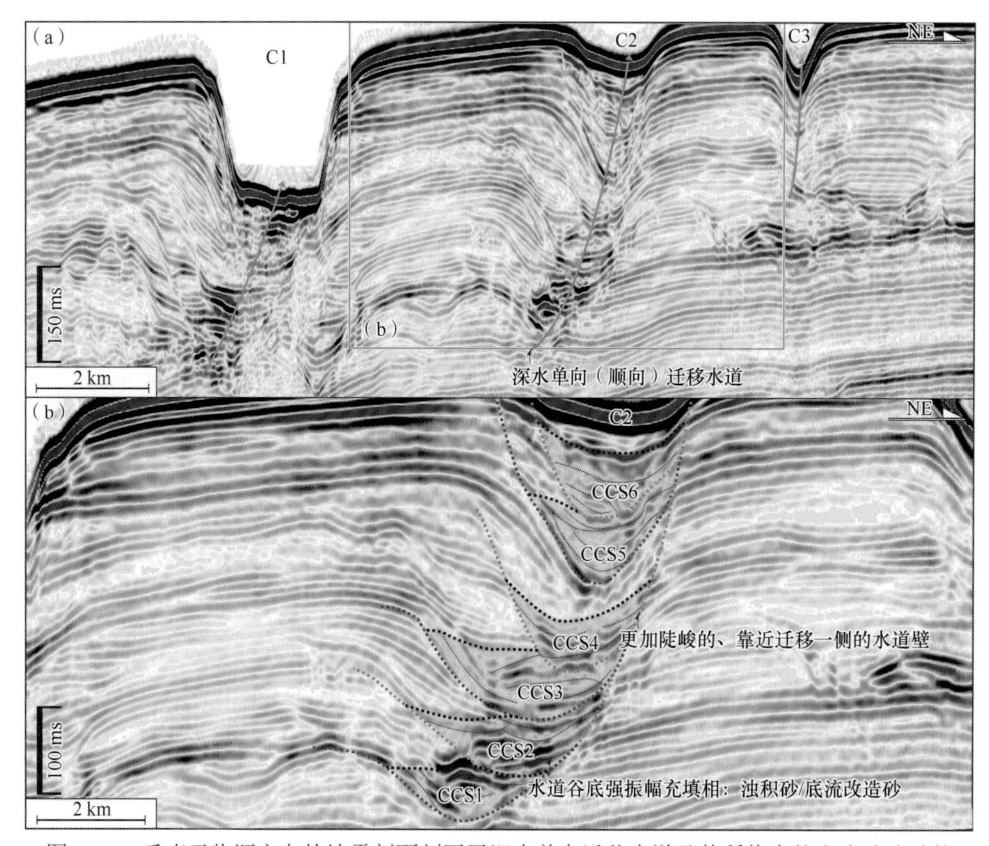

图7.3.1 垂直于物源方向的地震剖面刻画了深水单向迁移水道及其所伴生的底流改造砂的地震反射特征

水水道。与经典的深水曲流水道（sinuous deep-water channels）相比较，如图 7.3.1 所示的深水单向迁移水道：①在平面上短且顺直（图 7.3.2）；②发育更加陡峻的、靠近水道迁移一侧的水道壁（图 7.3.1）；③不发育浊积堤岸（图 7.3.1）；④可见单向迁移的水道轨迹（图 7.3.2）。

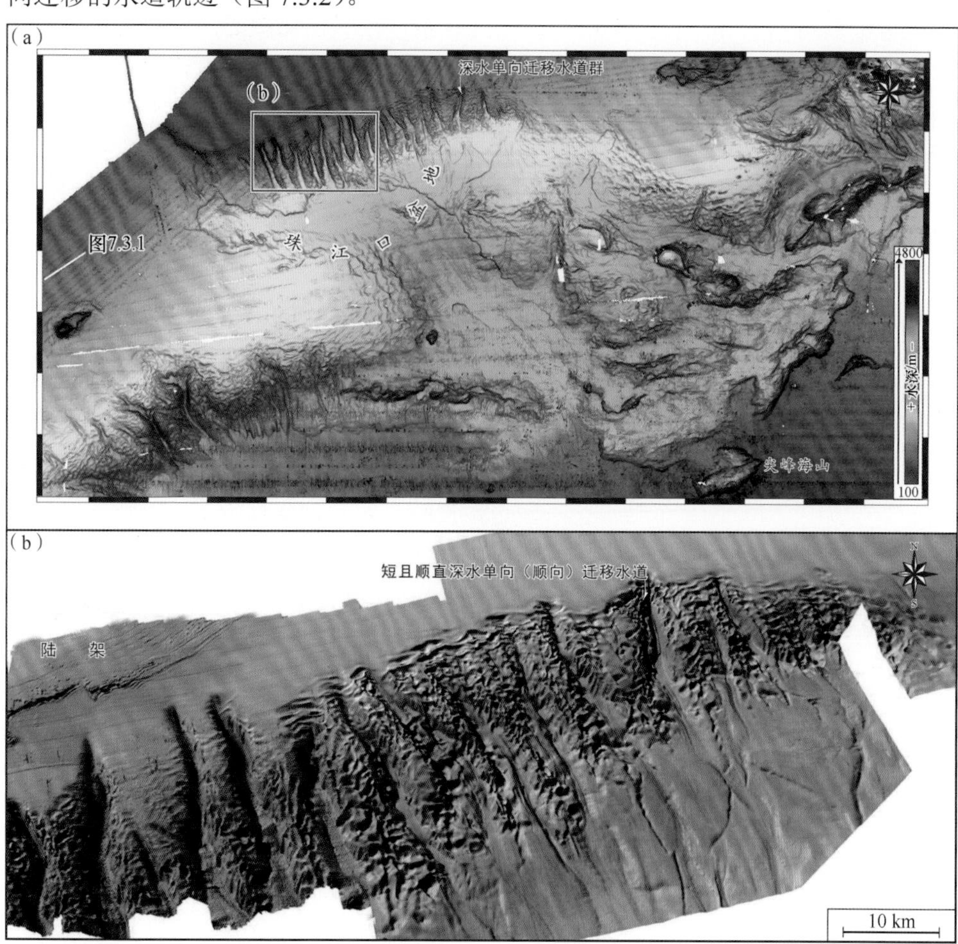

图 7.3.2　多波束海底地形图刻画了珠江口盆地的深水单向迁移水道的平面形态特征

同样在图 7.3.3 所示的地震剖面上也识别出了一个现今仍活跃发育的深水单向迁移水道（台湾水道），该水道在剖面上具有与前已述及的深水单向迁移水道沉积特征类似的剖面几何形态和沉积构成：①发育东北一侧缓、西南一侧陡、不对称的剖面形态；②两翼不发育浊积堤岸。

2. 深水单向迁移水道内的底流改造砂的地震相特征

如图 7.3.1 所示，古代的深水单向迁移水道 C2 由六期水道复合体系（CCS1～CCS6）叠置、嵌套而成，每一期水道复合体系的底部可见一个明显的侵蚀、下切面。垂向上，在深水单向迁移水道的每一期水道复合体系（CCS1～CCS6）的底

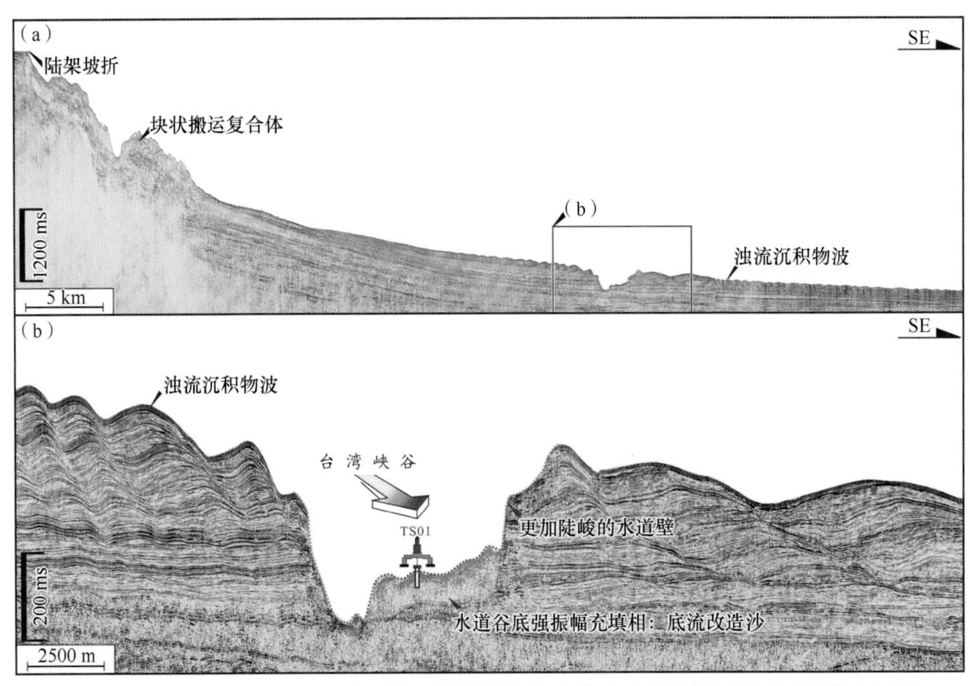

图 7.3.3　地震剖面展示了台湾水道及其所伴生的底流改造沙的剖面地震反射特征以及 TS01 柱状样的剖面位置

部，发育一个平行、强振幅、连续反射体（如图 7.3.1 中的暖色阴影区域所示），这些水道谷底强振幅充填相呈下凸上平的透镜状（图 7.3.1）。在现代的深水单向迁移水道的底部也可见局限分布的，由强振幅、断续地震反射构成的强振幅反射（图 7.3.3）。

一般而言，水道底部的强振幅充填相常常是水道谷底充填的富砂的水道充填沉积的典型地震响应（Schwenk et al.，2005；Mayall et al.，2006；Cross et al.，2009；Gong et al.，2013）。例如，在亚马逊扇上发育的深水水道内的谷底强振幅反射经钻井证实为粗粒的富砂沉积体（砂岩至粗砂岩）。同时水道的单向迁移说明底流（等深流）参与了深水单向迁移水道的沉积建造过程，这表明底流（等深流）也参与了这些富砂的沉积体的沉积建造过程。故而可将图 7.3.1、图 7.3.3 所示的强振幅、连续反射解释为水道内浊流带来的沉积物受到底流分选、淘洗和改造作用而形成的底流改造砂。此外，Gong 等（2013）研究表明源自北太平洋中层水的底流入侵了南海，流经南海北部陆缘和台西南盆地，这表明台湾水道内充填的杂乱反射可能是底流持续、稳定地淘洗、分选和改造的结果（未成岩的底流改造砂）。这一推论被台湾水道内的 TS01 大型重力活塞样的分析、化验结果佐证（详见后续讨论）。

7.3.2 底流改造砂的地质响应特征

1. 现代深水单向迁移水道内大型重力活塞样的观察、描述

为了研究深水单向迁移水道所伴生的底流改造砂的沉积特征及其相标志，本章采用了“将今论古”的研究思路，利用现代深水单向迁移水道内获取的大型重力活塞样识别未成岩的底流改造沙，建立其识别相标志，进而用来识别古代地层岩心记录中可能存在的底流改造砂，在此基础上建立底流改造砂的识别相标志并讨论其成因机理。

在台西南盆地现今的深水单向迁移水道内（台湾水道）水深约 3284m 处，利用大型重力活塞取样器，获取了一个长约 699cm 的大型重力活塞柱状样 TS01（图 7.3.4）。TS01 内部发育四个沙层，即 0～29cm 深度段长 29cm 的沙层 1、

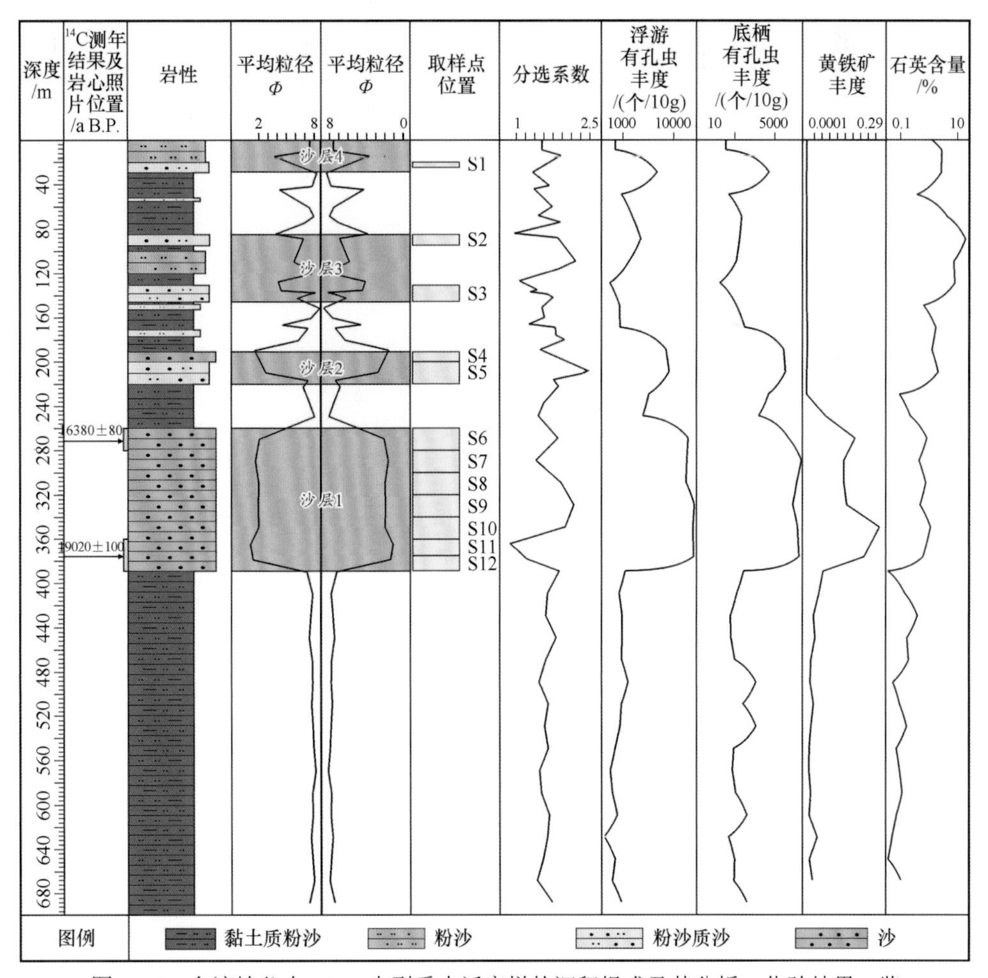

图 7.3.4　台湾峡谷内 TS01 大型重力活塞样的沉积组成及其分析、化验结果一览

85～145cm 深度段长 60cm 的沙层 2、191～220cm 深度段长 29cm 的沙层 3 以及 260～389cm 深度段长 129cm 的沙层 4（图 7.3.5）。

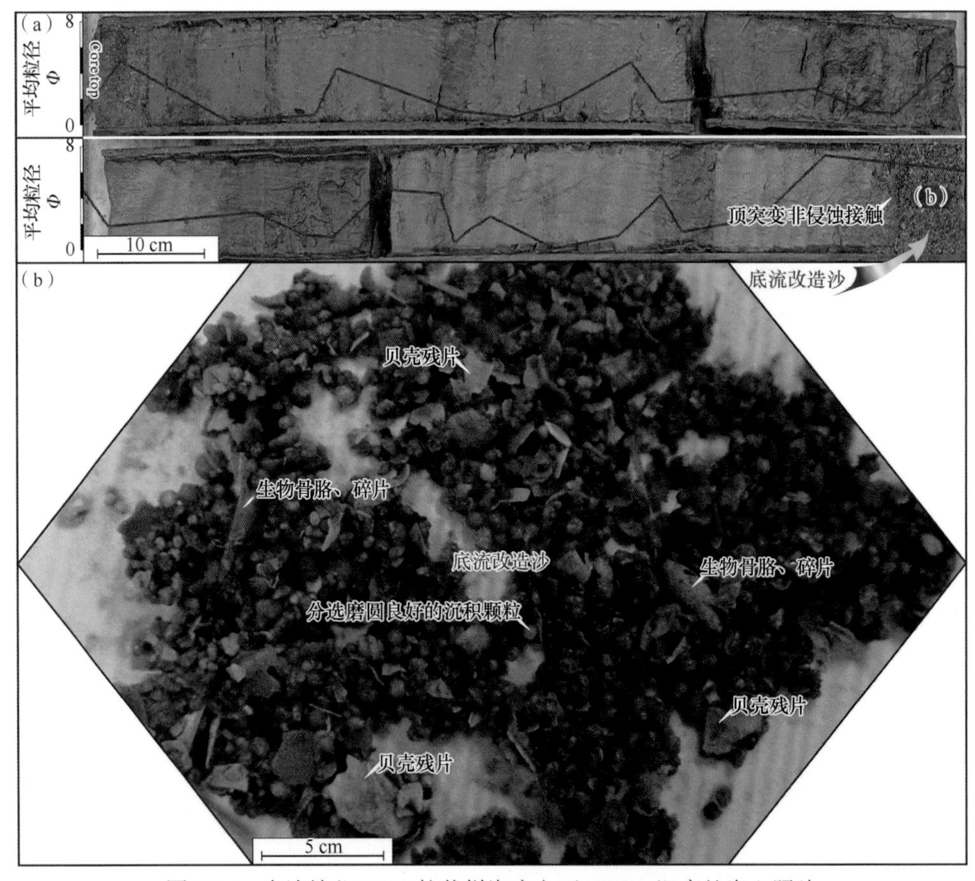

图 7.3.5　台湾峡谷 TS01 柱状样海底之下 320cm 深度处岩心照片

（1）如图 7.3.4 所示，沙层 2 和沙层 3 与顶部的粉沙沉积呈突变、非侵蚀的顶接触。

（2）沙层中生物扰动现象明显，可见大量的生物骨骼、碎屑及贝壳残片（图 7.3.5，图 7.3.6）。

（3）微体古生物分析表明这四个沙层中含有大量的生活在水深小于 500m 的浅水底栖有孔虫种属，且所观察到的有孔虫呈破碎状（图 7.3.5，图 7.3.6）。

（4）这四个沙层均由纯净的沙、粉沙组成（沙质含量可达 85%），这些沙质沉积的粒径一般为 2Φ～7Φ（图 7.3.5，图 7.3.6）。

（5）沙质沉积的分选良好，分选系数一般为 1.2～2.5，最小可达 1.2（图 7.3.4）。

（6）AMS ^{14}C 测年结果表明沙层 4 为顺序沉积的产物，无年龄倒序现象出现，形成该沙层的时间跨度长达 2640 年（表 7.3.1）。

（7）沙质沉积中无渐变的顶接触出现（图 7.3.4）。

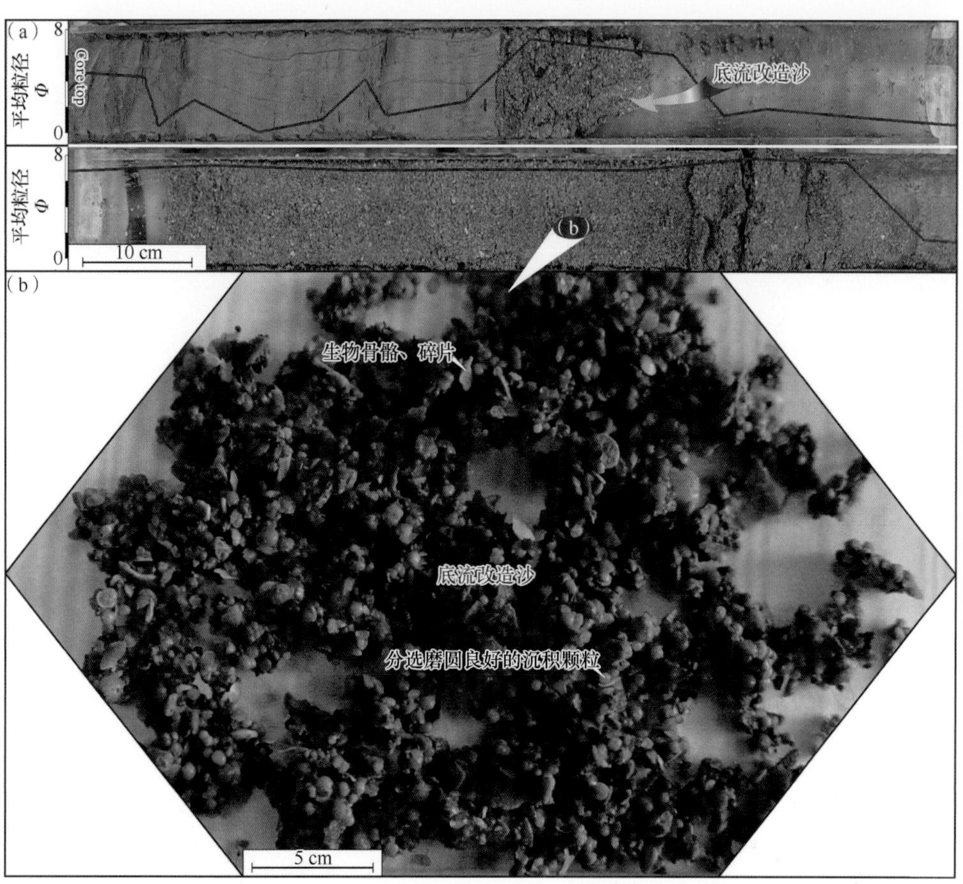

图 7.3.6　台湾峡谷 TS01 柱状样海底之下 400cm 深度处岩心照片

表 7.3.1　TS01 柱状样中沙层 2 的 AMS^{14}C 测年结果及测年点所对应的深度位置

大型重力活塞样	柱状样深度/cm	测年结果/a B.P.
TS01	260～280	16380±80
TS01	360～387	19020±100

（8）如表 7.3.2 所示，在这四个沙层中识别出了北太平洋深层水所特有的底栖有孔虫种属。

（9）重矿物分析表明沙层 4 与其他的粉沙沉积相比含有大量的黄铁矿（图 7.3.4）。

（10）粒度分析表明，TS01 柱状样中的四个沙层在频率分布曲线上呈“单峰、正态”分布［图 7.3.7（a)］，在累积概率曲线上呈“两段”或“三段”式［图 7.3.8（a)］。

（11）获取自沙层 1 的样品的粒度分析表明，这些样品处在牵引流沉积区［图 7.3.7（b）中的区域 1］。

表 7.3.2 **TS01** 柱状样中的沙质沉积中的源自北太平洋深层水的底流所特有的底栖有孔虫的丰度　　（单位：样本数/10g）

深度/cm	沙层 4		沙层 3				沙层 2		沙层 1						
	0～20	20～40	80～100	100～120	120～140	140～160	180～200	200～220	260～280	280～300	300～320	320～340	340～360	360～380	380～400
Planulina wuellerstorfi	0	72	16	0	0	5	0	0	144	0	0	0	0	0	0
Bulimina aculeata	0	0	0	0	0	3	0	4	0	0	0	10	0	0	0
Eggerella bradyi	0	0	0	8	4	0	72	0	0	0	0	0	0	0	4

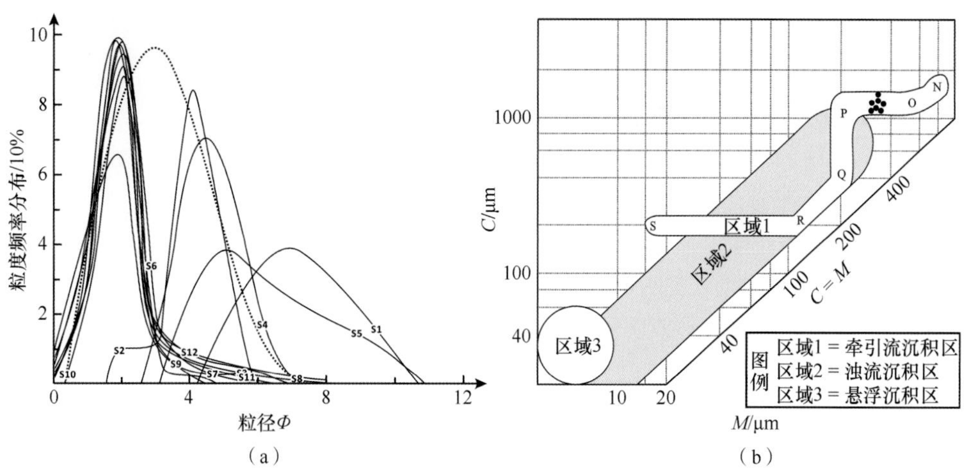

（a）　（b）

图 7.3.7　TS01 大型重力活塞样中沙层的频率分布曲线（a）和 C-M 图（b）

C-粒度分析资料累积概率曲线上颗粒含量 1% 处对应的粒径；M-粒度中值

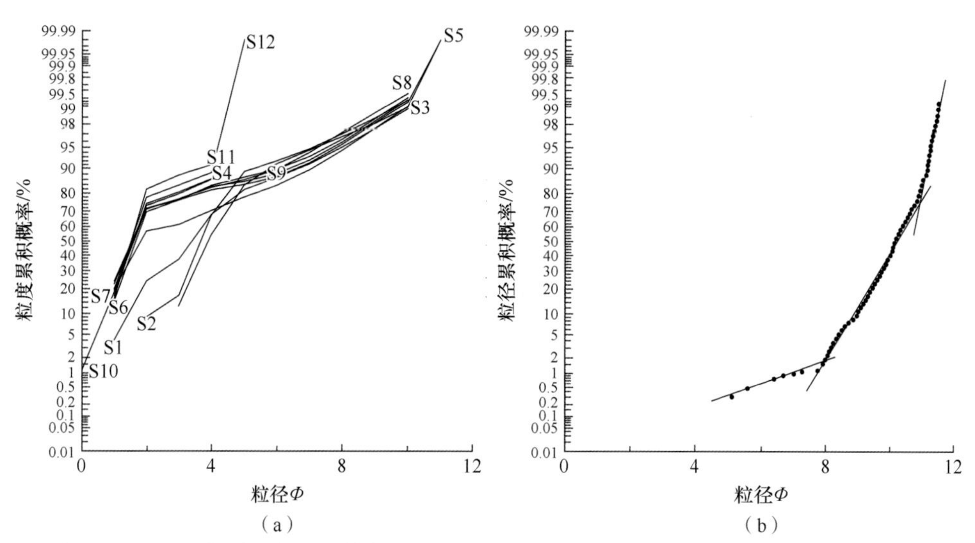

（a）　（b）

图 7.3.8　TS01 大型重力活塞样中沙层的频率分布曲线（a）和珠江口盆地某底流改造沙的累积概率曲线（b）

2. 现代深水单向迁移水道内大型重力活塞样的沉积相解释

TS01 柱状样的四个沙层中识别出了大量破碎的生活在水深小于 500m 的浅水底栖有孔虫种属，表明这四个沙层是由源自陆架或者上陆坡的沉积物经由沉积物重力流搬运至 TS01 柱状样处沉积而成的。因此，TS01 中的四个沙层（沙层 1～沙层 4）是浊流的产物，但是如下的证据表明底流（等深流）也参与了它们的沉积建造过程。

（1）沙层 1～沙层 4 由结构和成分成熟度较高的、纯净的沙质沉积颗粒组成（图 7.3.4～图 7.3.6），表明底流（等深流）参与了沙层的沉积建造过程。这是因为底流常常被认为是清水水流（Bouma and Hollister，1973），台湾水道内经由沉积物重力流搬运而来的沉积物中的泥质组分可能被这些清水水流冲洗、淘洗掉，从而形成纯净的、不含泥的沉积产物。

（2）沙层的顶部可见顶突变非侵蚀接触且无年龄倒序现象出现，表明这些沙层不仅仅是浊流作用的结果，因为浊流产物的底界面常常呈侵蚀接触，其内部通常出现时间倒序现象（Shanmugam，2008a，2008b；Gong et al.，2013）。

（3）AMS ^{14}C 测年表明参与沙层 4 沉积建造的沉积作用过程持续、稳定地存在数千年（表 7.3.2），这表明沙层 4 不仅仅是浊流沉积作用的结果，因为一次浊流事件的持续时间一般不超过几天（Khripounoff et al.，2003；Mulder et al.，2012）。

（4）沙层中可见底流（等深流，NPDW-BCs）所特有的有孔虫种属（表 7.3.2），表明 NPDW-BCs 参与了 TS01 柱状样中四个沙层的沉积建造过程。

（5）沙层呈单峰、正态分布［图 7.3.7（a）］，而在 *C-M* 图上位于牵引流沉积区［图 7.3.7（b）］，这也与典型的浊积岩的粒度分布特征不相符，这是因为浊流整体上以悬移方式搬运沉积物，其形成的浊积岩在累积概率曲线上一般呈“一段式”，在频率分布曲线上呈双峰或多峰（Stow and Faugères，2008）。

（6）沙层中可见大量破碎的生物骨骼、贝壳碎片以及富含黄铁矿（图 7.3.4～图 7.3.6），这些特征也与典型的底流改造沙的沉积特征相吻合（Stow and Faugères，2008；Masson et al.，2010；Gong et al.，2012）。

由此可见，重力流和底流均参与了 TS01 柱状样中沙层的形成发育过程，沙层 1～沙层 4 是重力流与底流交互作用所形成的底流改造沙，这一结论也与前已述及的地震相分析结果相一致（图 7.3.3）。

7.3.3 底流改造砂的识别相标志

1. 大尺度（沉积体系尺度）底流改造砂的识别相标志

在沉积体系尺度上，深水单向迁移水道是重力流与底流交互作用及其所形成的对底流改造砂有利的形成发育场所，与一般的浊积水道（尤其是深水曲流水道）相比较，深水单向迁移水道具有如下识别、区分标志。

（1）短且顺直的平面形态（图 7.3.2）。

（2）不发育浊积堤岸（图 7.3.1，图 7.3.3）。

（3）发育更加陡峻的、靠近水道迁移一侧的水道侧壁（图 7.3.1，图 7.3.3）。

（4）发育单向迁移的水道轨迹（图 7.3.1）。

2. 中等尺度（地震相尺度）底流改造砂的识别相标志

在中等尺度上，珠江口盆地古代深水单向迁移水道内的强振幅反射体和台西南盆地内现代深水单向迁移水道内的杂乱强振幅反射分别是典型的成岩的和未成岩的底流改造砂，这两个地震相具有如下特征。

（1）由平行-亚平行、连续的强振幅地震反射构成［图7.3.1（b），图7.3.3］。

（2）呈下凸上平的透镜状［图7.3.1（b）］。

（3）持续稳定地向一个方向迁移叠加［图7.3.1（b）］。

上述这三个特征可以作为区分、辨别深水单向迁移水道内底流改造砂地震相和其他地震相的依据。

3. 小尺度（沉积相尺度）底流改造砂的识别相标志

在沉积相尺度上，台西南盆地内大型重力活塞样所识别的、未成岩的底流改造砂具有如下特征。

（1）由分选、磨圆较好的粉沙颗粒组成（图7.3.5，图7.3.6）。

（2）由纯净的、泥质含量低的沙质沉积颗粒组成（图7.3.5，图7.3.6）。

（3）富含生物骨骼、碎片及贝壳残片（图7.3.5，图7.3.6）。

（4）富含有孔虫（图7.3.4）。

（5）与顶部的细粒沉积呈突变接触（图7.3.4）。

（6）无渐变的顶接触和年龄倒序现象出现（图7.3.4，表7.3.2）。

（7）两到三段式的累积概率曲线分布特征［图7.3.8（a）］。

（8）单峰正态的频率分布曲线特征［图7.3.7（a）］。

（9）在*C-M*图上位于牵引流沉积区［图7.3.7（b）］。

（10）发育明显的平行层理、波状层理、低角度交错层理、压扁层理、透镜状层理、双泥层和羽状交错层理（将在下一节详细讨论，图7.3.9～图7.3.11）。

上述的这些沉积构造可以作为底流改造砂的识别相标志。前已述及，目前还缺少统一的、广泛认可的底流改造砂的沉积相标志，可见本章提出的底流改造砂的大、中、小三个尺度的相标志有助于在古代地层中识别底流改造砂。虽然上述任何一个单一的相标志既可能是浊积沉积，也可能是底流沉积作用的产物，但是如果在一个沉积体中识别出了一系列上述的识别相标志，就可以将其解释为底流改造砂。

7.3.4 所建立的底流改造砂识别相标志的检验及运用

为了验证本章所建立起来的底流改造砂识别相标志的合理性，利用前已述及的底流改造砂识别相标志在中海油于珠江口盆地油气勘探获取的岩心样品中识别出了底流改造砂（图7.3.9～图7.3.11），这些底流改造砂具有如下特征。

（1）由结构和成分成熟度较高的、纯净的砂质颗粒组成（图7.3.9～图7.3.11）。

（2）生物扰动现象明显，砂质沉积中富含生物骨骼和贝壳残片，且这些生物残片具有一定的定向性［图7.3.9（a）］。

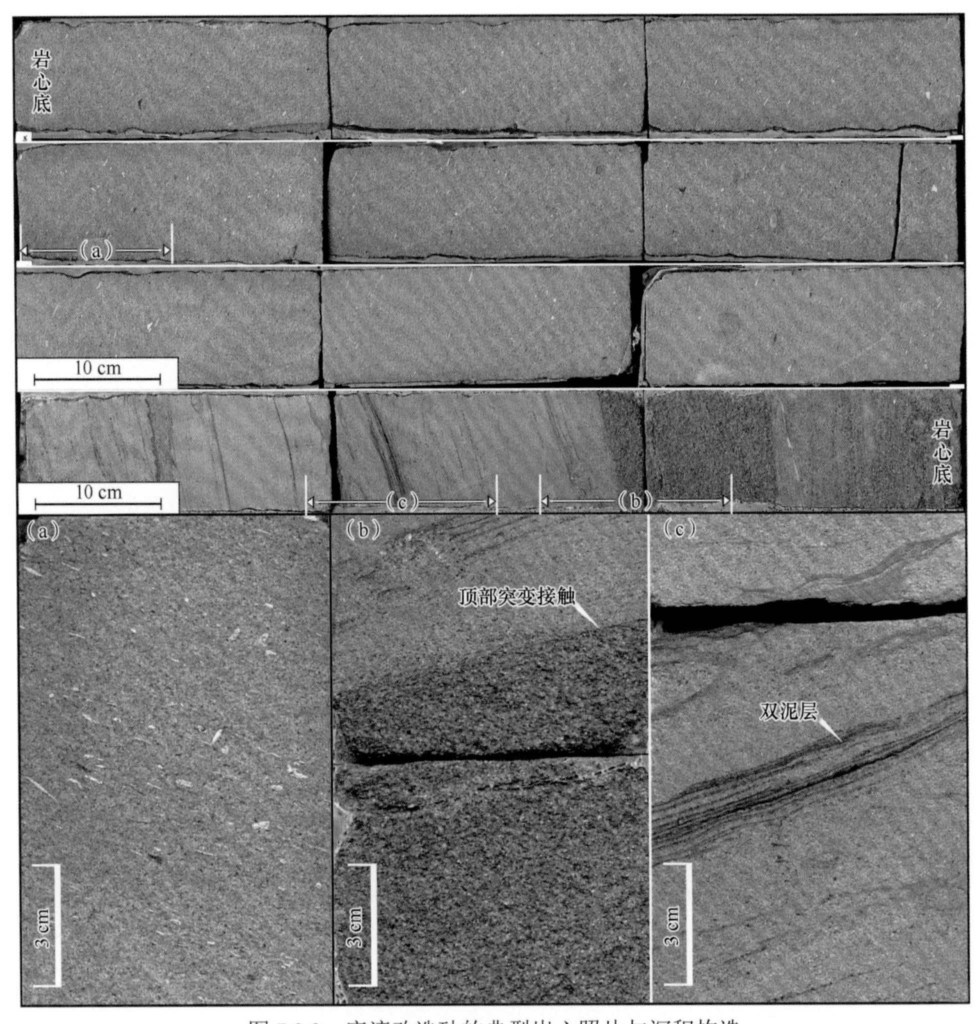

图 7.3.9　底流改造砂的典型岩心照片与沉积构造

（a）富含生物碎屑的、结构成熟度和成分成熟度较高的砂岩；（b）见顶突变接触的中砂岩；（c）见双泥层的细砂岩

（3）砂质沉积和其顶部的细粒沉积呈突变非侵蚀接触［图 7.3.9（b）］。

（4）在累积概率曲线上，这些砂质沉积呈明显的“三段式”，由底部粗粒的推移组分、中部的跃移组分和顶部细粒的悬移组分构成［图 7.3.8（b）］。

（5）岩心中粒序层理及其所伴生的顶部渐变接触不发育（图 7.3.9～图 7.3.11）。

（6）如图 7.3.11（a）和（c）所示的细–粉砂岩中含有大量密集、呈条纹状展布的有孔虫化石。

在岩心样品中识别出的上述这六个沉积特征可以与台湾水道内 TS01 大型重力活塞样中所识别的、现代的底流改造砂（图 7.3.4 中的沙层 1～沙层 4）进行类比（图 7.3.4～图 7.3.6），基于“将今论古”的基本地质思维，图 7.3.9～图 7.3.11 所

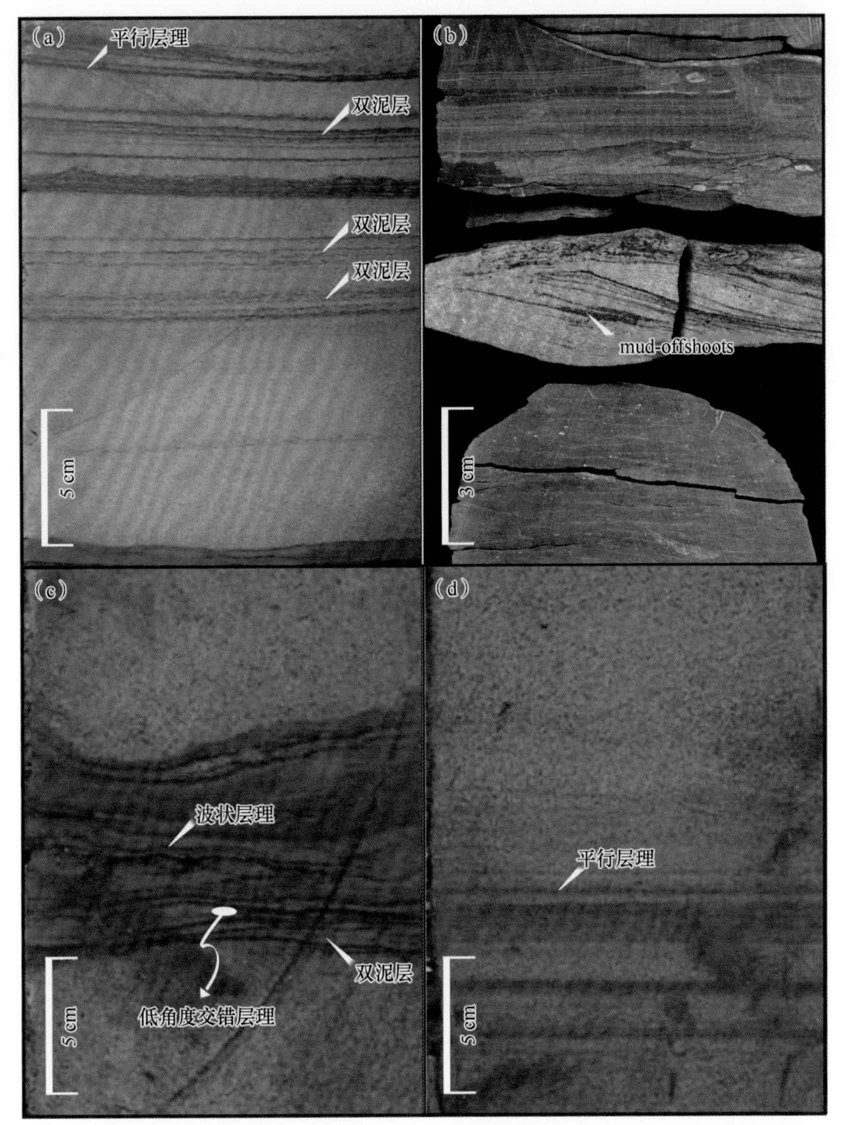

图 7.3.10　发育平行层理［(a) 和 (d)］、双泥层［(a) 和 (c)］、mud offshoots (b)、波状层理 (c) 和低角度交错层理 (c) 的底流改造砂典型岩心照片

示的富砂沉积可能是重力流与底流交互作用形成的底流改造砂。这一推理同时也为在这些岩心样品中识别的如下沉积构造所证实。

（1）在这些岩心样品中同时可见平行层理［图 7.3.10 (a) 和 (d)］、波状层理［图 7.3.10 (c) 和图 7.3.11 (c)］、低角度交错层理［图 7.3.10 (c)］、压扁层理［图 7.3.11 (a)］和透镜状层理［图 7.3.11 (d)］。

（2）在如图 7.3.10 (b) 所示的岩心中，厚 1～2mm、薄层的泥质沉积覆盖在整个沙纹之上，整体上呈“S”形，且沙纹的顶部可见明显的削蚀，这一沉积构造由 Shanmugam 等（1993a）首次识别报道，并将其命名为“mud offshoots”。

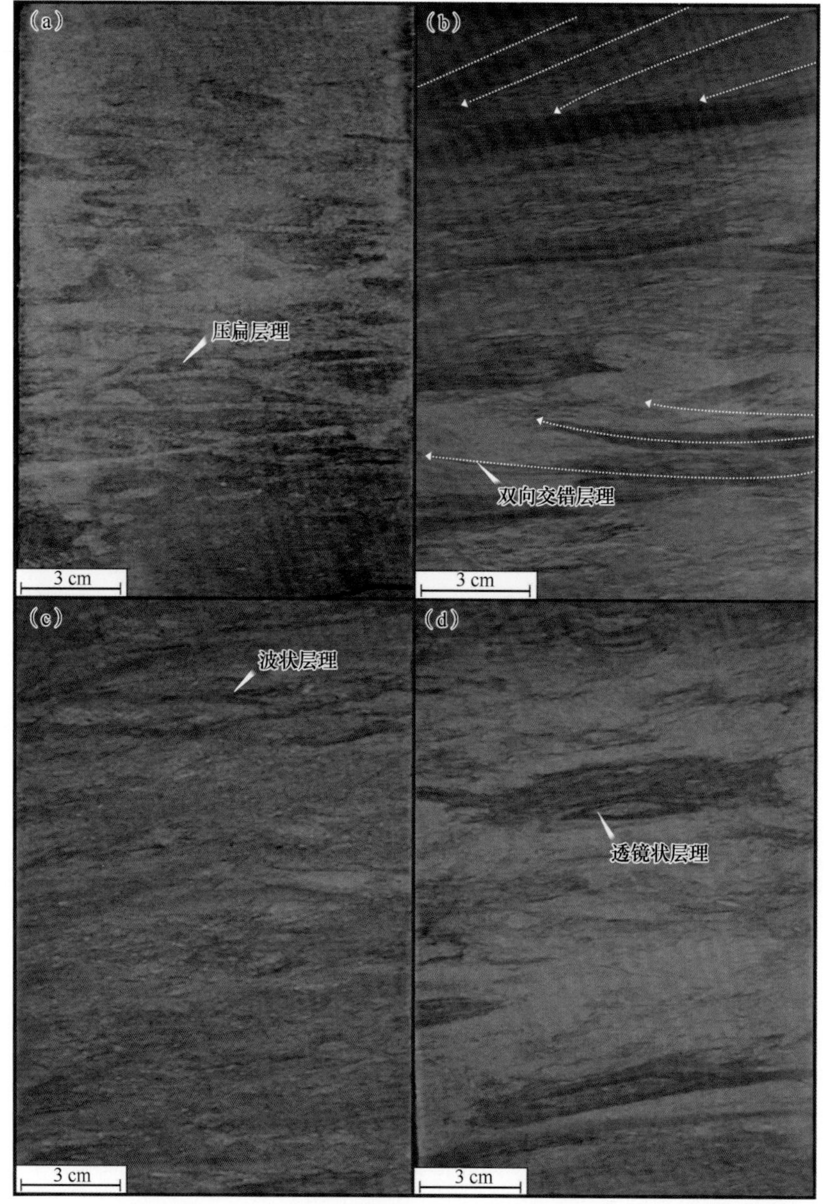

图 7.3.11　发育压扁层理（a）、双向交错层理（b）、波状层理（c）和透镜状层理（d）的底流改造砂典型岩心照片

（3）在这些岩心样品中广泛发育着沉积构造特征明显的双泥层［图 7.3.9（c），图 7.3.10（a）］。

（4）如图 7.3.11（b）所示的砂岩中可见明显的双向交错层理（羽状交错层理）。

如图 7.3.9～图 7.3.11 所示的这些非浊积的牵引流沉积构造（平行层理、波状层理、低角度交错层理、压扁层理、透镜状层理、双泥层和羽状交错层理）的一个最明显的特征是它们通常单独出现，而非形成一个递变的鲍马序列。前人研究表明当鲍马序列不能用于描述发育牵引流沉积构造的富砂沉积体的成因时，这些富砂沉积可以被解释为底流改造砂（Shanmugam，2008a，2008b，2012；Stow et al.，2013）。

综上所述，图 7.3.9～图 7.3.11 所示的缺少典型浊积岩沉积相标志的富砂沉积是在台湾水道中识别的底流改造砂的古代类比物（底流改造砂）。由此可见，本章所建立的底流改造砂的识别相标志是合理可靠的。

7.3.5　深水水道内底流改造砂的成因机理

1. 形成底流改造砂的沉积作用类型

1）沉积物重力流（浊流）

一般而言，深水水道是陆缘沉积物向深水区输送、搬运的通道，是沉积物活跃作用的场所（de Stigter et al.，2011；Mulder et al.，2012）。本章研究的深水水道内形成的底流改造砂具有强振幅的地球物理响应特征和纯净、富砂的沉积响应特征（图 7.3.1，图 7.3.5，图 7.3.6，图 7.3.9～图 7.3.11）。这表明沉积物重力流参与了底流改造砂的形成发育过程（图 7.3.12）。此外，由于流体渗入和地形坡度变缓，参与深水单向迁移水道和底流改造砂沉积建造的沉积物重力流会在水道的下游演化为能量微弱的低能浊流。

2）底流（等深流）

前人研究表明北太平洋中层水入侵了南海，与其相伴生的源自北太平洋中层水的等深流（NPIW-CCs）在吕宋海峡水深约 700m 处的流速约为 10cm/s（Yang et al.，2010）。本章所识别的深水单向迁移水道发育在南海北部陆缘的中、上陆坡，这表明源自北太平洋中层水的等深流可能参与了底流改造砂的形成发育过程。

此外，在岩心样品上，古代的底流改造砂广泛发育深水牵引流沉积构造（图 7.3.9～图 7.3.11）；在柱状样上，现代的底流改造沙内识别出了北太平洋中层水所特有的底栖有孔虫种属。这些研究结果均表明等深流（NPIW-CCs）参与了底流改造砂的沉积建造过程（图 7.3.12）。

3）双向流动的潮汐底流或内波

前人研究认为没有切割陆架坡折的深水水道是内波、内潮有利的形成发育场所（Allen and de Madron，2009；Shanmugam，2012），这表明发育在研究区中、上陆坡的，不切割陆架坡折的深水单向迁移水道内双向流动的潮汐底流或内波活跃发育。由此可见，本章研究的深水单向迁移水道内形成发育的底流改造砂的发育演化可能受到了内波和潮汐底流的影响（图 7.3.12）。

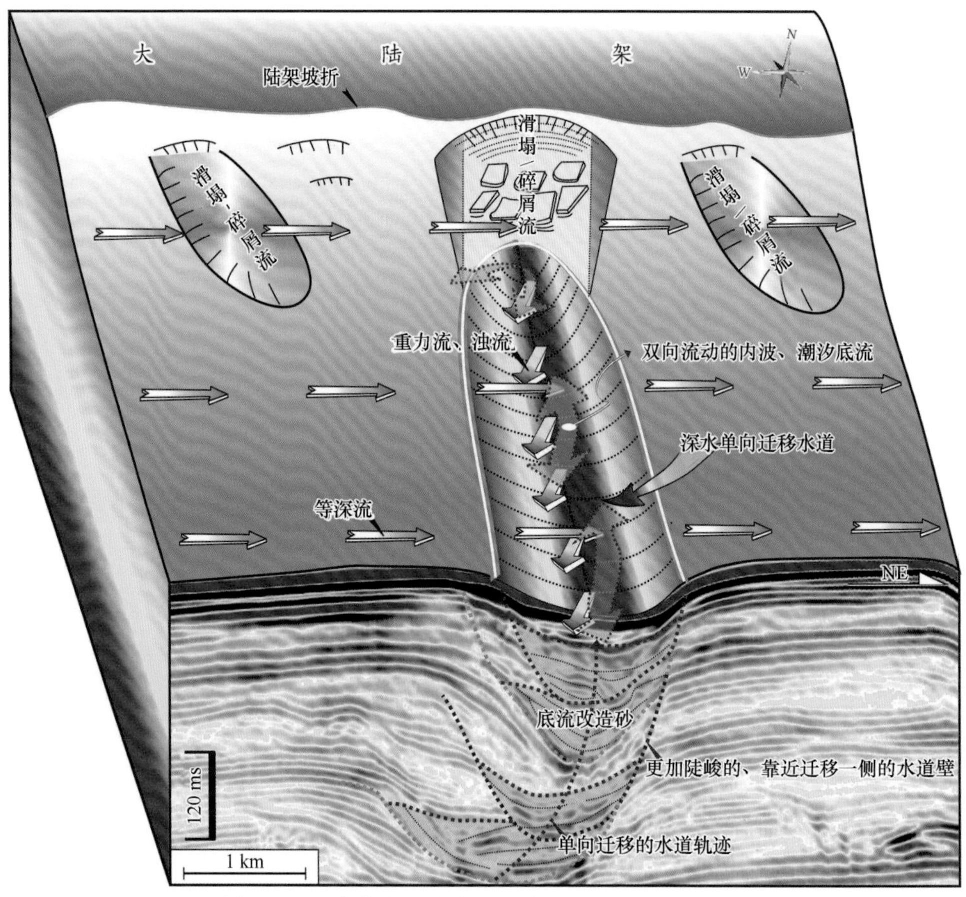

图 7.3.12　底流改造砂的形成过程及成因机理卡通图

中国海洋大学田纪伟课题组在 2007 年 7 月利用 300kHz 的多普勒流速仪（300kHz lowered acoustic Doppler）得到的流速现场测定结果表明：在吕宋海峡 500～1500m 深度段双向流动的潮汐底流的最大流速可达 15cm/s（Yang et al.，2010）。此外，南海发育世界上已知的、行进速度和影响范围最大的内孤立波（Reeder et al.，2011；Guo and Chen，2014）。这些内孤立波的最大振幅达 5～10km，最大流速可达 30～40cm/s，能够在南海北部陆缘重新启动、搬运大量的沉积物（Reeder et al.，2011；Guo and Chen，2014），形成了在东沙群岛附近上陆坡发育分布的大规模的水底沙丘（Guo and Chen，2014）。

前人研究认为双向交错层理、透镜状层理、低角度交错层理、压扁层理可以作为识别内波、潮汐底流沉积作用的标志（Gao and Eriksson，1991；高振中等，1997，2000，2010；何幼斌和高振中，1998）。由此可见，本章讨论的底流改造砂中形成发育的双向交错层理［图 7.3.11（b）］、双泥层［图 7.3.9（c），图 7.3.10（a）］、波状层理［图 7.3.10（c），图 7.3.11（c）］、压扁层理［图 7.3.11（a）］、透镜状层理［图 7.3.11（d）］和低角度交错层理［图 7.3.10（c）］可能是内波或潮汐底流在深水单向迁移水道内沉积建造留下的沉积记录。考虑到内波或潮汐底流在地质历史时期中长期稳定存在，这些现代观测到的内波或潮汐底流可能也参与了本章所讨论的底流改造砂的形成发育过程（图 7.3.12）。

2. 底流改造砂的成因机理

本章的研究结果表明深水单向迁移水道内形成发育的底流改造砂是顺物源方向的重力流、潮汐底流和内波交互作用以及垂直于物源方向的等深流和低能浊流交互作用的结果（图 7.3.12）。

1）顺物源方向的重力流、潮汐底流和内波交互作用

前已述及南海北部陆缘的内波、潮汐底流的最大流速达 30～40cm/s（Reeder et al.，2011；Guo and Chen，2014）。由于限定性地形的影响，当这些内波、潮汐底流流经深水单向迁移水道轴时可能会加速（Shanmugam，2012；Brackenridge et al.，2013），从而形成在深水单向迁移水道内双向流动的、流速可能超过 50cm/s 的底流（图 7.3.12）。这一流速的流体足以启动，搬运，再沉积中、细粒的沉积物。因此，深水单向迁移水道内流速超过 50cm/s 的内波、潮汐底流能量与流速为数十厘米每秒的浊流能量大体相当，内波、潮汐底流和重力流（浊流）沿着峡谷轴向活跃地交互作用着。经由重力流（包括浊流）搬运而来的沉积物能够被双向流动的潮汐底流或内波重新沿着峡谷轴向再次搬运、改造和分选（图 7.3.12），形成发育内潮沉积相标志，包括双向交错层理［图 7.3.11（b）］、双泥层［图 7.3.9（c），图 7.3.10（a）］、波状层理［图 7.3.10（c），图 7.3.11（c）］、压扁层理［图 7.3.11（a）］、透镜状层理［图 7.3.11（d）］和低角度交错层理［图 7.3.10（c）］的底流改造砂。

2）垂直于物源方向的等深流和低能浊流交互作用

前已述及，源自北太平洋中层水的等深流的流速为 5～10cm/s（Yang et al.，2010）。当源自北太平洋中层水的等深流流经深水单向迁移水道时会加速，从而使得其流速大于 10cm/s，这一流速的流体可以搬运、分选极细粒的泥质沉积颗粒（Stow et al.，2009）。Brackenridge 等（2013）在西班牙外海的加的斯湾的研究同样认为当等深流流经深水水道时被加速，形成广泛发育、分布的底流改造砂。

另外，深水单向迁移水道内的浊流在水道的下游可能演化为低能浊流，这些低能浊流和流经深水单向迁移水道的等深流具有大致相当的能量，从而活跃地交互作用着。经由低能浊流搬运而来的细粒泥质沉积能够被加速的等深流（NPIW-CCs）搬运、冲刷掉，形成非常纯净的、不含泥的底流改造砂。本章所研究讨论的缺少浊积岩相标志的富砂沉积可能是垂直于物源方向的等深流和低能浊流交互作用的结果和产物。

7.3.6 本章研究的油气勘探意义

自从1950年Kuenen和Migliorini发表了浊流研究中的里程碑式的学术论文*Turbidity currents as a cause of graded bedding*以来，浊积岩几乎成了地质学界一个家喻户晓的深水砂体的同义词。本章研究表明底流改造砂具有一些非浊积成因的相标志和沉积特征，因此底流改造砂是一类重要的、缺少典型的浊积岩相标志的深水牵引流砂体。由于多种沉积作用参与了底流改造砂的形成发育过程，目前对底流改造砂的成因机制的认知和研究程度都很低。我们的研究结果表明底流改造砂是顺物源方向的重力流、潮汐底流和内波交互作用及垂直于物源方向的等深流和低能浊流交互作用综合作用的产物，这一认识将有助于更好地理解和认识深水沉积环境中那些缺少典型浊积岩相标志的深水砂体。

此外，底流改造砂形成的油气储层在世界深水陆缘广泛分布，本章的研究证实了深水单向迁移水道内底流改造砂由结构和成分成熟度较高的砂质颗粒组成，具有优越的储层物性（图7.3.5，图7.3.6，图7.3.9～图7.3.11）。具有类似的沉积特征的深水砂体除了在南海，在世界其他陆缘深水区内也可能会广泛分布。前已述及，目前对这一类缺少典型浊积岩相标志的砂体尚缺少统一的识别相标志。因此，本章所建立的底流改造砂的识别相标志对识别这一类油气储集体具有重要的勘探实践价值。

7.4 深水单向迁移水道有利储层分布模式与古海洋学意义

在建立了深水单向迁移水道内有利储层（底流改造砂）识别相标志的基础上，本节讨论了有利储层的时空分布模式以及深水单向迁移水道所蕴含的古海洋学意义。

7.4.1 深水单向迁移水道内有利储层时空分布模式

前已述及，深水单向迁移水道内沟道化重力流（浊流）带来的细粒的泥质沉积可以被底流（等深流）淘洗掉，形成高孔、高渗的底流改造砂，是一类优质的油气储集体（Shanmugam，2008a，2008b；Rebesco et al.，2014；Fonnesu et al.，2020；Fuhrmann et al.，2020）。综合研究表明深水单向迁移水道内的底流改造砂在平面（空间上）和剖面上（时间上）具有差异化的时空分布模式。

1. 深水单向迁移水道内有利储层在剖面上的分布模式

在剖面上，一个深水单向迁移水道沉积体系（迁移海底扇）往往由多个水道复合体组成，譬如，如图 7.4.1 所示的来自南海北部陆缘珠江口盆地的深水单向迁移水道 C3 由 5 期水道复合体组成。一般而言，深水内部的强振幅反射常常被认为是高密度浊流所形成的水道谷底滞留粗粒富砂沉积（Posamentier and Kolla，2003；Posamentier and Walker，2006；Janocko et al.，2013a；Oluboyo et al.，2014）。深水单向迁移水道的单向迁移和大规模的等深流漂积体体现了底流（等深流）的剥蚀-沉积效应（Gong et al.，2013，2016，2018；Rebesco et al.，2014；Fonnesu et al.，2020；Fuhrmann et al.，2020）。

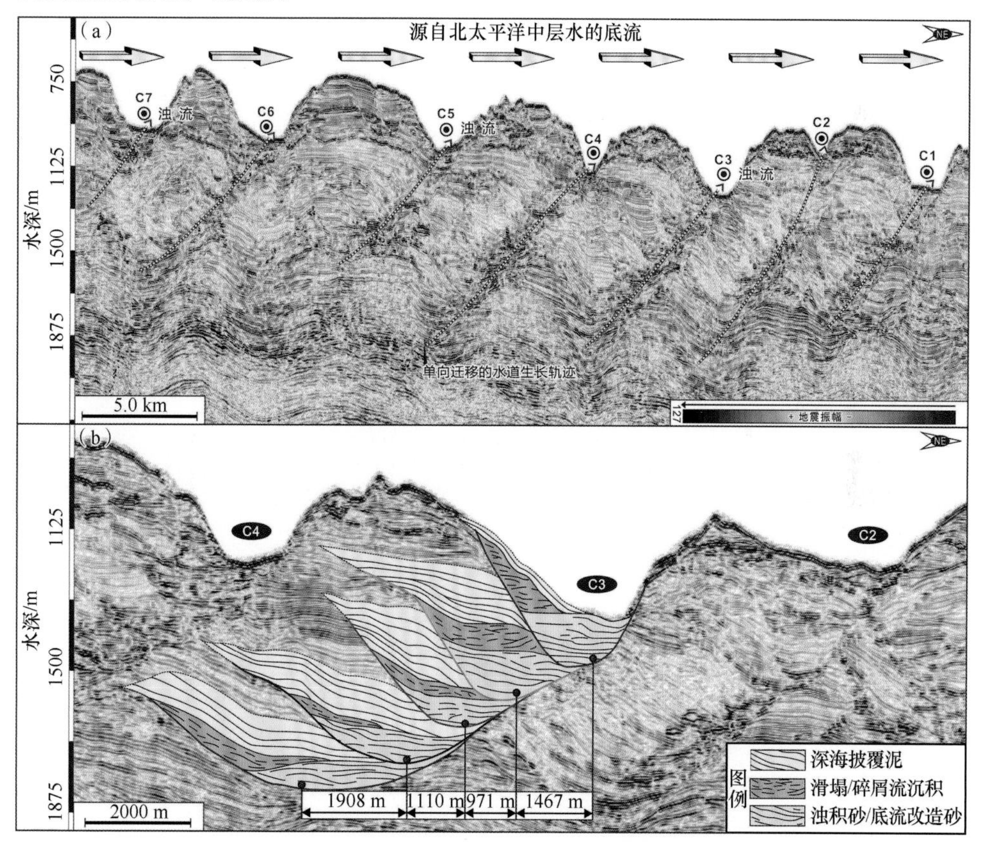

图 7.4.1　来自珠江口盆地深水单向（顺向）迁移水道的有利储层剖面分布模式

由此可见，深水单向迁移水道内的谷底强振幅反射体现了重力流（浊流）和底流（等深流）的综合效应，是两相流体交互作用的产物，可以将其解释为改造浊积砂和浊积砂混合（浊积砂/底流改造砂）的储层类型（Gong et al.，2013，2018；Fonnesu et al.，2020；Fuhrmann et al.，2020）。因此，每一期水道复合体的底部透镜状强振幅-低频-断续或中连续反射往往是经由底流淘洗、分选、改造后的粗粒沉积（底流改造砂或浊积砂）（图 7.4.1）。如图 7.4.1 所示，这些深水单向迁移水道内有利油气储集体（浊积砂/底流改造砂）在剖面上总是靠近水道陡岸向水道迁移一侧不断迁移叠加，形成连续性好、空间分布广、面积大的超大型优质深水油气储集体（图 7.4.1）。

此外，国际著名等深流研究组（英国伦敦皇家霍洛威大学 The Drifters 研究组）最新研究成果表明在阿根廷陆缘侏罗系科罗拉多组（100～66Ma）形成发育一大型（面积超过 280000km^2）深水单向迁移水道-漂积体复合沉积体系（图 7.4.2）。在该深水单向迁移水道内也同样形成发育了与上述浊积砂/底流改造砂地震反射特征明显的“强振幅、断续、双向上超充填地震相”。Rodrigues 等（2021）研究认为阿根廷陆缘白垩纪海底迁移水道内的强振幅反射可能有粗粒的、富砂的沉积物（图 7.4.2）。Rodrigues 等（2021）研究指出，阿根廷陆缘侏罗系科罗拉多组深水单向迁移水道有利储层（浊积砂/底流改造砂）与如下底流（等深流）活跃发育的陆缘上的底流改造砂相关研究在区域上具有一定的区域可对比性。这些研究实例包括：墨西哥湾上新世深水沉积体系（Shanmugam et al.，1993a，1993b；Shanmugam，2017）、南海北部陆缘深水顺向迁移水道（Gong et al.，2013，2016）、北海深水砂体（Enjolras et al.，1986）、巴西桑托斯盆地始新世—渐新世的沉积体（Viana et al.，2007；Viana，2008；Mutti et al.，2014）、莫桑比克外海鲁伍马盆地

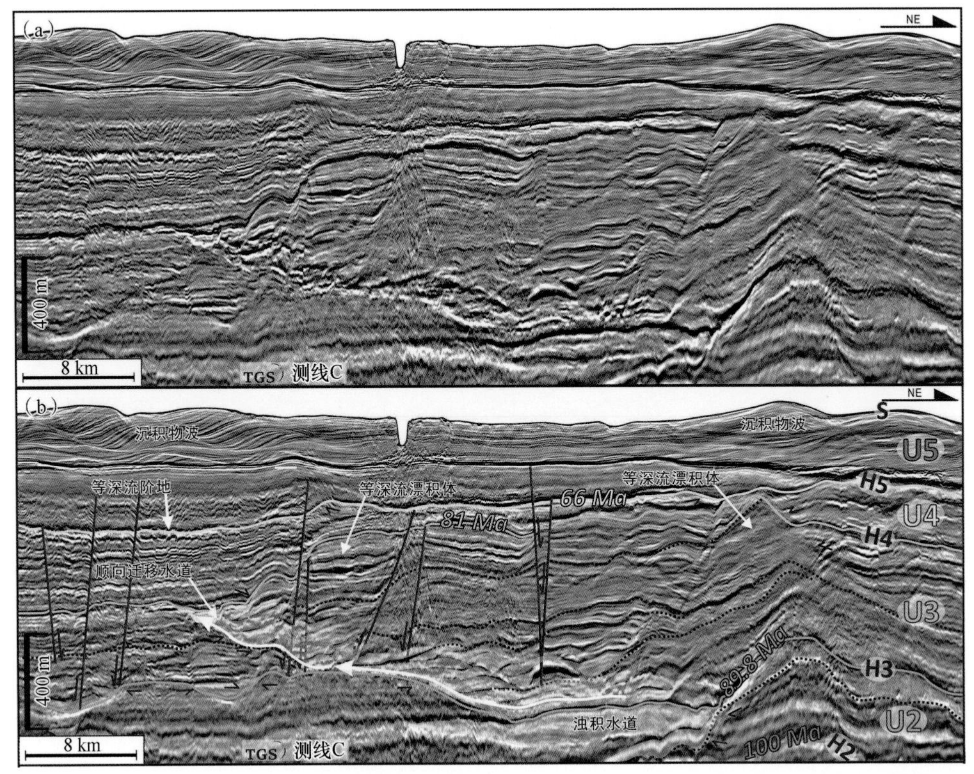

图 7.4.2　来自晚白垩世阿根廷陆缘深水单向（顺向）迁移水道的有利储层剖面分布模式

反向迁移水道（Fonnesu et al.，2020）以及东非陆缘坦桑尼亚近海盆地（Fuhrmann et al.，2020）。在这些实例中，深水单向迁移水道内的谷底透镜状强振幅充填反射地震相常常被解释为规模优质储集体（Gong et al.，2013，2016；Fonnesu et al.，2020；Fuhrmann et al.，2020）。

2. 深水单向迁移水道内有利储层在平面上的分布模式

由于深水单向迁移水道内富砂的有利油气储集体往往具有较高的均方根振幅属性，可以利用均方根振幅属性来雕刻深水单向迁移水道内有利储层（浊积砂/底流改造砂）的分布模式。从如图 7.4.3 所示的均方根振幅属性平面分布图上可以看出：深水单向迁移水道 C3 相伴生的 5 期水道复合体内有利储层（浊积砂/底流改造砂，对应高均方根振幅属性处）总是沿着与深水单向迁移水道轴向平行、靠近水道迁移一侧呈条带状展布（图 7.4.3）。

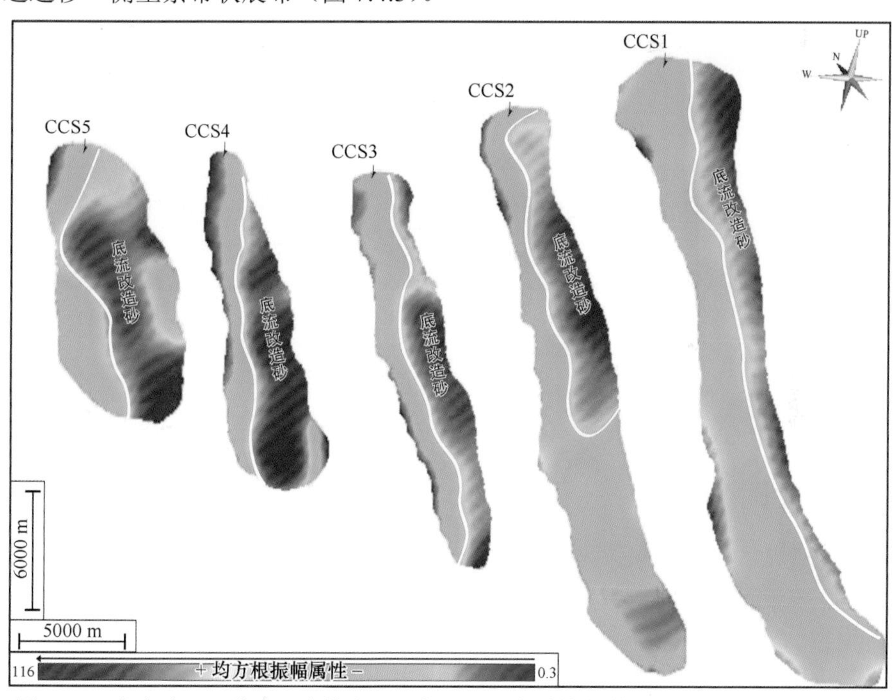

图 7.4.3　来自珠江口盆地深水单向（顺向）迁移水道的有利储层（高 RMS 属性值处）平面分布模式

上述深水单向迁移水道内有利储层的平面分布模式也被来自晚白垩世乌拉圭陆缘的研究实例所“证实”。如图 7.4.4 所示，晚白垩世乌拉圭陆缘的深水单向（顺向）迁移水道内有利储层（由改造浊积砂和浊积砂组成的混积砂体）呈片状的强振幅属性区域。这些强振幅属性与图 7.4.3 所示的南海北部陆缘深水单向迁移水道内的有利油气储集体具有相似的平面分布模式，它们在平面上总是沿着与深水单向迁移水道轴向平行、靠近水道迁移一侧呈条带状展布（图 7.4.3，图 7.4.4）。这一深水顺向水道内等深流改造浊积砂的分布模式可用于预测同类型水道内的有利储层分布，具有重要的油气勘探意义。

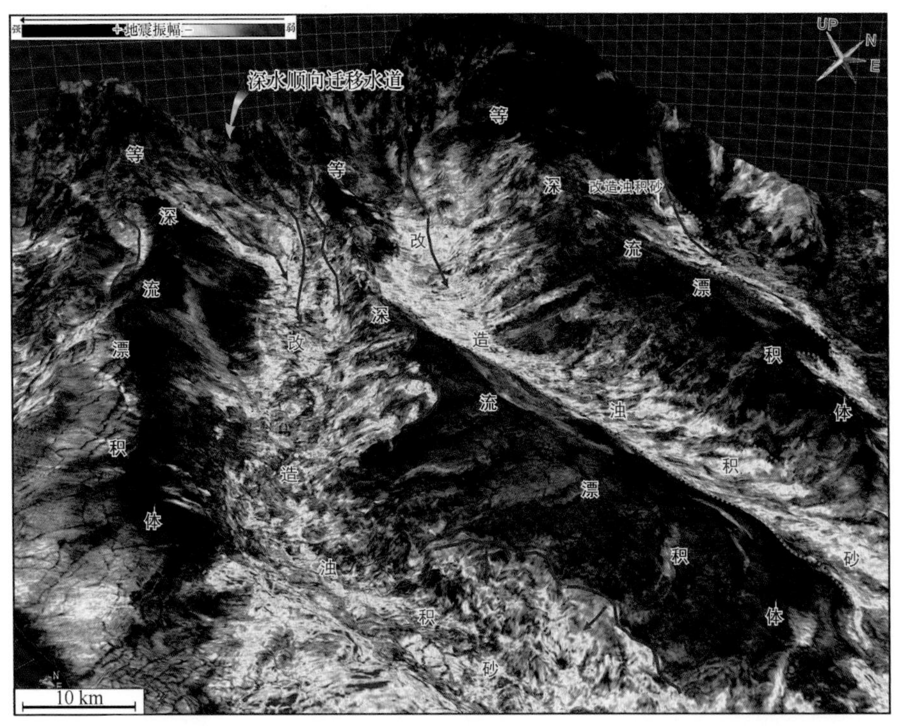

图 7.4.4　来自晚白垩世乌拉圭深水单向（顺向）迁移水道的有利储层平面分布模式（Badalini et al.，2016）

7.4.2　深水单向迁移水道内有利储层时空分布模式的油气勘探意义

上述深水单向迁移水道内有利储层分布模式具有重要的油气勘探意义。具体来说，在经典的深水沉积学理论指导下，一般认为重力流水道受到可容空间变化的驱动导致单个水道复合体总是左右摆动、无序展布，形成如图 7.4.5（a）所示的重力流水道有利储层分布模式。利用该模式可能错误地认为，如图 7.4.5（b）所示深水水道内无经典模式所预测的油气储集体，是勘探的“禁区”。

在新的深水单向迁移水道理论指导下，我们认为受到重力流（浊流）与底流（等深流）交互作用的驱动，如图 7.4.5（b）所示的深水单向迁移水道内存在交互作用成因的规模优质储集体。这一认识很好地指导了人们在东非陆缘鲁伍马盆地和坦桑尼亚外海的油气勘探。近年来国际著名石油公司（如意大利埃尼石油公司、法国的道达尔石油公司和美国的埃克森美孚石油公司等）在如图 7.4.5（b）所示的深水单向迁移水道内获得了巨大的油气勘探成果（详见 7.2 节和 5.2 节），证实了作者提出的单向迁移水道内有利储层分布模式的合理性和科学性。

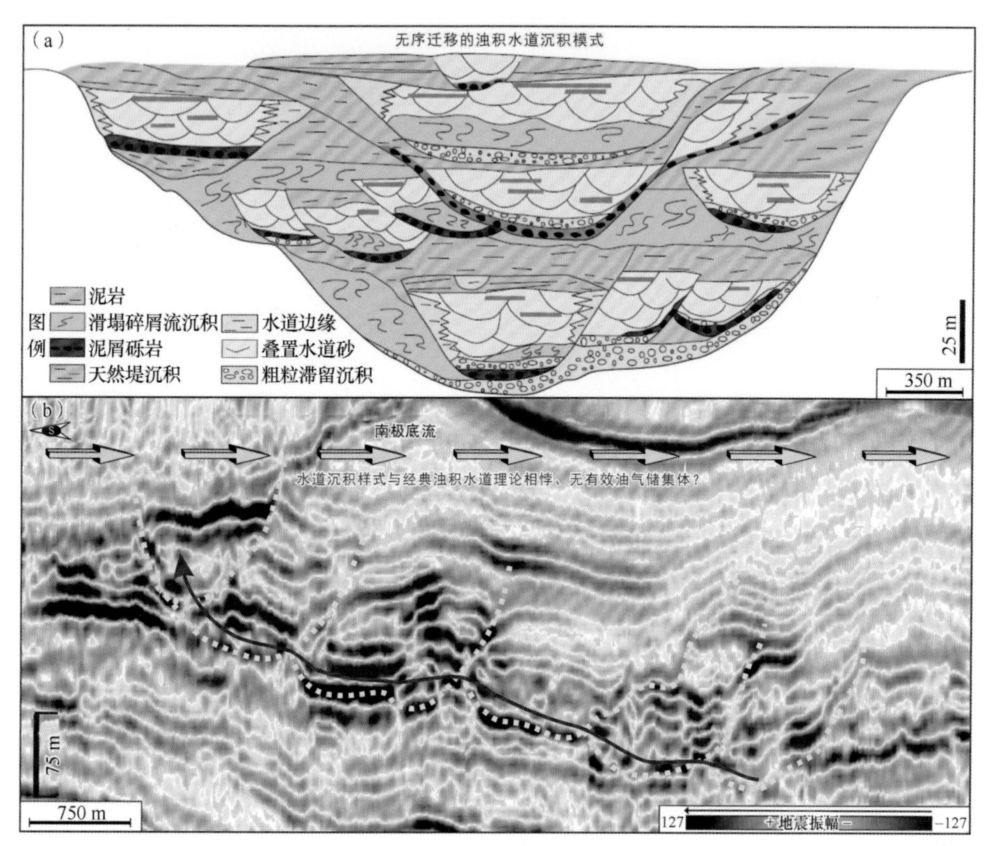

图 7.4.5　经典深水水道有利储层分布模式［图（a），据 Mayall 等（2006）］
与深水单向迁移水道沉积构成之对比

7.4.3　深水单向迁移水道所蕴含的古海洋学意义

1. 利用深水单向（顺向）迁移水道进行古海洋构成理论依据

美国学者 Roger D. Flood 博士首次于 1988 年在 *Deep-Sea Research* 中正式提出了 Lee 波模式（Lee-wave model）［图 7.4.6（a）］。Lee 波模式指出当流体（如沉积物重力流和等深流）流经一个地形凸起时会诱发沉积动力学机制的改变［图 7.4.6（a）］（Flood，1988）。具体来说，在背流面由于地形坡度陡然加大、变陡，流体会被加速，侵蚀作用占主导，从而形成“背流面、高流速、低沉积速率”的局面［图 7.4.6（a）］（Flood，1988）。与此截然相反的是，在迎流面由于地形坡度陡然减小、变缓，流体会被减速，沉积作用占主导，从而形成“迎流面、低流速、高沉积速率”的格局［图 7.4.6（a）］（Flood，1988）。

这一模式被广泛应用来解释沉积物波的上坡迁移现象（Flood，1988；Flood and Giosan，2002）。譬如，在如图 7.4.7 所示的地震剖面上，当浊流流经该浊流沉积物波时，北西一翼（背流面）地形坡度较陡，浊流流速变大，以侵蚀作用为主；

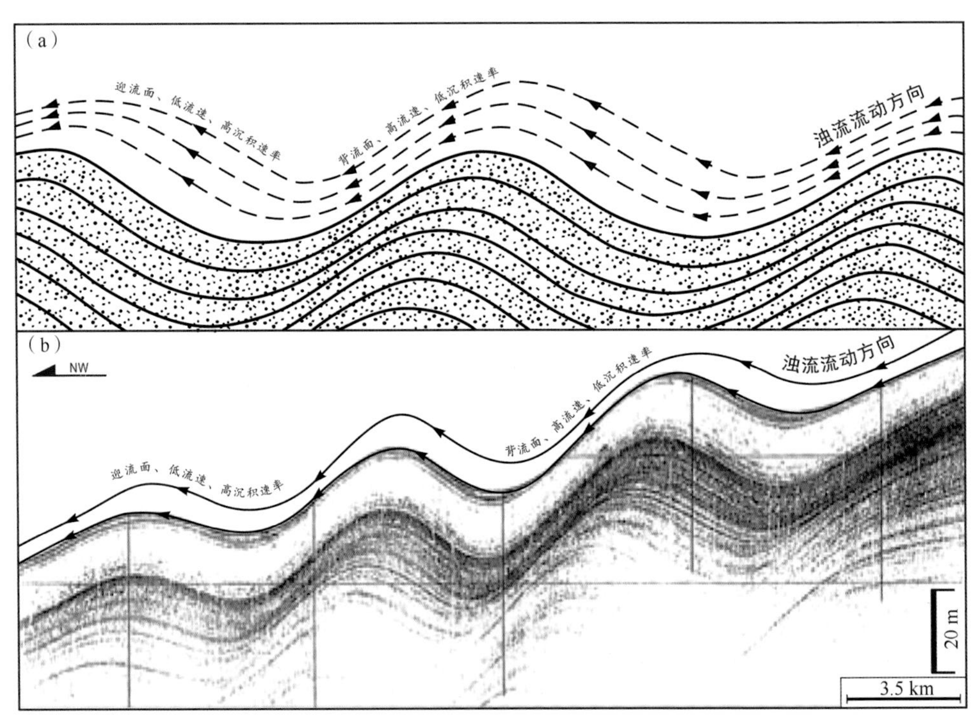

图 7.4.6　Lee 波模式图［图（a），引自 Flood（1988）、Flood 和 Giosan（2002）］和来自赫希里底（Hebrides）陆坡的模浊流沉积物波实例［图（b），引自 Masson 等（2002）］

而南东一翼（迎流面）地形坡度较缓，浊流流速减小，以沉积作用为主。从而出现北西一翼侵蚀-南东一翼沉积的差异侵蚀-沉积格局，这一差异化的剥蚀-沉积响应驱动沉积物波不断向上坡迁移（Flood，1988；Flood and Giosan，2002）。

基于上述理论，利用乌拉圭陆缘晚白垩世深水单向（顺向）迁移水道可以对南大西洋西侧区域洋流流动路径进行重构。具体来说，乌拉圭陆缘坎潘期—马斯特里赫特期形成发育的等深流漂积体具有明显的剖面不对称特征（图 7.4.7，图 7.4.8）。具体来说，这些等深流漂积体北东一翼较陡，而西南一翼较缓，且具有微弱的向北东一侧迁移的特点（图 7.4.7，图 7.4.8）。由此可见，这些等深流漂积体的北东一翼为背流面，而西南一翼为迎流面，参与它们沉积建造的北大西洋深层水的等深流沿“北东（背流面）→西南（迎流面）流动”（图 7.4.7，图 7.4.8）。

我们基于等深流漂积体剖面不对称特征和 Lee 波模式所推测的区域等深流流向也得到了现代洋流观测的证实（Badalini et al.，2016）。如图 3.1.3 所示，英国 BG 石油公司在乌拉圭陆缘各观测点上自 2014 年 1 月 11 日至 2014 年 1 月 31 日进行了累计 21 天洋流观测表明：乌拉圭陆缘深水陆坡区等深流评价流速为 15～35cm/s，最大流速可达 40cm/s，主要流向为“北东→西南”（图 3.1.3）（具体描述详见本书第 3 章）。

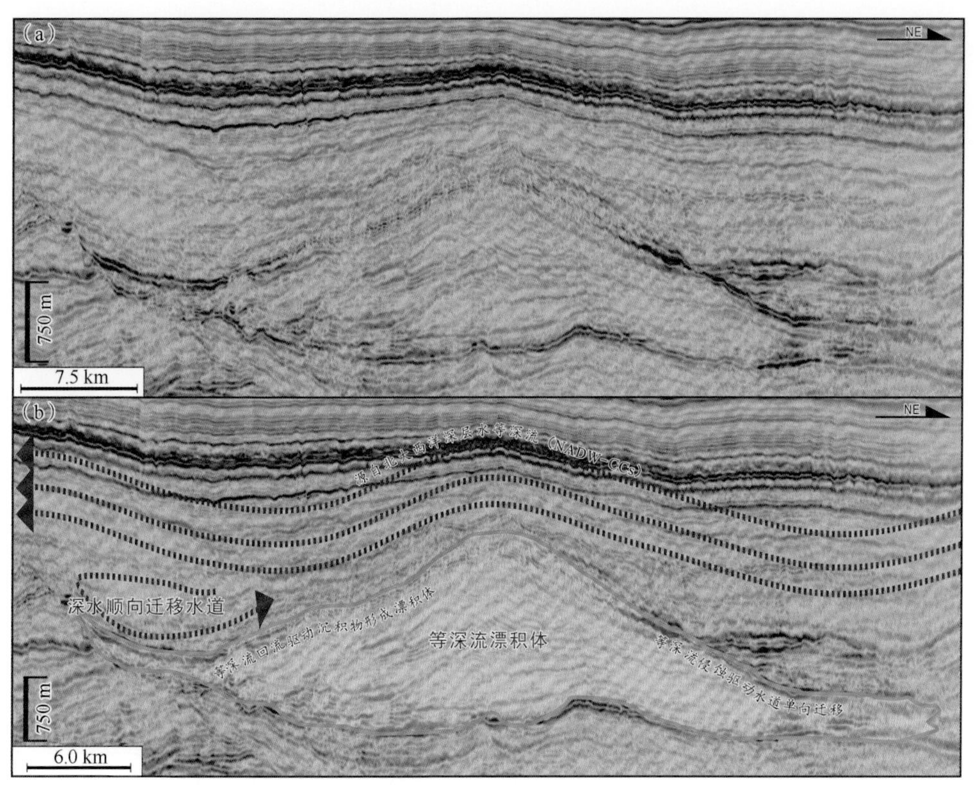

图 7.4.7　乌拉圭陆缘晚白垩世深水单向迁移水道内浊流-等深流交互作用沉积模式示意图（Badalini et al.，2016）

由此可见，基于 Lee 波模式所推测的区域等深流的流动路径（流向）与洋流观测结果所揭示的等深流的主流向一致。这表明我们可以利用深水顺向迁移水道进行古洋流流动路径重构（图 7.4.7，图 7.4.8）。

2. 利用深水单向（反向）迁移水道进行古海洋构成理论依据

利用深水单向（反向）迁移水道进行古海洋学重构的理论依据是不来梅大学 Elda Miramontes 教授发表在地学著名刊物 *Geology* 第 48 期的学术论文 *Channel-levee evolution in combined contour current-turbidity current flows from flume-tank experiments*，该成果已在本书第 6 章进行了详细解释，在本节就不再赘述了。

我们基于“参与深水反向迁移水道沉积建造的底流（等深流）的流动方向与水道的迁移方向恰好相反”这一事实（典型的深水反向和顺向迁移水道如图 5.1.1 所示），可以利用深水陆缘上发育存在的深水单向（反向）迁移水道重构古洋流流动路径（方向）。在此基础上，依据 Stow 和 Faugères（2008）、Stow 等（2009）所建立的“底流沉积单元-流速矩阵”对底流（等深流）流速进行重构。

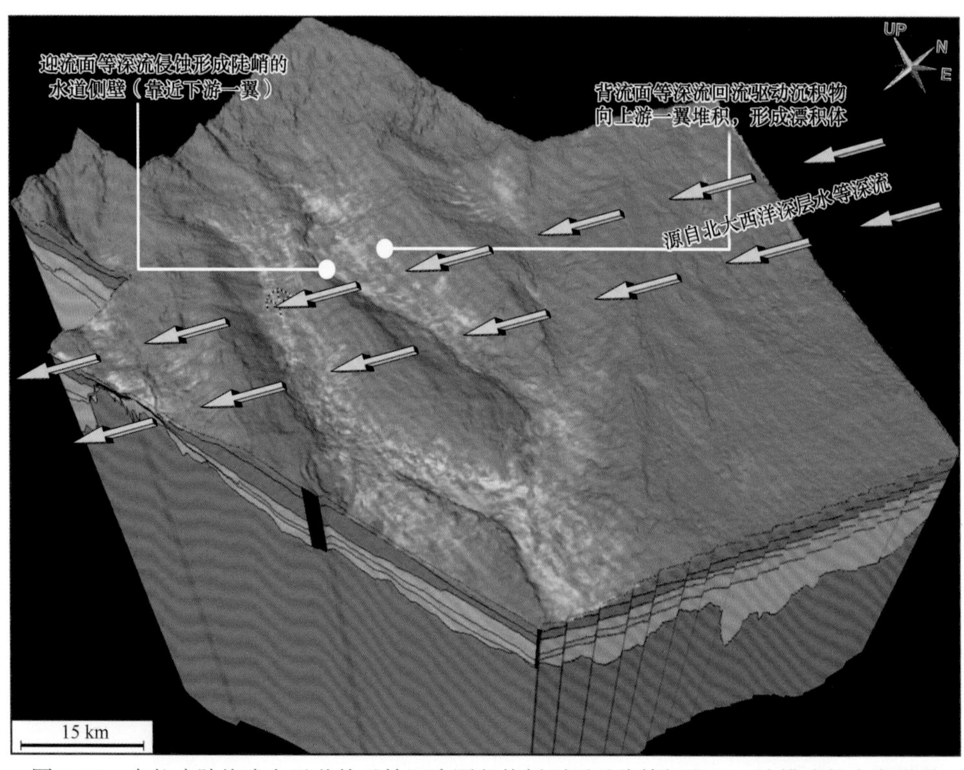

图 7.4.8　乌拉圭陆缘晚白垩世基于等深流漂积体剖面不对称特征和 Lee 波模式的古海洋学重构（Badalini et al.，2016）

7.5 小　结

7.2 节探讨了深水单向迁移水道沉积体系的相模式与时空演化模式，认为鲁伍马盆地始新世深水单向迁移水道沉积体系是浊流与底流交互作用的产物，经历了三期发育演化过程。具体来说，重力流演化的早期，流速较大、能量强，压制了低速的底流，重力流作用明显，形成“经典浊积岩”以及高砂地比迁移海底扇相组合；重力流演化的中期，流速减小，能量减弱，与底流时空上同时、同地存在，频繁互动、活跃地交互作用，形成非经典浊积岩岩相以及低砂地比迁移海底扇相组合；重力流演化的晚期，流速减小、能量弱，反而被底流所压制，底流作用占主导，形成深海披覆泥和等深流漂积体以及富泥迁移海底扇相组合。

7.3 节讨论了重力流与底流交互作用形成的有利储层——底流改造砂的识别相标志和成因机理，研究结果表明：①在沉积体系尺度上，深水单向迁移水道是底流改造砂有利的形成发育场所。深水单向迁移水道不发育浊积堤岸，平面上短且顺直，发育更为陡峻的、靠近水道迁移一侧的侧壁，以及单向迁移的水道轨迹，这四个特征可用于区分深水单向迁移水道和浊积水道。②在地震相尺度上，以下三点可用于辨识深水单向迁移水道内的底流改造砂地震相，其由平行-亚平行、强振幅地震反射构成，呈下凸上平的透镜状，持续向一个方向迁移、叠置。③在沉积相尺度上，底流改造砂具有如下相标志——由结构和成分成熟度较高的砂质颗粒组成；富含生物骨骼、碎屑及贝壳残片；可见顶突变、非侵蚀接触，牵引流沉积构造（包括平行层理、波状层理、低角度交错层理、压扁层理、透镜状层理、双泥层和羽状交错层理）；不发育渐变的顶接触；无年龄倒序现象；富含有孔虫；两到三段式的累积概率曲线特征；单峰、正态的频率分布曲线特征；在 *C-M* 图上位于牵引流沉积区。④本节所提出的大、中、小三个尺度的底流改造砂的相标志有助于识别深水沉积环境中非浊积的油气储集体。此外，本章研究表明并不是所有的深水砂体都是浊积成因的，深水单向迁移水道内的底流改造砂是顺物源方向的重力流、潮汐底流和内波交互作用及垂直于物源方向的等深流和低能浊流交互作用综合作用的结果。这一结论有助于更好地理解深水环境中缺少典型的浊积岩相标志的深水砂体的成因机制和形成发育过程。

7.4 节探讨了深水单向迁移水道有利储层分布模式与古海洋学意义，研究认为深水单向迁移水道内有利储层由透镜状强振幅–低频–断续或中连续反射组成。这些深水单向迁移水道内有利油气储集体在剖面上总是靠近水道陡岸、向水道迁移一侧不断迁移叠加；形成连续性好、空间分布广、面积大的超大型深水油气储集体；在平面上沿着与深水单向迁移水道轴平行、靠近水道迁移一侧呈条带状展布。

致　　谢

文稿付梓，令人思绪万千。首先我想借此机会感谢我的两位授业恩师［中国石油大学（北京）地球科学学院王英民教授和美国得克萨斯大学奥斯汀分校Ronald J. Steel 教授］。十五年前我怀揣着“做国际一流深水沉积学”的梦想在王英民教授课题组开始了研究生阶段的学习，而后于 2014～2017 年在 Ronald J. Steel 教授课题组完成了博士后阶段的研究。梦想的开启和书稿的完成都离不开两位导师的栽培，我为之深深感激，并将铭记于心。

我深深感激我的研究生导师王英民教授，是您为我提供了实现“做国际一流深水沉积学”梦想的平台，您对我有知遇之恩；是您手把手教会我如何进行层序、沉积研究，如何开展地震资料解释等，您对我有培养之情；是您多次带我参加境内外学术会议，尽您所能给我提供诸多便利，您对我有培育之情……同时也深深地感谢我的博士后导师 Ronald J. Steel 教授，是您为我提供了实现“做国际一流深水沉积学”梦想的翅膀，您对我有相助之恩；是您手把手反复帮我修改论文，教我如何开展国际一流的沉积学研究，您对我有栽培之情；是您为我在美国开展博士后研究提供了宝贵的经费支持，为我和家人在美国生活提供了诸多便利，您对我有朋友之谊……

两位恩师是我的良师，他们的敬业精神、对科研的热爱和执着、豁达的人格魅力……都让我永志不忘，也深深地影响并感染着我。两位恩师也是我的益友，他们在我需要的任何时刻都毫不吝惜他们无私的帮助，我的点滴成长无不凝聚着他们的心血和汗水。总之，我永远为是你们的学生而骄傲、自豪！而今两位恩师均已退休，我也想以此书稿来感念两位恩师对我十五年以来的栽培和帮助。

此外，本书是国家自然科学基金项目“深水重力流与底流交互作用的过程和响应，以台湾浅滩陆坡为例”（40972077，负责人王英民）、“深水单向迁移水道的成因机理及其内的浊流、内潮流与等深流交互作用研究”（41372115，负责人王英民）、“珠江峡谷末次冰期以来浊流活动对气候变化的响应尺度与反馈机制”（41972100，负责人龚承林）和“中更新世以来珠江陆架边缘三角洲–海底扇源–汇同步”（41802117，负责人龚承林）以及国家重点基础研究发展计划（简称 973 计划）项目子课题“南海深水区盆地远源碎屑岩沉积机理研究–南海北部陆坡深水区有利砂体形成条件和沉积机理研究”（2009CB219407，承担人王英民）共同资助的研究成果。中国地质调查局广州海洋地质调查局和中国海洋石油集团有限公司为本书提供了宝贵的资料支持，在此也一并致以诚挚的谢意。

参 考 文 献

陈宇航, 姚根顺, 吕福亮, 等. 2017b. 东非鲁伍马盆地渐新统深水水道-朵体沉积特征及控制因素. 石油学报, 38(9): 1047-1058.

陈宇航, 朱增伍, 贾鹏, 等. 2017a. 重力流沉积砂岩的成因、改造及油气勘探意义. 地质科技情报, 36(5): 148-155.

高振中, 何幼斌, 李建明, 等. 1997. 我国发现内潮汐沉积. 科学通报, 42(13): 1418-1421.

高振中, 何幼斌, 李向东. 2010. 中国地层记录中的内波及内潮汐沉积研究. 古地理学报, 12(5): 527-534.

高振中, 何幼斌, 罗顺社, 等. 1996. 深水牵引流沉积-内潮汐、内波和等深流沉积研究. 北京: 科学出版社.

高振中, 何幼斌, 张兴阳, 等. 2000. 塔中地区中晚奥陶世内波、内潮汐沉积. 沉积学报, 18(3): 400-407.

何幼斌, 高振中. 1998. 内潮汐、内波沉积的特征与鉴别. 科学通报, 43(9): 903-908.

何幼斌, 罗顺社, 高振中. 2004. 内波、内潮汐沉积研究现状与进展. 江汉石油学院学报, 26(1): 5-10.

李磊, 王英民, 徐强, 等. 2012. 被动陆缘深水重力流沉积单元及沉积体系——以尼日尔三角洲和珠江口盆地白云凹陷深水区为例. 地质论评, 58(5): 846-853.

李磊, 王英民, 张莲美, 等. 2009. 南海北部白云深水区水道与朵体沉积序列及演化. 海洋地质与第四纪地质, 29(4): 71-76.

李思田, 林畅松, 张启明, 等. 1998. 南海北部大陆边缘盆地幕式裂陷的动力过程及 10Ma 以来的构造事件. 科学通报, 43(8): 797-810.

李祥辉, 王成善, 金玮, 等. 2009. 深海沉积理论发展及其在油气勘探中的意义. 沉积学报, 27(1): 77-86.

李云, 郑荣才, 朱国金, 等. 2012. 珠江口盆地白云凹陷珠江组深水牵引流沉积特征及其地质意义. 海洋学报, 34(1): 127-135.

林畅松, 刘景彦, 蔡世祥, 等. 2001. 莺-琼盆地大型下切谷和海底浊流体系的沉积构成和发育背景. 科学通报, 46(1): 69-72.

刘军, 庞雄, 颜承志, 等. 2011. 南海北部陆坡白云深水区浅层深水水道沉积. 石油实验地质, 33(3): 255-259.

庞雄, 陈长民, 彭大均, 等. 2007. 南海珠江深水扇系统及油气. 北京: 科学出版社.

庞雄, 陈长民, 施和生, 等. 2005. 相对海平面变化与南海珠江深水扇系统的响应. 地学前缘, 12(3): 167-177.

彭大钧, 庞雄, 陈长民, 等. 2005. 从浅水陆架走向深水陆坡——南海深水扇系统的研究. 沉积学报, 23(1): 1-11.

邵磊, 李学杰, 耿建华, 等. 2007. 南海北部深水底流沉积作用. 中国科学 D 辑: 地球科学, 37(6): 771-777.

孙辉, 吕福亮, 范国章, 等. 2017. 三级层序内受底流影响的富砂深水沉积演化规律——以东非鲁武马盆地中中新统为例. 天然气地球科学, 28(1): 106-115.

田纪伟, 曲堂栋. 2012. 南海深海环流研究进展. 科学通报, 57(20): 1827-1832.

王玉柱, 王海荣, 高红芳, 等. 2010. 等深流作用机制和沉积的研究进展. 古地理学报, 12(2): 141-150.

王志勇, 赵玮, 周春, 等. 2013. 吕宋海峡深层水体体积输运的诊断分析. 海洋科学, 37(4): 95-102.

吴嘉鹏, 王英民, 王海荣, 等. 2012. 深水重力流与底流交互作用研究进展. 地质论评, 58(6): 1110-1120.

吴时国, 秦蕴珊. 2009. 南海北部陆坡深水沉积体系研究. 沉积学报, 27(5): 922-930.

解习农, 陈志宏, 孙志鹏, 等. 2012. 南海西北陆缘深水沉积体系内部构成特征. 地球科学 (中国地质大学学报), 37(4): 627-634.

徐强, 王英民, 王丹, 等. 2010. 南海白云凹陷深水区渐新世—中新世断阶陆架坡折沉积过程响应. 沉积学报, 28(5): 906-916.

徐尚, 王英民, 彭学超, 等. 2012. 台湾峡谷 HD133 柱状样中重力流、底流交互沉积的证据. 地质学报, 86(11): 1792-1798.

袁圣强, 曹锋, 吴时国, 等. 2010. 南海北部陆坡深水曲流水道的识别及成因. 沉积学报, 28(1): 68-75.

张功成, 米立军, 吴时国, 等. 2007. 深水区—南海北部大陆边缘盆地油气勘探新领域. 石油学报, 28(2): 15-21.

赵健, 张光亚, 李志, 等. 2018. 东非鲁武马盆地始新统超深水重力流砂岩储层特征及成因. 地学前缘, 25(2): 83-91.

Abad J D, Sequeiros O, Spinewine B, et al. 2011. Secondary current of saline underflow in a highly meandering channel: experiments and theory. Journal of Sedimentary Research, 81: 787-813.

Akhmetzhanov A, Kenyon N H, Habgood E, et al. 2007. North Atlantic contourite sand channels. Geological Society, 276(1): 25-47.

Akhurst M C, Stow D A V, Stoker M S. 2002. Late Quaternary glacigenic contourite, debris flow and turbidite process interaction in the Faroe-Shetland Channel, NW Europe continental margin. Geological Society London Memoirs, 22(1): 73-84.

Allen S E, de Madron X D. 2009. A review of the role of submarine canyons in deep-ocean exchange with the shelf. Ocean Science Discussions, 5: 607-620.

Alonso B, Ercilla G, Casas D, et al. 2016. Contourite vs gravity-flow deposits of the Pleistocene Faro drift (Gulf of Cadiz): sedimentological and mineralogical approaches. Marine Geology, 377: 77-94.

Amblas D, Canals M. 2016. Contourite drifts and canyon-channel systems on the northern antarctic Peninsula Pacific margin. Geological Society London Memoirs, 46(1): 393-394.

Amos K J, Peakall J, Bradbury P W, et al. 2010. The influence of bend amplitude and planform morphology on flow and sedimentation in submarine channels. Marine and Petroleum Geology, 27: 1431-1447.

Anderson J E, Cartwright J, Drysdall S J, et al. 2000. Controls on turbidite sand deposition during gravity-driven extension of a passive margin: examples from Miocene sediments in Block 4, Angola. Marine and Petroleum Geology, 17: 1165-1203.

Anka Z, Séranne M. 2004. Reconnaissance study of the ancient Zaire (Congo) deep-sea fan (ZaiAngo Project). Marine Geology, 209: 223-244.

Anka Z, Séranne M, Lopez M, et al. 2009. The long-term evolution of the Congo deep-sea fan: a basin-wide view of the interaction between a giant submarine fan and a mature passive margin (ZaiAngo project). Tectonophysics, 470: 42-56.

Arhan M, Carton X, Piola A, et al. 2002a. Deep lenses of circumpolar water in the Argentine Basin. Journal of Geophysical Research Oceans, 107: 1-7.

Arhan M, Garabato A C N, Heywood K J, et al. 2002b. The Antarctic Circumpolar Current between the Falkland Islands and South Georgia. Journal of Geophysical Research Oceans, 32: 1914-1931.

Arzola R G, Wynn R B, Lastras G, et al. 2008. Sedimentary features and processes in the Nazaré and Setúbal submarine canyons, west Iberian margin. Marine Geology, 250: 64-88.

Autin J, Scheck-Wenderoth M, Loegering M J, et al. 2013. Colorado Basin 3D structure and evolution, Argentine passive margin. Tectonophysics, 604: 264-279.

Azpiroz-Zabala M, Cartigny M J, Talling P J, et al. 2017. Newly recognized turbidity current structure can explain prolonged flushing of submarine canyons. Science Advances, 3(10): 1700200.

Backeberg B, Johannessen J, Bertin L, et al. 2008. The greater Agulhas Current system: and integrated study of its mesoscale variability. Journal of Operational Oceanography, 1: 29-44.

Badalini G, Thompson P, Wrigley S, et al. 2016. Giant cretaceous mixed contouritic-turbiditic systems, offshore Uruguay: the interaction between rift-related basin morphology, contour currents and downslope sedimentation. Calgary: AAPG 2016 Annual Convention and Exhibition.

Beaubouef R T. 2004. Deep-water leveed-channel-complexes of the Cerro Toro Formation, Upper Cretaceous, southern Chile. AAPG Bulletin, 88: 1471-1500.

Blum M D, Hattier-Womack J. 2009. Climatic change, sea-level change and fluvial sediment supply to deepwater depositional systems. Society of Economic Paleontologists and Mineralogists Special Publication, 92: 15-39.

Boegman L, Ivey G N, Imberger J. 2005. The degeneration of internal waves in lakes with sloping topography. Limnology and Oceanography, 50: 1620-1637.

Bouma A H. 1962. Sedimentology of Some Flysch Deposits: A Graphic Approach to Facies Interpretation. Amsterdam: Elsevier: 168.

Bouma A H, Hollister C D. 1973. Deep ocean basin sedimentation. SEPM Pacific Section Short Course, Turbidites and Deep-Water Sedimentation: 79-118.

Brackenridge R E, Hernández-Molina F J, Stow D A V, et al. 2013. A Pliocene mixed contourite-turbidite system offshore the Algarve Margin, Gulf of Cadiz: seismic response, margin evolution and reservoir implications. Marine and Petroleum Geology, 46: 36-50.

Breitzke M, Wiles E, Krocker R, et al. 2017. Seafloor morphology in the Mozambique Channel: evidence for long-term persistent bottom-current flow and deep-reaching eddy activity. Marine Geophysical Research, 38: 241-269.

Brothers D S, Luttrell K M, Chaytor J D. 2013. Sea-level-induced seismicity and submarine landslide occurrence. Geology, 41: 979-982.

Brouckea O, Temple F, Roubya D, et al. 2004. The role of deformation processes on the geometry of mud-dominated turbiditic systems, Oligocene and Lower-Middle Miocene of the Lower Congo basin (West African Margin). Marine and Petroleum Geology, 21: 327-348.

Bull S, Cartwright J, Huuse M. 2009. A review of kinematic indicators from mass-transport complexes using 3D seismic data. Marine and Petroleum Geology, 26: 1132-1151.

Bushnell D C, Baldi J E, Bettini F H, et al. 2000. Petroleum systems analysis of the eastern Colorado Basin, offshore northern Argentina. AAPG Memori, 73: 403-415.

Campbell C D, Mosher D C. 2016. Geophysical evidence for widespread Cenozoic bottom current activity from the continental margin of Nova Scotia, Canada. Marine Geology, 378: 237-260.

Capella W, Hernández-Molina F J, Flecker R, et al. 2017. Sandy contourite drift in the late Miocene Rifian Corridor (Morocco): reconstruction of depositional environments in a foreland-basin seaway. Sedimentary Geology, 355: 31-57.

Carter L, McCave I N. 1994. Development of sediment drifts approaching an active plate margin under the SW Pacific Deep Western boundary undercurrent. Paleoceanography, 9: 1061-1085.

Carter L, McCave I N, Williams M J M. 2009. Circulation and water masses of the Southern Ocean: a review. Developments in Earth & Environmental Sciences, 8: 85-114.

Caruso M J, Gaearkiewicz G G, Beardsley R C. 2006. Interantennal variability of the Kuroshio intrusion in the South China Sea. Journal of Oceanography, 62: 559-575.

Catuneanu O, Abreu V, Bhattacharya J P, et al. 2009. Towards the standardization of sequence stratigraphy. Earth-Science Reviews, 92: 1-33.

Chao S Y, Shaw P T, Wu S Y. 1996. Deep-water ventilation in the South China Sea. Deep-Sea Research I, 43: 445-466.

Chen C T A. 2005. Tracing tropical and intermediate waters from the South China Sea to the Okinawa Trough and beyond. Journal of Geophysical Research, 110: C05012.

Chen Y, Yao G, Wang X, et al. 2020. Flow processes of the interaction between turbidity flows and bottom currents in sinuous unidirectionally migrating channels: an example from the Oligocene channels in the Rovuma Basin, offshore Mozambique. Sedimentary Geology, 404: 105680.

Chiu J K, Liu C S. 2008. Comparison of sedimentary processes on adjacent passive and active continental margins offshore of SW Taiwan based on echo character studies. Basin Research, 20: 503-518.

Clare M A, Talling P J, Hunt J E. 2015. Implications of reduced turbidity current and landslide activity for the Initial Eocene Thermal Maximum-evidence from two distal, deep-water sites. Earth and Planetary Science Letters, 420: 102-115.

Clark J D, Pickering K T. 1996. Submarine Channels: Processes and Architecture. London: Vallis Press.

Clarke J E H. 2016. First wide-angle view of channelized turbidity currents links migrating cyclic steps to flow characteristics. Nature Communications, 7: 1-13.

Combes V, Matano R P. 2014. Trends in the Brazil/Malvinas confluence region. Geophysical Research Letters, 41(24): 8971-8977.

Conti B, Perinotto A, Stoto M, et al. 2017. Speculative petroleum systems of the southern Pelotas Basin, offshore Uruguay. Marine and Petroleum Geology, 83: 1-25.

Corney R K T, Peakall J, Parsons D R, et al. 2006. The orientation of helical flow in curved channels. Sedimentology, 53: 249-257.

Corney R K T, Peakall J, Parsons D R, et al. 2008. Reply to discussion of Imran et al. on "The orientation of helical flow in curved channels" by Corney et al., Sedimentology, 53, 249-257. Sedimentology, 55: 241-247.

Cossu R, Wells M G. 2013. The evolution of submarine channels under the influence of Coriolis forces: experimental observations of flow structures. Terra Nova, 25: 67-71.

Cossu R, Wells M G, Peakall J. 2015. Latitudinal variations in submarine channel sedimentation patterns: the role of Coriolis forces. Journal of the Geological Society, 172: 161-174.

Cossu R, Wells M G, Wahlin V K. 2010. Influence of the Coriolis force on the velocity structure of gravity currents in straight submarine channel systems. Journal of Geophysics Research, 115: C11016.

Covault J A, Sylvester Z, Hubbard S M, et al. 2016. The stratigraphic record of submarine-channel evolution. The Sedimentary Record, 14: 4-11.

Creaser A, Hernández-Molina F J, Badalini G, et al. 2017. A Late Cretaceous mixed (turbidite-contourite)system along the Uruguayan Margin: sedimentary and palaeoceanographic implications. Marine Geology, 390: 234-253.

Cross N E, Cunningham A, Cook R J, et al. 2009. Three-dimensional seismic geomorphology of a deep-water slope-channel system: the Sequoia field, offshore west Nile Delta, Egypt. AAPG Bulletin, 93: 1063-1086.

Daly R A. 1936. Origin of submarine canyons. American Journal of Science, 31: 401-420.

Damuth J E. 1979. Migrating sediment waves created by turbidity currents in the northern South China Sea. Geology, 7: 520-523.

Darby S E, Peakall J. 2012. Modelling the equilibrium bed topography of submarine meanders that exhibit reversed secondary flows. Geomorphology, 163: 99-109.

Davies R, Cartwright J, Pike J, et al. 2001. Early Oligocene initiation of North Atlantic Deep Water formation. Nature, 410: 917-920.

de Leeuw J, Eggenhuisen J T, Cartigny M J B. 2016. Morphodynamics of submarine channel inception revealed by new experimental approach. Nature Communications, 7: 10886.

de Leeuw J, Eggenhuisen J T, Cartigny M J B. 2018a. Linking submarine channel-levee facies and architecture to flow structure of turbidity currents: insights from flume tank experiments. Sedimentology, 65: 931-951.

de Leeuw J, Eggenhuisen J T, Spychala Y T, et al. 2018b. Sediment volume and grain-size partitioning between submarine channel-levee systems and lobes: an experimental study. Journal of Sedimentary Research, 88: 777-794.

de Ruijter W P, Ridderinkhof H, Lutjeharms J R, et al. 2002. Observations of the flow in the Mozambique channel. Geophysical Research Letters, 29: 1502.

de Stigter H C, Jesus C C, Boer W, et al. 2011. Recent sediment transport and deposition in the Lisbon-Setúbal and Cascais submarine canyons, Portuguese continental margin. Deep Sea Research Part Ⅱ Topical Studies in Oceanography, 58: 2321-2344.

de Weger W, Hernández-Molina F J, Flecker R, et al. 2020. Late Miocene contourite channel system

reveals intermittent overflow behavior. Geology, 48: 1194-1199.
Deptuck M E, Steffens G S, Barton M, et al. 2003. Architecture and evolution of upper fan channel-belts on the Niger Delta slope and in the Arabian Sea. Marine and Petroleum Geology, 20: 649-676.
Dorrell R M, Darby S E, Peakall J, et al. 2013. Superelevation and overspill control secondary flow dynamics in submarine channels. Journal of Geophysical Research: Oceans, 118: 3895-3915.
Doughty-Jones G, Mayall M, Lonergan L. 2017. Stratigraphy, facies, and evolution of deep-water lobe complexes within a salt-controlled intraslope minibasin. AAPG Bulletin, 101: 1879-1904.
Duarte C S L, Viana A R. 2007. Santos Drift System: stratigraphic organization and implications for late Cenozoic palaeocirculation in the Santos Basin, SW Atlantic Ocean. Minerva Pediatrica, 276(1): 171-198.
Edwards C, Mcquaid S, Easton S, et al. 2017. Lateral accretion in a straight slope channel system: an example from the Forties Sandstone of the Huntington Field, UK Central North Sea. Geological Society London Petroleum Geology Conferencertttseries, 8: 413-428.
Enjolras J M, Gouadain E M, Pizon J. 1986. New Turbiditic Model for the Lower Tertiary Sands in the South Viking Graben. London: Graham and Trotman: 171-178.
Escutia C, Eittreim S L, Cooper A K, et al. 2000. Morphology and acoustic character of the Antarctic Wilkes Land turbidite systems: ice-sheet-sourced versus river-sourced fans. Journal of Sedimentary Research, 70(1): 84-93.
Esmerode E V, Lykke-Andersen H, Surlyk F. 2007. Ridge and valley systems in the Upper Cretaceous chalk of the Danish Basin: contourites in an epeiric sea. Geological Society London Special Publications, 276: 265-282.
Esmerode E V, Lykke-Andersen H, Surlyk F. 2008. Interaction between bottom currents and slope failure in the late cretaceous of the southern Danish central graben, North Sea. Progress of Theoretical Physics, 165: 55-72.
Ezz H, Cantelli A, Imran J. 2013. Experimental modelling of depositional turbidity currents in a sinuous submarine channel. Sedimentary Geology, 290: 175-187.
Faugères J C, Stow D A V. 2008. Contourite Drifts: Nature, Evolution and Controls. Amsterdam: Elsevier: 257-288.
Faugères J C, Gonthier E, Mulder T, et al. 2002. Multi-process generated sediment waves on the Landes Plateau Bay of Biscay, North Atlantic. Marine Geology, 192: 279-302.
Faugères J C, Mezerais M L, Stow D A V. 1993. Contourite drift types and their distribution in the North and South Atlantic Ocean basins. Sedimentary Geology, 82: 189-203.
Faugères J C, Stow D A V, Imbert P, et al. 1999. Seismic features diagnostic of contourite drifts. Marine Geology, 162: 1-38.
Fildani A. 2017. Submarine Canyons: a brief review looking forward. Geology, 45: 383-384.
Fletcher T. 2017. The windjammer discovery: play opener for offshore Mozambique and East Africa. AAPG Memoir, 113: 273-304.
Flood R D. 1988. A lee wave model for deep-sea mud wave activity. Deep Sea Research Part A. Oceanographic Research Papers, 35: 943-971.
Flood R D, Giosan L. 2002. Migration history of a fine-grained abyssal sediment wave on the Bahama Outer Ridge. Marine Geology, 192: 259-273.

Fonnesu F, Denis P, Mauro G, et al. 2020. A new world-class deep-water play-type, deposited by the syndepositional interaction of turbidity flows and bottom currents: the giant Eocene Coral Field in northern Mozambique. Marine and Petroleum Geology, 211: 179-201.

Fossum K, Morton A C, Dypvik H, et al. 2019. Integrated heavy mineral study of Jurassic to Paleogene sandstones in the Mandawa Basin, Tanzania: sediment provenance and source-to-sink relations. Journal of African Earth Sciences, 150: 546-565.

Franke D, Jokat W, Ladage S, et al. 2015. The offshore East African rift system: structural framework at the toe of a juvenile rift. Tectonics, 34: 2086-2104.

Franke D, Neben S, Ladage S, et al. 2007. Margin segmentation and volcano-tectonic architecture along the volcanic margin off Argentina/Uruguay South Atlantic. Marine Geology, 244: 46-67.

Franke D, Neben S, Ladage S, et al. 2006. Crustal structure across the Colorado Basin, offshore Argentina. Geophysical Journal International, 165: 850-864.

Fuhrmann A, Kane I A, Clare M A, et al. 2020. Hybrid turbidite-drift channel complexes: an integrated multiscale model. Geology, 48: 562-568.

Galy V, France-Lanord C, Beyssac O, et al. 2007. Efficient organic carbon burial in the Bengal fan sustained by the Himalayan erosional system. Nature, 450: 407-410.

Gao Z, Eriksson K A. 1991. Internal-tide deposits in an Ordovician submarine channel: previously unrecognized facies. Geology, 19: 734-737.

Giorgio-Serchi F, Peakall J, Ingham D B, et al. 2011. A unifying computational fluid dynamics investigation on the river-like to river-reversed secondary circulation in submarine channel bends. Journal of Geophysical Research, 116: C06012.

Gong C, Wang Y, Peng X, et al. 2012. Sediment waves on the South China Sea Slope off southwestern Taiwan: implications for the intrusion of the NPDW into the South China Sea. Marine and Petroleum Geology, 32: 95-109.

Gong C, Wang Y, Rebesco M, et al. 2018. How do turbidity flows interact with contour currents in unidirectionally migrating deep-water channels? Geology, 46: 551-554.

Gong C, Wang Y, Steel R J, et al. 2016. Flow processes and sedimentation in unidirectionally migrating deep-water channels: from a 3D seismic perspective. Sedimentology, 63: 645-661.

Gong C, Wang Y, Xu S, et al. 2015. The northeastern South China Sea margin created by the combined action of down-slope and along-slope processes: processes, products and implications for exploration and paleoceanography. Marine and Petroleum Geology, 64: 233-249.

Gong C, Wang Y, Zhu W, et al. 2013. upper Miocene to Quaternary unidirectionally migrating deep-water channels in the Pearl River Mouth Basin, northern South China Sea. AAPG Bulletin, 97: 285-308.

Gong C, Wang Y, Zhu W, et al. 2011. The Central Submarine Canyon in the Qiongdongnan Basin, northwestern South China Sea: architecture, sequence stratigraphy, and depositional processes. Marine and Petroleum Geology, 28: 1690-1702.

Gonthier E, Faugères J C, Gervais A, et al. 2002. Quaternary sedimentation and origin of the Orinoco sediment-wave field on the Demerara continental rise (NE margin of South America). Marine Geology, 192: 189-214.

Guo C, Chen X. 2014. A review of internal solitary wave dynamics in the northern South China Sea.

Progress in Oceanography, 121: 7-23.

Harlander U, Ridderinkhof H, Schouten M W, et al. 2009. Long-term observations of transport, eddies, and Rossby waves in the Mozambique channel. Journal of Geophysical Research, 114: C02003.

He Y, Xie X, Kneller B C, et al. 2013. Architecture and controlling factors of canyon fills on the shelf margin in the Qiongdongnan Basin, northern South China Sea. Marine and Petroleum Geology, 41: 264-276.

Hernández-Molina F J, Llave E, Stow D A V, et al. 2006. The contourite depositional system of the Gulf of Cadiz: a sedimentary model related to the bottom current activity of the Mediterranean outflow water and its interaction with the continental margin. Topical Studies in Oceanography, 53: 1420-1463.

Hernández-Molina F J, Larter R D, Maldonado A. 2017. Neogene to quaternary stratigraphic evolution of the antarctic Peninsula, pacific margin offshore of Adelaide Island: transitions from a non-glacial, through glacially-influenced to a fully glacial state. Global & Planetary Change, 156: 80-111.

Hernández-Molina F J, Llave E, Preu B, et al. 2014. Contourite processes associated with the Mediterranean outflow water after its exit from the strait of Gibraltar: global and conceptual implications. Geology, 42: 227-230.

Hernández-Molina F J, Llave E, Somoza L, et al. 2003. Looking for clues to paleoceanographic imprints: a diagnosis of the Gulf of Cadiz contourite depositional systems. Geology, 31: 19-22.

Hernández-Molina F J, Paterlini M, Somoza L, et al. 2010. Giant mounded drifts in the Argentine Continental Margin: origins, and global implications for the history of thermohaline circulation. Marine & Petroleum Geology, 27: 1508-1530.

Hernández-Molina F J, Paterlini M, Violante R, et al. 2009. Contourite depositional system on the Argentine slope: an exceptional record of the influence of Antarctic water masses. Geology, 37: 507-510.

Hernández-Molina F J, Sierro F J, Llave E, et al. 2016b. Evolution of the gulf of Cadiz margin and southwest Portugal contourite depositional system: tectonic, sedimentary and paleoceanographic implications from IODP expedition 339. Marine Geology, 377: 7-39.

Hernández-Molina F J, Soto M, Piola A R, et al. 2016a. A contourite depositional system along the Uruguayan continental margin: sedimentary, oceanographic and paleoceanographic implications. Marine Geology, 378: 333-349.

Hernández-Molina F J, Stow D A V, Llave E, et al. 2011. Deep-water circulation: processes and products (16-18 June 2010, Baiona): introduction and future challenges. Geo-Marine Letters, 31: 285-300.

Hinz K, Neben S, Schreckenberger B, et al. 1999. The Argentine continental margin north of 48°S: sedimentary successions, volcanic activity during breakup. Marine and Petroleum Geology, 16: 1-25.

Ho S, Cartwright J A, Imbert P. 2012. Vertical evolution of fluid venting structures in relation to gas flux, in the Neogene-Quaternary of the Lower Congo Basin, Offshore Angola. Marine Geology, 332: 40-55.

Hohbein M, Cartwright J. 2006. 3D seismic analysis of the West Shetland Drift system: implications for Late Neogene palaeoceanography of the NE Atlantic. Marine Geology, 230: 1-20.

Hollister C D, Heezen B C. 1972. Geological Effects of Ocean Bottom Currents: Western North Atlantic. New York: Gordon and Breach: 37-66.

Hosegood P, Haren H V. 2003. Ekman-induced turbulence over the continental slope in the Faeroe-Shetland Channel as inferred from spikes in current meter observations. Deep Sea Research Part I Oceanographic Research Papers, 50: 657-680.

Huang J, Li L, Wan S. 2011. Sensitive grain-size records of Holocene East Asian summer monsoon in sediments of northern South China Sea slope. Quaternary Research, 75: 734-744.

Hubbard S M, Covault J A, Fildani A, et al. 2014. Sediment transfer and deposition in slope channels: deciphering the record of enigmatic deep-sea processes from outcrop. Geological Society of America Bulletin, 126: 857-871.

Hüneke H, Stow D A V. 2008. Identification of Ancient Contourites: Problems and Palaeoceanographic Significance. Amsterdam: Elsevier: 323-344.

Huppertz T J, Piper D J W. 2010. Interbedded Late Quaternary turbidites and contourites in Flemish Pass, off southeast Canada: their recognition, origin and temporal variation. Sedimentary Geology, 228: 46-60.

Imran J, Islam M A, Huang H, et al. 2007. Helical flow couplets in submarine gravity underflows. Geology, 35: 659-662.

Janocko M, Cartigny M B J, Nemec W, et al. 2013b. Turbidity current hydraulics and sediment deposition in erodible sinuous channels: laboratory experiments and numerical simulations. Marine and Petroleum Geology, 41: 222-249.

Janocko M, Nemec W, Henriksen S, et al. 2013a. The diversity of deep-water sinuous channel belts and slope valley-fill complexes. Marine and Petroleum Geology, 41: 7-34.

Jerolmack D J, Mohrig D. 2007. Conditions for branching in depositional rivers. Geology, 35: 463-466.

Jobe Z R, Howes N C, Auchter N C. 2016. Comparing submarine and fluvial channel kinematics: implications for stratigraphic architecture. Geology, 44: 931-934.

Jobe Z R, Lowe D R, Uchytil S J. 2011. Two fundamentally different types of submarine canyons along the continental margin of Equatorial Guinea. Marine and Petroleum Geology, 28: 843-860.

Jobe Z R, Sylvester Z, Parker A O, et al. 2015. Rapid adjustment of submarine channel architecture to changes in sediment supply. Journal of Sedimentary Research, 85: 729-753.

Jokat W, Boebel T, König M, et al. 2003. Timing and geometry of early Gondwana breakup. Journal of Geophysical Research, 108: 1-19.

Jr Dott R H. 1963. Dynamics of subaqueous gravity depositional processes. AAPG Bulletin, 47: 104-128.

Jr Mitchum R M, Vail P R, Sangree J B. 1977. Seismic stratigraphy and global changes of sea level, part 6: stratigraphic interpretation of seismic reflection patterns in depositional sequences. AAPG Memoir, 26: 117-133.

Kähler G, Stow D A V. 1998. Turbidites and contourites of the Palaeogene Lefkara Formation, southern Cyprus. Sedimentary Geology, 115: 215-231.

Kane I A, Clare M A. 2019. Dispersion, accumulation, and the ultimate fate of microplastics in deep-marine environments: a review and future directions. Frontiers of Earth Science, 7: 80.

Kane I A, Catterall V, McCaffrey W D, et al. 2010. Submarine channel response to intrabasinal tectonics: the influence of lateral tilt. AAPG Bulletin, 92: 189-219.

Kassem A, Imran J. 2004. Three-dimensional modeling of density current: Ⅱ. Flow in sinuous confined and unconfined channels. Journal of Hydraulic Research, 42: 591-602.

Khripounoff A, Crassous P, Lo Bue N, et al. 2012. Different types of sediment gravity flows detected in the Var submarine canyon (northwestern Mediterranean Sea). Progress in Oceanography, 106: 138-153.

Khripounoff A, Vangriesheim A, Babonneau N, et al. 2003. Direct observation of intense turbidity current activity in the Zaire submarine valley at 4000m water depth. Marine Geology, 194: 151-158.

Kidder D L, Worsley T R. 2012. A human-induced hothouse climate? GSA Today, 22: 4-11.

Kolla V, Posamentier H W, Wood L J. 2007. Deep-water and fluvial sinuous channels: characteristics, similarities and dissimilarities, and modes of formation. Marine and Petroleum Geology, 24: 388-405.

Koopmann H, Franke D, Schreckenberger B, et al. 2013. Segmentation and volcano-tectonic characteristics along the SW African continental margin, South Atlantic, as derived from multichannel seismic and potential field data. Marine and Petroleum Geology, 50: 22-39.

Kuang Z, Zhong G, Wang L, et al. 2014. Channel-related sediment waves on the eastern slope offshore Dongsha Islands, northern South China Sea. Journal of Asian Earth Science, 79: 540-551.

Kuenen P H, Migliorini C I. 1950. Turbidity currents as a cause of graded bedding. Journal of Geology, 58: 91-127.

Kutterolf S, Jegen M, Mitrovica J X, et al. 2013. A detection of Milankovitch frequencies in global volcanic activity. Geology, 41: 227-230.

Labourdette R. 2007. Integrated three-dimensional modeling approach of stacked turbidite channels. AAPG Bulletin, 91: 1603-1618.

Labourdette R, Bez M. 2009. Element migration in turbidite systems: random or systematic depositional processes? AAPG Bulletin, 94: 345-368.

Lee H J. 2009. Timing of occurrence of large submarine landslides on the Atlantic Ocean margin. Marine Geology, 264: 53-64.

Lewis K B, Pantin H M. 2002. Channel-axis, over bank and drift sediment waves in the southern Hikurangi Trough, New Zealand. Marine Geology, 192: 123-151.

Li H, van Loon A J, He Y. 2019. Interaction between turbidity currents and a contour current - a rare example from the Ordovician of Shaanxi province, China. Geologos, 25: 15-30.

Lithgow-Bertelloni C, Silver P G. 1998. Dynamic topography, plate driving forces and the African superswell. Nature, 395: 269-272.

Liu Z, Tuo S, Colin C, et al. 2008. Detrital fine-grained sediment contribution from Taiwan to the northern South China Sea and its relation to regional ocean circulation. Marine Geology, 255: 149-155.

Lonergan L, Jamin N H, Jackson C A L, et al. 2013. U-shaped slope gully systems and sediment waves on the passive margin of Gabon (West Africa). Marine Geology, 337: 80-97.

Lowe D R. 1982. Sediment gravity flows, Ⅱ. depositional models with special reference to the deposits of high-density turbidity currents. Journal of Sedimentary Petrology, 52: 279-297.

Lu H, Fulthorpe C S, Mann P. 2003. Three-dimensional architecture of shelf-building sediment drifts in the offshore Canterbury Basin, New Zealand. Marine Geology, 193: 19-47.

Lüdmann T, Wong H H, Berglar K. 2005. Upward flow of North Pacific Deep Water in the northern

South China Sea as deduced from the occurrence of drift sediments. Geophysical Research Letters, 32: LO5614.

Lutjeharms J R E, Siedler G, Rouault M. 2006. Structure and origin of the subtropical south indian ocean countercurrent. Geophysical Research Letters, 33: 24.

Macgregor D. 2018. History of the development of Permian-Cretaceous rifts in East Africa: a series of interpreted maps through time. Petroleum Geoscience, 24: 8-20.

Marchès E, Mulder T, Cremer M, et al. 2007. Contourite drift construction influenced by capture of Mediterranean Outflow Water deep-sea current by the Portimão submarine canyon (Gulf of Cadiz, South Portugal). Marine Geology, 242: 247-260.

Marchès E, Mulder T, Cremer M, et al. 2010. Perched lobe formation in the Gulf of Cadiz: interactions between gravity processes and contour currents (Algarve Margin, Southern Portugal). Sedimentary Geology, 229: 81-94.

Martín-Chivelet J, Fregenal-Martínez M A, Chacón B. 2008. Traction Structures in Contourites. Amsterdam: Elsevier Science, Developments in Sedimentology: 159-182.

Maslin M, Mikkelsen N, Vilela C, et al. 1998. Sea-level and gas-hydrate controlled catastrophic sediment failures of the Amazon Fan. Geology, 26: 1107-1110.

Maslin M, Owen M, Betts R, et al. 2010. Gas hydrates: past and future geohazard? Philosophical Transactions, 368: 2369-2393.

Masson D G, Howe J A, Stoker M S. 2002. Bottom-current sediment waves, sediment drifts and contourites in the northern Rockall Trough. Marine Geology, 192: 215-237.

Masson D G, Huggett Q J, Brunsden D. 1993. The surface texture of Saharan debris flow deposit and some speculations on submarine debris flow processes. Sedimentology, 40: 583-598.

Masson D G, Plets R M K, Huvenne V A I, et al. 2010. Sedimentology and depositional history of Holocene sandy contourites on the lower slope of the Faroe-Shetland Channel, northwest of the UK. Marine Geology, 268: 85-96.

Mayall M, Jones E, Casey M. 2006. Turbidite channel reservoirs-key elements in facies prediction and effective development. Marine and Petroleum Geology, 23: 821-841.

Mayall M, Lonergan L, Bowman A, et al. 2010. The response of turbidite slope-channels to growth-induced seabed topography. AAPG Bulletin, 94: 1011-1030.

McGinnis J P, Hayes D E, Driscoll N W. 1997. Sedimentary processes across thecontinental rise of the southern Antarctic Peninsula. Marine Geology, 141: 91-109.

McHargue T, Pyrcz M J, Sullivan M D, et al. 2011. Architecture of turbidite channel systems on the continental slope: patterns and predictions. Marine and Petroleum Geology, 28: 728-743.

Merciera H, Arhana M, Lutjeharms J R E. 2003. Upper-layer circulation in the eastern Equatorial and South Atlantic Ocean in January-March 1995. Deep-Sea Research I, 50: 863-887.

Michels K H, Kuhn G, Hillenbrand C D, et al. 2002. The southern Weddell Sea: combined contourite-turbidite sedimentation at the southeastern margin of the Weddell Gyre. Geological Society London Memoirs, 22(1): 305-323.

Middleton G V. 1967. Experiments on density and turbidity currents: Ⅲ. Deposition of sediment. Canadian Journal of Earth Sciences, 4: 475-505.

Miller K G, Sugarman P J, Browning J V, et al. 2003. Late Cretaceous chronology of large, rapid sea-

level changes: glacioeustasy during the Greenhouse world. Geology, 31: 585-588.
Miller K G, Wright J D, Fairbanks R G. 1991. Unlocking the icehouse: Oligocene-Miocene oxygen isotopes, eustasy, and margin erosion. Journal of Geophysical Research, 96: 6829-6848.
Miramontes E, Cattaneo A, Jouet G, et al. 2016. The Pianosa Contourite Depositional System (Northern Tyrrhenian Sea): drift morphology and Plio-Quaternary stratigraphic evolution. Marine Geology, 378: 20-42.
Miramontes E, Eggenhuisen J T, Jacinto R S, et al. 2020. Channel-levee evolution in combined contour current-turbidity current flows from flume-tank experiments. Geology, 48: 353-357.
Miramontes E, Penven P, Fierens R, et al. 2019. The influence of bottom currents on the Zambezi Valley morphology (Mozambique Channel, SW Indian Ocean): in situ current observations and hydrodynamic modelling. Marine Geology, 410: 42-55.
Moraes M, Maciel W B, Braga M S, et al. 2007. Bottom-current reworked Palaeocene-Eocene deep-water reservoirs of the campos basin, Brazil. Geological Society London Special Publications, 276(1): 81-94.
Morales E, Chang H K, Soto M, et al. 2016. Tectonic and stratigraphic evolution of the Punta del Este and Pelotas basins (offshore Uruguay). Petroleum Geoscience, 23: 415-426.
Moscardelli L, Wood L. 2008. New classification system for mass-transport complexes in offshore Trinidad. Basin Research, 20: 73-98.
Moscardelli L, Wood L, Mann P. 2006. Mass-transport complexes and associated processes in the offshore area of Trinidad and Venezuela. AAPG Bulletin, 90: 1059-1088.
Mulder T, Alexander J. 2001. The physical character of subaqueous sedimentary density flows and their deposits. Sedimentology, 48: 269-299.
Mulder T, Faugères J C, Gonthier E. 2008. Mixed turbidite-contourite systems. Developments in Sedimentology, 60: 435-456.
Mulder T, Lecroart P, Hanquiez V. 2006. The western part of the Gulf of Cadiz: contour currents and turbidity currents interactions. Geo-Marine Letters, 26: 31-41.
Mulder T, Zaragosi S, Garlan T, et al. 2012. Present deep-submarine canyons activity in the Bay of Biscay (NE Atlantic). Marine Geology, 295: 113-127.
Mulibo G D, Nyblade A A. 2016. The seismotectonics of southeastern Tanzania: implications for the propagation of the eastern branch of the East African Rift. Tectonophysics, 674: 20-30.
Murphy D P, Thomas D J. 2013. The evolution of Late Cretaceous deep-ocean circulationin the Atlantic basins: neodymium isotope evidence from South Atlantic drill sites for tectonic controls. Geochemistry, Geophysics, Geosystems, 14: 5323-5340.
Mutti E. 1990. Relazioni tra stratigrafia sequenziale e tettonica In: Atti del 75simo congresso nazionale della Societá Geologica Italiana ‘La Geologia Italiana degli Anni 90’. Bollettino della Società geologica italiana, 45: 627-655.
Mutti E. 1992. Turbidite sandstones. Agip, Istituto di geologia, Università di Parma: San Donato Milanese.
Mutti E, Carminatti M. 2011. Turbidites. AAPG Search and Discovery Article #30214.
Mutti E, Carminatti M. 2012. Deep-water sands of the brazilian offshore basins. AAPG Search and Discovery Article #30219.

Mutti E, Bernoulli D, Ricclucchi F, et al. 2009. Turbidites and turbidity currents from Alpine 'flysch' to deepwater turbidite system analysis, West Africa: sedimentary model and implications for reservoir model construction. The Leading Edge, 21: 1132-1139.

Mutti E, Cunha R S, Bulhoes E M, et al. 2014. Contourites and Turbidites of the Brazilian Marginal Basins.Search and Discovery Article #90189.

Mutti G S, Steffens C, Pirmez M, et al. 2003. Thematic set: turbidites: models and problems. Marine and Petroleum Geology, 20: 523-933.

Nauw J J, van Aken H M, Webb A, et al. 2008. Observations of the southern East Madagascar Current and undercurrent and countercurrent system. Journal of Geophysical Research, 113: C08006.

Nielsen T, Knutz P C, Kuijpers A. 2008. Seismic Expression of Contourite Depositional Systems. Amsterdam: Elsevier: 301-321.

Normandeau A, Campbell D C, Cartigny M J B. 2019. The influence of turbidity currents and contour currents on the distribution of deep-water sediment waves offshore eastern Canada. Sedimentology, 66: 1746-1767.

Oluboyo A P, Gawthorpe R L, Bakke K, et al. 2014. Salt tectonic controls on deepwater turbidite depositional systems: Miocene, southwestern lower Congo basin, offshore Angola. Basin Research, 26: 597-620.

Orsi M. 2013. Mamba: supergiant gas discovery after 60 years of exploration in east African coastal basins. International Conference and Exhibition, Cartagena: 8-11.

Owen M, Day S, Maslin M. 2007. Late Pleistocene submarine mass movements: occurrence and causes. Quaternary Science Review, 26: 958-978.

Owens M. 2017. The Role of Alongslope and Downslope Sedimentary Processes in the Construction of Cenozoic Large-Scale Mounded Features: A 3D Seismic Study from the NE Rockall Trough. MSc Thesis. Dublin: University College Dublin.

Palamenghi L, Keil H, Spiess V. 2015. Sequence stratigraphic framework of a mixed turbidite-contourite depositional system along the NW slope of the South China Sea. Geo-Marine Letters, 35: 1-21.

Palermo D, Galbiati M, Famiglietti M, et al. 2014. Insights into a new super-giant gas field-sedimentology and reservoir modeling of the coral reservoir complex, offshore northern Mozambique. Offshore Technology Conference-Asia, Kuala Lumpur: 25-28.

Parsons D R, Peakall J, Aksu A E, et al. 2010. Gravity-driven flow in a submarine channel bend: direct field evidence of helical flow reversal. Geology, 38: 1063-1066.

Paull C K, Matsumoto R. 2000. Leg 164 overview. Proceedings of the Ocean Drilling Program Scientific Results, 164: 3-10.

Paull C K, Talling P J, Maier K L, et al. 2018. Powerful turbidity currents driven by dense basal layers. Nature Communication, 9: 1-9.

Peakall J, Amos K J, Keevil G M, et al. 2007. Flow processes and sedimentation in submarine channel bends. Marine and Petroleum Geology, 24: 470-486.

Peakall J, Sumner E J. 2015. Submarine channel flow processes and deposits: a process-product perspective. Geomorphology, 244: 95-161.

Peakall J, Kane I A, Masson D G, et al. 2012. Global, latitudinal, variation in submarine channel

sinuosity. Geology, 40: 11-14.
Peakall J, McCaffrey W D, Kneller B C. 2000. A process model for the evolution, morphology, and architecture of sinuous submarine channels. Journal of Sedimentary Research, 70: 434-448.
Pérez-Díaz L, Eagles G. 2014. Constraining South Atlantic growth with seafloor spreading data. Tectonics, 33: 1848-1873.
Piola A R, Matano R P. 2001. Brazil and Falklands (Malvinas) Currents. London: Academic Press: 340-349.
Posamentier H W. 2003. Depositional elements associated with a basin floor channel-levee system: case study from the Gulf of Mexico. Marine and Petroleum Geology, 20: 677-690.
Posamentier H W, Kolla V. 2003. Seismic geomorphology and stratigraphy of depositional elements in deep-water settings. Journal of Sedimentary Research, 73: 367-388.
Posamentier H W, Walker R G. 2006. Facies model revisited: deep-water turbidite and submarine fans. SEPM Special Publication, 84: 397-520.
Posamentier H W. Davies R J, Cartwright J A, et al. 2007. Seismic Geomorphology: an Overview, in Seismic Geomorphology: Applications to Hydrocarbon Exploration and Production. London: Special Publications: 1-14.
Poulsen C K, Barron E J, Arthur M A, et al. 2001. Response of the mid-Cretaceous global oceanic circulation to tectonic and CO_2 forcings. Paleoceanography, 16: 576-592.
Preu B, Hernández-Molina F J, Violante R, et al. 2013. Morphosedimentary and hydrographic features of the northern Argentine margin: the interplay between erosive, depositional and gravitational processes and its conceptual implications. Deep Sea Research Part I Oceanographic Research Papers, 75: 157-174.
Preu B, Schwenk T, Hernández-Molina F J, et al. 2012. Sedimentary growth pattern on the northern Argentine slope: the impact of North Atlantic Deep Water on southern hemisphere slope architecture. Marine Geology, 329: 113-125.
Pyles D R, Jennette D, Tomasso M, et al. 2010. Concepts learned from a 3D outcrop of a sinuous slope channel complex: Beacon channel complexes, Brushy Canyon formation, west Texas, U. S. A. Journal of Sedimentary Research, 80: 67-96.
Pyles D R, Tomasso M, Jennette D C. 2012. Flow processes and sedimentation associated with erosion and filling of sinuous submarine channels. Geology, 40: 143-146.
Qu T, Girton J B, Whitehead J A. 2006. Deepwater overflow through Luzon Strait. Journal of Geophysical Research, 111: C01002.
Qu T, Mitsudera H, Yamagata T. 2000. Intrusion of the North Pacific waters into the South China Sea. Journal of Geophysical Research, 105: 6415-6424.
Rasmussen E S. 1994. The relationship between submarine canyon fill and sea-level change: an example from Middle Miocene offshore Gabon, West Africa. Sedimentary Geology, 90: 61-75.
Rasmussen S, Lykke-Andersen H, Kuijpers A, et al. 2003. Post-Miocene sedimentation at the continental rise of Southeast Greenland: the interplay between turbidity and contour currents. Marine Geology, 196: 37-52.
Rasmussen S L, Surlyk F. 2012. Facies and ichnology of an Upper Cretaceous chalk contourite drift complex, eastern Denmark, and the validity of contourite facies models. Journal of the Geological

Society, 169: 435-447.

Rebesco M, Camerlenghi A. 2008. Contourites: In Developments in Sedimentology. Amsterdam: Elsevier: 60.

Rebesco M, Stow D A V. 2001. Seismic expression of contourites and related deposits: a preface. Marine Geophysical Researches, 22: 303-308.

Rebesco M, Camerlenghi A, van Loon A J. 2008. Contourite Research: a field in full development. Amsterdam: Elsevier Science, Developments in Sedimentology: 1-10.

Rebesco M, Camerlenghi A, Zanolla C. 1998. Bathymetry and morphogenesis of the continental margin west of the Antarctic Peninsula. Terra Antarct, 5: 715-725.

Rebesco M, Camerlenghi A, Volpi V, et al. 2007. Interaction of processes and importance of contourites: insights from the detailed morphology of sediment Drift 7, Antarctica. Geological Society London Special Publications, 276: 95-110.

Rebesco M, Hernández-Molina F J, Rooij D V, et al. 2014. Contourites and associated sediments controlled by deep-water circulation processes: state-of-the-art and future considerations. Marine Geology, 352: 111-154.

Rebesco M, Larter R D, Camerlenghi A, et al. 1996. Giant sediment drifts on the continental rise west of the Antarctic Peninsula. Geo-Marine Letters, 16: 65-75.

Rebesco M, Pudsey C J, Canals M, et al. 2002. Sediment drifts and deep-sea channel systems, Antarctic Peninsula Pacific Margin. Geological Society London Memoirs, 22: 353-371.

Reeder D B, Barry B M, Yang Y J. 2011. Very large subaqueous sand dunes on the upper continental slope in the South China Sea generated by episodic, shoaling deep-water internal solitary waves. Marine Geology, 279: 12-18.

Reeves C V. 2018. The development of the East African margin during Jurassic and Lower Cretaceous times: a perspective from global tectonics. Petroleum Geoscience, 24: 41-56.

Reeves C V, Teasdale J P, Mahanjane E S. 2016. Insight into the eastern margin of Africa from a new tectonic model of the Indian ocean. Geological Society London Special Publications, 431: 299-322.

Rodrigues S, Hernández-Molina F J, Kirby A. 2021. A Late Cretaceous mixed (turbidite-contourite) system along the Argentine Margin: paleoceanographic and conceptual implications. Marine and Petroleum Geology, 123: 104768.

Rooij V D, Iglesias J, Hernadez-Molina F J, et al. 2010. The Le Danois Contourite Depositional System: interactions between the Mediterranean Outflow Water and the upper Cantabrian slope North Iberian margin. Marine Geology, 274: 1-20.

Roque C, Duarte H, Terrinha P, et al. 2012. Pliocene and Quaternary depositional model of the Algarve margin contourite drifts (Gulf of Cadiz, SW Iberia): seismic architecture, tectonic control and paleoceanographic insights. Marine Geology, 303: 42-62.

Salles T, Marchès E, Dyt C, et al. 2010. Simulation of the interaction between gravity processes and contour currents on the Algarve Margin South Portugal, using the stratigraphic forward model Sedsim. Sedimentary Geology, 229: 95-109.

Salman G, Abdula I. 1995. Development of the Mozambique and Ruvuma sedimentary basins, offshore Mozambique. Sedimentary Geology, 96: 7-41.

Sansom P. 2017. Turbidites V contourites: hybrid systems of the Tanzanian Margin. PESGB/HGS

African Conference, London: 31.

Sansom P. 2018. Hybrid turbidite-contourite systems of the Tanzanian margin. Petroleum Geoscience, 24: 258-276.

Savoye B, Babonneau N, Dennielou B, et al. 2009. Geological overview of the Angola-Congo margin, the Congo deep-sea fan and its submarine valleys. Deep-Sea Research Ⅱ, 56: 2169-2182.

Scheuer C, Gohl K, Udintsev G. 2006. Bottom-current control on sedimentation in the western Bellingshausen Sea, West Antarctica. Geo-Marine Letters, 26: 90-101.

Schouten M W, de Ruijter W P M, van Leeuwen P J, et al. 2003. Eddies and variability in the Mozambique Channel. Deep-Sea Research: Part Ⅱ. Topical Studies in Oceanography, 50: 1987-2003.

Schwenk T, Spie V, Breitzke M. 2005. The architecture and evolution of the middle Bengal Fan in vicinity of the active channel-levee system imaged by high-resolution seismic data. Marine and Petroleum Geology, 22: 637-656.

Sequeiros O E. 2012. Estimating turbidity current conditions from channel morphology: a Froude number approach. Journal of Geophysical Research, 117: C04003.

Séranne M, Abeigne C R N. 1999. Oligocene to Holocene sediment drifts and bottom currents on the slope of Gabon continental margin (West Africa): consequences for sedimentation and southeast Atlantic upwelling. Sedimentary Geology, 128: 179-199.

Séranne M, Anka Z. 2005. South Atlantic continental margins of Africa: a comparison of the tectonic vs climate interplay on the evolution of equatorial West Africa and SW Africa margins. Journal of African Earth Sciences, 43: 283-300.

Shanmugam G. 1996. High-density turbidity currents, are they sandy debris flows? Journal of Sedimentary Research, 66: 2-10.

Shanmugam G. 1997. The Bouma sequence and the turbidite mind set. Earth-Science Reviews, 42: 201-229.

Shanmugam G. 2000. 50 years of the turbidite paradigm (1950s−1990s): deep-water processes and faciesmodels: a critical perspective. Marine and Petroleum Geology, 17: 285-342.

Shanmugam G. 2002. Ten turbidite myths. Earth-Science Reviews, 58: 311-341.

Shanmugam G. 2003. Deep-marine tidal bottom currents and their reworked sands in modern and ancient submarine canyons. Marine and Petroleum Geology, 20: 471-491.

Shanmugam G. 2008a. Deep-Water Bottom Currents and Their Deposits. Amsterdam: Elsevier Science, Developments in Sedimentology: 59-83.

Shanmugam G. 2008b. Leaves in turbidite sands: the main source of oil and gas in the deep-water Kutei Basin, Indonesia: discussion. AAPG Bulletin, 92: 127-137.

Shanmugam G. 2012. New Perspectives on Deep-Water Sandstones: Origin, Recognition, Initiation, and Reservoir Quality. Amsterdam: Elsevier Science: 129-198.

Shanmugam G. 2017. Contourites: physical oceanography, process sedimentology, and petroleum geology: Petrol. Petroleum Exploration and Development, 44: 183-216.

Shanmugam G, Spalding T D, Rofheart D H. 1993a. Process sedimentology and reservoir quality of deep-marine bottom-current reworked sands (sandy contourites): an example from the Gulf of Mexico. American Association of Petroleum Geologists Bulletin, 77: 1241-1259.

Shanmugam G, Spalding T D, Rofheart D H. 1993b. Traction structures in deep-marine, bottom-current-reworked sands in the Pliocene and Pleistocene, Gulf of Mexico. Geology, 21: 929-932.

Shanmugam G. Spalding T D, Kolb R A, et al. 1990. Deep-water bottomcurrent reworked sand: their recognition and reservoir potential, northern Gulf of Mexico (abs.). AAPG Bulletin, 74: 762.

Shaw P T, Chao Y. 1994. Surface circulation in the South China Sea. Deep-Sea Research I, 41: 1663-1683.

Shepard F P. 1981. Submarine canyons: multiple causes and long-time persistence. AAPG Bulletin, 65: 1062-1077.

Shintani T, de la Fuente A, Niño Y, et al. 2010. Generalizations of the Wedderburn number: Parameterizing upwelling in stratified lakes. Limnology and Oceanography, 55: 1377-1389.

Shultz A W. 1984. Subaerial debris-flow deposition in the upper Paleozoic Cutler Formation, western Colorado. Journal of Sedimentary Research, 54: 759-772.

Smelror M, Key R M, Smith R A, et al. 2008. Late Jurassic and Cretaceous palynostratigraphy of the onshore Rovuma Basin, Northern Mozambique. Palynology, 32: 63-76.

Soares D M, Alves T M, Terrinha P. 2014. Contourite drifts on early passive margins as indicators of established lithospheric breakup. Earth & Planetary Science Letters, 401: 116-131.

Sømme T O, Helland-Hansen W, Granjeon D. 2009. Impact of eustatic amplitude variations on shelf morphology, sediment dispersal, and sequence stratigraphic interpretation: Icehouse versus Greenhouse systems. Geology, 37: 587-590.

Soto M, Morales E, Veroslavsky G, et al. 2011. The continental margin of Uruguay: crustal architecture and segmentation. Marine & Petroleum Geology, 28: 1676-1689.

Soulet Q, Migeon S, Gorini C, et al. 2016. Erosional versus aggradational canyons along a tectonically-active margin: the northeastern Ligurian margin (western Mediterranean Sea). Marine Geology, 382: 17-36.

Sprague A R, Sullivan M D, Campion K M, et al. 2002. The physical stratigraphy of deep-water stratal a hierarchical approach to the analysis of genetically-related stratigraphic elements for improved reservoir prediction. AAPG Annual Convention Abstracts, Houston: 10-13.

Stevens C L, Lawrence G A. 1997. Estimation of wind-forced internal seiche amplitudes in lakes and reservoirs, with data from British Columbia, Canada. Aquatic Sciences, 59: 115-134.

Stow D A V. 2002. Preface. Mediterranean Geoscience Reviews, 22: 1-5.

Stow D A V, Faugères J C. 2008. Contourite Facies and the Facies Model. Amsterdam: Elsevier Science, Developments in Sedimentology: 223-256.

Stow D A V, Brackenridge R E, Hernández-Molina F J. 2011. Contourite sheet sands: new deepwater exploration target. AAPG Search and Discovery Article #30182.

Stow D A V, Faugères J C, Viana A, et al. 1998. Fossil contourites: a critical review. Sedimentary Geology, 115: 3-31.

Stow D A V, Hernández-Molina F J, Llave E, et al. 2013. The Cadiz Contourite Channel: Sandy contourites, bedforms and dynamic current interaction. Marine Geology, 343: 99-114.

Stow D A V, Hernández-Molina F J, Llave E, et al. 2009. Bedform-velocity matrix: the estimation of bottom current velocity from bedform observations. Goeology, 34: 327-330.

Stramma L, England M. 1999. On the water masses and mean circulation of the South Atlantic Ocean. Journal of Geophysical Research, 104: 20863-20883.

Straub K M, Mohrig D, McElroy B, et al. 2008. Interactions between turbidity currents and topography in aggrading sinuous submarine channels: a laboratory study. GSA Bulletin, 120: 368-385.

Sumner E J, Peakall J, Dorrell R M, et al. 2014. Driven around the bend, spatial evolution and controls on the orientation of helical bend flow in a natural submarine gravity current. Journal of Geophysical Research: Oceans, 119: 898-913.

Surlyk F, Lykke-Andersen H. 2007. Contourite drifts, moats and channels in the Upper Cretaceous chalk of the Danish Basin. Sedimentology, 54: 405-422.

Surlyk F, Jensen S K, Engkilde M. 2008. Deep channels in the Cenomanian-Danian Chalk Group of the German North Sea sector: evidence of strong constructional and erosional bottom currents and effect on reservoir quality distribution. AAPG Bulletin, 92: 1565-1586.

Sylvester Z, Covault J A. 2016. Development of cutoff-related knickpoints during early evolution of submarine channels. Geology, 44: 835-838.

Sylvester Z, Pirmez C, CantelliA. 2011. A model of submarine channel-levee evolution based on channel-growth trajectories: implications for stratigraphic architecture. Marine and Petroleum Geology, 28: 716-717.

Symons W O, Sumner E J, Paull C K, et al. 2017. A new model for turbidity current behavior based on integration of flow monitoring and precision coring in a submarine canyon. Geology, 45: 367-370.

Talling P J. 2014. On the triggers, resulting flow types and frequencies of subaqueous sediment density flows in different settings. Marine Geology, 352: 155-182.

Talling P J, Wynn R, Masson D, et al. 2007. Onset of submarine debris flow deposition far from original giant landslide. Nature, 450: 541-544.

Talling P J, Masson D G, Sumner E J, et al. 2012. Subaqueous sediment density flows: depositional processes and deposit types. Sedimentology, 59: 1937-2003.

Talling P J, Paull C K, Piper D J W. 2013. How are subaqueous sediment gravity flows triggered, what is their internal structure and how does it evolve? Direct observations from monitoring of active flows. Earth Science Review, 125: 244-287.

Tappin D R. 2010. Submarine mass failures as tsunami sources: their climate control. Philosophical Transactions of the Royal Society, 368: 2417-2434.

Thiéblemont A, Hernández-Molina F J, Miramontes E, et al. 2019. Contourite depositional systems along the Mozambique channel: The interplay between bottom currents and sedimentary processes. Deep-Sea Research: Part I, Oceanographic Research Papers, 147: 79-99.

Thran A C, Dutkiewicz A, Spence P, et al. 2018. Controls on the global distribution of contourite drifts: insights from an eddy-resolving ocean model. Earth and Planetary Science Letters, 489: 228-240.

Tian J, Yang Q, Liang X, et al. 2006. Observation of Luzon Strait transport. Geophysical Research Letters, 33: L19607.

Uenzelmann-Neben G. 2006. Depositional patterns at Drift 7, Antarctic Peninsula: alongslope versus down-slope sediment transport as indicators for oceanic currents and climatic conditions. Marine Geology, 233: 49-62.

Urlaub M, Talling P J, Clare M. 2014. Sea-level-induced seismicity and submarine landslide occurrence: Comments. Geology, 42: e337.

Urlaub M, Talling P J, Masson D G. 2013. Timing and frequency of large submarine landslides: implications for understanding triggers and future geohazard. Quaternary Science Reviews, 72: 63, 8.

Vail P R, Mitchum R M, Thompson S. 1977. Seismic stratigraphy and global changes of sea level, part 3: relative changes of sea level from coastal onlap, in seismic stratigraphy applications to hydrocarbon exploration. AAPG Memoir Special Publications, 26: 63-82.

Valla D, Piola A R, Meinen C S, et al. 2018. Strong mixing and recirculation in the northwestern Argentine basin. Journal of Geophysical Research, 123: 4624-4648.

Valle P J, Gjelberg J G, Helland-Hansen W. 2001. Tectonostratigraphic development in the eastern Lower Congo Basin, offshore Angola, West Africa. Marine and Petroleum Geology, 18: 909-927.

van Aken H M, Ridderinkhof H, de Ruijter W P M. 2004. North Atlantic Deep Water in the south-western Indian Ocean. Deep-Sea Research: Part I, Oceanographic Research Papers, 51: 755-776.

van Wagoner J C, Posamentier H W, Mitchum R M, et al. 1988. An overview of the fundamentals of sequence stratigraphy and key definitions. Society of Economic Paleontologists and Mineralogists, Special Publications: 39-45.

Viana A R. 2008. Economic Relevance of Contourites. Developments in Sedimentology. Amsterdam: Elsevier: 491-511.

Viana A R, Almeida Jr Nunes M C V, Bulhões E M. 2007. The Economic Importance of Contourites. London: Special Publication: 1-23.

Viana A R, Faugères J C. 1998. Upper Slope sand Deposits: the Example of Campos Basin, a Latest Pleistocene-Holocene Record of the Interaction Between Along Slope and Downslope Currents. London: Mass-Wasting and Stability: 287-316.

Viana A R, de Almeida Jr W, de Almeida C W. 2002. Deep-water contourite system: modern drifts and ancient series, seismic and sedimentary characteristics (Geological Society Memoir). Geological Society of London, 22: 261-270.

Viana A R, Faugères J C, Stow D A V. 1998. Bottom-current-controlled sand deposits—a review of modem shallow- to deep-water environments. Sedimentary Geology, 115: 53-80.

Wan S, Li A, Clift P D, et al. 2010. Increased contribution of terrigenous supply from Taiwan to the northern South China Sea since 3Ma. Marine Geology, 278: 115-121.

Wang Y, Xu Q, Li D, et al. 2011. Late Miocene Red River submarine fan, northwestern South China Sea. Chinese Science Bulletin, 56: 1488-1494.

Wei T, Peakall J, Parsons D R, et al. 2013. Three dimensional gravity current flow within a subaqueous bend: spatial evolution and force balance variations. Sedimentology, 60: 1668-1680.

Weimer P, Slatt R M. 2007. Introduction to the Petroleum Geology of Deep-Water Settings. AAPG Memoir: 19-456.

Wells M, Cossu R. 2013. The possible role of Coriolis forces in structuring large-scale sinuous patterns of submarine channel-levee systems. Philosophical Transactions of The Royal Society A Mathematical Physical and Engineering Sciences, 371: 20120366.

Wetzel A, Werner F, Stow D A V. 2008. Bioturbation and Biogenic Sedimentary Structures in Contourites. Oxford: Elsevier, Developments in Sedimentology: 183-202.

Wood L. 2000. Chronostratigraphy and tectonostratigraphy of the Columbus Basin, eastern offshore Trinidad. AAPG Bulletin, 84: 1905-1928.

Wood R, Davy B. 1994. The Hikurangi plateau. Marine Geology, 118: 153-173.

Wynn R B, Masson D G. 2008. Sediment Waves and Bedforms. Amsterdam: Elsevier, Developments in Sedimentology: 289-300.

Wynn R B, Stow D A V. 2002. Classification and characterization of deepwater sediment waves. Marine Geology, 192: 7-22.

Wynn R B, Cronin B T, Peakall J. 2007. Sinuous deep-water channels: Genesis, geometry and architecture. Marine and Petroleum Geology, 24: 341-387.

Yang Q, Tian J, Zhao W. 2010. Observation of Luzon Strait transport in summer 2007. Deep-Sea Research I, 57: 670-676.

Yin S, Hernández-Molina F J, Hobbs R, et al. 2021. Contourite processes associated with the overflow of Pacific Deep Water within the Luzon Trough: conceptual and regional implications. Deep Sea Research Part I Oceanographic Research Papers, 170(7): 103459.

Yu H, Chiang S, Shen S. 2009. Tectonically active sediment dispersal system in SW Taiwan margin with emphasis on the Gaoping (Kaoping) Submarine Canyon. Journal of Marine Systems, 76: 369-382.

Zachos J, Pagani M, Sloan L, et al. 2001. Trends, rhythms, and aberrations in global climate 65Ma to present. Science, 292: 686-693.

Zachos J C, Dickens R G, Zeebe E R. 2008. An early Cenozoic perspective on greenhouse warming and carbon-cycle dynamics. Nature, 451: 279-283.

Zhao Y, Liu Z, Zhang Y, et al. 2015. In situ observation of contour currents in the northern South China Sea: applications for deepwater sediment transport. Earth and Planetary Science Letters, 430: 477-485.

Zhu M, Graham S, Pang X, et al. 2010. Characteristics of migrating submarine canyons from the middle Miocene to present: implications for paleoceanographic circulation, Northern South China Sea. Marine and Petroleum Geology, 27: 307-319.

Zhu M Z, Graham S A, McHargue T. 2009. The Red River Fault zone in the Yinggehai Basin, South China Sea. Tectonophysics, 476: 397-417.